步进梁式加热炉入门与提高

栾贻民 著

北 京

冶 金 工 业 出 版 社

2020

图书在版编目(CIP)数据

步进梁式加热炉入门与提高/栾贻民著. —

北京:冶金工业出版社,2020.1

ISBN 978-7-5024-8367-8

Ⅰ.①步… Ⅱ.①栾… Ⅲ.①步进梁式炉

Ⅳ.①TG307

中国版本图书馆 CIP 数据核字(2019)第 289415 号

出 版 人　陈玉千
地　　址　北京市东城区嵩祝院北巷 39 号　邮编　100009　电话　(010)64027926
网　　址　www.cnmip.com.cn　电子信箱　yjcbs@cnmip.com.cn
责任编辑　刘小峰　美术编辑　郑小利　版式设计　孙跃红
责任校对　李　娜　责任印制　李玉山
ISBN 978-7-5024-8367-8
冶金工业出版社出版发行;各地新华书店经销;北京联合互通彩色印刷有限公司印刷
2020 年 1 月第 1 版,2020 年 1 月第 1 次印刷
210mm×297mm;30.25 印张;854 千字;473 页
500.00 元
冶金工业出版社　投稿电话　(010)64027932　投稿信箱　tougao@cnmip.com.cn
冶金工业出版社营销中心　电话　(010)64044283　传真　(010)64027893
冶金工业出版社天猫旗舰店　yjgycbs.tmall.com
(本书如有印装质量问题,本社营销中心负责退换)

内 容 提 要

本书以常规燃烧步进梁式加热炉为例,详细介绍了该类炉型自装料炉门到出料炉门范围内的工艺、土建、设备、液压、润滑、工业炉、燃气、热力、给排水、仪表、电气、电讯、公辅、自动化等相关专业的设计内容、系统组成、生产工艺及工艺设备的结构及工作原理等,全景式展示了加热炉各系统的组成。为保证系统的完整性,本书也对炉前炉后相关的工艺设备进行了简要介绍。

本书以照片、表格为主,并加以必要的文字说明及注释,按照工艺设备安装的先后顺序,根据各专业的设计范围及内容,对步进梁式加热炉的各个系统进行了详细介绍,图文并茂、形象直观、内容翔实、实用性强。

本书可供与轧钢加热炉相关的研究、设计、制造、供货、施工、操作、运行、检修、维护及管理人员参考使用,可作为轧钢加热炉的技术培训资料,也可作为相关院校金属压力加工、热能工程、冶金工程、工业炉等专业的教学、实习参考资料。

作者简介

栾贻民,男,山东莱芜人。1998 年毕业于鞍山钢铁学院(现辽宁科技大学)冶金系热能工程专业,后在哈尔滨理工大学热能与动力工程专业深造学习。现主要从事冶金工业炉设计及技术管理工作,主持完成了 20 余座各类常规燃烧步进炉、蓄热式步进炉、蓄热式推钢炉的建设及改造,设计各类烧结点火炉、煤气加压站 30 余座,参与高炉、热风炉、喷煤烟气炉、卷取炉、保温坑、热处理炉、锅炉、石灰窑、退火炉、隧道窑、还原炉等工程建设 40 多项,完成各类燃气动力管道工程设计 200 余项。

获山东省冶金科技进步成果奖一等奖 1 项,三等奖 1 项,获山东省企业设备管理成果奖四等奖 1 项,获莱芜市科技进步成果奖三等奖 1 项。获实用新型专利 4 项,发明专利 1 项。2001 年 4 月获山东省莱芜市"技术创新标兵"荣誉称号,2016 年 3 月获中国设备管理协会钢铁行业"工匠精神奖"荣誉称号。出版技术专著 2 部,发表论文 7 篇。

前　　言

　　轧钢加热炉作为钢铁企业轧钢工序重要的热工设备，主要用于钢坯轧制前的加热。轧钢加热炉形式各异，分类方法有很多种，按炉型不同，可分为推钢式加热炉、步进底式加热炉、步进梁底组合式加热炉、步进梁式加热炉及环形加热炉；按轧机形式不同，可分为型钢加热炉、棒线材加热炉、板带加热炉及无缝钢管加热炉等；按燃烧方式不同，可分为常规燃烧加热炉和蓄热式燃烧加热炉。各种类型的加热炉只是装、出料方式及坯料在炉内的运动方式不同，炉体、燃烧、排烟及仪控等各系统基本都是相似的。步进梁式加热炉作为目前应用最广泛的炉型之一，因其运料灵活、加热能力大、加热质量好等优点，完全消除了推钢式加热炉的拱钢和粘钢现象，且炉长不受各种因素的限制，因而在钢铁企业得到了广泛的应用。

　　作者自 1998 年热能工程专业毕业参加工作以来，适逢中国钢铁工业的高速发展期，见证了中国轧钢加热炉技术的蓬勃发展，并有幸参与了内置式蓄热推钢加热炉、烧嘴式蓄热推钢加热炉、烧嘴式蓄热步进梁式加热炉及空气、煤气双预热常规燃烧步进梁式加热炉等 10 余座板坯、棒材及高线加热炉的建设，其间积累了一些工作经验和心得体会。

　　纵观目前国内出版的轧钢加热炉方面的图书，多为理论研究和纯文字类图书，而对于广大的初学者，面对深奥的理论和枯燥的文字，总感觉抽象而茫然不知所措。为了使广大的热工工作者形象直观、全面系统地了解轧钢加热炉各系统的工艺及设备，作者结合自己多年来参与建设的各类轧钢加热炉，以图解形式对轧钢加热炉进行编辑整理。

　　不求样样通，只求一样精，不追求面面俱到，也不在一本书中对各种炉型都做详细的介绍。就以一个炉子为例，针对某一特定的炉型作全面深度的解剖，使初级读者对其有全面系统的了解，一直是作者的指导思想。万变不离其宗，各种炉型都是相通的，掌握了一种炉型，其他炉型也就通了。

　　本书以某一典型的常规燃烧步进梁式板坯加热炉为例，详细介绍了该类炉型自装料炉门到出料炉门范围内加热炉各系统的工艺及设备，包括工艺、土建、设备、液压、润滑、工业炉、燃气、热力、给排水、仪表、系统、电气、电讯、通风等相关专业内容。炉前辊道、装钢机、出钢机及炉后辊道常规不属于加热炉范围，但为了保证整个加热车间系统的完整性，本书对加热炉工程范围外的上述设备做了简要介绍。受篇幅限制，本书重点介绍了步进梁式加热炉的工艺及设备，对设计、供货、施工及调试方面的内容稍微提及，操作、点检维护及故障处理等方面内容本书中虽未提及，但会在以后继续编辑整理。

　　本书以图片、表格为主，并加以必要的文字说明，尽量避免抽象的理论描述及繁冗的文字叙述，内容全面，实用性强。希望本书能让步进梁式加热炉的初学者顺利从入门到达精通。本书虽以常规燃烧步进梁式板坯加热炉为例，但对于蓄热式的各类步进梁式窄带钢加热炉、型钢加热炉、棒线加热炉及各类推钢式加热炉，同样具有借鉴意义。

　　本书在编写过程中，参考了设计单位及供货单位的一些数据及资料，在此向相关单位表示衷心的感谢。

　　受作者专业水平所限，书中不妥之处在所难免，敬请各位专家、同行和广大读者批评指正，以便再版时修改和完善。

作　者

2019 年 9 月于莱芜

目　录

区域 1　加热炉本体

1　工艺 ………………………………………………… 1
  1.1　概述 ……………………………………………… 1
  1.2　工艺设计 ………………………………………… 3
  1.3　系统工艺 ………………………………………… 14
  1.4　加热炉总图 ……………………………………… 16

2　土建 ………………………………………………… 17
  2.1　概述 ……………………………………………… 17
  2.2　炉区设备基础 …………………………………… 18
  2.3　炉区建筑物 ……………………………………… 23

3　设备 ………………………………………………… 24
  3.1　概述 ……………………………………………… 24
  3.2　炉底机械 ………………………………………… 25
  3.3　装料炉门升降装置 ……………………………… 38
  3.4　出料炉门升降装置 ……………………………… 45

4　液压 ………………………………………………… 48
  4.1　概述 ……………………………………………… 48
  4.2　油箱组件 ………………………………………… 52
  4.3　泵电机组 ………………………………………… 56
  4.4　泵电机调压站 …………………………………… 56
  4.5　循环站 …………………………………………… 61
  4.6　回油过滤器装置 ………………………………… 65
  4.7　蓄能器组 ………………………………………… 66
  4.8　升降平移阀台 …………………………………… 67
  4.9　升降缸 …………………………………………… 69
  4.10　平移缸 ………………………………………… 71
  4.11　装钢机阀台 …………………………………… 71
  4.12　装钢机液压缸 ………………………………… 71
  4.13　称重阀台 ……………………………………… 72
  4.14　出钢机阀台 …………………………………… 72
  4.15　出钢机液压缸 ………………………………… 72
  4.16　液压中间配管 ………………………………… 73
  4.17　液压控制 ……………………………………… 74

5　润滑 ………………………………………………… 80
  5.1　概述 ……………………………………………… 80
  5.2　电动加油泵 ……………………………………… 85
  5.3　电动润滑泵 ……………………………………… 85

6　工业炉 ……………………………………………… 86
  6.1　概述 ……………………………………………… 86
  6.2　水封槽及刮渣板机构 …………………………… 86
  6.3　水梁及立柱 ……………………………………… 92
  6.4　垫块 ……………………………………………… 97
  6.5　炉底钢结构 ……………………………………… 102
  6.6　侧墙钢结构 ……………………………………… 105
  6.7　装料端钢结构 …………………………………… 108
  6.8　出料端钢结构 …………………………………… 112
  6.9　炉顶钢结构 ……………………………………… 115
  6.10　空气管道 ……………………………………… 118
  6.11　煤气管道 ……………………………………… 122
  6.12　炉门 …………………………………………… 123
  6.13　烧嘴 …………………………………………… 128

6.14 空气、煤气预热器 138
6.15 助燃风机 142
6.16 稀释风机 143
6.17 烟道钢结构 144
6.18 烟道闸板 146
6.19 耐材砌筑 148

7 燃气 162
7.1 概述 162
7.2 混合煤气 163
7.3 天然气 171

8 热力 172
8.1 概述 172
8.2 蒸汽 172
8.3 仪表气源（压缩空气） 172
8.4 日常清扫用气（压缩空气） 180
8.5 氮气 181
8.6 热力系统仪表检测 185

9 给排水 186
9.1 概述 186
9.2 软水 187
9.3 净环水 187
9.4 浊环水 194
9.5 排污系统 197
9.6 给排水系统仪表检测 203

10 通风 213
10.1 概述 213
10.2 通风点设置 213

11 汽化冷却 214
11.1 概述 214
11.2 汽化冷却泵站布置 222
11.3 汽化冷却系统设备 230
11.4 汽化冷却系统管路 254
11.5 汽化冷却系统仪表检测 271
11.6 汽化冷却系统仪表设备 288
11.7 汽化冷却系统仪表控制 299
11.8 汽化冷却系统电气控制 311
11.9 汽化冷却系统安全措施 314

12 电气 317
12.1 概述 317
12.2 用电设备 320
12.3 电缆连接 325
12.4 炉区电气 331
12.5 炉区杂用电源 337
12.6 电气控制 338
12.7 炉区照明 348

13 仪表 350
13.1 概述 350
13.2 加热炉本体检测项目 352
13.3 加热炉本体仪表检测 357
13.4 加热炉本体检测仪表 367
13.5 加热炉本体调节阀及切断阀 375
13.6 加热炉本体电动执行机构 390

14 基础自动化 392
14.1 概述 392

14.2　自动化系统组成 ……………………………………… 395

14.3　基本画面 ……………………………………………… 401

14.4　炉况总览 ……………………………………………… 407

14.5　燃控系统 ……………………………………………… 408

14.6　风烟系统 ……………………………………………… 413

14.7　冷却系统 ……………………………………………… 416

14.8　液压系统 ……………………………………………… 420

14.9　公辅系统 ……………………………………………… 422

14.10　数字量/模拟量输入/输出 ………………………… 423

15　电讯 …………………………………………………… 428

15.1　概述 …………………………………………………… 428

15.2　ITV 系统 ……………………………………………… 429

15.3　高温工业电视系统 …………………………………… 430

15.4　低温工业电视系统 …………………………………… 434

区域 2　炉区（炉前炉后）

16　炉区土建 …………………………………………… 435

16.1　主厂房 ………………………………………………… 435

16.2　设备基础 ……………………………………………… 435

17　炉区设备 …………………………………………… 438

17.1　概述 …………………………………………………… 438

17.2　炉区辊道 ……………………………………………… 439

17.3　装钢机 ………………………………………………… 442

17.4　出钢机 ………………………………………………… 445

18　炉区润滑 …………………………………………… 449

18.1　概述 …………………………………………………… 449

18.2　装料端润滑系统 ……………………………………… 450

18.3　出料端润滑系统 ……………………………………… 450

19　炉区电气 …………………………………………… 451

19.1　概述 …………………………………………………… 451

19.2　炉区电机分布 ………………………………………… 451

20　炉区仪表 …………………………………………… 452

20.1　概述 …………………………………………………… 452

20.2　炉前检测 ……………………………………………… 453

20.3　炉后检测 ……………………………………………… 455

20.4　检测仪表 ……………………………………………… 456

21　炉区控制 …………………………………………… 458

21.1　概述 …………………………………………………… 458

21.2　炉区控制 ……………………………………………… 460

21.3　控制画面 ……………………………………………… 464

22　炉区电讯 …………………………………………… 467

22.1　概述 …………………………………………………… 467

22.2　上料区监控 …………………………………………… 467

22.3　出钢区监控 …………………………………………… 467

附录 ………………………………………………………… 468

1.1 概述

1.1.1 加热炉工程常规设计范围

轧钢加热炉作为钢铁企业轧钢工序重要的热工设备，主要用于钢坯轧制前的加热。加热炉是一个复杂的系统，工程设计更是需要多专业的密切配合。加热炉工程常规的设计范围是从装料炉门到出料炉门，根据业主方与设计方的合同约定，加热炉工程的设计范围也可以包括炉前辊道、装钢机、炉后辊道及出钢机等。

轧钢加热炉形式各异，分类方法有很多，按炉型不同，可分为推钢式加热炉、步进底式加热炉、步进梁底组合式加热炉、步进梁式加热炉及环形加热炉；按轧机形式不同，可分为型钢加热炉、棒线材加热炉、板带加热炉及无缝钢管加热炉等；按燃烧方式不同，可分为常规燃烧加热炉及蓄热式加热炉等。

不求样样通，只求一样精。本书不求面面俱到，不对各种炉型的加热炉都做详细的介绍。麻雀虽小，五脏俱全，各种炉型的加热炉基本上也是相通的。本书仅以某一典型的常规燃烧步进梁式板坯加热炉为例，对其深度解剖，详细介绍该类炉型自装料炉门至出料炉门范围内加热炉各系统的工艺、设备、结构及组成等，包括自装料炉门到出料炉门范围内工艺、土建、设备、液压、润滑、工业炉、燃气、热力、给排水、仪表、系统、电气、电讯、通风等相关专业的设计内容。本加热炉工程的设计范围不包括炉前辊道、装钢机、出钢机及炉后辊道。但为了保证整个加热车间系统的完整性，本书也对加热炉工程设计范围外的炉前辊道、装钢机、炉后辊道及出钢机等设备做了简要介绍。

1.1.2 加热炉工程设计专业配置

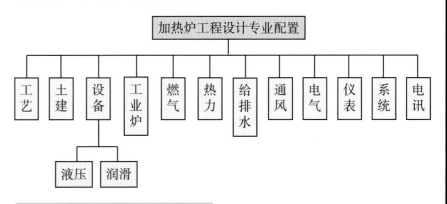

1.1.3 加热炉基本设计条件

序号	项 目	单位	数 值
1	炉型		步进梁式加热炉
2	加热钢种		碳素结构钢、不锈钢
3	坯料尺寸	mm	厚度：碳钢220，不锈钢160 宽度：800～1600 长度：5000～12000 标准坯：220×1250×12000
4	最大坯重	t	33
5	钢坯装炉温度	℃	冷装室温，热装500～800
6	加热能力	t/h	碳钢200，不锈钢180
7	燃料种类		高焦混合煤气
8	燃料低发热值	kJ/Nm³	（1600±80）×4.18
9	燃烧方式		常规燃烧（空气、煤气双预热）

1.1.4 加热炉基本技术性能

序号	项 目	单位	数 值
1	炉型		步进梁式加热炉 节能型、6段自动控制
2	炉子用途		钢坯轧制前加热
3	加热钢种		碳素结构钢、部分优特钢 奥氏体、铁素体、马氏体 双相钢不锈钢
4	板坯厚度	mm	碳钢220，不锈钢160
5	板坯宽度	mm	800～1600
6	板坯长度	mm	5000～12000
7	标准坯	mm	220×1250×12000
8	最大坯重	t	33
9	装料方式		装钢机装钢
10	出钢方式		出钢机出钢
11	钢坯装炉温度	℃	冷装室温 热装500～800
12	钢坯出炉温度	℃	碳钢1200～1250 不锈钢1280
13	加热能力（冷坯，标准坯）	t/h	碳钢200，不锈钢180
14	燃料种类		高焦混合煤气
15	燃料低发热值	kJ/Nm³	（1600±80）×4.18

序号	项 目	单位	数 值
16	煤气炉前接点压力	Pa	7000±500
17	炉子有效长度	mm	35600
18	炉膛净宽	mm	12600
19	燃烧器形式		调焰烧嘴+平焰烧嘴
20	供热方式		常规烧嘴燃烧，三段供热
21	预热器形式		对流式高效管状预热器
22	空气预热温度	℃	520±30
23	煤气预热温度	℃	300±30
24	预热器前烟气温度	℃	750～800
25	设计单位热耗	GJ/t	碳钢1.39，不锈钢1.518
26	炉底强度	kg/(m²·h)	碳钢468，不锈钢421
27	氧化烧损	%	0.6
28	煤气消耗量	Nm³/h	正常41550，最大47500
29	空气消耗量	Nm³/h	正常68000，最大77700
30	烟气最大生成量	Nm³/h	115920
31	步进机构形式		双轮斜轨，液压传动
32	步进梁冷却方式		汽化冷却
33	步进梁行程	mm	升降行程200，水平行程550
34	步进最小周期	s	50

1.2 工艺设计

1.2.1 热工计算

◆ 热工计算表（1）

序号	坯料钢种	坯料规格			板坯单重	炉子有效长度	炉内板坯间隙	板坯中心距	炉内装料数量	板坯平均加热速度	板坯在炉时间	生产节奏	炉子产量	炉内钢坯运行速度	出钢周期	炉底强度
		厚度	宽度	长度												
		mm	mm	mm	t	mm	mm	mm	块	min/cm	min	块/h	t/h	m/h	s/块	kg/(m²·h)
1	普碳钢 Q235	220	1250	12000	25.08	34000	50	1300	25.2	6.368	140.1	10.8	270.18	14.26	334.17	662.21
2	不锈钢 200系列	160	1250	12000	18.24	36000	100	1350	25.7	9.397	150.36	10.2	186.83	14.37	351.47	432.47
		220	1250	12000	25.08	36000	100	1350	25.7	9.504	209.1	7.4	184.72	10.33	488.78	427.60
3	奥氏体不锈钢 300系列	160	1250	12000	18.24	36000	100	1350	25.7	9.397	150.36	10.2	186.83	14.37	351.47	432.47
		220	1250	12000	25.08	36000	100	1350	25.7	9.504	209.1	7.4	184.72	10.33	488.78	427.60
4	马氏体不锈钢 400系列	220	1250	12000	25.08	34000	100	1350	24.2	6.486	142.68	10.2	255.05	14.30	354.00	625.13

◆ 热工计算表（2）

序号	项目	单位	普碳钢	铁素体、马氏体不锈钢	奥氏体不锈钢
1	标准坯	mm	220×1250×12000	220×1250×12000	220×1250×12000
2	燃料热值	kJ/Nm³	1800×4.18	1800×4.18	1800×4.18
3	产量	t/h	200	180	180
4	入炉温度	℃	20	20	20
5	出炉温度	℃	1250	1200	1280
6	加热时间	min	172	196	221

1.2.2 炉型结构

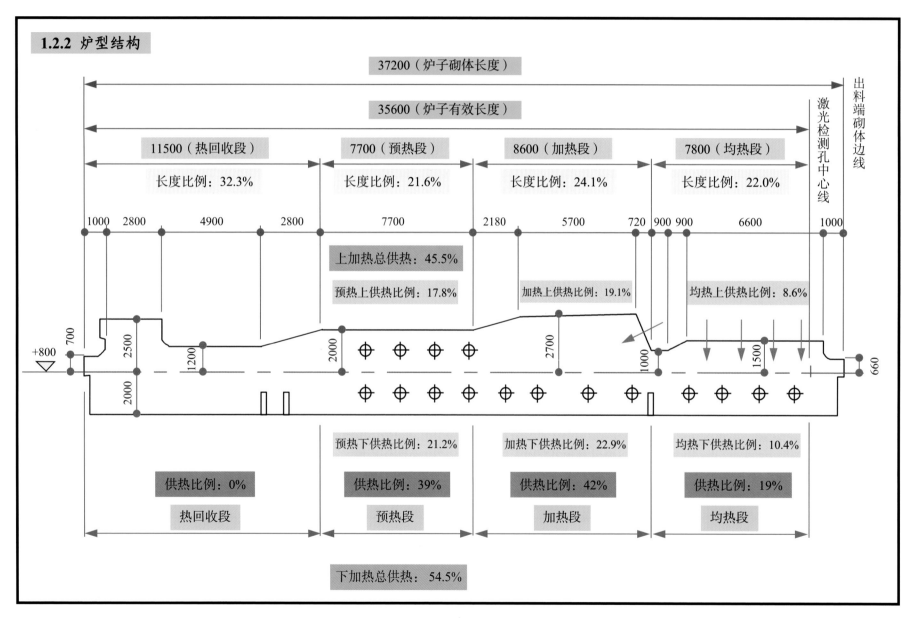

37200（炉子砌体长度）

35600（炉子有效长度）

出料端砌体边线

激光检测孔中心线

11500（热回收段）	7700（预热段）	8600（加热段）	7800（均热段）
长度比例：32.3%	长度比例：21.6%	长度比例：24.1%	长度比例：22.0%

1000　2800　　4900　　2800　　　　7700　　　　2180　　5700　　720 900 900　　6600　　　1000

上加热总供热：45.5%

预热上供热比例：17.8%　　　加热上供热比例：19.1%　　　均热上供热比例：8.6%

700　2500　1200　2000　2700　1000　1500

+800

2000　　660

预热下供热比例：21.2%　　　加热下供热比例：22.9%　　　均热下供热比例：10.4%

供热比例：0%	供热比例：39%	供热比例：42%	供热比例：19%
热回收段	预热段	加热段	均热段

下加热总供热：54.5%

1.2.3 供热负荷分配

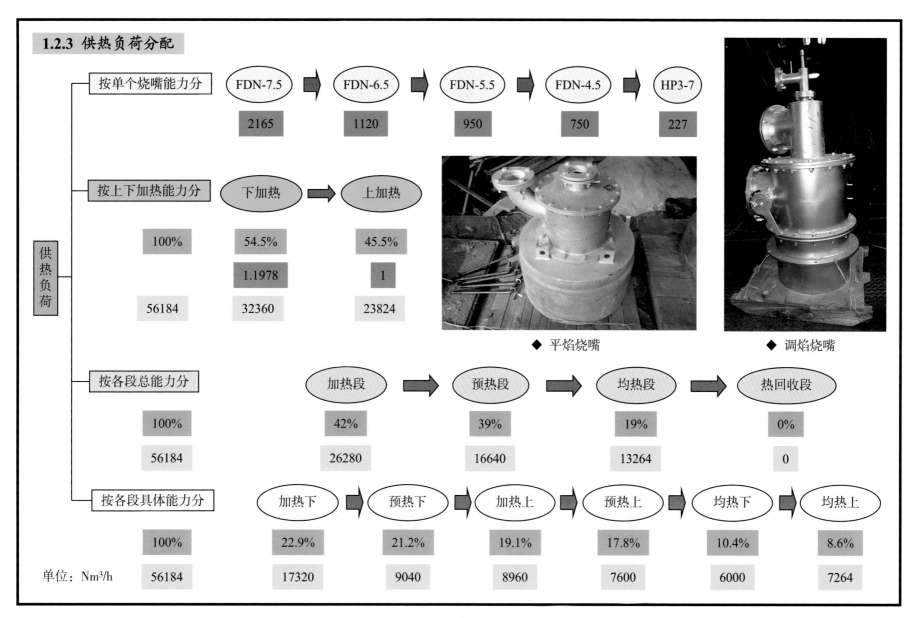

按单个烧嘴能力分

FDN-7.5	FDN-6.5	FDN-5.5	FDN-4.5	HP3-7
2165	1120	950	750	227

按上下加热能力分

	下加热	上加热
100%	54.5%	45.5%
	1.1978	1
56184	32360	23824

◆ 平焰烧嘴   ◆ 调焰烧嘴

按各段总能力分

	加热段	预热段	均热段	热回收段
100%	42%	39%	19%	0%
56184	26280	16640	13264	0

按各段具体能力分

	加热下	预热下	加热上	预热上	均热下	均热上
100%	22.9%	21.2%	19.1%	17.8%	10.4%	8.6%
56184	17320	9040	8960	7600	6000	7264

单位：Nm³/h

供热负荷

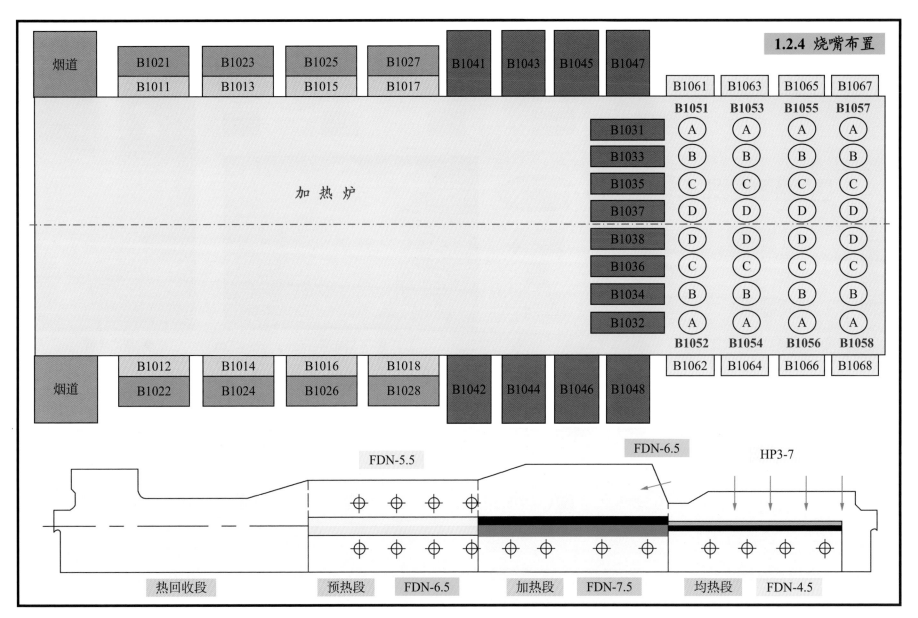

1.2.5 热平衡分析 （1）碳钢标准板坯200t/h冷坯热平衡图

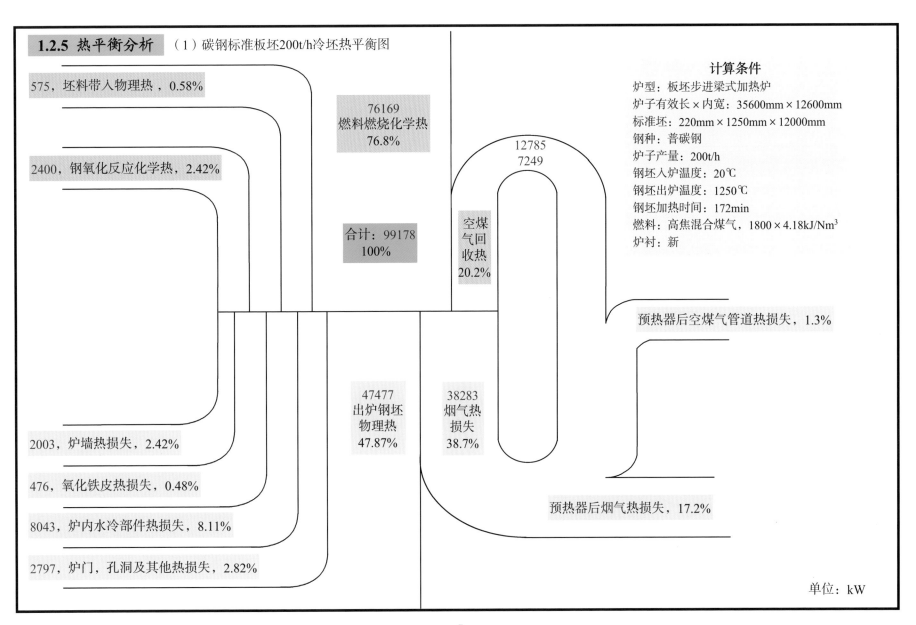

575，坯料带入物理热，0.58%

2400，钢氧化反应化学热，2.42%

76169
燃料燃烧化学热
76.8%

合计：99178
100%

12785
7249

空煤气回收热
20.2%

2003，炉墙热损失，2.42%

476，氧化铁皮热损失，0.48%

8043，炉内水冷部件热损失，8.11%

2797，炉门，孔洞及其他热损失，2.82%

47477
出炉钢坯
物理热
47.87%

38283
烟气热
损失
38.7%

预热器后空煤气管道热损失，1.3%

预热器后烟气热损失，17.2%

计算条件

炉型：板坯步进梁式加热炉

炉子有效长×内宽：35600mm×12600mm

标准坯：220mm×1250mm×12000mm

钢种：普碳钢

炉子产量：200t/h

钢坯入炉温度：20℃

钢坯出炉温度：1250℃

钢坯加热时间：172min

燃料：高焦混合煤气，$1800×4.18kJ/Nm^3$

炉衬：新

单位：kW

（2）铁素体和马氏体不锈钢标准板坯180t/h冷坯热平衡图

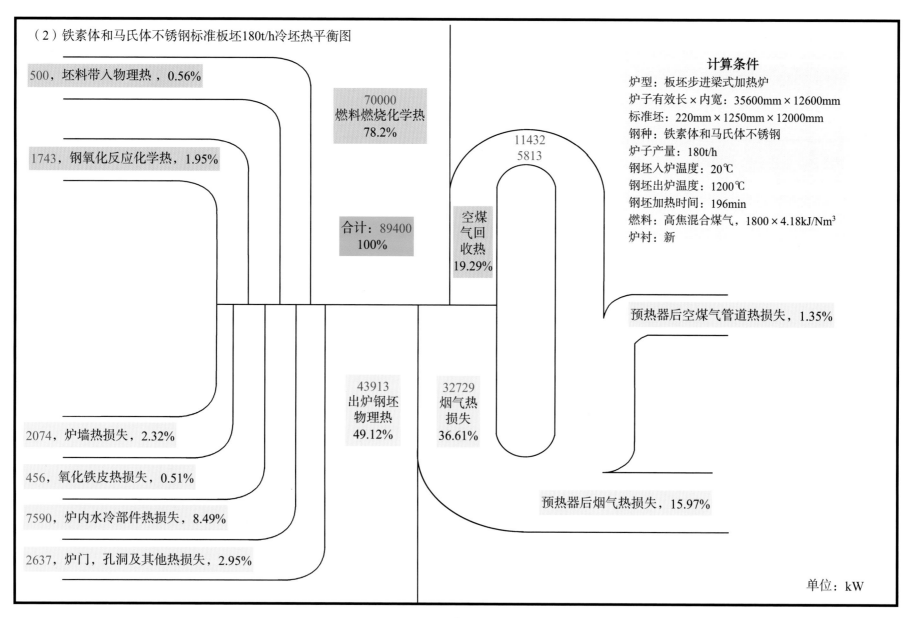

500，坯料带入物理热，0.56%

70000
燃料燃烧化学热
78.2%

1743，钢氧化反应化学热，1.95%

11432
5813

合计：89400
100%

空煤
气回
收热
19.29%

预热器后空煤气管道热损失，1.35%

2074，炉墙热损失，2.32%

43913
出炉钢坯
物理热
49.12%

32729
烟气热
损失
36.61%

456，氧化铁皮热损失，0.51%

7590，炉内水冷部件热损失，8.49%

预热器后烟气热损失，15.97%

2637，炉门，孔洞及其他热损失，2.95%

计算条件
炉型：板坯步进梁式加热炉
炉子有效长×内宽：35600mm×12600mm
标准坯：220mm×1250mm×12000mm
钢种：铁素体和马氏体不锈钢
炉子产量：180t/h
钢坯入炉温度：20℃
钢坯出炉温度：1200℃
钢坯加热时间：196min
燃料：高焦混合煤气，1800×4.18kJ/Nm³
炉衬：新

单位：kW

（3）奥氏体不锈钢标准板坯180t/h冷坯热平衡图

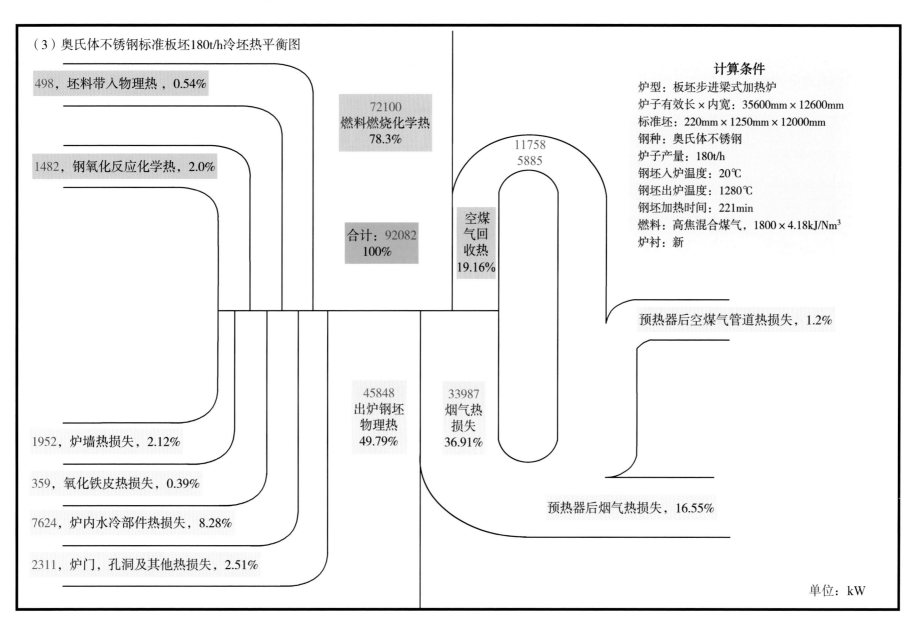

498，坯料带入物理热，0.54%

72100
燃料燃烧化学热
78.3%

1482，钢氧化反应化学热，2.0%

11758
5885

合计：92082
100%

空煤
气回
收热
19.16%

计算条件

炉型：板坯步进梁式加热炉
炉子有效长×内宽：35600mm×12600mm
标准坯：220mm×1250mm×12000mm
钢种：奥氏体不锈钢
炉子产量：180t/h
钢坯入炉温度：20℃
钢坯出炉温度：1280℃
钢坯加热时间：221min
燃料：高焦混合煤气，1800×4.18kJ/Nm³
炉衬：新

预热器后空煤气管道热损失，1.2%

45848
出炉钢坯
物理热
49.79%

33987
烟气热
损失
36.91%

1952，炉墙热损失，2.12%

359，氧化铁皮热损失，0.39%

7624，炉内水冷部件热损失，8.28%

2311，炉门，孔洞及其他热损失，2.51%

预热器后烟气热损失，16.55%

单位：kW

· 9 ·

1.2.6 加热曲线

（1）碳钢标准板坯200t/h冷坯加热曲线

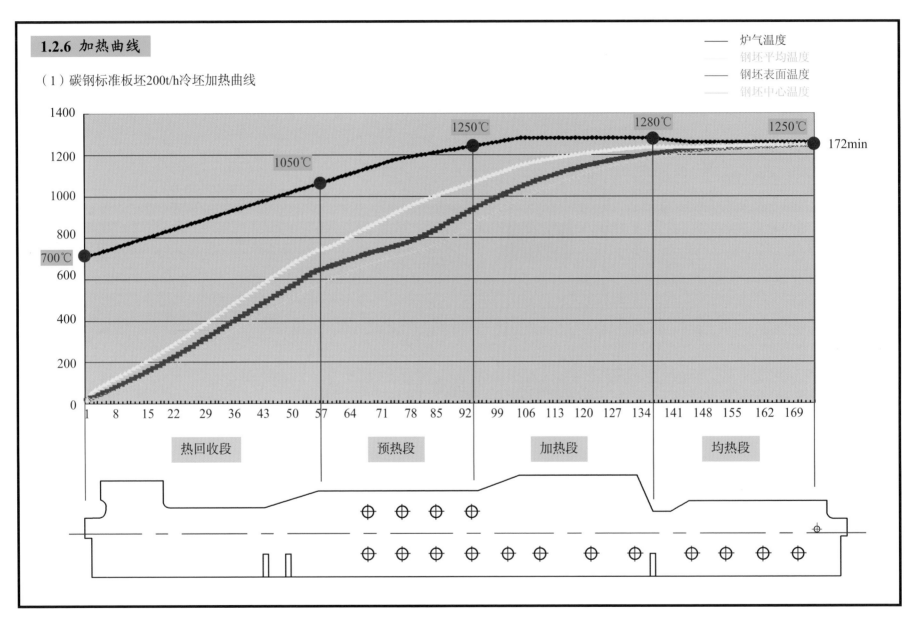

热回收段　　预热段　　加热段　　均热段

图例：
—— 炉气温度
—— 钢坯平均温度
—— 钢坯表面温度
—— 钢坯中心温度

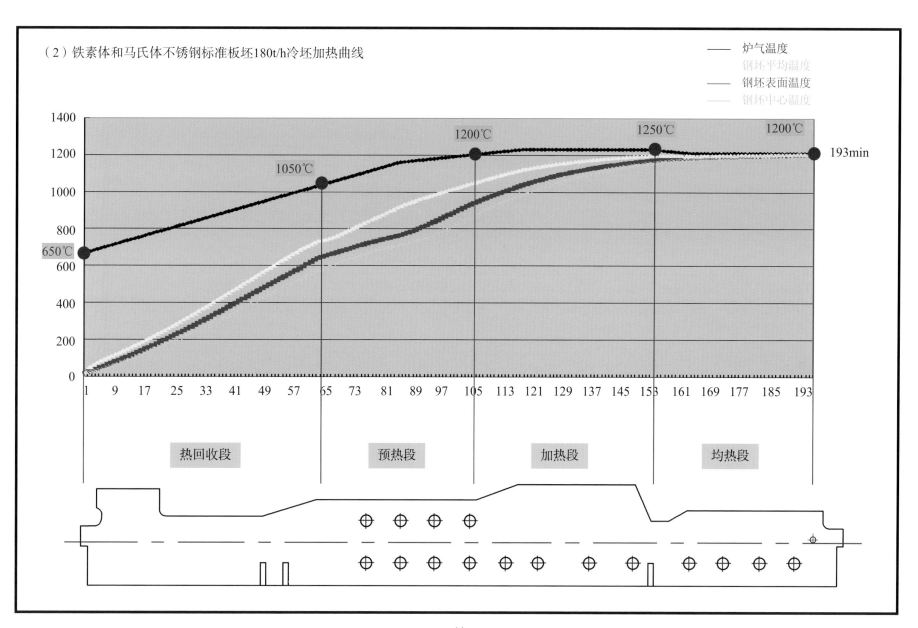

（2）铁素体和马氏体不锈钢标准板坯180t/h冷坯加热曲线

炉气温度
钢坯平均温度
钢坯表面温度
钢坯中心温度

热回收段　　预热段　　加热段　　均热段

（3）奥氏体不锈钢标准板坯180t/h冷坯加热曲线

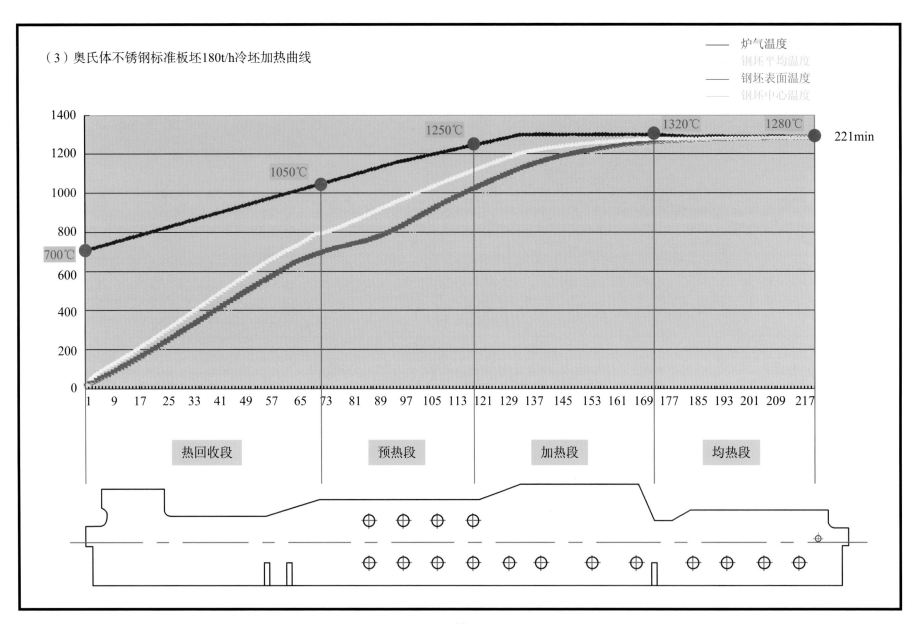

炉气温度
钢坯平均温度
钢坯表面温度
钢坯中心温度

热回收段　　　预热段　　　加热段　　　均热段

1.2.7 布料图

坯料长度：【5000～12000】

- 【5250～5700】：双排布料，交错布置
- 【7100～12000】：双排布料
  - 【7100～11100）：双排布料，交错布置
  - 【11100～12000】：双排布料，居中布置

悬臂量 { 最大：1050 / 最小：150 }

◆ 坯料堆放视图（1）　　　◆ 坯料堆放视图（2）

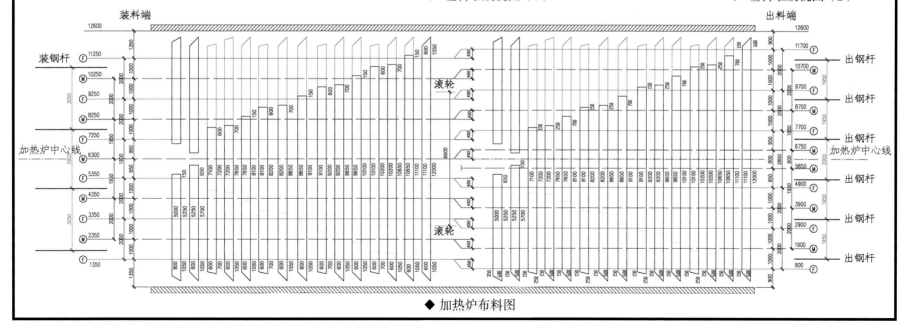

◆ 加热炉布料图

1.3 系统工艺

1.3.1 能源介质系统图

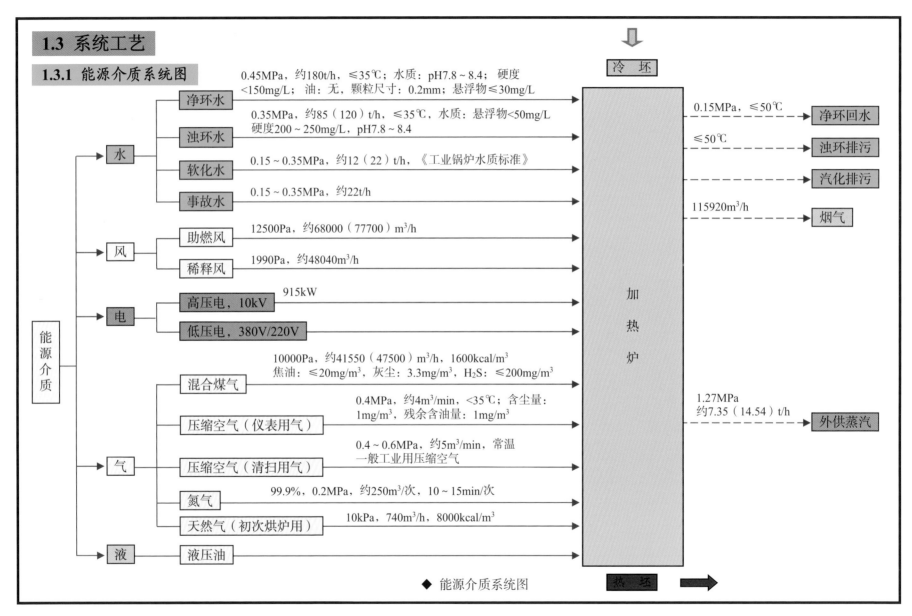

◆ 能源介质系统图

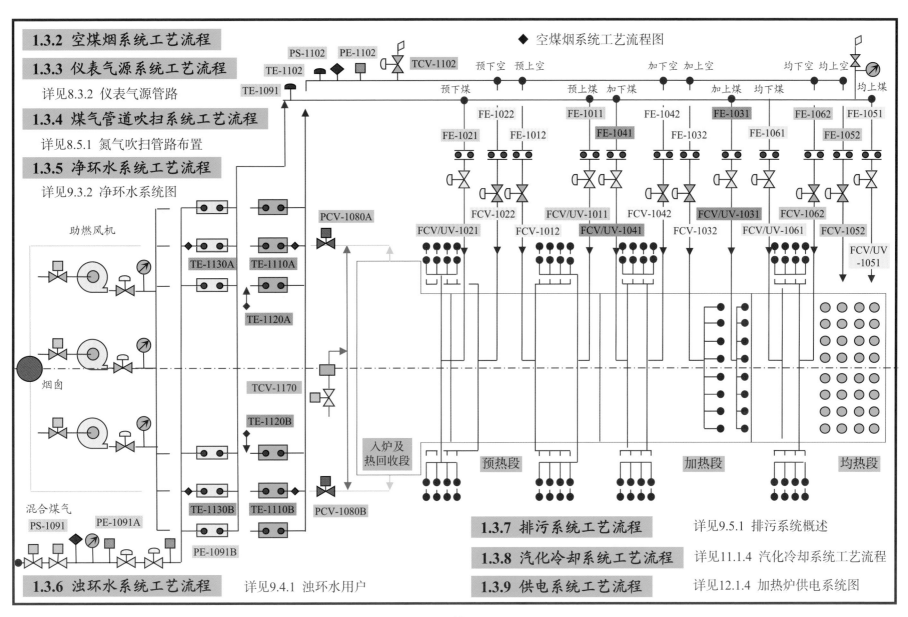

1.3.2 空煤烟系统工艺流程

1.3.3 仪表气源系统工艺流程

详见8.3.2 仪表气源管路

1.3.4 煤气管道吹扫系统工艺流程

详见8.5.1 氮气吹扫管路布置

1.3.5 净环水系统工艺流程

详见9.3.2 净环水系统图

◆ 空煤烟系统工艺流程图

PS-1102 PE-1102 TCV-1102

TE-1102

TE-1091

预下空 预上空   加下空 加上空   均下空 均上空   均上煤

预下煤   预上煤 加下煤   加上煤 均下煤

FE-1022   FE-1011   FE-1042   FE-1031   FE-1062 FE-1051

FE-1021   FE-1012   FE-1041   FE-1032   FE-1061   FE-1052

FCV-1022   FCV/UV-1011   FCV-1042   FCV/UV-1031   FCV-1062

FCV/UV-1021   FCV-1012   FCV/UV-1041   FCV-1032   FCV/UV-1061   FCV-1052

FCV/UV-1051

助燃风机

PCV-1080A

TE-1130A TE-1110A

TE-1120A

烟囱

TCV-1170

TE-1120B

入炉及热回收段

预热段   加热段   均热段

混合煤气   TE-1130B TE-1110B

PS-1091   PCV-1080B

PE-1091A

PE-1091B

1.3.7 排污系统工艺流程   详见9.5.1 排污系统概述

1.3.8 汽化冷却系统工艺流程   详见11.1.4 汽化冷却系统工艺流程

1.3.6 浊环水系统工艺流程   详见9.4.1 浊环水用户

1.3.9 供电系统工艺流程   详见12.1.4 加热炉供电系统图

1.4 加热炉总图

来自炼钢

◆ 加热炉总图视图（1）

◆ 加热炉总图视图（3）

◆ 加热炉总图视图（2）

去轧线

◆ 加热炉总图视图（4）

2 土 建

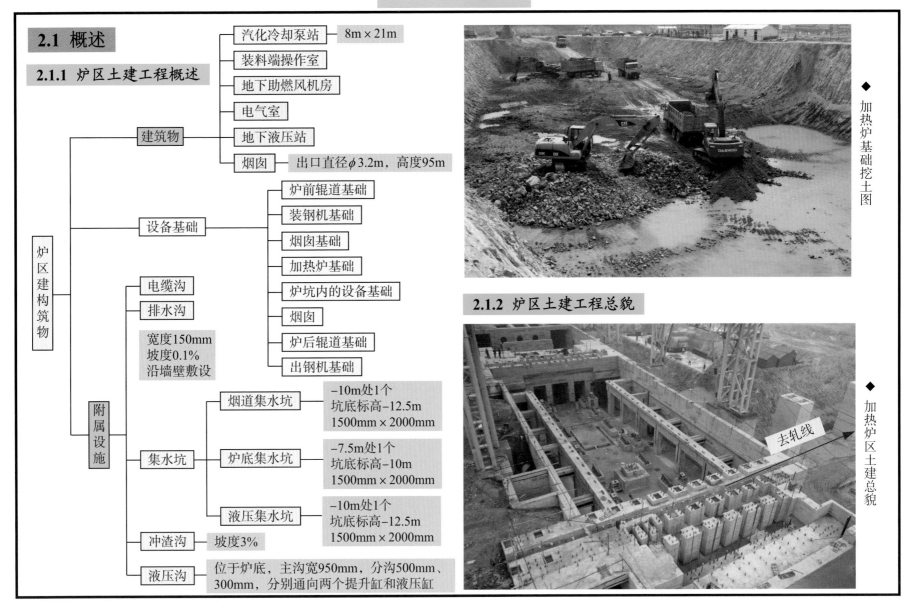

2.1 概述

2.1.1 炉区土建工程概述

- 炉区建构筑物
  - 建筑物
    - 汽化冷却泵站 — 8m×21m
    - 装料端操作室
    - 地下助燃风机房
    - 电气室
    - 地下液压站
    - 烟囱 — 出口直径φ3.2m，高度95m
  - 设备基础
    - 炉前辊道基础
    - 装钢机基础
    - 烟囱基础
    - 加热炉基础
    - 炉坑内的设备基础
    - 烟囱
    - 炉后辊道基础
    - 出钢机基础
  - 附属设施
    - 电缆沟
    - 排水沟 — 宽度150mm 坡度0.1% 沿墙壁敷设
    - 集水坑
      - 烟道集水坑 — -10m处1个 坑底标高-12.5m 1500mm×2000mm
      - 炉底集水坑 — -7.5m处1个 坑底标高-10m 1500mm×2000mm
      - 液压集水坑 — -10m处1个 坑底标高-12.5m 1500mm×2000mm
    - 冲渣沟 — 坡度3%
    - 液压沟 — 位于炉底，主沟宽950mm，分沟500mm、300mm，分别通向两个提升缸和液压缸

◆ 加热炉基础挖土图

2.1.2 炉区土建工程总貌

去轧线

◆ 加热炉区土建总貌

2.2 炉区设备基础

2.2.1 装钢机区域

◆ 装钢机区域设备基础总貌视图（1）

装钢机区域设备基础总貌视图（2）

2.2.2 炉坑

斜轨座基础
12个

升降导向轮
基础6个

平移缸基础
1个

2.2.3 出钢机区域

20-M42

4-M16
出钢机阀台

36-M42
底座

48-M42
升降装置

2.2.4 助燃风机房

◆ 助燃风机房内设备基础总图

◆ 液压站视图（2）

2.2.5 液压站

◆ 液压站视图（1）

2.2.6 汽化冷却泵站

◆ 汽化冷却泵站总图

◆ 汽化冷却泵站±0.00平面设备基础

循环泵基础

给水泵基础

软水泵基础

软水箱基础

◆ 汽化冷却泵站+6.0平面设备基础

加药装置基础

除氧器基础

分汽缸基础

汽包基础

2.3 炉区建筑物

2.3.1 加热炉电气室

◆ 加热炉电气室总图

2.3.2 加热炉操作室

2.3.3 烟囱

◆ 加热炉操作室总图

◆ 加热炉烟囱总图

3 设 备

3.1 概述

3.1.1 炉体机械设备概述

加热炉本体机械设备主要包括炉底步进机械、装料炉门升降装置、出料炉门升降装置、液压系统及干油集中润滑系统。

炉底机械主要用来支撑平移框架和框架上的水梁、立柱及炉内的板坯,并使板坯在炉内沿炉长方向作步进运动。

装料炉门升降装置安装在炉子装料端的炉门框架顶部,用于提升和下降装料炉门,装料炉门分为左、右两扇。

出料炉门升降装置安装在炉子出料端的炉门框架顶部,用于提升和下降出料炉门,出料炉门分为左、右两扇。

炉区共设置一套液压系统,用于驱动炉底机械、装钢机、出钢机、称重装置等设备动作。装钢机、出钢机、称重装置不属于加热炉工程设计范围,但是与炉体液压设备共用油箱和主泵站。

炉体设置一套干油集中润滑系统,用于向装料炉门升降装置、出料炉门升降装置、炉底机械、装钢机、出钢机的各润滑点提供润滑脂。

需要说明的是:平移框架、水封槽、刮渣板、装料炉门、出料炉门、检修炉门、侧开炉门、窥视孔等设备属于炉体热工设备,一般由热工专业设计选型,详见6 工业炉介绍。

3.1.2 炉体机械设备组成

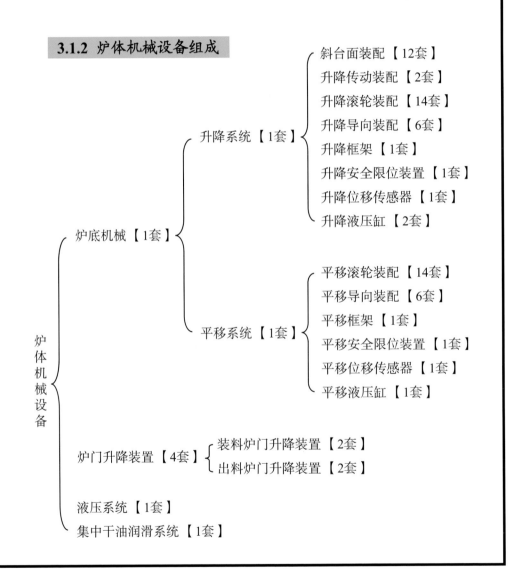

3.2 炉底机械

3.2.1 功能用途

炉底机械主要用来支撑平移框架及框架上的水梁、立柱及炉内的板坯，并使板坯在炉内沿炉长方向作步进运动，步进机械传动方式采用液压传动和滚轮斜轨机构。

步进机械设有两层框架，即升降框架和平移框架，升降和平移运动都设有定心装置，以保证运行的可靠性。

步进梁以矩形轨迹运动，即分别进行上升、前进、下降、后退的连续动作。并且在平移和升降运动过程中，运行速度是变化的。平移过程中，步进梁可以在任何位置停位并有缓冲，停位有精度要求。其目的在于保证平移和升降运动的缓起缓停以及在升降过程中，当步进梁从固定梁上托起钢坯或向固定梁上放下钢坯时，能轻托轻放，防止步进机械产生冲击和振动，避免损伤梁上的绝热材料和炉内钢坯表面氧化铁皮的脱落，延长炉子的维修周期和使用寿命。

步进梁的升降运动是通过升降液压缸驱动的，液压缸推动上下轮组上的升降框架，沿斜轨道上升和下降，从而使平移框架及步进梁随之做垂直升降运动。在此过程中，平移液压缸被锁定。

步进梁的平移运动是通过平移液压缸驱动的，它直接作用在平移框架上，使之在升降框架上层滚轮上作平移运动。在此过程中，升降液压缸被锁定。

3.2.2 设备组成

斜台面装配：12套

升降传动装配：2套

升降滚轮装配：$\phi 800mm$，14套

升降导向装配：$\phi 450mm$，6套

升降框架：1套

升降安全限位装置：1套

升降位移传感器：1套

升降液压缸：$\phi 320mm/\phi 220mm \times 1150mm$，2只

平移传动装配：1套

平移滚轮装配：$\phi 750mm$，14套

平移导向装配：$\phi 400mm$，6套

平移框架：1套

平移安全限位装置：1套

平移位移传感器：1套

平移液压缸：$\phi 250mm/\phi 160mm \times 650mm$，1只

3.2.3 技术性能

序号	项目	单位	数　值
1	水平步进行程	mm	550
2	垂直提升高度	mm	200
3	最大平移载荷	t	1090
4	最大提升载荷	t	1230
5	升降液压缸		$\phi 320mm/\phi 220mm \times 1150mm$，18MPa
6	平移液压缸		$\phi 250mm/\phi 160mm \times 650mm$，15.5MPa
7	步进周期	s	50

3.2.4 装配总图

◆ 炉底机械装配总图视图（1）

平移传动装配【1套】

斜台面装配【12套】

升降传动装配【2套】

轧机侧

非轧机侧

出料端

装料端

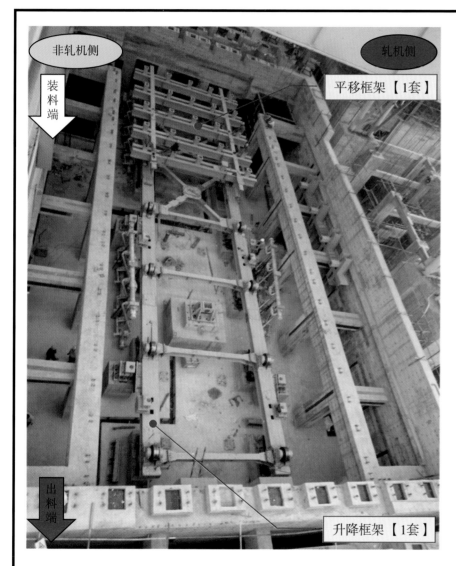

非轧机侧

装料端

平移框架【1套】

出料端

升降框架【1套】

轧机侧

◆ 炉底机械装配总图视图（2）

轧机侧

出料端

非轧机侧

装料端

◆ 炉底机械装配总图视图（3）

3.2.5 斜台面装配

斜台面装配主要是由钢板焊接而成，底座上面装有提升滚轮的轨道板及滚轮的止挡，轨道板材质为45，调质处理，HB≈280。

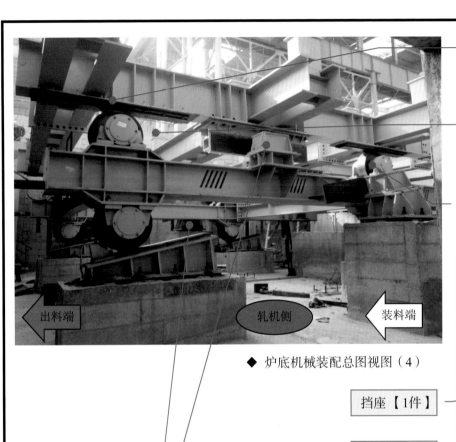

平移轨道装配【14套】

平移滚轮装配【14套】

升降导向装配（二）【3套】

出料端

轧机侧

装料端

◆ 炉底机械装配总图视图（4）

升降导向装配（一）【3套】

平移导向装配【6套】

安装用模块【1套】

11.5°

挡座【1件】

轨道【1件】

调节螺钉【4个】

排气孔【4个】

斜台面轨座【1件】

出料端

轧机侧

装料端

◆ 斜台面装配总图

3.2.6 升降传动装配

升降传动装配主要由钢板焊接的底座及支座组成，上置液压缸，支座固定在提升框架下部，底座锚固于基础上。

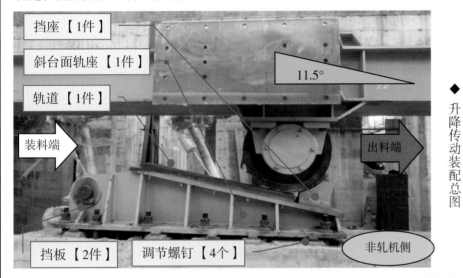

挡座【1件】
斜台面轨座【1件】
轨道【1件】
装料端
11.5°
出料端
挡板【2件】
调节螺钉【4个】
非轧机侧

升降传动装配总图

轴承23140C【2件】
挡圈【2件】
止动片【2件】

升降滚轮装配视图（2）

3.2.7 升降滚轮装配

升降滚轮采用42CrMo合金钢锻造，滚轮通过装有调心轴承的轴承座支承安装在升降框架上（框架支承在滚轮上）。滚轮进行整体调质处理（HB≈241），表面淬火热处理HRC=47～51，淬硬层深度大于5mm。

透盖（一）【1件】
闷盖（二）【1件】
闷盖（一）【1件】
透盖（二）【1件】
螺柱
轴【1件】
轴承座【2套】
φ800滚轮【1件】

升降滚轮装配视图（1）

3.2.8 升降导向装配（一）

　　升降导向装配（一）安装于轧机侧，用于升降框架的运动导向，使升降框架运动时不发生偏斜，其运动方向与加热炉中心线始终保持平行。该装置主要由滚轮、安装底座和导向板组成。前者用地脚螺栓固定在混凝土基础上，后者用螺栓固定在提升框架两侧梁的底部。当升降框架运动时，滚轮在两侧的导向板上滚动，使升降框架保持做与加热炉中心线平行的直线运动。定心轮用42CrMo合金钢锻造，定心轮通过调心轴承及心轴装在钢板焊接的支座上，定心轮进行整体调质处理（HB≈241），表面淬火热处理HRC=47～51，淬硬层深度大于5mm。

◆ 升降导向装配（一）视图（1）

◆ 升降导向装配（一）视图（2）

3.2.9 升降导向装配（二）

  升降导向装配（二）安装于非轧机侧，与升降导向装配（一）沿加热炉中心线对称布置，用于升降框架的运动导向，使升降框架运动时不发生偏斜，其运动方向与加热炉中心线始终保持平行。该装置主要由滚轮、安装底座和导向板组成。前者用地脚螺栓固定在混凝土基础上，后者用螺栓固定在升降框架两侧梁的底部。当升降框架运动时，滚轮在两侧的导向板上滚动，使升降框架保持做与加热炉中心线平行的直线运动。定心轮用42CrMo合金钢锻造，定心轮通过调心轴承及心轴装在钢板焊接的支座上，定心轮进行整体调质处理（HB≈241），表面淬火热处理HRC=47～51，淬硬层深度大于5mm。

φ450导向辊
装配【1套】

提升导向支座
（一）【1件】

调节螺钉

◆ 升降导向装配（二）总图

3.2.10 升降框架

  升降框架为型钢焊接结构框架（两段铰接），由主梁、横梁、支梁及连接梁等组成，用于安装平移滚轮、升降滚轮及定心轮。

出料端

轧机侧

非轧机侧

装料端

◆ 升降框架总图视图（1）

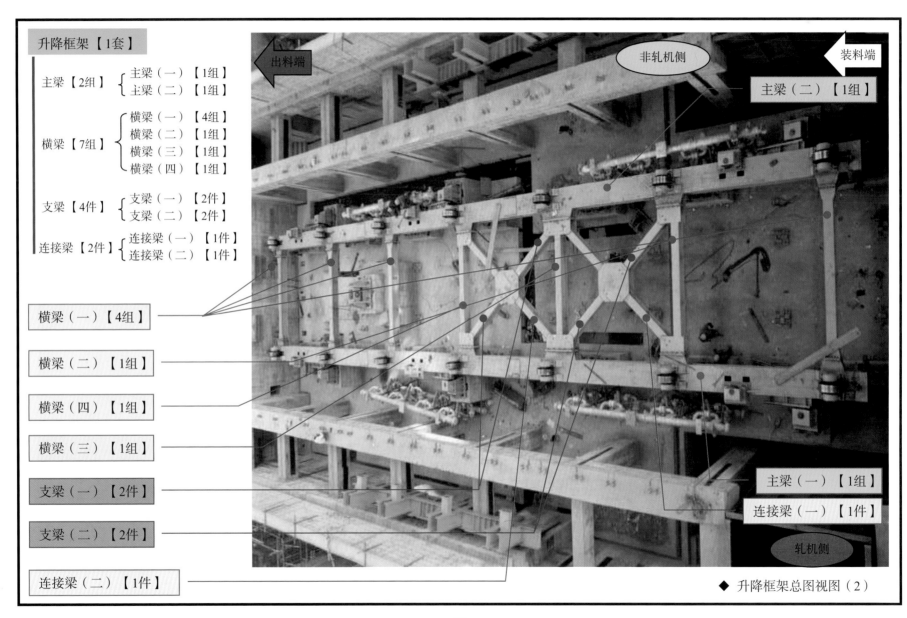

升降框架【1套】

主梁【2组】{ 主梁（一）【1组】
　　　　　 主梁（二）【1组】

横梁【7组】{ 横梁（一）【4组】
　　　　　 横梁（二）【1组】
　　　　　 横梁（三）【1组】
　　　　　 横梁（四）【1组】

支梁【4件】{ 支梁（一）【2件】
　　　　　 支梁（二）【2件】

连接梁【2件】{ 连接梁（一）【1件】
　　　　　　 连接梁（二）【1件】

横梁（一）【4组】

横梁（二）【1组】

横梁（四）【1组】

横梁（三）【1组】

支梁（一）【2件】

支梁（二）【2件】

连接梁（二）【1件】

出料端

非轧机侧

装料端

主梁（二）【1组】

主梁（一）【1组】

连接梁（一）【1件】

轧机侧

◆ 升降框架总图视图（2）

3.2.11 平移框架

平移框架为型钢焊接结构框架，主要由纵梁部件、横梁部件、横向框架、连接板等组成，用于支撑水封槽、活动水梁以及作用在活动水梁上的钢坯负荷。

平移框架【1套】

纵梁部件【8套】
- 纵梁部件（一）【1套】
- 纵梁部件（二）【1套】
- 纵梁部件（三）【1套】
- 纵梁部件（四）【1套】
- 纵梁部件（五）【1套】
- 纵梁部件（六）【1套】
- 纵梁部件（七）【1套】
- 纵梁部件（八）【1套】

横梁部件【12套】
- 横梁部件（一）【7套】
- 横梁部件（二）【2套】
- 横梁部件（三）【1套】
- 横梁部件（四）【2套】

横向框架【1套】

连接板【48块】
- 连接板（一）【12块】
- 连接板（二）【12块】
- 连接板（三）【24块】

连接梁【1根】

出料端

横梁部件四【2套】

纵梁部件八【1套】

横梁部件三【1套】

焊接H型钢【1根】

横向框架【1套】

纵梁部件四【1套】

纵梁部件三【1套】

纵梁部件七【1套】

纵梁部件二【1套】

轧机侧

纵梁部件六【1套】

非轧机侧

纵梁部件五【1套】

纵梁部件一【1套】

横梁部件二【2套】

装料端

横梁部件一【7套】

3.2.12 平移滚轮装配

平移滚轮采用42CrMo合金钢锻造，滚轮通过装有调心轴承的轴承座支承安装在升降框架上（框架支承在滚轮上）。滚轮进行整体调质处理（HB≈241），表面淬火热处理HRC=47～51，淬硬层深度大于5mm。

透盖（一）【1件】　　轴【1件】　　透盖（二）【1件】

轴承座【2套】　　φ750滚轮【1件】　　闷盖（二）【1件】

闷盖（一）【1件】

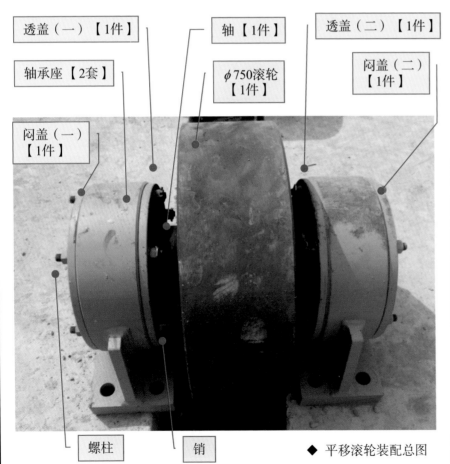

螺柱　　销　　◆ 平移滚轮装配总图

3.2.13 平移传动装配

平移传动装配为钢板焊接结构，由底座、液压缸底座和耳环支座等组成，耳环支座固定在平移框架上，底座锚固于基础上。

铰座【1件】

铰座盖【1件】　　　　　　　　轴端挡板【1件】

闷盖【2件】　　　　　　　　支座【1件】

轴套【2件】

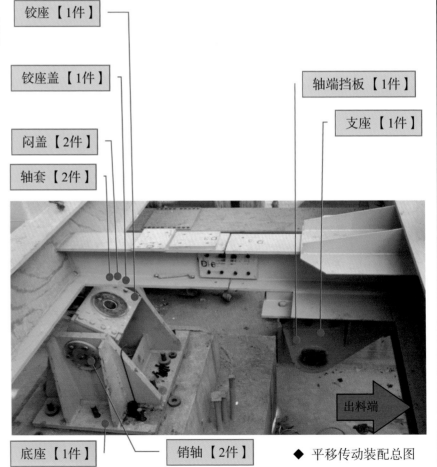

出料端

底座【1件】　　销轴【2件】　　◆ 平移传动装配总图

3.2.14 平移导向装配（一）

平移导向装配（一）安装于轧机侧，用于平移框架的运动导向，使平移框架运动时不发生偏斜，其运动方向与加热炉中心线始终保持平行。该装置由滚轮、安装底座和导向板组成。前者用螺栓固定在升降框架两侧梁上部，后者用螺栓固定在平移框架两侧梁边部。当平移框架运动时，滚轮在两侧的导向板上滚动，使平移框架保持与加热炉中心线平行的直线运动。定心轮用42CrMo合金钢锻造，定心轮通过调心轴承及心轴装在钢板焊接的支座上，定心轮进行整体调质处理（HB≈241），表面淬火热处理HRC=47～51，淬硬层深度大于5mm。

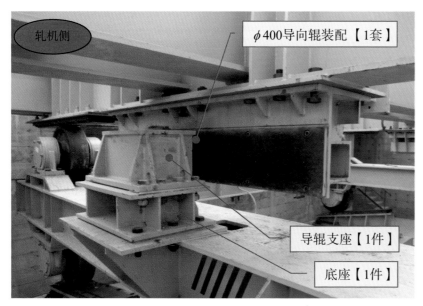

◆ 平移导向装配（一）总图

3.2.15 平移导向装配（二）

平移导向装配（二）安装于非轧机侧，与平移导向装配（一）沿加热炉中心线对称布置，用于平移框架的运动导向，使平移框架运动时不发生偏斜，其运动方向与加热炉中心线始终保持平行。该装置由滚轮、安装底座和导向板组成，前者用螺栓固定在升降框架两侧梁上部，后者用螺栓固定在平移框架两侧梁边部。当平移框架运动时，滚轮在两侧导向板上滚动，使平移框架保持与加热炉中心线平行的直线运动。定心轮用42CrMo合金钢锻造，定心轮通过调心轴承及心轴装在钢板焊接的支座上，定心轮进行整体调质处理（HB≈241），表面淬火热处理HRC=47～51，淬硬层深度大于5mm。

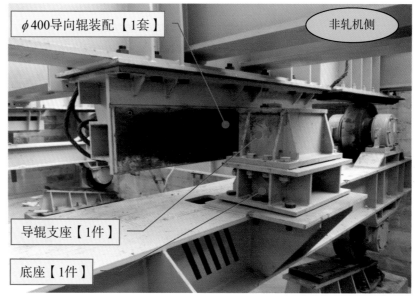

◆ 平移导向装配（二）总图

3.2.16 升降液压缸

步进梁的上升和下降是通过升降液压缸驱动的，液压缸推动带上、下轮组的升降框架沿斜轨道上升和下降，从而使平移框架及步进梁随之做垂直升降运动。在此过程中，平移液压缸被锁定。

升降液压缸技术性能表			
序号	项目	单位	数值
1	规格型号	mm	$\phi 320/\phi 220\text{-}1150$
2	工作行程	mm	1003
3	工作压力	MPa	18

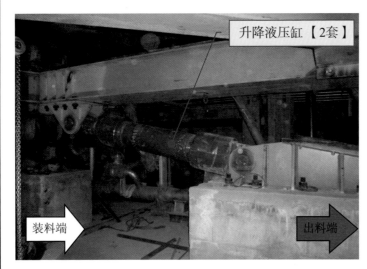

◆ 升降液压缸总图

3.2.17 平移液压缸

步进梁的平移运动是通过平移液压缸驱动的，它直接作用在平移框架上，使之在升降框架上层滚轮上做平移运动。在此过程中，升降液压缸被锁定。

平移液压缸技术性能表			
序号	项目	单位	数值
1	规格型号	mm	$\phi 250/\phi 160\text{-}650$
2	工作行程	mm	550
3	工作压力	MPa	15.5

◆ 平移液压缸总图

3.2.18 升降安全限位装置

　　该装置主要由支座、感应板、安装板、接近开关、支板等组成，用于升降过程中的安全限位保护。

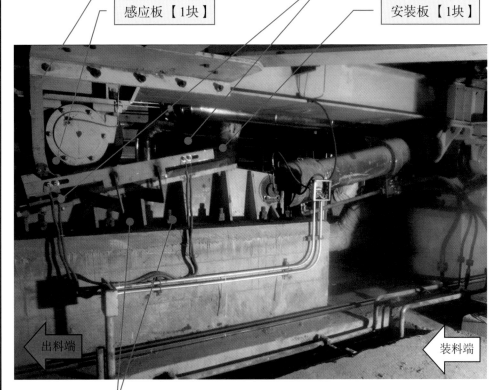

支座【1个】

感应板【1块】

接近开关【4个】

安装板【1块】

出料端

支板【2块】

◆ 升降安全限位装置总图

3.2.19 平移安全限位装置

　　该装置主要由支架、接近开关等组成，用于平移过程中的安全限位保护。

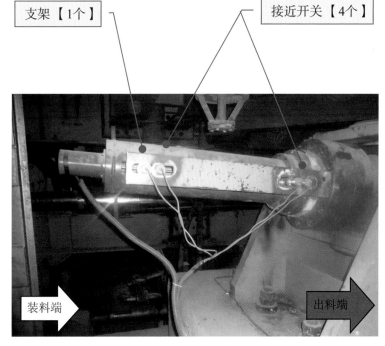

支架【1个】

接近开关【4个】

装料端

出料端

◆ 平移安全限位装置总图

3.3 装料炉门升降装置

3.3.1 功能用途

装料炉门分为左、右两扇，炉门升降装置安装在炉子装料端的炉门框架顶部，用于提升和下降炉门。左、右两扇炉门分别各用两根链条直接吊挂在两个链轮上，由电动拉动实现炉门的提升和下降。炉门的工作行程由主令控制器检测，两端行程保护采用极限开关。主令控制器有多个回路，不仅可以控制炉门升降的极限位置，还可以根据工作需要将炉门停止在要求的位置上。炉门的升降与装料端操作有连锁关系。该炉门既可单独操作，也可自动控制。

3.3.2 设备组成

装料炉门升降装置由电机、减速机、重载传动滚子链、轴承座、链轮、行程开关装置及焊接底座等组成。

装料炉门升降装置
- 传动装配（一）【1套】
- 传动装配（二）【1套】
- 链轮装配（一）【2套】
- 链轮装配（二）【2套】
- 弯板滚子链【1套】
- 配重装配【2套】
- 接近开关装配【2套】

3.3.3 技术性能

装料炉门升降装置技术性能表			
序号	项 目	内 容	备注
1	炉门质量	Q=11t/扇	2扇
2	炉门工作行程	S=2050mm	
3	炉门升降速度	v=0.2m/s	
4	电机	YZRE160L-6，7.5kW，380V，24.9A，50Hz，绝缘等级F，防护等级IP44，工作制S5，60%负荷持续率≤88dB（a），转速945r/min	2台
5	减速机	型号：K157AD5，速比i=122.39；服务系数Fb=2.0	2台
6	电子主令控制器	型号：CLK2-WDT-F-K06L，1：5；控制电路数6，电压DC，24V	2台
7	接近开关	型号：LJ30A3-15-Z/EX；电压：DC，24V	4台
8	润滑	轴承：手动给脂；减速机：油浴	

3.3.4 装配总图

◆ 装料炉门升降装置总图视图（1）

传动装配（一）【1套】

接近开关装配【2套】

链轮装配（一）【2套】

链轮装配（二）【2套】

弯板滚子链（74节）
【2套】

弯板滚子链（49节）

传动装配（二）【1套】

◆ 装料炉门升降装置总图视图（2）

炉门升降装置

分界线

炉门

吊环【4个】

销轴【4个】

销【8个】

弯板滚子链（71节）【4套】

链接头【2个】

销轴【4个】

销【8个】

连接件【2个】

接头【2个】

配重连杆【2个】

配重装配【2套】

螺旋扣【2个】

链紧固件【2个】

◆ 装料炉门升降装置局部放大视图（1）

◆ 装料炉门升降装置局部放大视图（2）

◆ 装料炉门升降装置局部放大视图（3）

3.3.5 传动装配（一）

◆ 传动装配（一）总图

联轴器罩
WG9联轴器
轮胎式联轴器
链轮（一）
主令控制器
CLK2-WDT-F-K06L
电机
YZRE160L-6，7.5kW
380V，24.9A，50Hz
轴承座
底座（一）
减速机

3.3.6 传动装配（二）

◆ 传动装配（二）总图

主令控制器
CLK2-WDT-F-K06L
联轴器罩
轮胎式联轴器
减速机
电机
YZRE160L-6，7.5kW
380V，24.9A，50Hz
WG9联轴器
底座（二）
轴承座
链轮（二）

3.3.7 链轮装配

链轮装配（一）【2套】
链轮装配（二）【2套】

◆ 链轮装配总图

3.3.8 弯板滚子链

◆ 弯板滚子链总图

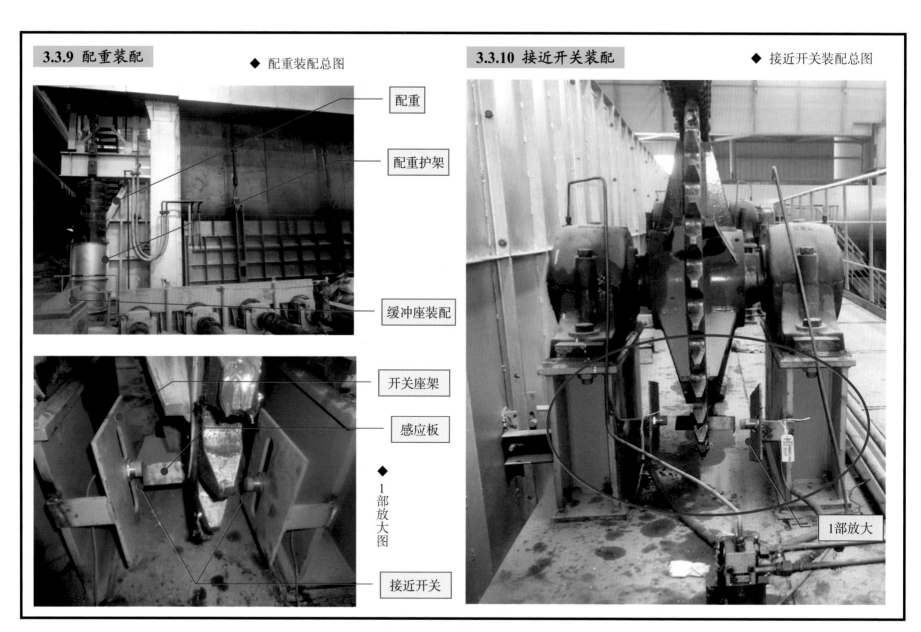

3.3.9 配重装配

◆ 配重装配总图

配重

配重护架

缓冲座装配

开关座架

感应板

◆ 1 部放大图

接近开关

3.3.10 接近开关装配

◆ 接近开关装配总图

1部放大

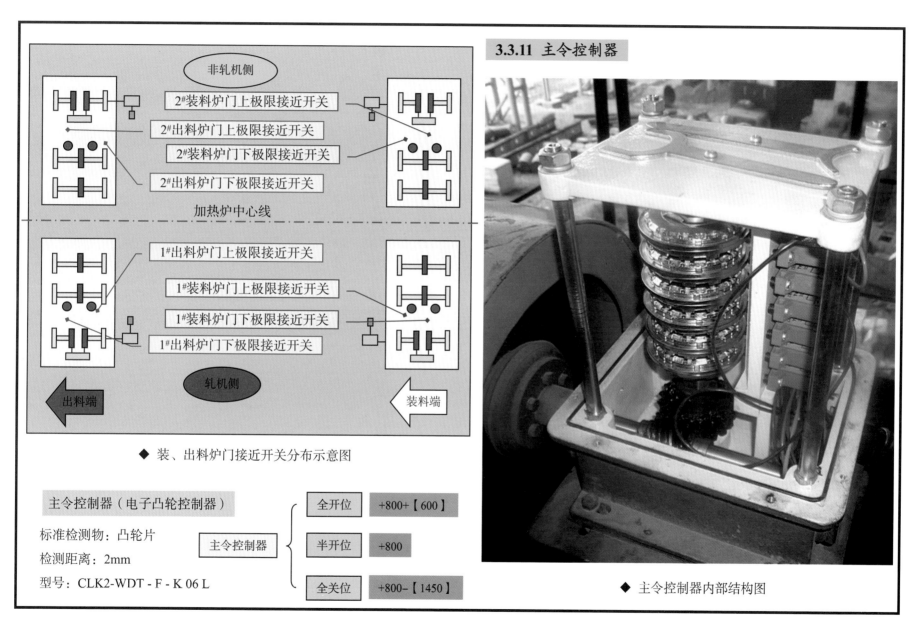

3.3.11 主令控制器

非轧机侧

2#装料炉门上极限接近开关

2#出料炉门上极限接近开关

2#装料炉门下极限接近开关

2#出料炉门下极限接近开关

加热炉中心线

1#出料炉门上极限接近开关

1#装料炉门上极限接近开关

1#装料炉门下极限接近开关

1#出料炉门下极限接近开关

轧机侧

出料端

装料端

◆ 装、出料炉门接近开关分布示意图

主令控制器（电子凸轮控制器）

标准检测物：凸轮片

检测距离：2mm

型号：CLK2-WDT - F - K 06 L

主令控制器

全开位	+800+【600】
半开位	+800
全关位	+800-【1450】

◆ 主令控制器内部结构图

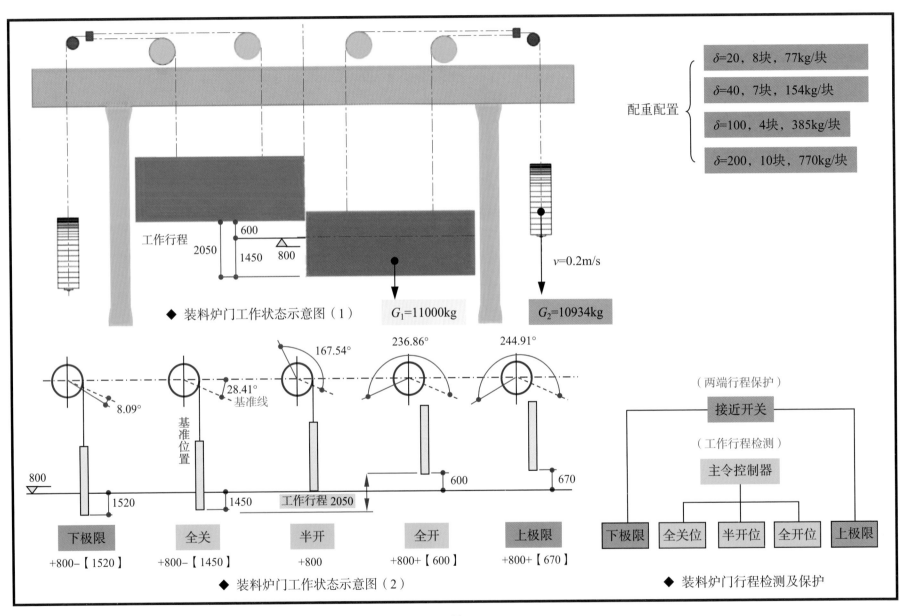

配重配置
- $\delta=20$，8块，77kg/块
- $\delta=40$，7块，154kg/块
- $\delta=100$，4块，385kg/块
- $\delta=200$，10块，770kg/块

工作行程

2050
600
1450
800

$v=0.2$m/s

$G_1=11000$kg

$G_2=10934$kg

◆ 装料炉门工作状态示意图（1）

167.54°
236.86°
244.91°

8.09°

28.41°
基准线

基准位置

800

1520
1450
工作行程2050
600
670

下极限　　　全关　　　半开　　　全开　　　上极限

+800–【1520】　　+800–【1450】　　+800　　+800+【600】　　+800+【670】

◆ 装料炉门工作状态示意图（2）

（两端行程保护）

接近开关

（工作行程检测）

主令控制器

下极限　全关位　半开位　全开位　上极限

◆ 装料炉门行程检测及保护

3.4 出料炉门升降装置

3.4.1 功能用途

出料炉门分左、右两扇，炉门升降装置安装在炉子出料端的炉门框架顶部，用于提升和下降炉门。左、右两扇炉门分别各用两根链条直接吊挂在两个链轮上，由电动拉动实现炉门的提升和下降。炉门的工作行程由主令控制器检测，两端行程保护采用极限开关。主令控制器有多个回路，不仅可以控制炉门升降的极限位置，还可以根据工作需要将炉门停止在要求的位置上。炉门的升降与出料端操作有连锁关系。该炉门既可单独操作，也可自动控制。

3.4.2 设备组成

出料炉门升降装置由电机、减速机、重载传动滚子链、轴承座、链轮、行程开关装置及焊接底座等组成。

出料炉门升降装置 {
传动装配（一）【1套】
传动装配（二）【1套】
链轮装配（一）【2套】
链轮装配（二）【2套】
弯板滚子链【1套】
配重装配【2套】
接近开关装配【2套】

3.4.3 技术性能

出料炉门升降装置技术性能表

序号	项目	内　容	备注
1	炉门质量	$Q=12t/$扇	2扇
2	炉门工作行程	$S=1860mm$	
3	炉门升降速度	$v=0.2m/s$	
4	电机	YZRE160L-6，7.5kW，380V，24.9A，50Hz，绝缘等级F，防护等级IP44，工作制S5，60%负荷持续率≤88dB（a），转速945r/min	2台
5	减速机	型号K157AD5，速比$i=122.39$；服务系数$Fb=2.0$	2台
6	电子主令控制器	型号CLK2-WDT-F-K06L，1∶5；控制电路数6，电压DC，24V	2台
7	接近开关	型号LJ30A3-15-Z/EX；电压DC，24V	4台
8	润滑	轴承：手动给脂；减速机：油浴	

3.4.4 装配总图

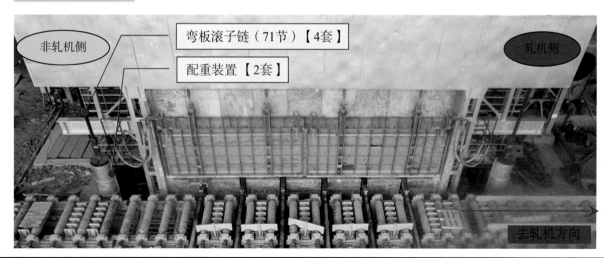

非轧机侧　弯板滚子链（71节）【4套】　轧机侧

配重装置【2套】

去轧机方向

出料炉门升降装置总图视图（1）

链轮装配（一）【2套】　　　　链轮装配（二）【2套】

传动装配（一）【1套】　　　　传动装配（二）【1套】

◆ 出料炉门升降装置总图视图（2）

弯板滚子链（51节）【2套】

弯板滚子链（75节）【2套】

接近开关装配【2套】

◆ 出料炉门升降装置总图视图（3）

螺旋扣【2套】

链紧固件【2套】

◆ 出料炉门升降装置局部放大图

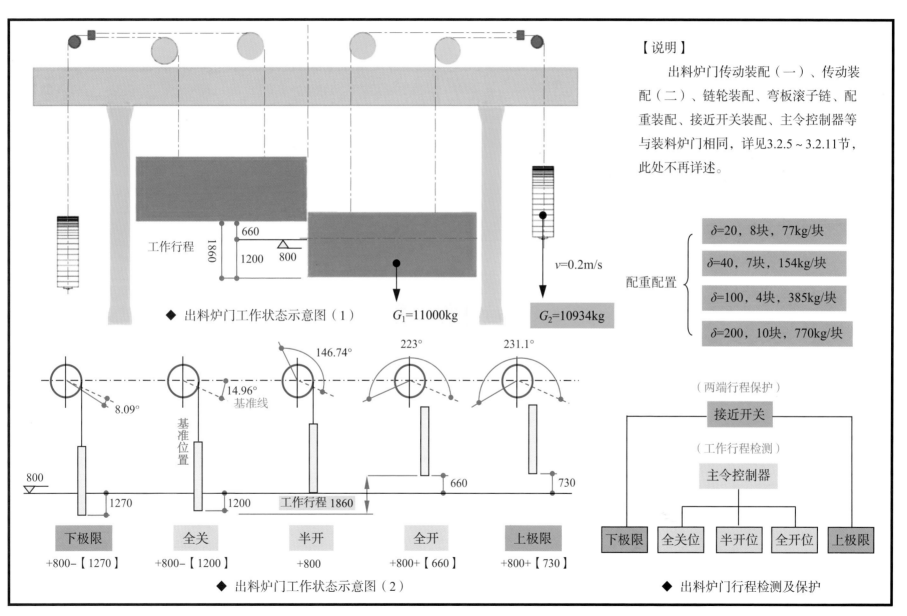

【说明】

出料炉门传动装配（一）、传动装配（二）、链轮装配、弯板滚子链、配重装配、接近开关装配、主令控制器等与装料炉门相同，详见3.2.5～3.2.11节，此处不再详述。

工作行程

1860

660

1200

800

工作行程

G_1=11000kg

G_2=10934kg

v=0.2m/s

◆ 出料炉门工作状态示意图（1）

配重配置 { δ=20，8块，77kg/块
δ=40，7块，154kg/块
δ=100，4块，385kg/块
δ=200，10块，770kg/块 }

146.74°

223°

231.1°

14.96°
基准线

8.09°

基准位置

800

1270

1200

工作行程 1860

660

730

下极限

全关

半开

全开

上极限

+800–【1270】

+800–【1200】

+800

+800+【660】

+800+【730】

◆ 出料炉门工作状态示意图（2）

（两端行程保护）

接近开关

（工作行程检测）

主令控制器

下极限 | 全关位 | 半开位 | 全开位 | 上极限

◆ 出料炉门行程检测及保护

4 液 压

4.1 概述

4.1.1 设备用途

炉区共设置一套液压系统，用于驱动炉子的炉底机械、装钢机、出钢机、称重装置等设备动作。装钢机、出钢机、称重装置的液压系统与加热炉本体液压设备共用油箱和主泵站。

4.1.2 设备组成

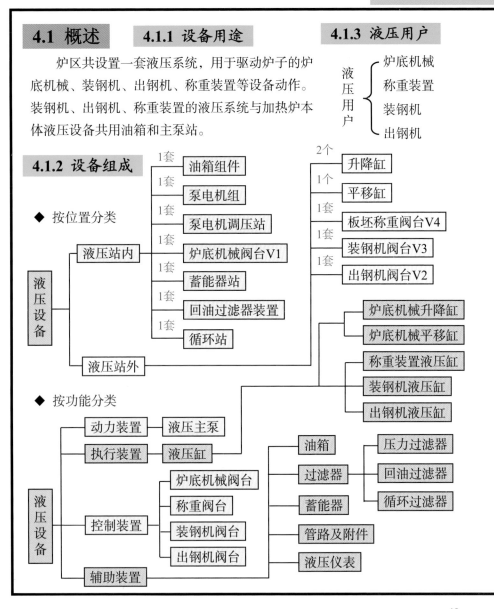

◆ 按位置分类

◆ 按功能分类

4.1.3 液压用户

液压用户
- 炉底机械
- 称重装置
- 装钢机
- 出钢机

4.1.4 液压系统主要介质参数

液压油：抗磨液压油VG46/40℃，清洁度：NAS6～7级

系统压力：17MPa

液压油工作温度：30～50℃

液压站房内环境温度：≤37℃

冷却水：净环水，进水温度≤35℃，出水温度≤40℃

4.1.5 液压系统元件代号

代号	名称	代号	名称
MA	交流电机	P	压力油
TG	测速发电机	T	回油
PG	脉冲发生器	L	泄油
UC	编码器	PF	补油
RH	电加热器	ST	温度开关
SET	温度传感器	SP	压力开关
SEP	压力传感器	SF	流量开关
SEF	流量传感器	SL	液位开关
SEL	液位传感器	SA	接近开关
SDP	过滤器发讯器	SQ	限位开关
YVL	电磁气阀		行程开关
YVM	电动阀	VSP	电子压力开关
YVH	电磁溢流阀	VYH	电动阀
YVM	电磁水阀	VYVH	电磁换向阀
YVHP	液压比例阀	VYVHP	比例节流阀
YVHS	液压伺服阀		比例换向阀

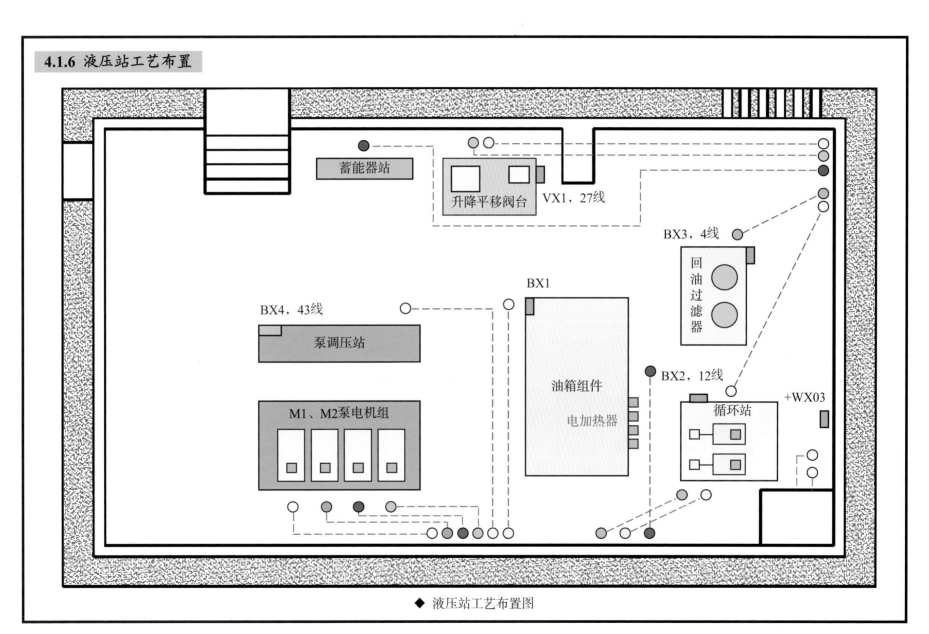

蓄能器站

升降平移阀台

VX1，27线

BX3，4线

回油过滤器

BX1

BX4，43线

泵调压站

油箱组件

电加热器

M1、M2泵电机组

BX2，12线

循环站

+WX03

◆ 液压站工艺布置图

4.1.7 液压系统工艺流程

◆ 液压系统工艺流程图（1）

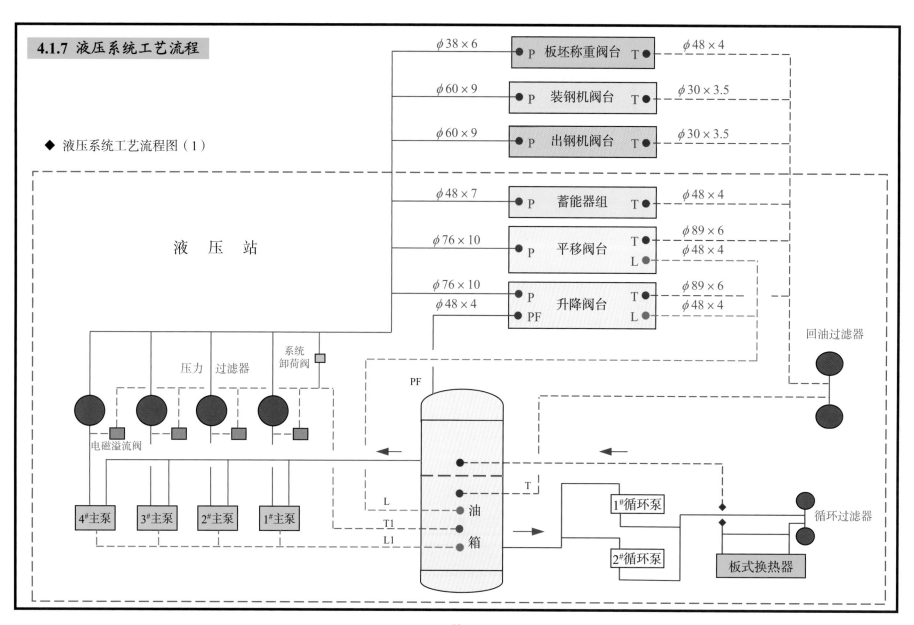

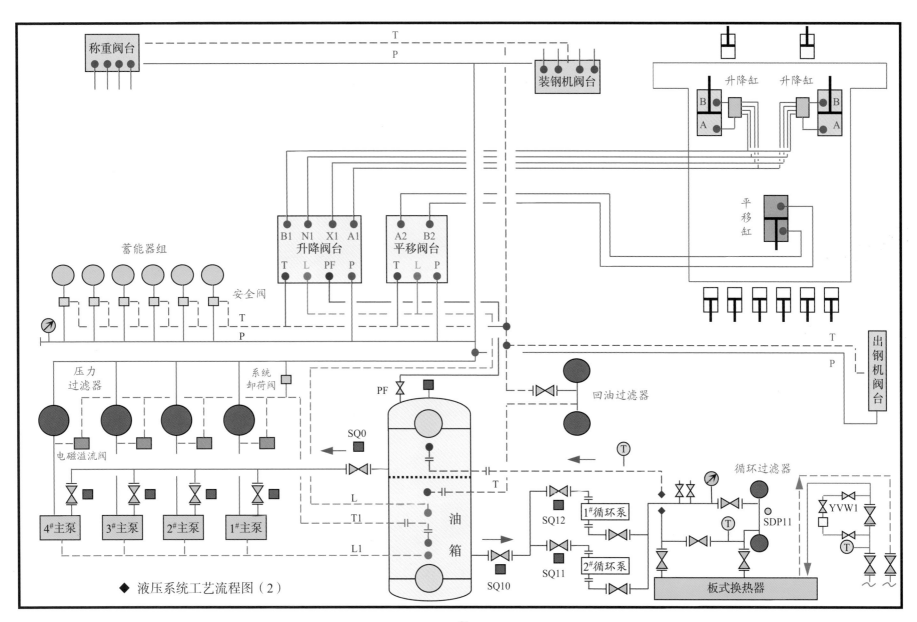

◆ 液压系统工艺流程图（2）

称重阀台

装钢机阀台

升降缸　升降缸

平移缸

蓄能器组

安全阀

升降阀台
B1　N1　X1　A1
T　L　PF　P

平移阀台
A2　B2
T　L　P

出钢机阀台

压力过滤器

系统卸荷阀

PF

回油过滤器

SQ0

电磁溢流阀

4#主泵　3#主泵　2#主泵　1#主泵

油箱

循环过滤器

1#循环泵

2#循环泵

SQ12

SQ11

SQ10

SDP11

YVW1

板式换热器

4.2 油箱组件

4.2.1 设备概述

◆ **设备用途**

（1）储存油液；（2）散发油液中的热量；
（3）分离油液中的气体；（4）沉淀油液中的污物。

◆ **结构形式**

8000L，不锈钢，圆筒形。

◆ **技术特点**

（1）内置式电加热器。
（2）设有油箱液面（带有模拟量输出，可以在HMI上显示液位高度）、油箱温度、油液含水量监测等自动报警系统（油箱液位4点报警）。

◆ **油的过滤**

　　设有高压油出口过滤、回油过滤和循环过滤的三重过滤措施，确保系统油液的清洁。

（1）高压过滤器：4台，5μm，设置在泵出口；
（2）循环过滤器：1台，双筒式，3μm，设置在循环管路上；
（3）回油过滤器：1台，双筒式，10μm，设置在回油管路上。

◆ **油温控制**

4点发讯

【1】ST.a：<15℃，低温报警，主泵不能启动。

【2】ST.b：35℃，电加热器断电。

【3】ST.c：38～48℃，电磁阀YVW1接电断电，冷却器关。

【4】ST.d：>60℃，高温报警，延时0～30s后，停主泵。

◆ 油箱组件总图视图（1）　　◆ 油箱组件总图视图（2）

◆ 油箱组件总图视图（3）

4.2.2 设备组成

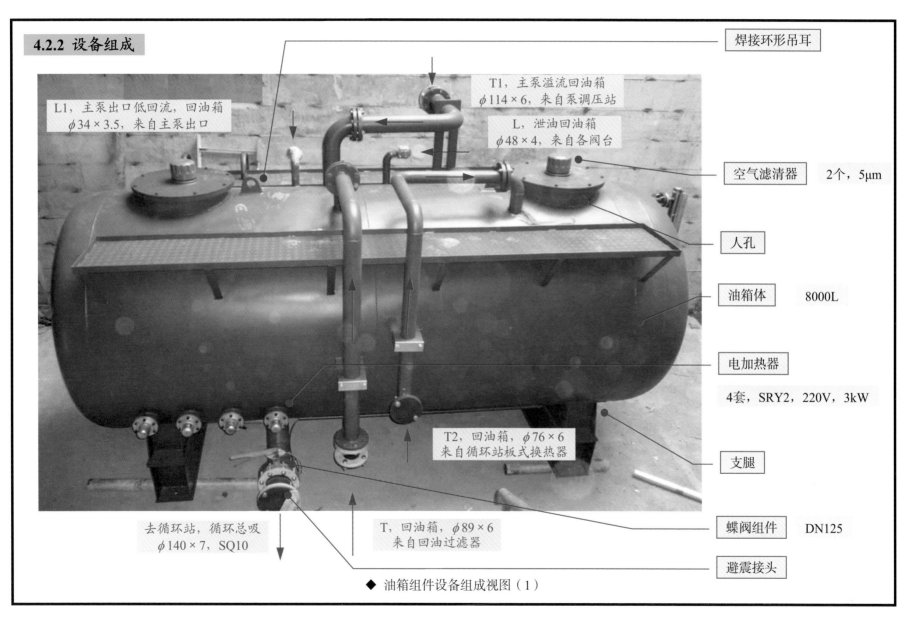

焊接环形吊耳

L1，主泵出口低回流，回油箱
φ34×3.5，来自主泵出口

T1，主泵溢流回油箱
φ114×6，来自泵调压站

L，泄油回油箱
φ48×4，来自各阀台

空气滤清器　　2个，5μm

人孔

油箱体　　8000L

电加热器

4套，SRY2，220V，3kW

支腿

T2，回油箱，φ76×6
来自循环站板式换热器

去循环站，循环总吸
φ140×7，SQ10

T，回油箱，φ89×6
来自回油过滤器

蝶阀组件　　DN125

避震接头

◆ 油箱组件设备组成视图（1）

磁保持开关，SL.1a

液位太高，油箱
不得加油，报警

磁保持开关，SL.1b

液位正常

高位取样阀

磁保持开关，SL.1c

液位低，油箱需要加油，
主泵不能启动，报警

磁保持开关，SL.1d

液位太低，所有
工作泵停止，报警

磁性液位变送器，SEL1

模拟量输出，
画面显示油箱液位

补油阀，PF，$\phi 48 \times 4$

低位取样阀（排油阀）

◆ 油箱组件设备组成视图（2）

端子箱（BX1）

温度控制装置

接近开关
（SQ0）

蝶阀组件
（DN150）

◆ 油箱组件设备组成视图（3）

磁浮子液位计

◆ 油箱组件设备组成视图（4）

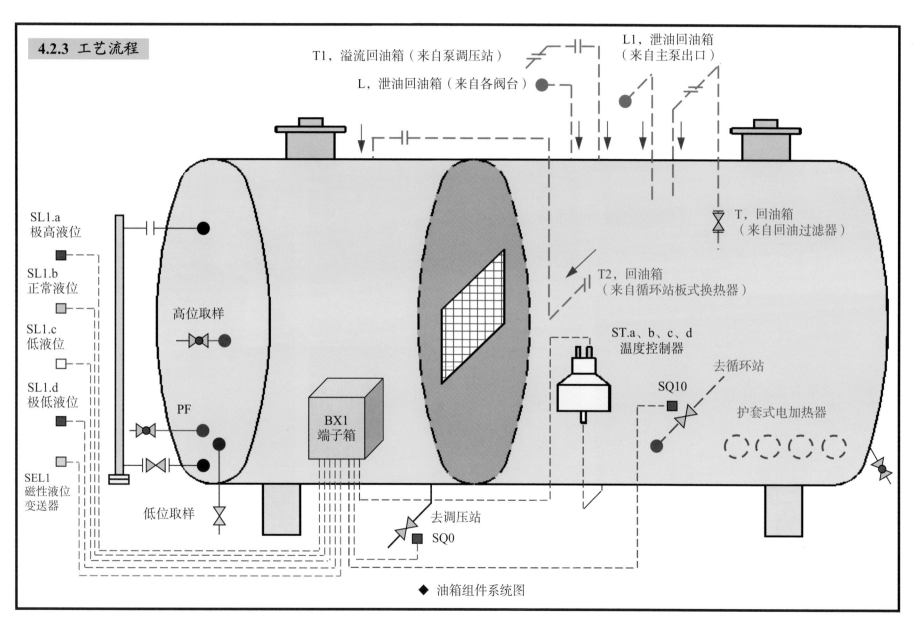

4.2.3 工艺流程

T1，溢流回油箱（来自泵调压站）

L1，泄油回油箱
（来自主泵出口）

L，泄油回油箱（来自各阀台）

T，回油箱
（来自回油过滤器）

SL1.a
极高液位

SL1.b
正常液位

SL1.c
低液位

SL1.d
极低液位

SEL1
磁性液位
变送器

高位取样

PF

低位取样

BX1
端子箱

T2，回油箱
（来自循环站板式换热器）

ST.a、b、c、d
温度控制器

去循环站

SQ10

护套式电加热器

去调压站

SQ0

◆ 油箱组件系统图

4.3 泵电机组

4.3.1 设备概述

◆ 设备用途

提供系统所需流量和压力，为系统提供动力。

◆ 结构形式

恒压变量柱塞泵。

◆ 技术参数

数量：4套（3套工作，1套备用）

流量：320 L/min；压力：17MPa

电机功率：132kW；电机转速：1500r/min

供电条件：AC380V×50Hz

4.3.3 工艺布置

M1泵电机组

M2泵电机组

◆ 泵电机组工艺布置图

4.3.2 设备组成

◆ M1泵电机组

回流回油箱

去调压块组

主泵入口
来自油箱

低压胶管总成

高压胶管总成

联轴器

恒压变量柱塞泵

泵电机底座

电机

泵油盘

◆ M2泵电机组

4.4 泵电机调压站

4.4.1 设备概述

◆ 设备用途

提供系统所需流量和压力，为系统提供动力。

◆ 泵电机调压站总图

泄油块

系统卸荷阀
YVH10

端子箱
BX4

调压块组

电磁溢流阀
YVH04

高压过滤器
发讯器SDP4

高压过滤器
5μm

压力继电器组件
SEP1

◆ 泵电机调压站设备组成

4.4.3 设备接口

溢流回油箱
T1，$\phi 114 \times 6$

去各阀台
P，$\phi 76 \times 10$

主泵回流回油箱
L1，$\phi 34 \times 3.5$

来自油箱
P，$\phi 168 \times 8$

去1#主泵
SQ1

去2#主泵
SQ2

去3#主泵
SQ3

去4#主泵
SQ4

YVH01　YVH02

◆ 泵电机调压站设备接口视图（1）

溢流回油箱
T1，$\phi 114 \times 6$

去各阀台
P，$\phi 76 \times 10$

主泵回流回油箱
L1，$\phi 34 \times 3.5$

来自1#主泵

来自2#主泵

来自油箱
P，$\phi 168 \times 8$

来自3#主泵

来自4#主泵

去1#主泵
SQ4

去2#主泵
SQ3

去3#主泵
SQ2

去4#主泵
SQ1

◆ 泵电机调压站设备接口视图（2）

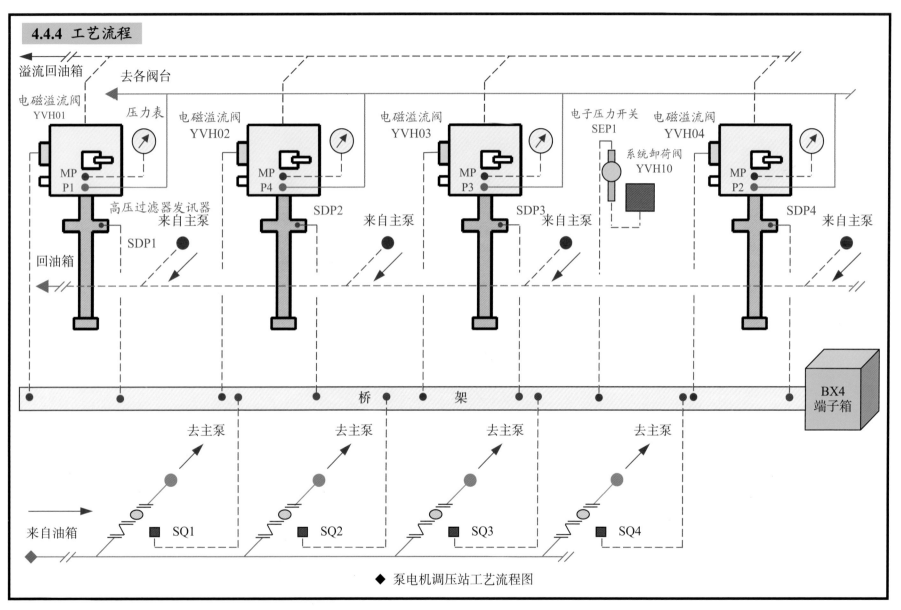

4.4.4 工艺流程

溢流回油箱

去各阀台

电磁溢流阀 YVH01

压力表

电磁溢流阀 YVH02

电磁溢流阀 YVH03

电子压力开关 SEP1

电磁溢流阀 YVH04

MP
P1

MP
P4

MP
P3

系统卸荷阀 YVH10

MP
P2

高压过滤器发讯器
来自主泵

来自主泵

来自主泵

来自主泵

SDP2

SDP3

SDP4

回油箱

SDP1

桥　　架

BX4
端子箱

去主泵

去主泵

去主泵

去主泵

来自油箱

SQ1

SQ2

SQ3

SQ4

◆ 泵电机调压站工艺流程图

· 60 ·

4.5 循环站

4.5.1 设备概述

◆设备用途
循环、冷却和过滤液压油。

◆设备特点
（1）循环泵：螺杆泵，自带安全阀，设置备用泵。
（2）冷却器：板式热交换器。
（3）循环过滤器：压力反馈，人工手动切换，1台，双筒式，过滤精度3μm。

◆技术参数
（1）循环泵
数量：2套，1用1备
流量：424 L/min
压力：1.0MPa
电机功率：11kW
电机转速：1500r/min
供电条件：AC380V×50Hz
（2）电加热器
功率：3×3=9kW
供电条件：AC220V×50Hz
（3）冷却器
数量：1个，板式换热器
换热量：约91kW
冷却水量：约15m³/h

4.5.2 设备组成

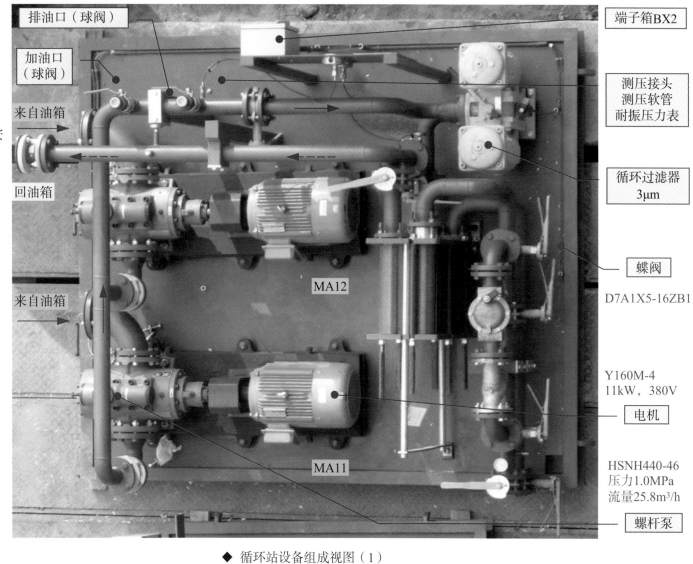

排油口（球阀）
加油口（球阀）
来自油箱
回油箱
来自油箱
MA12
MA11
端子箱BX2
测压接头 测压软管 耐振压力表
循环过滤器 3μm
蝶阀
D7A1X5-16ZB1
Y160M-4 11kW，380V
电机
HSNH440-46 压力1.0MPa 流量25.8m³/h
螺杆泵

◆ 循环站设备组成视图（1）

可曲挠接头

KXT-Ⅰ

止回阀

避震接头

接近开关

可曲挠接头

回油箱

SQ12

SQ11

循环泵入口
来自油箱

循环泵入口
来自油箱

◆ 循环站设备组成视图（2）

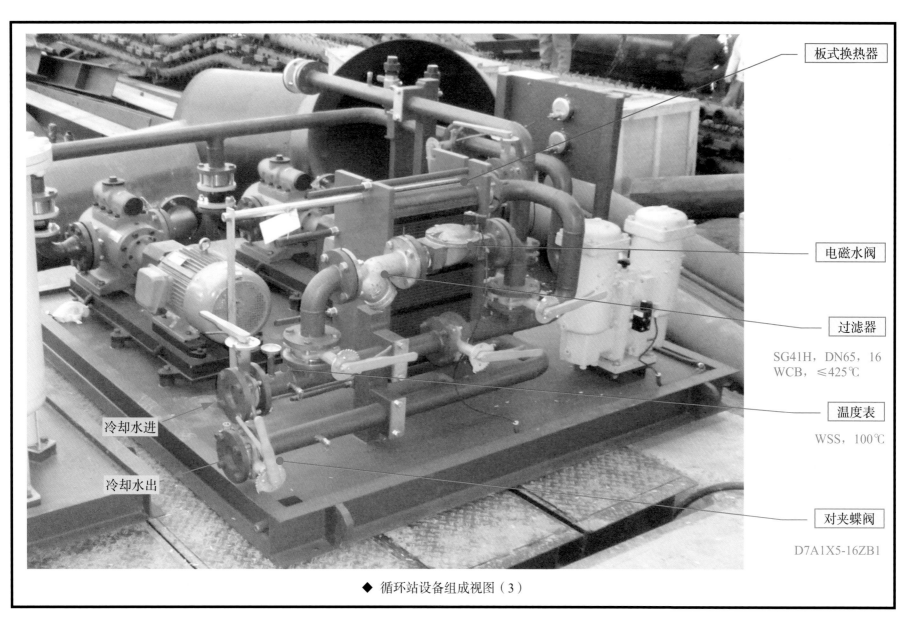

板式换热器

电磁水阀

过滤器

SG41H，DN65，16
WCB，≤425℃

温度表

WSS，100℃

冷却水进

冷却水出

对夹蝶阀

D7A1X5-16ZB1

◆ 循环站设备组成视图（3）

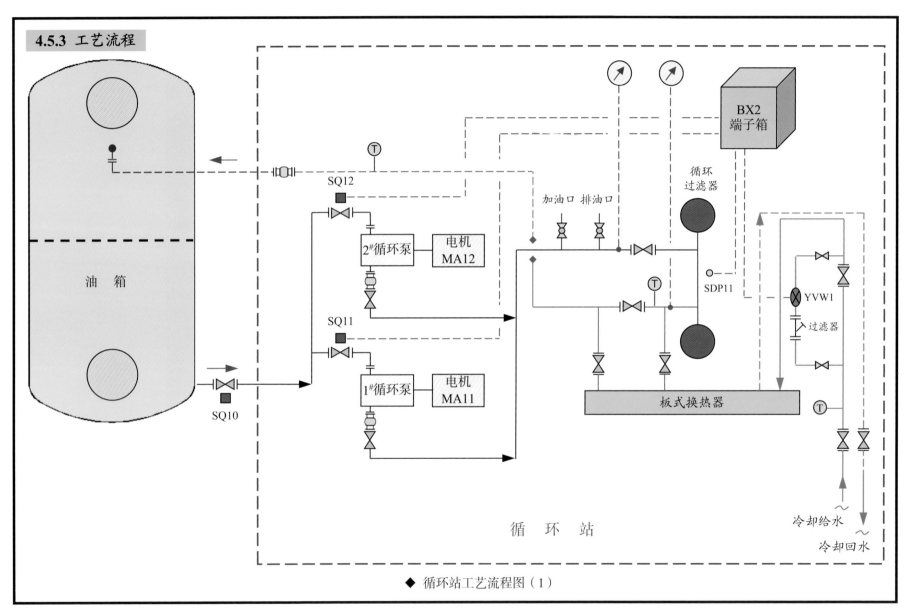

4.5.3 工艺流程

油箱

SQ12

SQ11

SQ10

2#循环泵   电机 MA12

1#循环泵   电机 MA11

BX2 端子箱

循环 过滤器

加油口 排油口

SDP11

YVW1

过滤器

板式换热器

冷却给水

冷却回水

循 环 站

◆ 循环站工艺流程图（1）

4.6 回油过滤器装置

4.6.1 设备概述

◆ 设备用途

对系统回油进行过滤。

◆ 设备性能

双筒式，过滤精度10μm。

4.6.2 设备接口

回油过滤器入口
来自各阀台
$\phi 89 \times 6$

回油过滤器出口
回油箱
$\phi 89 \times 6$

◆ 回油过滤装置总图

4.6.3 设备组成

端子箱，BX3

止回阀组件，1个

回油过滤器，1套
10μm

回油过滤器
发讯器 SDP12

底块，6块

底座，1套

◆ 回油过滤装置结构组成

起重钩，4个

4.7 蓄能器组

4.7.1 设备概述

◆ 设备用途

　　用于流量补偿、稳定压力、吸收冲击、事故应急等，能储存部分液压油满足系统尖峰时所需。

◆ 设备性能

蓄能器：6个
形式：皮囊式；容积：50 L
压力：16MPa

4.7.3 系统简图

4.7.2 设备结构

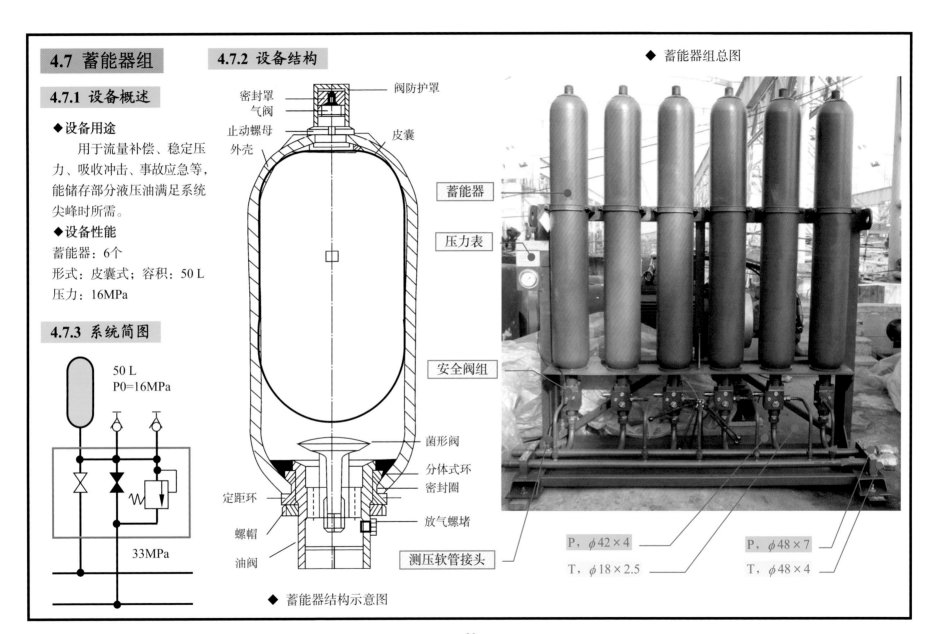

50 L
P0=16MPa

33MPa

密封罩
气阀
止动螺母
外壳
阀防护罩
皮囊

蓄能器
压力表
安全阀组

菌形阀
分体式环
密封圈
定距环
螺帽
油阀
放气螺堵
测压软管接头

◆ 蓄能器结构示意图

◆ 蓄能器组总图

P，$\phi 42 \times 4$
T，$\phi 18 \times 2.5$
P，$\phi 48 \times 7$
T，$\phi 48 \times 4$

4.8 升降平移阀台

4.8.1 设备概述

◆设备用途

用于控制炉底机械的升降平移运动。

◆设备特点

采用新型单腔控制回路，该系统控制原理与过去常规双腔控制回路区别在于：比例阀由控制有杆腔和无杆腔两腔流量，变为只控制无杆腔，即升降缸上升时比例阀控制进油路，下降时控制回油路。尽管相比于两腔控制系统，该系统增加了一个油路切换回路，但由于比例阀只控制一腔流量，使其在一个周期内所控制的速度数量比两腔控制系统减少一半，比例阀工作状况得以改善，系统稳定性和可调性得到了很大提高。

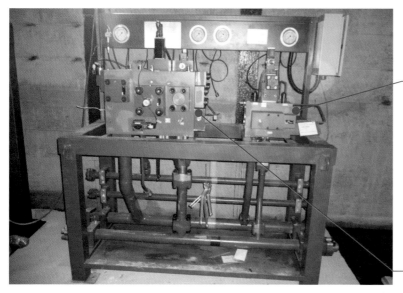

平移阀台

升降阀台

◆ 升降平移阀台总图视图（1）

PF

L

T

P

◆ 升降平移阀台总图视图（2）

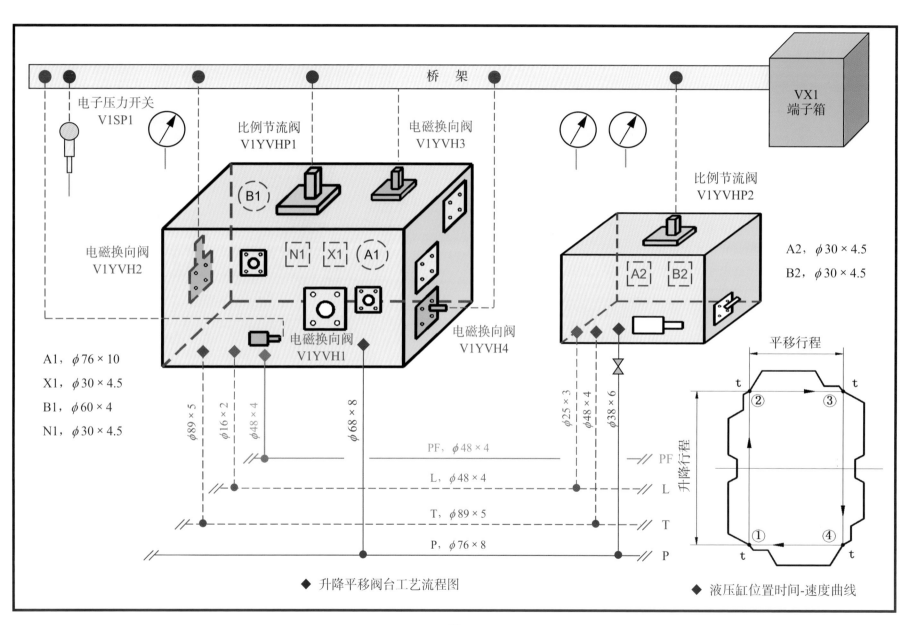

桥 架

VX1
端子箱

电子压力开关
V1SP1

比例节流阀
V1YVHP1

电磁换向阀
V1YVH3

比例节流阀
V1YVHP2

电磁换向阀
V1YVH2

A2，$\phi\,30 \times 4.5$

B2，$\phi\,30 \times 4.5$

B1

N1   X1   A1

A2   B2

电磁换向阀
V1YVH1

电磁换向阀
V1YVH4

A1，$\phi\,76 \times 10$

X1，$\phi\,30 \times 4.5$

B1，$\phi\,60 \times 4$

N1，$\phi\,30 \times 4.5$

$\phi\,89 \times 5$

$\phi\,16 \times 2$

$\phi\,48 \times 4$

$\phi\,68 \times 8$

$\phi\,25 \times 3$

$\phi\,48 \times 4$

$\phi\,38 \times 6$

PF，$\phi\,48 \times 4$ PF

L，$\phi\,48 \times 4$ L

T，$\phi\,89 \times 5$ T

P，$\phi\,76 \times 8$ P

平移行程

升降行程

② ③

① ④

◆ 升降平移阀台工艺流程图

◆ 液压缸位置时间-速度曲线

4.8.2 升降阀台

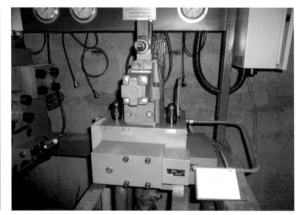

◆ 升降阀台总图

◆ 升降液压缸时间-速度曲线

4.8.3 平移阀台

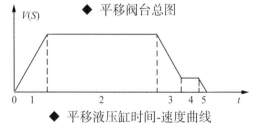

◆ 平移阀台总图

◆ 平移液压缸时间-速度曲线

4.9 升降缸

4.9.1 设备概述

◆设备用途

　　作为步进梁升降运动的执行装置，驱动步进梁做升降运动。共2只，沿着加热炉中心线对称布置。非轧机侧带位移传感器，轧机侧不带位移传感器。

升降缸

◆ 升降缸总图【非轧机侧，带位移传感器】

4.9.2 设备接口　　◆ 升降缸接口图（1）

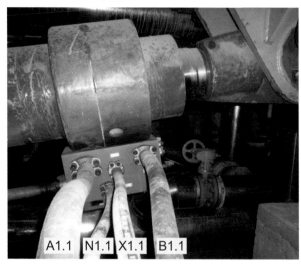

A1.1　N1.1　X1.1　B1.1

◆ 升降缸接口图（2）

A1.1　　　B1.1

X1.1

N1.1

B
有杆腔

装料端

B1.2   X1.2

A1.2

N1.2

A
无杆腔

出料端

油口B，连有杆腔

油口A，连无杆腔

升降缸块组1

油口，B1.2，$\phi 48 \times 4$

油口，N1.2，$\phi 25 \times 4$

油口，X1.2，$\phi 25 \times 4$
（泄油，回阀台）

油口，A1.2，$\phi 48 \times 7$

B
有杆腔

A
无杆腔

B1.2

A1.2   X1.2   N1.2

◆ 升降缸总图【轧机侧，不带位移传感器】

4.10 平移缸

4.10.1 设备概述

◆设备用途

作为步进梁平移运动的执行装置，驱动步进梁做平移运动。

4.10.2 设备性能

◆设备性能

规格：$\phi 250 / \phi 160\text{-}650$

工作行程：550mm

工作压力：15.5MPa

◆ 平移缸总图

4.11 装钢机阀台

4.11.1 设备概述

◆设备用途

用于驱动执行完成装钢机的各种动作。

4.11.2 设备接口

◆ 装钢机阀台总图

4.12 装钢机液压缸

4.12.1 设备概述

◆设备用途

用于驱动执行完成装钢机的各种动作。

4.12.2 设备组成

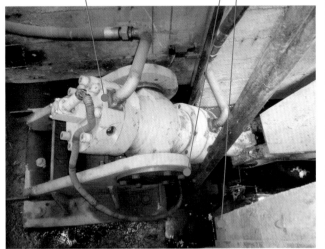

感应板

接近开关

液压缸

◆ 装钢机液压缸总图

4.13 称重阀台

4.13.1 设备概述

◆设备用途

用于驱动执行完成板坯称重的各种动作。

4.13.2 设备总图

◆ 称重阀台总图

4.14 出钢机阀台

4.14.1 设备概述

◆设备用途

用于驱动执行完成出钢的各种动作。

4.14.2 设备总图

◆ 出钢机阀台总图

4.15 出钢机液压缸

4.15.1 设备概述

◆设备用途

用于驱动执行完成出钢的各种动作。

4.15.2 设备总图

◆ 出钢机液压缸总图

4.16 液压中间配管

4.16.1 系统概述

　　液压中间配管主要指液压站到各阀台之间的配管以及各阀台到执行油缸之间的配管。

4.16.2 中间配管

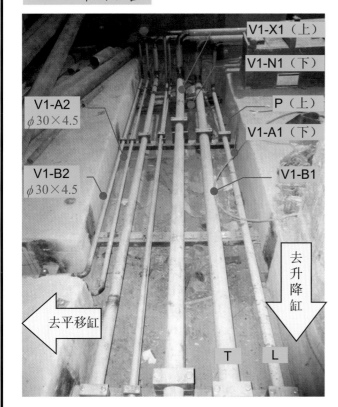

V1-X1（上）

V1-N1（下）

V1-A2
$\phi 30 \times 4.5$

P（上）

V1-A1（下）

V1-B2
$\phi 30 \times 4.5$

V1-B1

去升降缸

去平移缸

T　L

◆ 液压中间配管总图视图（1）

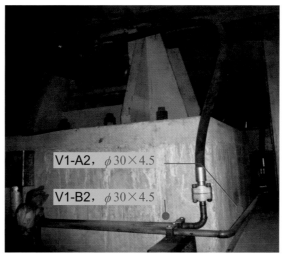

V1-A2，$\phi 30 \times 4.5$

V1-B2，$\phi 30 \times 4.5$

◆ 液压中间配管总图视图（2）

V1-B1.2，$\phi 48 \times 4$

V1-N1.2，$\phi 25 \times 4$

V1-X1.2，$\phi 25 \times 4$

V1-A1.2，$\phi 48 \times 7$

◆ 液压中间配管总图视图（4）

◆ 液压中间配管总图视图（3）

V1-B1.1，$\phi 48 \times 4$

V1-N1.1，$\phi 25 \times 4$

V1-X1.1，$\phi 25 \times 4$

V1-A1.1，$\phi 48 \times 7$

4.17 液压控制

4.17.1 液压站内连锁控制

◆ 液压站内连锁控制关系表

序号	电气设备	数量	动作要求	电参数	控制室操作要求		连锁条件	液压站内机旁操作箱控制要求	生产操作要求	备注
					控制要求	控制方式				
①	主油泵电机 MA1～MA4	4	正常工作时，3台工作,1台备用(备用泵可以手动投入)，在工作泵出现电气故障时，备用泵自动投入	AC380V 50Hz 132kW	显示工作状态,记忆工作时间	手动按钮启/停	②④⑤⑨⑩	手动按钮启/停,显示工作状态		人工选择工作泵，未选的一台泵自动作备用泵,选择工作泵条件：各泵有大体相同的工作小时数
②	循环油泵电机MA11 MA12	2	正常工作时，1台工作，1台备用，在工作泵出现电气故障时，备用泵自动投入	AC380V 50Hz 11kW	显示工作状态,记忆工作时间	手动按钮启/停	⑨	手动按钮启/停,显示工作状态		主泵启动前必须启动循环泵
③	电磁溢流阀 YVH01～ YVH04	4	YVH01～04相对应的主油泵电机（MA1～4），启动后延迟0～10s得电加载；主油泵电机停止后0～10s断电	DC24V （30W）		自动	①		生产准备就绪	
④	液位计 SL1 SEL1	1	SL1.a=1 液位太高不得加油，报警；SL1.b=1 油箱液位正常；SL1.c=0 液位低油箱需要加油，主泵不能启动，报警；SL1.d=0 液位太低，所有工作泵停止，报警		显示工作状态，报警显示	自动		共用一个指示灯显示报警状态	SL1.d 报警,液压系统故障(声音报警)	
			SEL1：模拟量输出	DC24V	画面显示油箱液位					

◆ 液压站内连锁控制关系表（接上表）

序号	电气设备	数量	动作要求	电参数	控制要求	控制方式	连锁条件	液压站内机旁操作箱控制要求	生产操作要求	备注
⑤	温度控制装置 ST1 SET1	1	［ST1.a］：<15℃，低温报警，主泵不能启动； ［ST1.b］：35℃，电加热器断电； ［ST1.c］：48～38℃，电磁阀YVW1接电/断电（冷却器开/关）； ［ST1.d］：>60℃，高温报警，延时0～30s停主泵		显示工作状态，报警显示	自动	⑥⑦	共用一个指示灯显示报警状态	>60℃液压系统故障，声音报警高温报警	
			［SET1］：4～20mA（0～100℃）模拟量输出温度 <20℃，电加热器接电； 温度>57℃，油箱温度偏高，报警	DC24V	画面显示油箱温度					
⑥	水冷却器电磁阀YVW1	1	受温度控制装置控制［ST1.c］，开/关	DC24V（60W）	显示工作状态	自动	⑤	显示工作状态手动按钮启/停		
⑦	电加热器 RH1～RH4	4	受温度控制装置控制［ST1.b］和［SET1］，开/关	AC220V 50Hz 3kW	显示工作状态	自动	⑤	显示工作状态手动按钮启/停		一组控制同时开/关
⑧	过滤器 SDP1～SDP4 SDP11 SDP12	8	SDP1~SDP4相对应的主泵压力过滤器堵塞，报警； SDP11循环过滤器堵塞，报警； SDP12回油过滤器堵塞，报警	DC24V（带LED指示灯）	报警显示	自动		共用一个指示灯显示报警状态		通知维护人员及时更换滤芯
⑨	接近开关(截止阀) SQ0～SQ4 SQ10～SQ12	10	SQ0未打开不能启动所有主油泵电机；SQ1～SQ4未打开不能启动相对应的电机MA1～MA4。SQ10未打开不能启动所有循环油泵电机，SQ11、SQ12未打开不能启动相对应的电机MA11、MA12	DC24V	显示工作状态	自动		共用一个指示灯显示报警状态		人工开/关截止阀
⑩	压力继电器 SP1 SEP1	1	SP1.a：系统压力太低，报警，延迟0～10s停止所有主泵； SP1.b：系统压力低，报警，延迟5s启动备用主泵，备用主泵启动完成后，延时30s，如果系统压力恢复正常，停止备用泵；如果系统压力仍然低，停止所有工作主泵	DC24V	显示工作状态	自动		报警显示	SP1.a信号消失液压系统故障(声音报警)	主泵启动完成后，延时2s投入使用
			SEP1：4～20mA(0～25MPa)模拟量输出，压力>22MPa：系统压力高，报警		画面显示系统压力					

◆ 液压站内连锁控制关系表（接上表）

序号	电气设备	数量	动作要求	电参数	控制室操作要求		连锁条件	液压站内机旁操作箱控制要求	生产操作要求	备注
					控制要求	控制方式				
⑪	系统卸荷阀 YVH10	1	系统所有主泵停止后，YVH10得电10s系统卸载	DC24V（30W）		自动/手动	①			
			1.液压站内电气配线由液压件厂配至端子箱（电机、加热器除外）							
			2.液压站机旁操作箱上设"就地操作-操纵室操作"选择开关							
			3.液压站主泵因故障停止后，相对应的加热炉阀台必须恢复停止位置							

◆ 炉底机械电磁铁动作表

加热炉炉底机械电磁铁动作表				
升降缸动作表				备注
电磁铁	步进梁动作			
	上升	下降	停止	
V1YVH1	X	O	X	1. 表中"O"为普通电磁铁接电，"X"为断电。
V1YVH2	X	O	X	2. 生产准备时，升降油缸在下极限位置，平移缸在后极限位置。
V1YVH3	X	O	X	3. 在加热炉操作室操作台操作。
V1YVH4	O	X	X	4. 步进梁的运动和停止位置由电气根据油缸位置传感器和限位开关控制。
V1YVHP1	4～20mA	4～20mA	4mA	5. 控制电压：DC24V。
平移缸动作表				6. 标定压力现场调定。
电磁铁	步进梁动作			7. 比例阀V1YVHP1~2输入信号为4～20mA，详细设定参数见电控任务书。
	前进	后退	停止	8. 在升降过程中V1SP1发讯表示该回路压力异常，相应的升降控制阀块的所有电磁铁应失电，并报警
V1YVHP2	12～4mA	12～20mA	12mA	

4.17.2 液压站RI/O操作箱

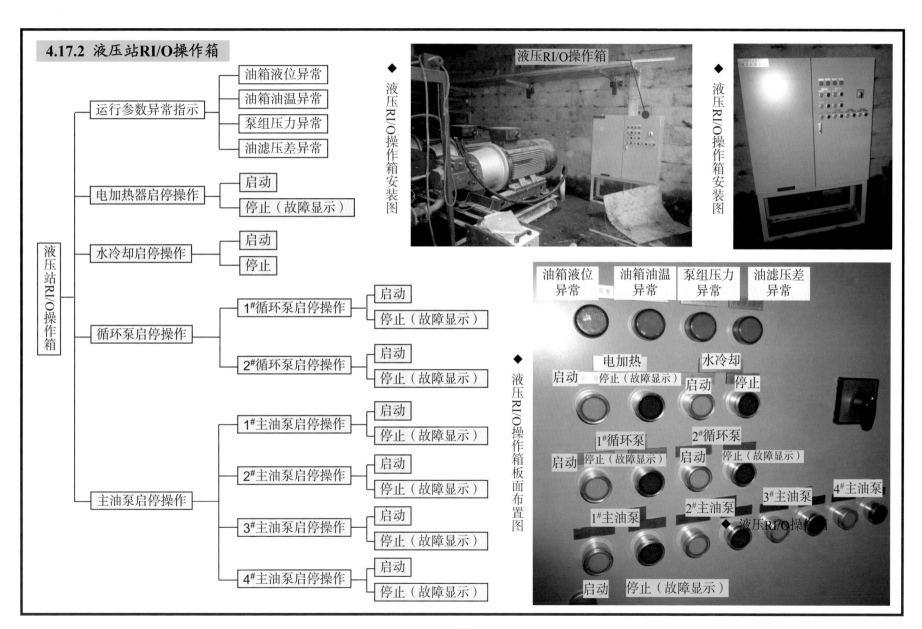

液压RI/O操作箱

液压RI/O操作箱安装图

液压RI/O操作箱安装图

液压RI/O操作箱板面布置图

◆液压RI/O操作箱

运行参数异常指示
- 油箱液位异常
- 油箱油温异常
- 泵组压力异常
- 油滤压差异常

电加热器启停操作
- 启动
- 停止（故障显示）

水冷却启停操作
- 启动
- 停止

循环泵启停操作
- 1#循环泵启停操作
  - 启动
  - 停止（故障显示）
- 2#循环泵启停操作
  - 启动
  - 停止（故障显示）

主油泵启停操作
- 1#主油泵启停操作
  - 启动
  - 停止（故障显示）
- 2#主油泵启停操作
  - 启动
  - 停止（故障显示）
- 3#主油泵启停操作
  - 启动
  - 停止（故障显示）
- 4#主油泵启停操作
  - 启动
  - 停止（故障显示）

液压站RI/O操作箱

油箱液位异常　油箱油温异常　泵组压力异常　油滤压差异常

电加热　水冷却
启动　停止（故障显示）　启动　停止

1#循环泵　2#循环泵
启动　停止（故障显示）　启动　停止（故障显示）

1#主油泵　2#主油泵　3#主油泵　4#主油泵
启动　停止（故障显示）

4.17.3 步进梁控制

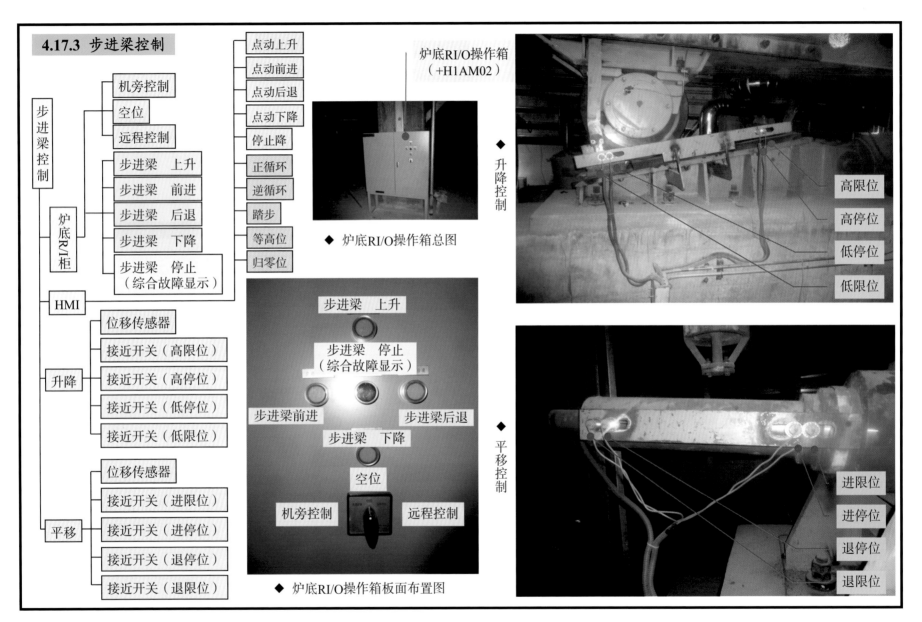

步进梁控制
- 机旁控制
- 空位
- 远程控制
- 炉底R/I柜
  - 步进梁 上升
  - 步进梁 前进
  - 步进梁 后退
  - 步进梁 下降
  - 步进梁 停止（综合故障显示）
  - 点动上升
  - 点动前进
  - 点动后退
  - 点动下降
  - 停止降
  - 正循环
  - 逆循环
  - 踏步
  - 等高位
  - 归零位
- HMI
- 升降
  - 位移传感器
  - 接近开关（高限位）
  - 接近开关（高停位）
  - 接近开关（低停位）
  - 接近开关（低限位）
- 平移
  - 位移传感器
  - 接近开关（进限位）
  - 接近开关（进停位）
  - 接近开关（退停位）
  - 接近开关（退限位）

炉底RI/O操作箱（+H1AM02）

◆ 炉底RI/O操作箱总图

步进梁 上升

步进梁 停止（综合故障显示）

步进梁前进　　步进梁后退

步进梁 下降

空位

机旁控制　　远程控制

◆ 炉底RI/O操作箱板面布置图

◆ 升降控制

高限位
高停位
低停位
低限位

◆ 平移控制

进限位
进停位
退停位
退限位

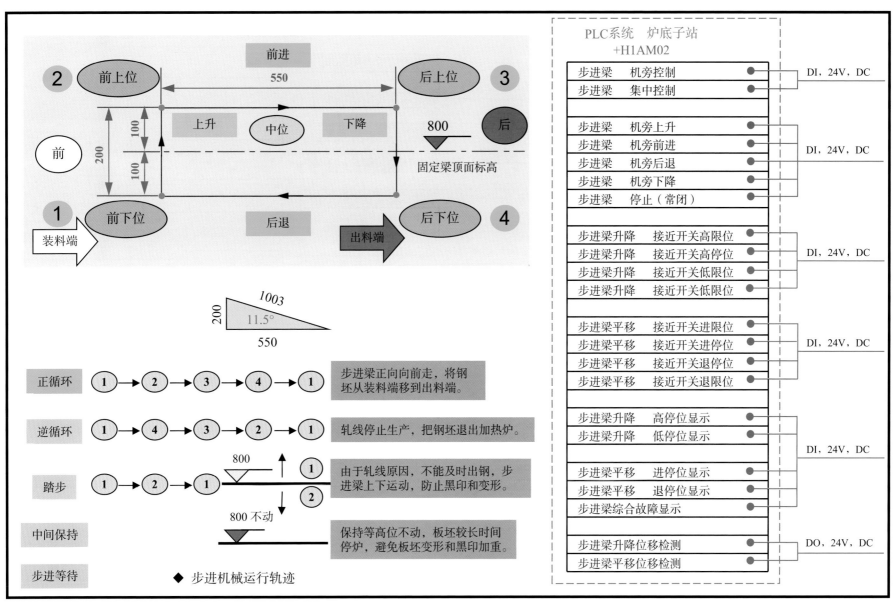

PLC系统　炉底子站
+H1AM02

步进梁　机旁控制	●		DI，24V，DC
步进梁　集中控制	●		
步进梁　机旁上升	●		DI，24V，DC
步进梁　机旁前进	●		
步进梁　机旁后退	●		
步进梁　机旁下降	●		
步进梁　停止（常闭）	●		
步进梁升降　接近开关高限位	●		DI，24V，DC
步进梁升降　接近开关高停位	●		
步进梁升降　接近开关低限位	●		
步进梁升降　接近开关低限位	●		
步进梁平移　接近开关进限位	●		DI，24V，DC
步进梁平移　接近开关进停位	●		
步进梁平移　接近开关退停位	●		
步进梁平移　接近开关退限位	●		
步进梁升降　高停位显示	●		DI，24V，DC
步进梁升降　低停位显示	●		
步进梁平移　进停位显示	●		
步进梁平移　退停位显示	●		
步进梁综合故障显示	●		
步进梁升降位移检测	●		DO，24V，DC
步进梁平移位移检测	●		

正循环　①→②→③→④→①　步进梁正向向前走，将钢坯从装料端移到出料端。

逆循环　①→④→③→②→①　轧线停止生产，把钢坯退出加热炉。

踏步　①→②→①　由于轧线原因，不能及时出钢，步进梁上下运动，防止黑印和变形。

中间保持　保持等高位不动，板坯较长时间停炉，避免板坯变形和黑印加重。

步进等待　◆ 步进机械运行轨迹

5 润 滑

5.1 概述

5.1.1 炉体干油系统概述

炉体共设置集中干油系统1套，用于向装料炉门升降装置、出料炉门升降装置、炉底机械、装钢机、出钢机等各润滑点提供润滑脂。

5.1.2 炉体干油润滑点

5.1.3 炉体干油系统设备组成

干油润滑系统 {
电动加油泵【1台】DJB-V70，3.15MPa，0.37kW，70L/次
电动润滑泵【1台】JHRB-P200ZL，40MPa，1.1kW，200mL/min
干油过滤器【4个】GGQ-P20-G3/4
中间配管
干油分配器【35个】 {
VSKH2-KR【20个】
VSKH3-KR【1个】
VSKH4-KR【14个】
}
}

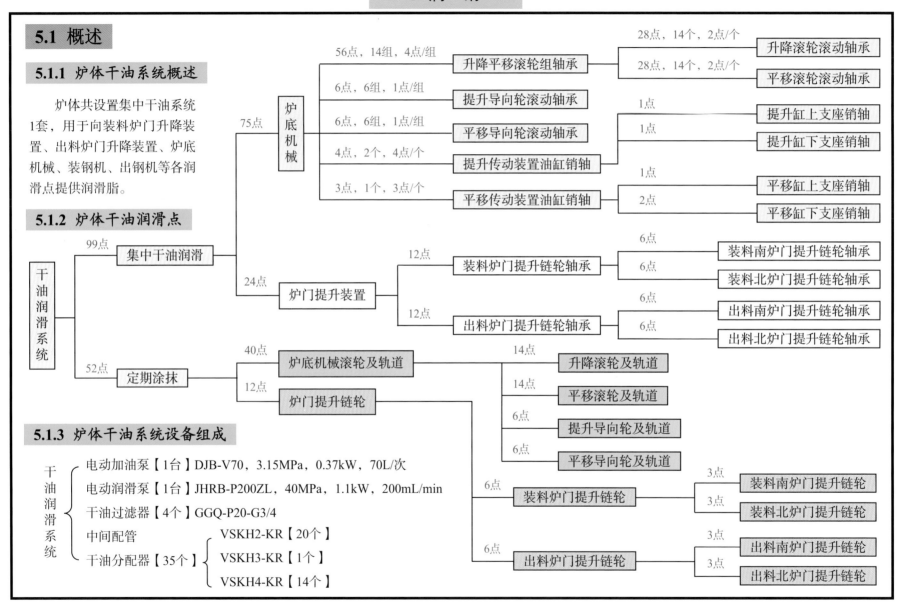

5.1.4 炉体干油润滑系统图

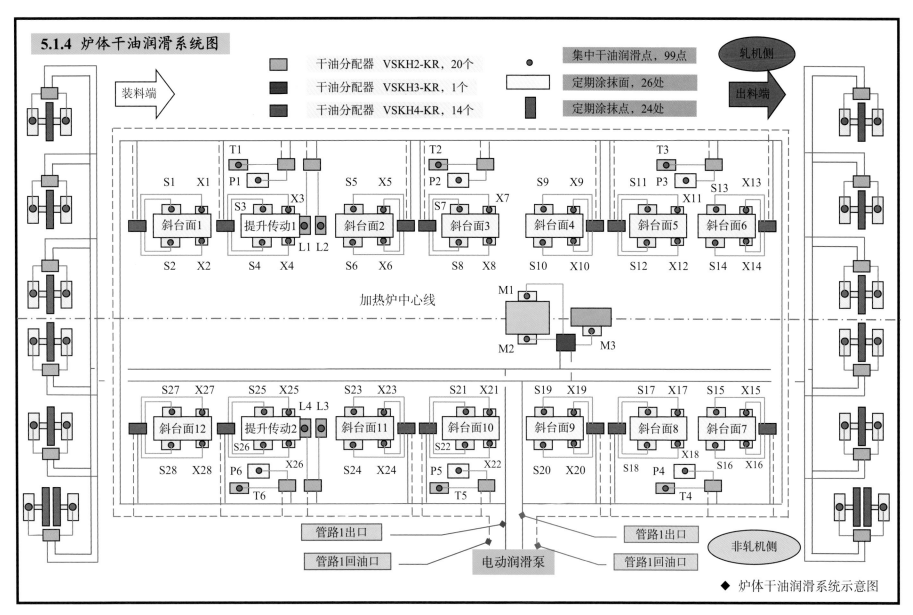

◆ 炉体干油润滑系统示意图

5.1.5 炉底机械集中干油润滑点

平移滚轮滚动轴承

14组，28点

升降滚轮滚动轴承

14组，28点

◆ 炉底机械集中干油润滑点总图视图（1）

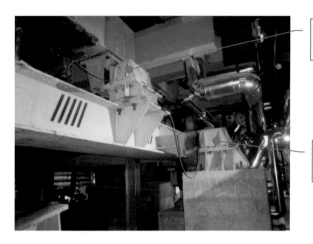

平移导向轮
滚动轴承

6点

升降导向轮
滚动轴承

6点

◆ 炉底机械集中干油润滑点总图视图（3）

提升传动装置
油缸上支座销轴

1点

提升传动装置
油缸下支座销轴

1点

◆ 炉底机械集中干油润滑点总图视图（2）

平移传动装置
油缸上支座销轴

2点

平移传动装置
油缸下支座销轴

1点

◆ 炉底机械集中干油润滑点总图视图（4）

5.1.6 装料炉门集中干油润滑点

12点 | 装料炉门提升装置链轮及轴承座

◆ 轴承座干油润滑配管图

◆ 装料炉门集中干油润滑点总图

5.1.7 出料炉门集中干油润滑点

12点 | 出料炉门提升装置链轮及轴承座

◆ 出料炉门集中干油润滑点总图

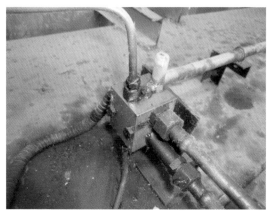

◆ 干油分配器

5.1.8 定期涂抹润滑点

平移滚轮面

14处

14处

升降滚轮面

◆ 定期涂抹润滑点总图视图（1）

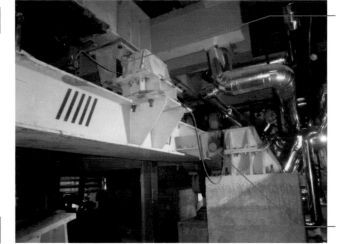

平移导向轮面

6处

6处

升降导向轮面

◆ 定期涂抹润滑点总图视图（3）

6处

装料炉门
提升链轮

◆ 定期涂抹润滑点总图视图（2）

6处

出料炉门
提升链轮

◆ 定期涂抹润滑点总图视图（4）

5.2 电动加油泵

5.2.1 技术性能

规格型号：DJB-V70

公称压力：3.15MPa

加油量：70L/次

5.2.2 结构组成

◆ 电动加油泵总图

5.3 电动润滑泵

5.3.1 技术性能

规格型号：RB-P200ZL

公称压力：40MPa

额定流量：200mL/min

贮油容积：100L

5.3.2 结构组成

5.3.3 设备接管

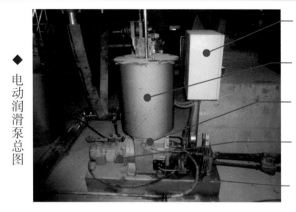

◆ 电动润滑泵总图

◆ 电动润滑泵管路系统图

6 工业炉

6.1 概述

6.1.1 概述

工业炉专业是加热炉的主导专业，加热炉各系统中像炉体、炉体钢结构、水封槽及刮渣板机构、水梁立柱、燃烧系统、排烟系统、耐材砌筑、炉前空气、煤气、烟气管道等都是由工业炉专业设计。

6.1.2 热工设备组成

6.2 水封槽及刮渣板机构

6.2.1 概述

步进梁立柱穿过炉底并固定在平移框架上，为了使活动立柱与炉底开孔处密封，需要在每列活动梁下部设置一条水封槽，并固定在平移框架上。水封槽由耐候钢或者造船板制造而成，槽内面涂沥青，刮渣板和水封刀用耐候钢。

水封槽采用干出渣方式，少量炉内板坯加热生成的氧化铁皮经炉底开口部进入水封槽，随步进梁的运动被固定在炉底钢结构上的刮渣板送至进料端，进入渣斗中，定期将渣斗吊走。

◆ 功能用途

◆ 设备组成

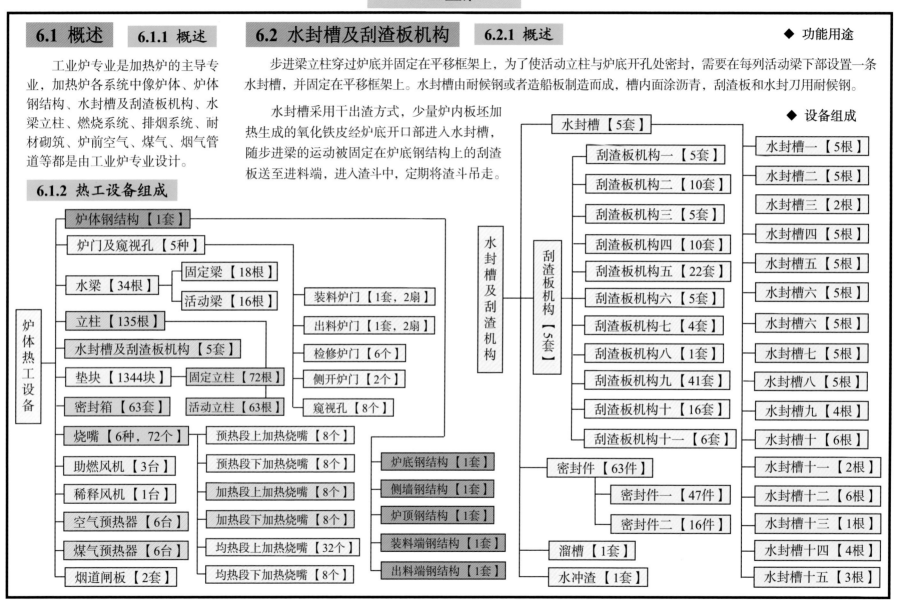

6.2.2 水封槽　　　　　　　◆ 水封槽总图　　　　　　　　　　　　　　　　　　◆ 1部放大视图

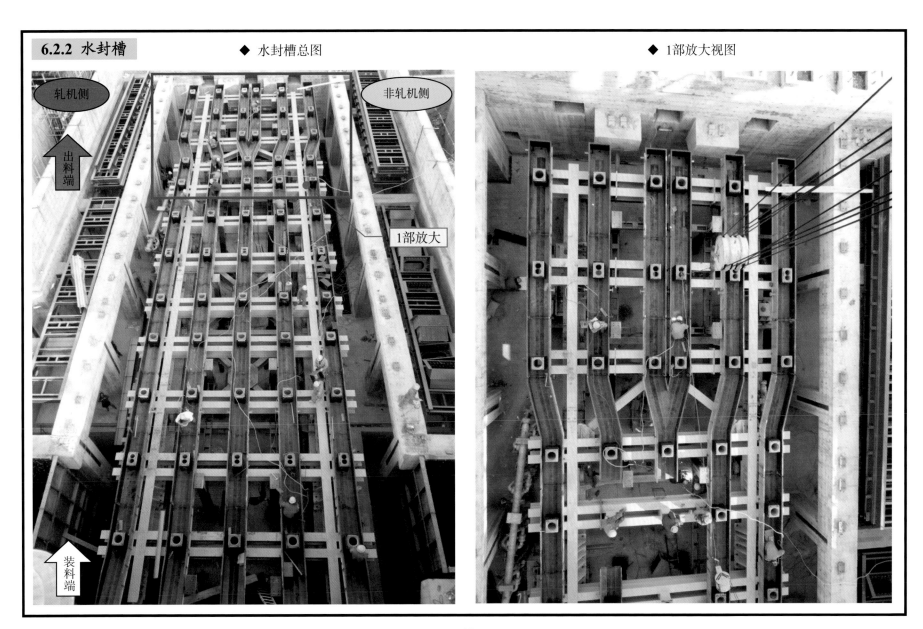

轧机侧

出料端

非轧机侧

1部放大

装料端

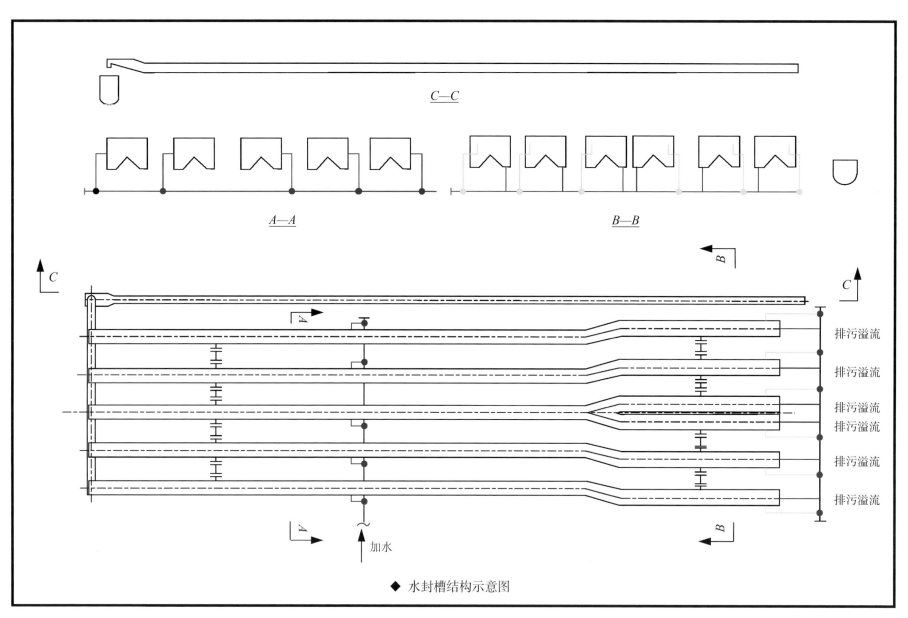

C—C

A—A *B—B*

排污溢流
排污溢流
排污溢流
排污溢流
排污溢流
排污溢流

加水

◆ 水封槽结构示意图

◆ 水封槽局部视图（1）

◆ 水封槽局部视图（2）

◆ 水封槽局部视图（3）

◆ 水封槽局部视图（4）

◆ 水封槽局部视图（5）

◆ 水封槽局部视图（6）

◆ 水封槽局部视图（7）

6.2.3 刮渣板机构

◆ 刮渣板机构总图

◆ 刮渣板机构局部视图（1）

◆ 刮渣板机构局部视图（3）

◆ 刮渣板机构局部视图（2）

◆ 刮渣板机构局部视图（4）

◆ 刮渣板机构局部视图（5）

◆ 刮渣板大样图（1）

◆ 刮渣板大样图（2）

6.2.4 密封件

◆ 密封件（二）安装图

密封件

◆ 密封件（一）安装图

◆ 密封件大样图

6.2.5 溜槽

◆ 溜槽总图视图（1）

◆ 溜槽总图视图（2）

6.2.6 水冲渣

◆ 水冲渣总图视图（1）

◆ 水冲渣总图视图（2）

◆ 水冲渣总图视图（3）

6.3 水梁及立柱

6.3.1 概述

◆ **功能用途**

　　水梁及立柱是炉内的主要承重构件，采用20#钢厚壁无缝钢管制成。水梁由两根圆形无缝钢管组成，立柱为无缝钢管制作的双层套管。水梁与立柱通过三通接头连接在一起，并使立柱在炉子工作状况下保持与水梁的垂直，水梁及立柱的冷却采用汽化冷却。

　　为适应板坯步进炉的布料特点，采用专门的水梁布置方式和双层小直径的水梁结构，可增加步进梁承载能力，同时减少管底比，减少水梁对坯料下部的遮蔽，有效改善钢坯下部加热的条件，保证钢坯的温度均匀性。这种结构和方式，可使水梁立柱间距相应加大，烧嘴布置更为合理。

　　炉内水梁采用大跨度立柱设计，降低管底比，减少热损失。水梁在合适位置处错开布置，最大限度减轻板坯下部与支承梁接触处产生的"黑印"。炉内水梁采用最佳根数，进行最优布置，满足钢板坯加热时悬臂量较小的要求。

　　水梁及立柱配置：水梁34根，立柱135根。

　　活动梁：5+5+6=16根，双管$\phi 140 \times 22$。

　　固定梁：6+6+6=18根，双管$\phi 140 \times 22$。

　　活动立柱：63根，活动单立柱47根，$\phi 219 \times 22$；活动双立柱16根，$\phi 140 \times 22$。

　　固定立柱：72根，固定单立柱54根，$\phi 168 \times 22$；固定双立柱18根，$\phi 140 \times 22$。

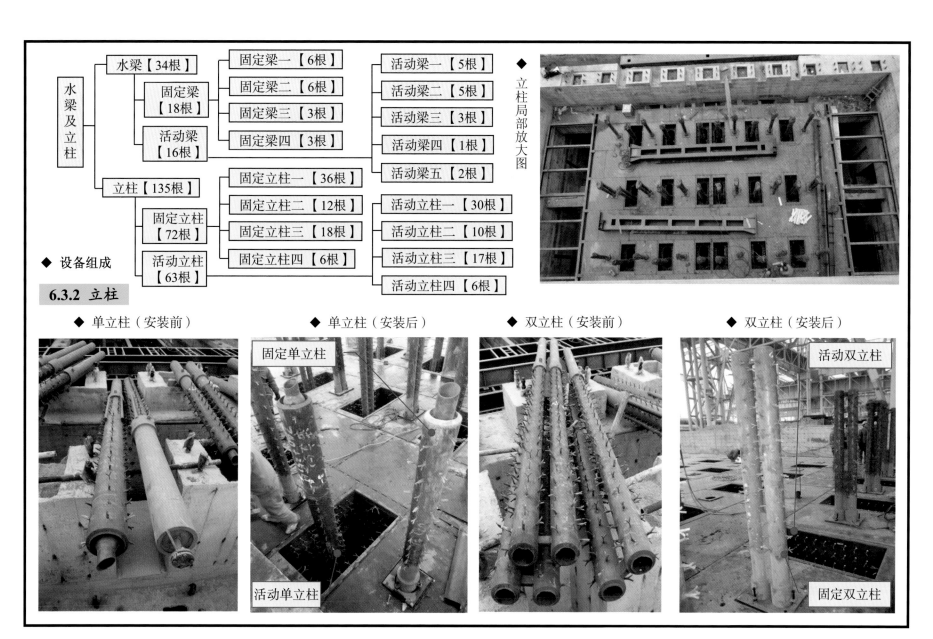

◆ 设备组成

水梁及立柱
├ 水梁【34根】
│ ├ 固定梁【18根】
│ │ ├ 固定梁一【6根】
│ │ ├ 固定梁二【6根】
│ │ ├ 固定梁三【3根】
│ │ └ 固定梁四【3根】
│ └ 活动梁【16根】
│   ├ 活动梁一【5根】
│   ├ 活动梁二【5根】
│   ├ 活动梁三【3根】
│   ├ 活动梁四【1根】
│   └ 活动梁五【2根】
└ 立柱【135根】
   ├ 固定立柱【72根】
   │ ├ 固定立柱一【36根】
   │ ├ 固定立柱二【12根】
   │ ├ 固定立柱三【18根】
   │ └ 固定立柱四【6根】
   └ 活动立柱【63根】
      ├ 活动立柱一【30根】
      ├ 活动立柱二【10根】
      ├ 活动立柱三【17根】
      └ 活动立柱四【6根】

◆ 立柱局部放大图

6.3.2 立 柱

◆ 单立柱（安装前）

◆ 单立柱（安装后）

固定单立柱

活动单立柱

◆ 双立柱（安装前）

◆ 双立柱（安装后）

活动双立柱

固定双立柱

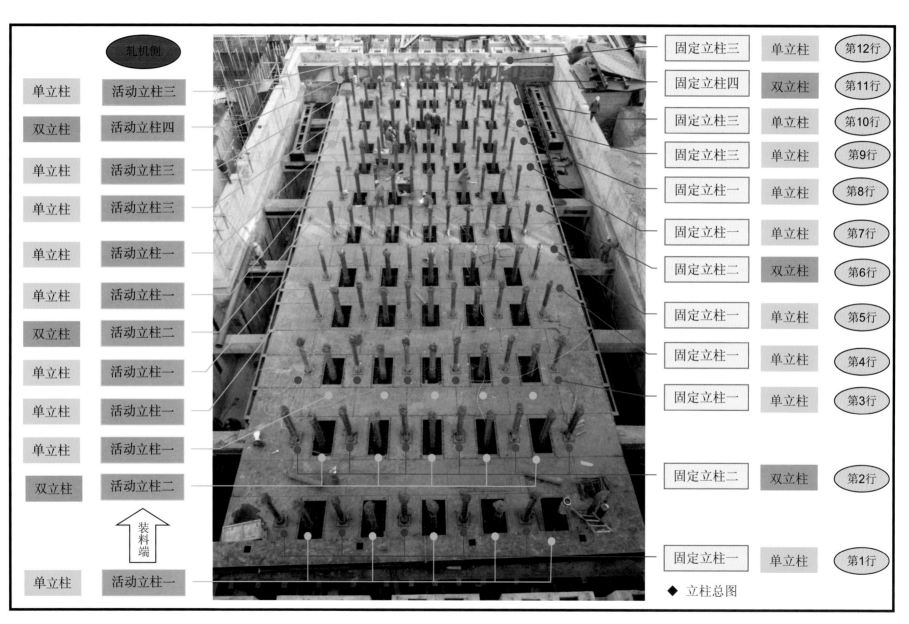

轧机侧

单立柱	活动立柱三
双立柱	活动立柱四
单立柱	活动立柱三
单立柱	活动立柱三
单立柱	活动立柱一
单立柱	活动立柱一
双立柱	活动立柱二
单立柱	活动立柱一
单立柱	活动立柱一
单立柱	活动立柱一
双立柱	活动立柱二
单立柱	活动立柱一

装料端

固定立柱三	单立柱	第12行
固定立柱四	双立柱	第11行
固定立柱三	单立柱	第10行
固定立柱三	单立柱	第9行
固定立柱一	单立柱	第8行
固定立柱一	单立柱	第7行
固定立柱二	双立柱	第6行
固定立柱一	单立柱	第5行
固定立柱一	单立柱	第4行
固定立柱一	单立柱	第3行
固定立柱二	双立柱	第2行
固定立柱一	单立柱	第1行

◆ 立柱总图

6.3.3 水梁

活动梁（五）
【2根】

活动梁（四）
【1根】

活动梁（三）
【3根】

活动梁（二）
【5根】

活动梁（一）
【5根】

固定梁（四）
【3根】

固定梁（三）
【3根】

固定梁（二）
【6根】

固定梁（一）
【6根】

◆ 水梁总图

◆ 水梁大样图

◆ 水梁总图视图（1）

◆ 水梁总图视图（2）

6.4 垫块

6.4.1 概述

为了减轻水梁黑印的影响，提高板坯加热质量，耐热垫块采用交错布置方式，同时对在不同位置的耐热垫块采用不同的高度。这种结构经过实际应用，效果明显，能控制板坯黑印温差在理想的范围之内。

垫块材质和结构根据不同加热区域而不同，高度不等，材质不一。在均热段，为有效消除黑印，垫块高度较高，垫块承受温度高，使用耐热性最好的材质Co50，在加热段、预热段和热回收段，为经济实用，垫块高度降低（约75mm），垫块承受温度相应较低，采用材质为Co20和Cr25Ni20TiRE。

垫块要求精密铸造，最大程度减少垫块压痕，以适应对板坯的加热要求。

垫块视图（1）

垫块视图（2）

垫块总图

垫块类型	材质	数量
垫块一	Cr25Ni20TiRE	400块
垫块二	Co20	469块
垫块三	Co20	126块
垫块四	Co50	349块

项目	梁的形式	梁的数量	单根梁垫块数量	单根梁垫块组成
固定梁 18根	固定梁一	6根	38块	垫块一（35块）+垫块二（3块）
	固定梁二	6根	41块	垫块二（41块）
	固定梁三	3根	41块	垫块三（11块）+垫块四（30块）
	固定梁四	3根	41块	垫块三（11块）+垫块四（30块）
活动梁 16根	活动梁一	5根	38块	垫块一（38块）
	活动梁二	5根	41块	垫块二（41块）
	活动梁三	3根	40块	垫块三（12块）+垫块四（28块）
	活动梁四	1根	29块	垫块四（29块）
	活动梁五	2根	40块	垫块三（12块）+垫块四（28块）
合计		34根		3144块

6.4.2 垫块材质分布

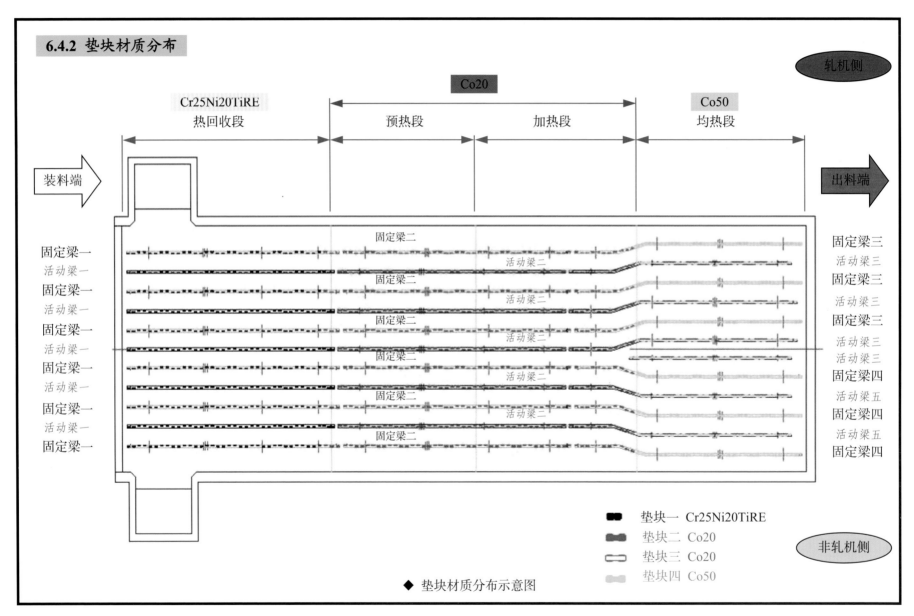

◆ 垫块材质分布示意图

【技术拓展】高温金属玻璃垫块

（1）技术背景

轧钢加热炉的发展总体经历了两个阶段，20世纪50年代前主要是推钢炉，推钢炉均热段和二加热段的垫块材质国外主要是Co50，其最大优点是在高温下有自润滑性能，即钢坯在垫块上行进时阻力较小，对钢坯的划伤较小。但Co50在950℃以上会有σ相产生，导致垫块表面出现鱼鳞状裂纹，垫块表面会出现片状剥落。随着步进炉的出现，由于钢坯与垫块之间没有相对运动，Co50垫块的自润滑性能已不重要，为了解决Co50垫块片状剥落，材料工作者发明了Co40，也就是减少了10%的Co，加入了约20%的Ni，解决了Co50在950℃以上产生σ相的不足。

总体而言，对于步进炉而言，选用Co40作为垫块更好，包含了Co50、Co40和Co20的成分。中国目前还没有国家标准和行业标准，一般参考日本、法国和德国的标准，三个国家的标准大同小异。

武钢1700热轧线装备有中国最早（1978年）建造的步进炉，共有四座步进炉。其中日本中外炉和法国斯坦因各承建两座，3号炉和4号炉用来加热硅钢（最高炉温1420℃），采用蘑菇头垫块焊接方式，2号炉和1号炉选用条形垫块，用卡块方式固定，当时均热段和二加热段选用的材质是Co40。1993年北科大负责武钢垫块国产化仿制，1994年国产垫块试用，各方面性能达到进口水平，武钢技术人员认为日本中外炉的两座加热炉综合性能比法国斯坦因更好。

（2）垫块损坏机理探析

Co50和Co40熔点为1380~1420℃，1200℃时最大使用强度为0.1kg/mm²。

这里讲的最大使用强度是指材料表面不产生任何塑性变形的强度，国内设计单位往往提及最大抗压强度，这个说法是不科学的。对于Co50、Co40、Co20等这类金相组织为奥氏体的材料没有最大抗压强度，因为在高温下可以产生塑性变形（类似于轧钢），所以最大使用强度指标（不产生塑性变形的强度）才是科学的提法。

经过20多年思考及研究，泰州枫叶认为垫块损坏的主要原因不是磨损、烧蚀氧化造成的，而是被钢坯压坏的，理由如下：钢坯有一定的挠度或侧弯，经过调研，8~10m的连铸坯的侧弯大约有50mm左右，也就是说加热炉内不是所有的垫块都承受压力，尤其在炉子二加热段，与均热段相比，垫块与钢坯接触面积更小，即使与钢坯接触的垫块也不是整个工作面都承受压力，而设计院设计时考虑的是全部垫块都承压，由于垫块承压超过了它的最大使用强度，垫块表面产生塑性变形，垫块表面出现凹坑或垫块的棱角被压变形等，一旦垫块表面出现凹坑，钢坯脱落的氧化铁皮在凹坑聚集并迅速长大，导致凹坑越来越大，氧化铁皮的堆积状态像春天的小竹笋（宝钢专家称长了小蘑菇），这些凸出的氧化铁皮会在钢坯下表面顶出凹坑，钢坯进入轧钢工序高压水很难清除凹坑内的氧化铁皮，导致热轧材出现质量问题，甚至影响后期冷轧材的质量。对于不锈钢的影响更为严重，因为铬的氧化物与基体结合力强，本来钢坯下表面高压水除鳞就比较困难，凹坑内的氧化铁皮无法清除干净，在冷轧过程中酸洗时间延长，严重时冷轧板表面会产生一圈一圈的痕迹。

为了证明上述观点，用数值软件模拟了轧钢加热炉内垫块与钢坯接触状态（钢坯侧弯50mm，钢坯表面不平整度为3mm），模拟结果显示钢坯与垫块接触的面积大约在26%左右。

（3）解决方案

传统耐热垫块材料Co50、Co40、Co20熔点均为1380~1420℃，且其金相组织均为奥氏体，而奥氏体组织在高温受力时会产生塑性变形。泰州枫叶冶金设备有限公司通过在钴合金中加入大量W（≥10%），提高合金熔点约40~50℃，性能得到了较大提高，使用效果良好，如宝钢5m厚板和太钢2250mm热轧加热炉垫块使用十几年了，但后期有相当长时间是在带有缺陷状态下（高度下降、表面有凹坑等）勉强工作的。

2006年北科大、泰州枫叶、首钢设计院和首钢迁钢共同研究新材料，最终选择了一种高温金属玻璃材质，熔点达1750℃。玻璃结构的材料在熔点前基本没有塑性变形，且抗氧化性能极限使用温度可达1500℃，最大承压能力是传统钴合金的4.5倍。金属玻璃垫块2009年在硅钢加热炉上使用8年有余几乎零损坏，至今仍在使用。研制高温金属玻璃垫块最初遇到的困难有两个。第一是熔点达到1750℃，需要在2050℃铸造，国内已知的常规耐火材料很难满足真空感应炉坩埚及铸件型壳要求。第二是高温金属玻璃的脆性大，由于铸造温度高，铸件必须加热至1600℃左右，进行热处理才能消除内应力，现在这两个问题都解决了。目前宝钢5m厚板、武钢2250热轧（少量试用）、武钢条材总厂、攀钢轨梁、首钢1580热轧（1~3号炉）、首钢2160热轧、沧州中铁1750热轧、沧州中铁1250热轧、包钢轨梁、台湾中钢等都大量使用，效果极好，且价格较传统钴合金低。

（4）未来发展方向

国外相关文献指出：水梁的错位、垫块的高度、垫块的安装方式、垫块结构对钢坯加热质量有重大影响，而垫块蛇形左右排布对钢坯加热质量基本没有影响。

从图1可以看出：来自热源的辐射热 Q_1，受到水梁的遮挡，垫块高度越低，角度α越小，辐射热 Q_1 被遮挡的比例越大。此外，由于垫块固定

在水梁上，垫块向水梁传热（Q_2），基于这两点，垫块顶部温度远低于炉温，这导致了钢坯产生黑印。为了减少黑印温差，那就必须提高垫块的高度，此外要改进垫块的结构和安装方式，减少 Q_2 向水梁的传导。从图2可以看出：设计C（垫块焊接在水梁上）垫块高度在100mm左右时，垫块上表面温度与气氛温度相差近150℃，设计B温差为110℃，设计A为90℃；设计A垫块高度达到200mm时，垫块表面温度与气氛温差为5℃左右。可见，垫块的高度及垫块安装方式对垫块顶部的温度影响至关重要，日本、韩国钢企均热段垫块高度在180~200mm左右。

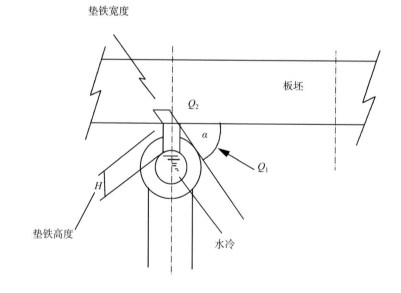

图1　水梁垫块与被加热钢坯的位置关系

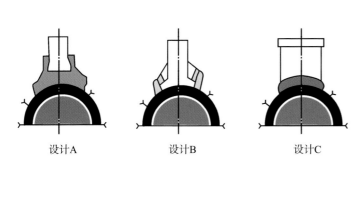

设计A　　　　设计B　　　　设计C

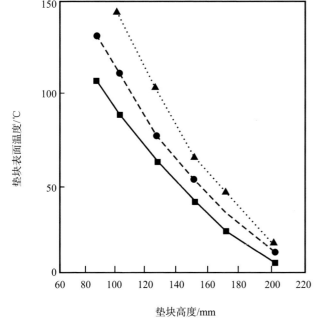

图2　垫块安装方式及垫块高度与垫块表面温度关系曲线

同时从图2还可以看出：安装方式A中如果垫块高度达到200mm，垫块顶部温度与炉温温差只有5℃左右，钢坯黑印肯定小了。但传统的钴合金垫块在1200℃时其极限承压能力只有0.1kg/mm²，钴合金垫块高度200mm肯定承受不了。金属玻璃垫块1200℃时其极限承压能力为0.45kg/mm²，且高温金属玻璃在1400℃以下其极限承压下降不大，高温金属玻璃卓越的高温性能为设计制造复合垫块提供了保证。为此参考图2中的设计A，重新设计了如下形式的复合结构垫块，见图3。玻璃垫块与底座之间用-200目的Al_2O_3粉进行隔热。底部材质为Cr25Ni20，上部材质为高温金属玻璃，复合垫块总体成本低于全部采用高温金属玻璃。

该结构垫块已经生产了几套，已送给首钢迁钢，待停炉检修时会知道结果。如果效果良好，就能基本实现垫块无水冷，必定会大大提高钢坯加热质量，节约加热炉能耗。

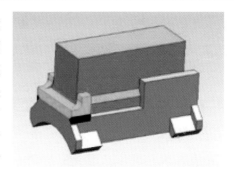

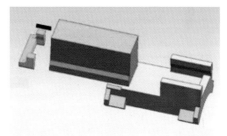

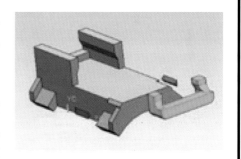

图3　新型复合垫块结构图

（5）技术专有

泰州枫叶冶金设备有限公司

6.4.3 垫块布置

◆ 垫块总图视图（1）

◆ 垫块总图视图（2）

6.5 炉底钢结构

6.5.1 概述

炉底钢结构由炉底片架和炉底钢板、炉底纵向大梁及炉底立柱三部分组成。

（1）炉底片架和炉底钢板：炉底片架主要由工字钢、槽钢、钢板等焊接成形，用来托架炉底砌筑材料、安装固定立柱，并有活动立柱穿过的开孔以及炉子密封用的密封罩。

（2）炉底结构纵向大梁：在炉底纵向方向上，贯穿全炉长，支撑炉底片架和炉底钢板。

（3）炉底立柱：用来支承炉底纵向大梁，立柱用H型钢和钢板制成。

6.5.2 结构组成

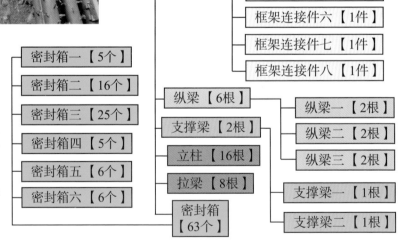

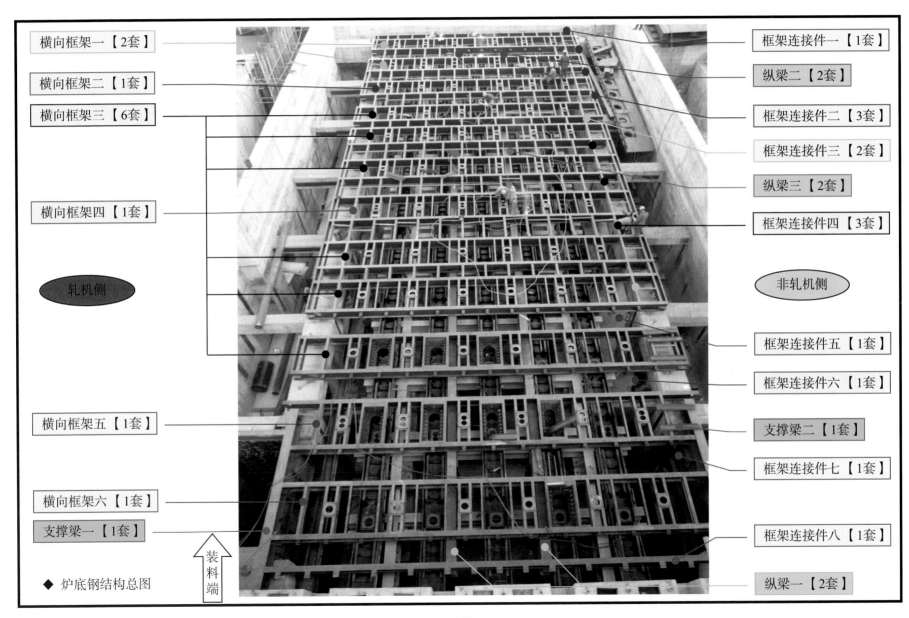

横向框架一【2套】

横向框架二【1套】

横向框架三【6套】

横向框架四【1套】

轧机侧

横向框架五【1套】

横向框架六【1套】

支撑梁一【1套】

◆ 炉底钢结构总图

装料端

框架连接件一【1套】

纵梁二【2套】

框架连接件二【3套】

框架连接件三【2套】

纵梁三【2套】

框架连接件四【3套】

非轧机侧

框架连接件五【1套】

框架连接件六【1套】

支撑梁二【1套】

框架连接件七【1套】

框架连接件八【1套】

纵梁一【2套】

轧机侧

出料端

密封箱（六）【6个】

密封箱（五）【6个】

密封箱（四）【5个】

◆ 炉底钢结构总图视图（1）

密封箱（三）【25个】

密封箱（二）【16个】

密封箱（一）【5个】

◆ 横向框架大样图

炉底钢结构总图视图（2）

拉梁

立柱【16根】

密封箱视图（1）

密封箱视图（2）

密封箱视图（3）

6.6 侧墙钢结构

6.6.1 概述

6.6.2 结构组成

侧墙钢结构是由工字钢、槽钢和钢板焊接的片架式结构，下部用地脚螺栓与基础或炉底钢结构固定，上部用槽钢圈梁连成矩形框架。

加热炉烧嘴、炉门、窥孔等炉子附件均固定在炉墙钢结构上。侧墙上的孔洞类型见下表。

类型	用途	数量	备注
设备安装孔	烧嘴孔	32个	每侧16个
	检修炉门	6个	每侧3个
	侧开炉门	2个	每侧1个
	窥视孔	8个	每侧4个
仪表安装孔	侧墙热电偶孔	6个	每侧3个
	测压孔	1个	位于均热段
	工业电视孔	4个	每侧2个
	激光检测器孔	2个	位于出料端

侧墙钢结构总图视图（1）

炉侧钢板一【2块】

炉侧钢板二【2块】

炉侧钢板三【2块】

炉侧钢板四【2块】

炉侧钢板五【2块】

炉侧钢板六【2块】

炉侧钢板七【2块】

炉侧钢板八【2块】

炉侧钢板九【2块】

炉侧钢板十【2块】

炉侧钢板十一【2块】

炉侧钢板十二【2块】

炉侧钢板十三【2块】

侧墙钢结构

炉侧钢板五

炉侧钢板四

炉侧钢板三

炉侧钢板二

炉侧钢板一

◆ 侧墙钢结构总图视图（2）

炉侧钢板十三　炉侧钢板十二　炉侧钢板十一　炉侧钢板十　炉侧钢板九

炉侧钢板八

炉侧钢板七

炉侧钢板六

◆ 侧墙钢结构总图视图（3）

· 107 ·

装料端门梁【1套】

装料端门柱【2套】

上面板【1套】

装料端过梁【1套】

装料端水冷管【1套】

侧板【2套】

下面板【1套】

支架【1套】 ── 支架一【2个】
　　　　　　　　支架二【4个】
　　　　　　　　支架三【2个】
　　　　　　　　支架四【1个】

遮热板【26块】 ── 上遮热板【17块】 ── 上遮热板一【2块】
　　　　　　　　　　　　　　　　　　上遮热板二【3块】
　　　　　　　　　　　　　　　　　　上遮热板三【2块】
　　　　　　　　　　　　　　　　　　上遮热板四【2块】
　　　　　　　　　　　　　　　　　　上遮热板五【2块】
　　　　　　　　　　　　　　　　　　上遮热板六【4块】
　　　　　　　　　　　　　　　　　　上遮热板七【2块】

　　　　　　　　下遮热板【9块】 ── 下遮热板一【7块】
　　　　　　　　　　　　　　　　　　下遮热板二【2块】

溜槽【5个】 ── 溜槽一【2个】
　　　　　　　　溜槽二【2个】
　　　　　　　　溜槽三【1个】

装料端钢结构

◆ 侧墙钢结构总图视图（4）

6.7 装料端钢结构

6.7.1 概述

　　装料端钢结构由工字钢、槽钢和钢板焊接而成，下部用地脚螺栓与基础或炉底钢结构固定，装料炉门及其驱动装置安装在端部钢结构上。

6.7.2 结构组成

◆ 装料端钢结构总图视图（1）

装料端门梁【1根】

支架四【1个】

装料端门柱【2根】

支架一【2根】

上面板【1套】

装料端过梁【1套】

侧板【2套】

端墙水冷管【1套】

下面板【1套】

◆ 装料端钢结构总图视图（2）

◆ 装料端钢结构总图视图（5）

◆ 装料端钢结构总图视图（6）

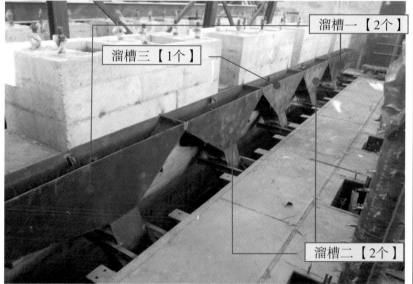

溜槽一【2个】

溜槽三【1个】

溜槽二【2个】

◆ 装料端钢结构总图视图（3）　　◆ 装料端钢结构总图视图（4）　　◆ 装料端钢结构总图视图（7）

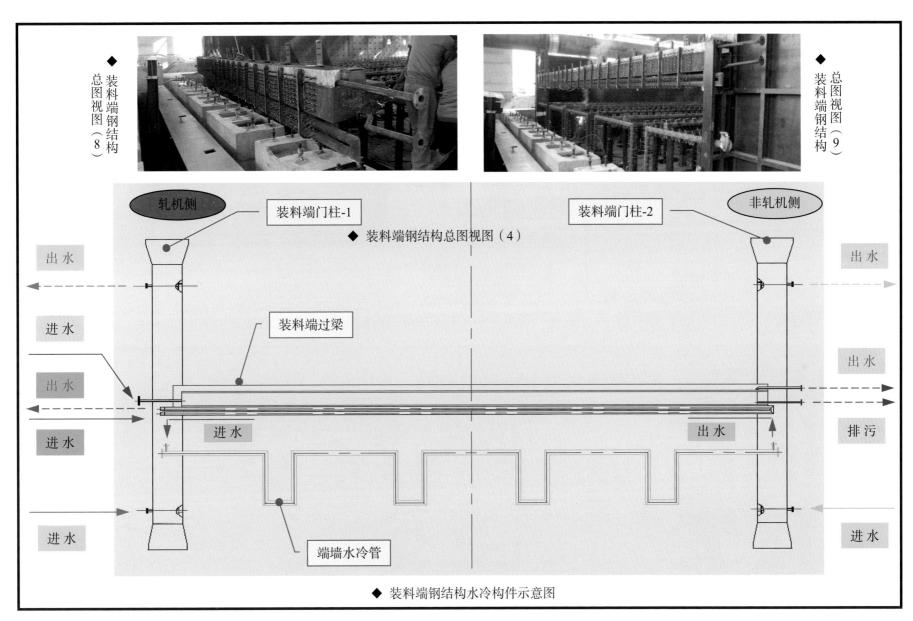

◆ 装料端钢结构总图视图（8）

◆ 装料端钢结构总图视图（9）

轧机侧　　装料端门柱-1　　　　装料端门柱-2　　非轧机侧

◆ 装料端钢结构总图视图（4）

出水

进水

出水

装料端过梁

出水

进水

进水

出水

进水

端墙水冷管

出水

出水

排污

进水

◆ 装料端钢结构水冷构件示意图

6.8 出料端钢结构

6.8.1 概述

　　出料端钢结构由工字钢、槽钢和钢板焊接而成，下部用地脚螺栓与基础或炉底钢结构固定，出料炉门及其驱动装置安装在端部钢结构上。

6.8.2 结构组成

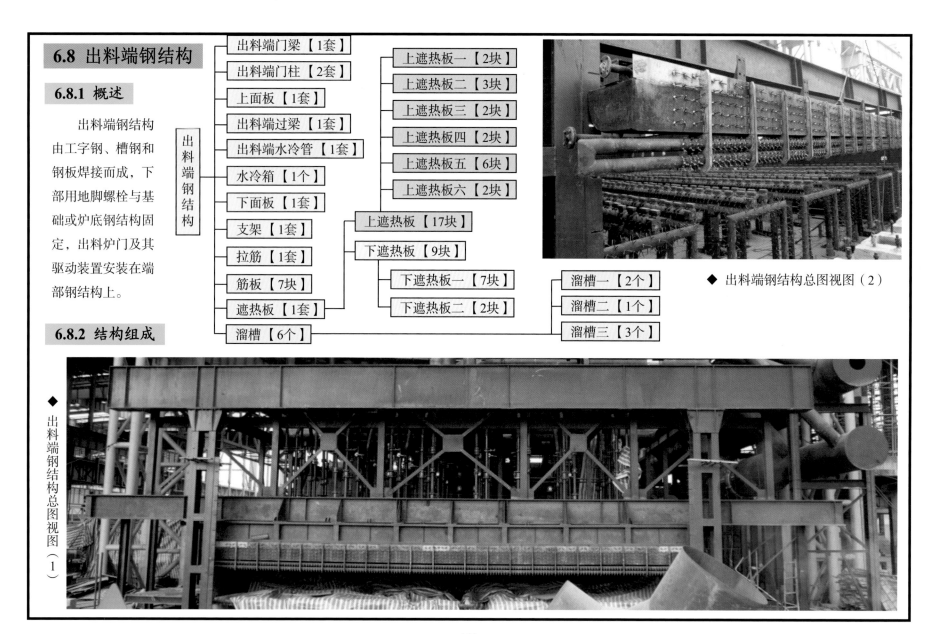

出料端钢结构
- 出料端门梁【1套】
- 出料端门柱【2套】
- 上面板【1套】
- 出料端过梁【1套】
- 出料端水冷管【1套】
- 水冷箱【1个】
- 下面板【1套】
- 支架【1套】
- 拉筋【1套】
- 筋板【7块】
- 遮热板【1套】
  - 上遮热板【17块】
    - 上遮热板一【2块】
    - 上遮热板二【3块】
    - 上遮热板三【2块】
    - 上遮热板四【2块】
    - 上遮热板五【6块】
    - 上遮热板六【2块】
  - 下遮热板【9块】
    - 下遮热板一【7块】
    - 下遮热板二【2块】
- 溜槽【6个】
  - 溜槽一【2个】
  - 溜槽二【1个】
  - 溜槽三【3个】

◆ 出料端钢结构总图视图（2）

◆ 出料端钢结构总图视图（1）

出料端门梁【1根】

遮热板【1套】

拉筋【1套】

支架【1套】

出料端门柱【2根】

上面板【1套】

出料端过梁【1套】

端墙水冷管【1套】

◆ 出料端钢结构总图视图（3）

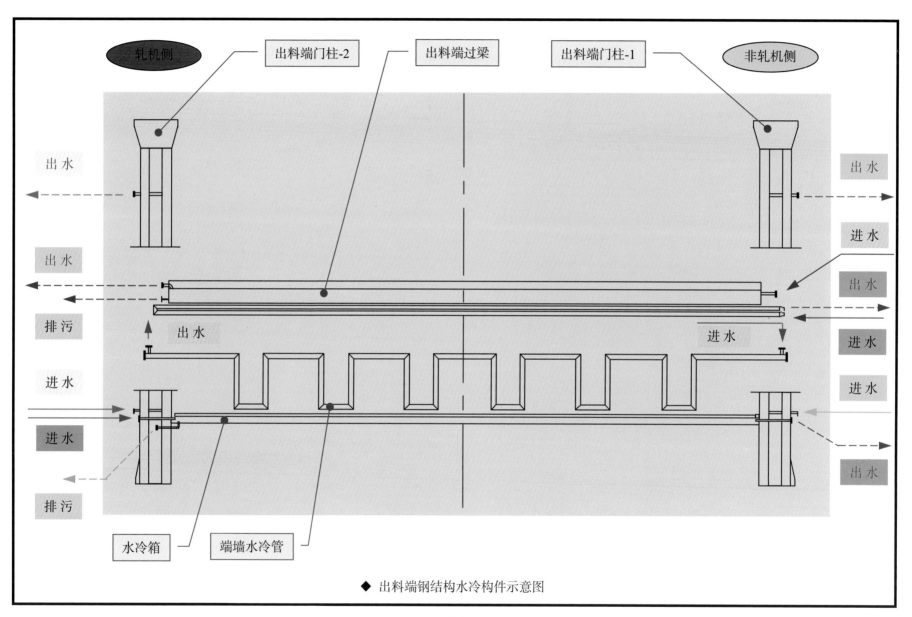

軋机侧　出料端门柱-2　出料端过梁　出料端门柱-1　非轧机侧

出水　出水

出水　进水

出水　出水

排污　出水　进水

进水　进水

进水　进水

排污　出水

水冷箱　端墙水冷管

◆ 出料端钢结构水冷构件示意图

· 114 ·

水冷箱【1个】

溜渣槽【6个】

下面板【1件】

◆ 出料端钢结构总图视图（4）

出料端钢结构总图视图（5）

◆ 炉顶钢结构总图

炉顶钢结构	
22根，11种	炉顶横梁
113根	连接槽钢
739根，13种	小吊梁
36根，6种	钢柱
8根，2种	吊梁
12根，2种	纵梁
43个，5种	吊件
174个，2种	支撑件
4根	连接梁
4根	装料端炉顶内前板
6根	斜撑
35根，3种	拉梁
12套	热电偶安装支架
1套	取样套管及支架
1块	上加热段烧嘴墙板

6.9 炉顶钢结构

6.9.1 概述

炉顶钢结构的主要构件是采用焊接H型钢制成的横梁，在H型钢下翼缘上吊挂炉顶锚固砖吊梁，H型钢横梁的两端架在上部钢结构（侧墙钢结构）的圈梁上。为了保持H型钢的整体稳定性，在上、下翼缘间配置一定数量的加强筋。

6.9.2 结构组成

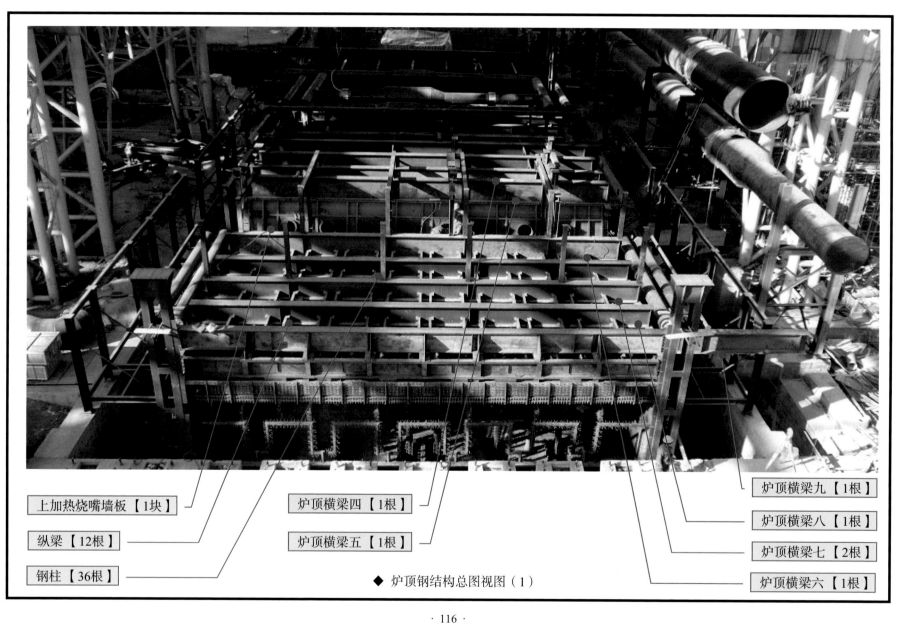

上加热烧嘴墙板【1块】

纵梁【12根】

钢柱【36根】

炉顶横梁四【1根】

炉顶横梁五【1根】

炉顶横梁九【1根】

炉顶横梁八【1根】

炉顶横梁七【2根】

炉顶横梁六【1根】

◆ 炉顶钢结构总图视图（1）

炉顶横梁一【1根】

炉顶横梁二【1根】

炉顶横梁三【1根】

小吊梁【739根】

吊梁二【1根】

吊梁一【1根】

◆ 炉顶钢结构总图视图（2）

6.10 空气管道

6.10.1 概述

空气管道包括从助燃风机出口到各烧嘴前的所有空气管路及稀释空气配管。助燃风机冷风入口设电动百叶窗调节阀对空气管道系统风量和风压进行调节，确保在管道系统所需风量和风压发生变化时风机保持在其特性曲线中稳定区段范围内工作，防止风机喘振现象发生。风机出口设电动切断阀。在热风总管上设有热风放散管和1个自动放散阀，热风总管及各段总管上装有波纹管补偿器和防爆阀，在每个供热段的热风支管上装有1个流量孔板和1个自动调节阀，烧嘴前支管路上设有波纹管补偿器1个，调整烧嘴间流量不平衡用的手动调节蝶阀1个。稀释空气配管指从稀释风机出口到烟道的稀释空气入口为止的管路系统。在稀释空气管道上设有气动调节阀，可根据需要自动开闭。

◆ 空气管道总图视图（1）

6.10.2 结构组成

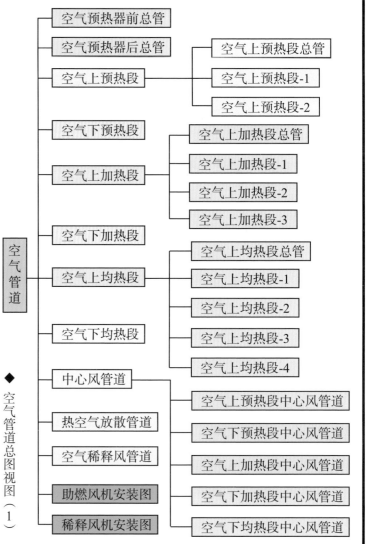

空气管道
- 空气预热器前总管
- 空气预热器后总管
- 空气上预热段
  - 空气上预热段总管
  - 空气上预热段-1
  - 空气上预热段-2
- 空气下预热段
- 空气上加热段
  - 空气上加热段总管
  - 空气上加热段-1
  - 空气上加热段-2
  - 空气上加热段-3
- 空气下加热段
- 空气上均热段
  - 空气上均热段总管
  - 空气上均热段-1
  - 空气上均热段-2
  - 空气上均热段-3
  - 空气上均热段-4
- 空气下均热段
- 中心风管道
  - 空气上预热段中心风管道
  - 空气下预热段中心风管道
  - 空气上加热段中心风管道
  - 空气下加热段中心风管道
  - 空气下均热段中心风管道
- 热空气放散管道
- 空气稀释风管道
- 助燃风机安装图
- 稀释风机安装图

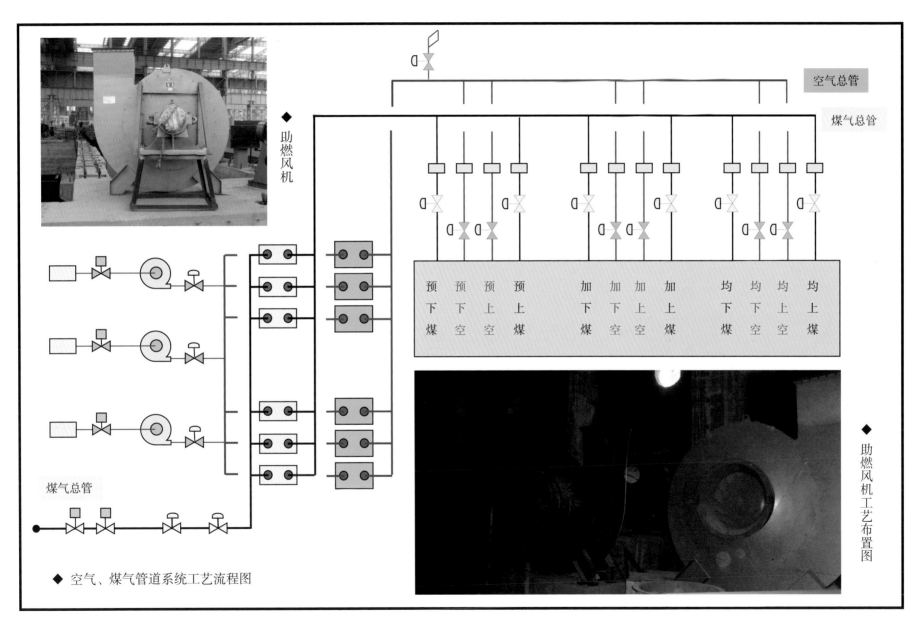

◆ 助燃风机

空气总管

煤气总管

预 预 预 预 　 加 加 加 加 　 均 均 均 均
下 下 上 上 　 下 下 上 上 　 下 下 上 上
煤 空 空 煤 　 煤 空 空 煤 　 煤 空 空 煤

煤气总管

◆ 空气、煤气管道系统工艺流程图

◆ 助燃风机工艺布置图

· 119 ·

◆ 空气管道总图视图（2）

◆ 空气管道总图视图（4）

◆ 空气管道总图视图（3）

◆ 空气管道总图视图（5）

加上空

加下空

加下煤

预上煤

预上空

预下空

预下煤

◆ 空气管道总图视图（6）

加上煤

均下煤

均下空

均上空

均上煤

◆ 空气管道总图视图（7）

6.11 煤气管道　详见7 燃气。

6.12 炉门

6.12.1 概述

● 加热炉本体的炉门有以下五种：

（1）装料炉门

炉宽方向由两个可同步或独立动作的炉门构成，每扇炉门采用型钢和钢板焊接结构，炉门内衬为多晶莫来石纤维模块。炉门采用电动驱动装置和自动压紧装置。装料门可进行自动操作和手动操作，与装钢机有连锁控制。

（2）出料炉门

炉宽方向由左右两个可同步或独立动作的炉门构成，每扇炉门带水冷梁，由型钢和钢板焊接而成，内衬低水泥浇注料和轻质浇注料（含锚固砖）。炉门采用电动驱动装置和自动压紧装置。出料炉门可进行自动操作和手动操作，与出钢机有连锁控制。

（3）窥视孔

窥视孔6个，用于观察炉内情况及烧嘴火焰情况，安装在固定梁所在平面上，窥视孔是带有玻璃和遮蔽板的密封结构，观察时可方便地拉开遮蔽板。

（4）均热段观察门

两个230mm×280mm侧开炉门，用于观察炉内板坯加热及运行情况。

（5）检修门

580mm×1600mm，炉头、炉尾及炉子中部各1对，共6个，供检修时出入炉内和运送材料用，平时用砖干砌以减少散热。

● 烟道上设置了两种检修门：

（1）检修炉门一

设置在方形烟道上，用于烟道检修时进出。

（2）检修炉门二

设置在圆形烟道上，用于烟道检修时进出。

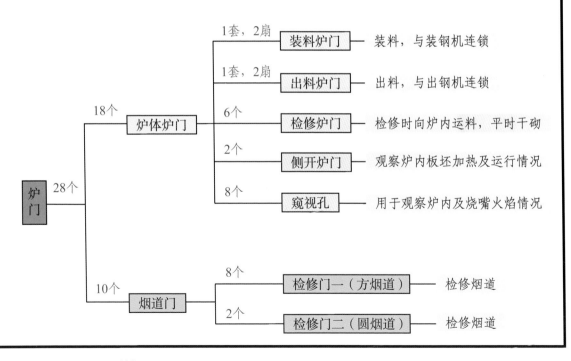

123

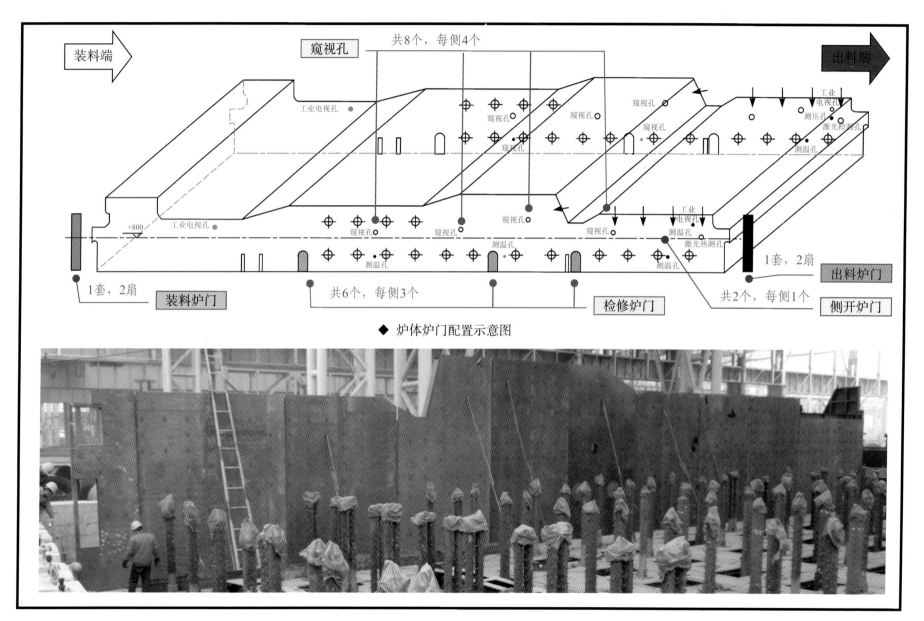

装料端

出料端

窥视孔

共8个，每侧4个

工业电视孔

窥视孔

窥视孔

窥视孔

窥视孔

测压孔

激光检测孔

测温孔

工业电视孔

+800

工业电视孔

窥视孔

窥视孔

窥视孔

窥视孔

工业电视孔

测温孔

激光热测孔

1套，2扇

1套，2扇

测温孔

测温孔

测温孔

出料炉门

装料炉门

共6个，每侧3个

检修炉门

共2个，每侧1个

侧开炉门

◆ 炉体炉门配置示意图

6.12.2 装料炉门

装料炉门在炉宽方向由两个可同步或独立动作的炉门构成，每扇炉门采用型钢和钢板焊接结构，炉门内衬为浇注料浇筑，炉门采用电动驱动装置和自动压紧装置。

装料炉门可进行自动操作和手动操作，与装钢机有连锁控制。

◆ 装料炉门总图

轧机侧

非轧机侧

装料炉门-1

装料炉门-2

◆ 装料炉门背面视图

6.12.3 出料炉门

出料炉门在炉宽方向由左右两个可同步或独立动作的炉门构成，每扇炉门带水冷梁，由型钢和钢板焊接而成，内衬低水泥浇注料和轻质浇注料（含锚固砖），炉门采用电动驱动装置和自动压紧装置。

出料炉门可进行自动操作和手动操作，与出钢机有连锁控制。

◆ 出料炉门视图（1）

◆ 出料炉门视图（2）

◆ 出料炉门视图（3）

非轧机侧　　　　　轧机侧

出料炉门-2　　　　出料炉门-1

◆ 出料炉门总图

◆ 出料炉门背面视图

炉门升降装置
分界线
炉门

螺旋扣【4个】
连接杆【4套】
接手【4套】
炉门上密封件【4套】
炉门吊杆【4套】
出料炉门总图【2套】
导向板【6套】

◆ 出料炉门结构视图（1）

（炉门吊杆）

◆ 出料炉门结构视图（2）

螺母
（螺旋扣）
（连接杆）

6.12.4 检修炉门

检修炉门【6个】

侧开炉门【2个】

6.12.5 侧开炉门

6.12.6 窥视孔

窥视孔【8个】

6.13 烧嘴

6.13.1 概述

整个加热炉设6个供热段，采用6段炉温自动控制。通过设定各部分加热的温度值，控制各段燃料量的输入，保证出钢温度及温度的均匀性。另外还有一个很长的不供热的热回收段，充分回收烟气余热，节约能源，烧嘴的编号及布置见下图。

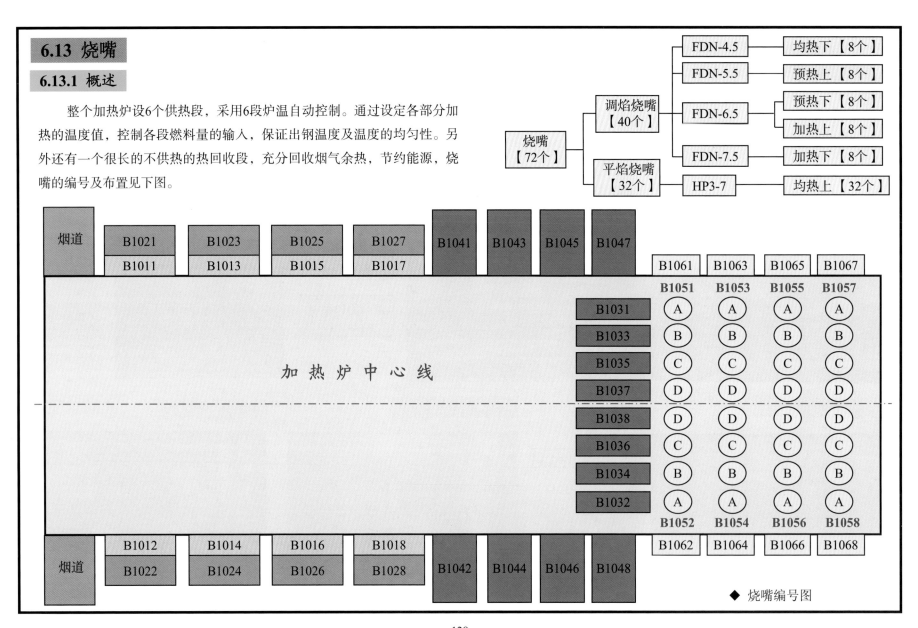

◆ 烧嘴编号图

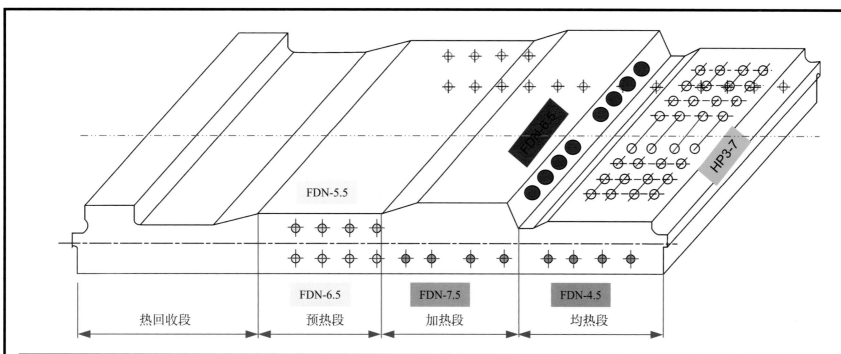

段别		烧嘴安装位置	最大供热量（GJ/h）	供热比例（%）	烧嘴形式	烧嘴型号	烧嘴数量（个）	煤气		空气	
								流量（m³/h）	压力（Pa）	流量（m³/h）	压力（Pa）
预热段	预热上	侧墙	62.7	17.8	调焰烧嘴	FDN-5.5	8	950	2500	1530	3000
	预热下	侧墙	75.6	21.2	调焰烧嘴	FDN-6.5	8	1130	2500	1820	3000
加热段	加热上	炉顶轴向	67.3	19.1	调焰烧嘴	FDN-6.5	8	1120	2500	1805	3000
	加热下	侧墙	80.7	22.9	调焰烧嘴	FDN-7.5	8	2165	2500	2695	3000
均热段	均热上	炉顶	30.3	8.6	平焰烧嘴	HP3-7	32	227	2500	365	3000
	均热下	侧墙	36.7	10.4	调焰烧嘴	FDN-4.5	8	750	2500	1205	3000

6.13.2 烧嘴形式

（1）调焰烧嘴

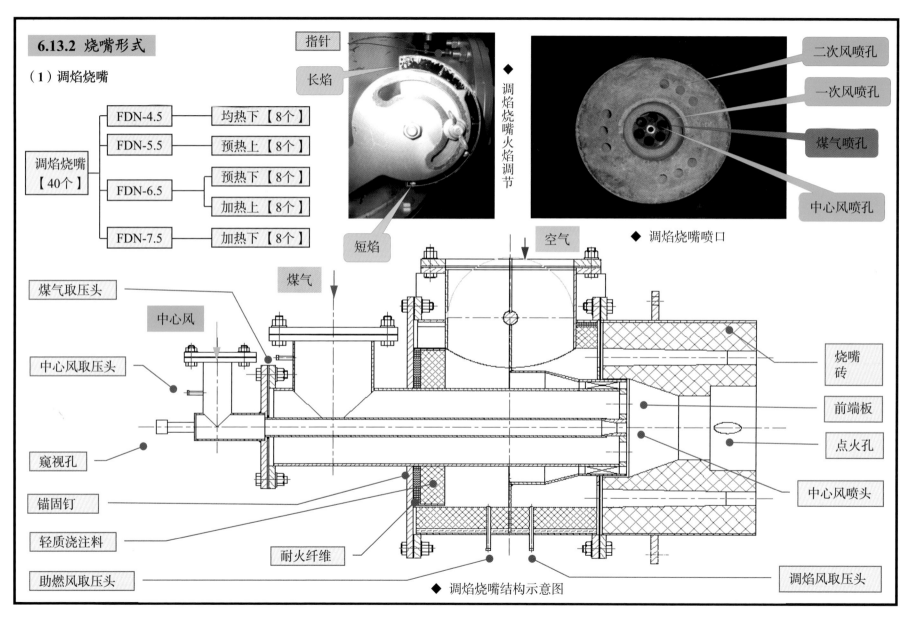

```
调焰烧嘴        ┌── FDN-4.5 ──── 均热下【8个】
【40个】       │
              ├── FDN-5.5 ──── 预热上【8个】
              │
              │              ┌── 预热下【8个】
              ├── FDN-6.5 ──┤
              │              └── 加热上【8个】
              │
              └── FDN-7.5 ──── 加热下【8个】
```

指针
长焰
短焰

◆ 调焰烧嘴火焰调节

二次风喷孔
一次风喷孔
煤气喷孔
中心风喷孔

◆ 调焰烧嘴喷口

煤气
空气
中心风
煤气取压头
中心风取压头
窥视孔
锚固钉
轻质浇注料
耐火纤维
助燃风取压头

烧嘴砖
前端板
点火孔
中心风喷头
调焰风取压头

◆ 调焰烧嘴结构示意图

· 130 ·

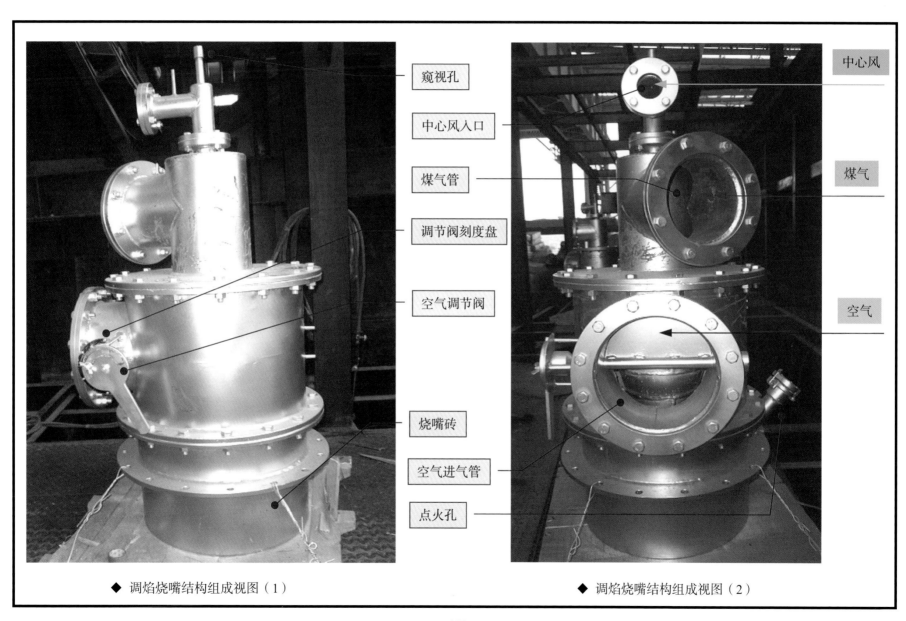

窥视孔

中心风入口

煤气管

调节阀刻度盘

空气调节阀

烧嘴砖

空气进气管

点火孔

中心风

煤气

空气

◆ 调焰烧嘴结构组成视图（1）

◆ 调焰烧嘴结构组成视图（2）

（2）平焰烧嘴

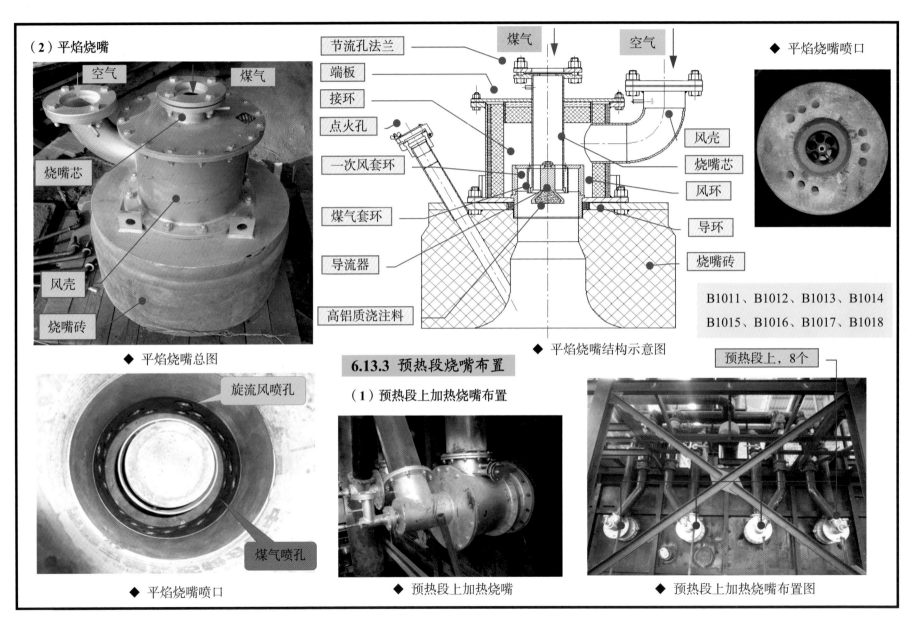

空气　　　　煤气

烧嘴芯

风壳

烧嘴砖

◆ 平焰烧嘴总图

旋流风喷孔

煤气喷孔

◆ 平焰烧嘴喷口

节流孔法兰

端板

接环

点火孔

一次风套环

煤气套环

导流器

高铝质浇注料

煤气　　　空气

风壳

烧嘴芯

风环

导环

烧嘴砖

◆ 平焰烧嘴结构示意图

B1011、B1012、B1013、B1014

B1015、B1016、B1017、B1018

◆ 平焰烧嘴喷口

6.13.3 预热段烧嘴布置

（1）预热段上加热烧嘴布置

预热段上，8个

◆ 预热段上加热烧嘴

◆ 预热段上加热烧嘴布置图

（2）预热段下加热烧嘴布置

◆ 预热段下加热烧嘴布置图

预热段下8个

◆ 预热段下加热烧嘴

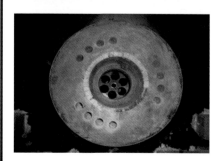

◆ 预热段下加热烧嘴

B1021
B1022
B1023
B1024
B1025
B1026
B1027
B1028

6.13.4 加热段烧嘴布置

（1）加热段上加热烧嘴布置

◆ 加热段上加热烧嘴布置图

◆ 加热段上加热烧嘴

加热上烧嘴（8个）

B1031
B1032
B1033
B1034
B1035
B1036
B1037
B1038

◆ 加热段上加热烧嘴

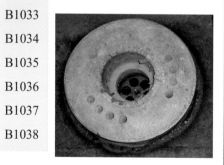

（2）加热段下加热烧嘴布置

B1041、B1042、B1043、B1044
B1045、B1046、B1047、B1048

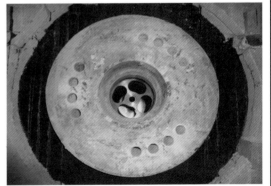

◆ 加热段下加热烧嘴

◆ 加热段下加热烧嘴布置总图

加热段下
8个

6.13.5 均热段烧嘴布置

（1）均热段上加热烧嘴布置

B1051A　B1051B　B1051C　B1051D

B1051

B1052

B1053

B1054

B1055

B1056

B1057

B1058

B1058A　B1058B　B1058C　B1058D

均热段上
32个

均热段上加热烧嘴布置总图

◆ 均热段上加热烧嘴

◆ 均热段上加热烧嘴

（2）均热段下加热烧嘴布置

◆ 均热段下加热烧嘴布置总图

B1061
B1062
B1063
B1064
B1065
B1066
B1067
B1068

均热段下
8个

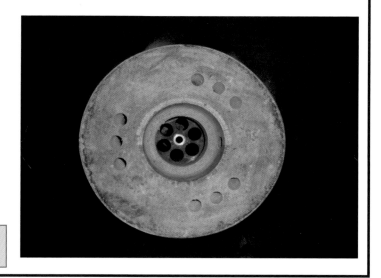

6.13.6 烧嘴前阀门配置

◆ 调焰烧嘴前阀门配置

◆ 平焰烧嘴前阀门配置

6.14 空气、煤气预热器 6.14.1 概述

炉内烟气在炉尾两侧排出，经下降烟道、水平烟道后进入空气预热器和煤气预热器。本工程采用的是插入件管式预热器，具有传热效率高、体积小、气密性好、维护方便等特点。在解决预热器寿命、热变形、低温腐蚀等方面效果显著。高温段采用0Cr17，低温段采用0Cr13和10号钢渗铝，技术性能和使用寿命能得以充分保证。换热器主要保护措施有：（1）预热器前烟气温度超过800℃时，掺冷风用以稀释高温烟气。（2）热风超过550℃时自动放散。（3）采用特殊设计、防止预热器高温变形损坏和低温（结露）腐蚀。技术性能见下表。

煤气预热器　空气预热器

序号	名　称	单位	空气预热器		煤气预热器	
			额定产量	最大产量	额定产量	最大产量
1	用途		空气预热（CGH-195）		煤气预热（CMH-108）	
2	预热器整体的流动方式		逆流2回程插入件管式预热器		逆流2回程插入件管式预热器	
3	预热器行程数		2		2	
4	预热器组数	组	6		6	
5	介质预热量	Nm³/h	11149（66894）	12491（74946）	6925（41500）	7750（46500）
6	进预热器烟气量	Nm³/h	16897（101382）	18910（113460）	16897（101382）	18910（113460）
7	进预热器介质温度	℃	20		20	
8	出预热器介质温度	℃	540	542	309	313
9	进预热器烟气温度	℃	780	800	500	520
10	出预热器烟气温度	℃	500	524	403	422
11	介质侧阻力损失	Pa	2052	2486	1337	1607
12	烟气侧阻力损失	Pa	113	145	38	48

空气预热器

6台

热空气出口

冷空气进口

热煤气出口

冷煤气进口

6台

煤气预热器

◆ 空气、煤气预热器工艺布置图

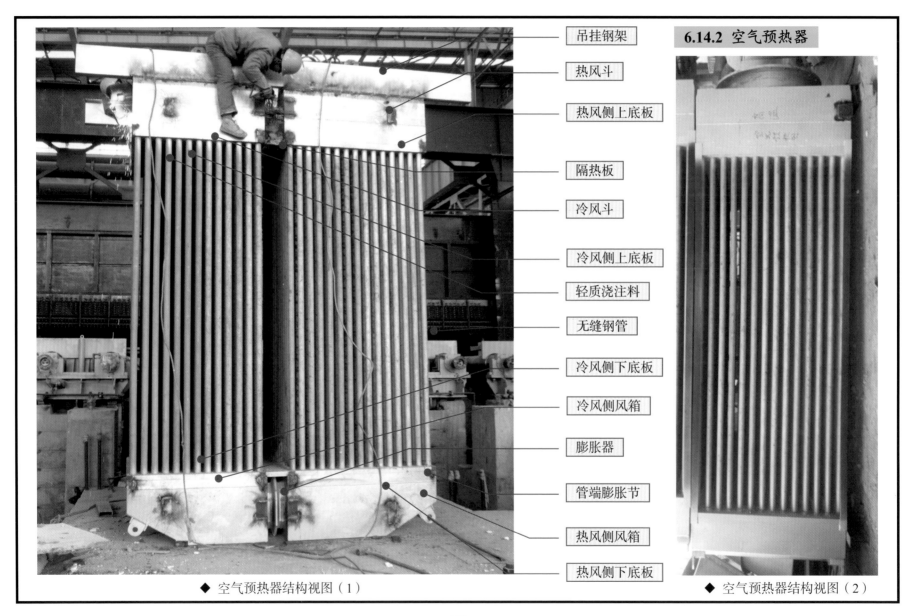

6.14.2 空气预热器

吊挂钢架
热风斗
热风侧上底板
隔热板
冷风斗
冷风侧上底板
轻质浇注料
无缝钢管
冷风侧下底板
冷风侧风箱
膨胀器
管端膨胀节
热风侧风箱
热风侧下底板

◆ 空气预热器结构视图（1）

◆ 空气预热器结构视图（2）

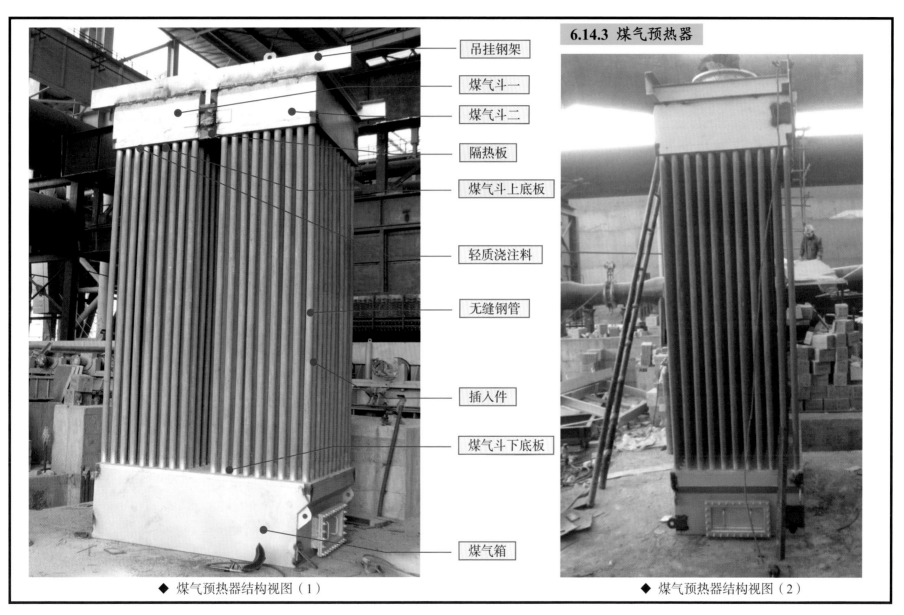

6.14.3 煤气预热器

吊挂钢架

煤气斗一

煤气斗二

隔热板

煤气斗上底板

轻质浇注料

无缝钢管

插入件

煤气斗下底板

煤气箱

◆ 煤气预热器结构视图（1）

◆ 煤气预热器结构视图（2）

6.15 助燃风机

6.15.1 概述

加热炉设置助燃风机3台，两用一备，带入口消声器。助燃风机房地下布置，设置检修用的电动单梁葫芦。

采用以下措施防止风机喘振现象的发生：

（1）采用风机进风口调节风压和风量的设计。

（2）采用热风放散措施防止小风量情况发生。

（3）加热炉低负荷时采用1台风机供风制度。

风机性能参数见下表。

项目	内　容
型号	9-19 14D，右90°
风量	58000Nm³/h
风压	12500Pa
电机	10kV，50Hz，315kW，1450r/min

项目	电机轴承测温	定子绕组测温
测温元件	Pt100	Pt100
数量	前后各1支，2支/台	每相1支，3支/台
报警温度	70℃	140℃

6.15.2 系统组成

◆ 助燃风机视图（1）

出口软连接

助燃风机本体

入口调风门

进口消声器

◆ 助燃风机视图（2）

鼠笼式电动机

双金属温度计

加热器及测温元件出线盒

电机主出线盒

铂热电阻

6.16 稀释风机

6.16.1 概述

加热炉设置稀释风机1台，用于预热器前烟气温度超过800℃时，掺冷风用以稀释高温烟气，风机技术性能见下表。

项目	内　容
型号	4-72No.10C，右90°
风量	48084Nm³/h
风压	1000Pa
电机	Y225S-4，37kW，380V，50Hz，70.4A，1480r/min，IP44

◆ 稀释风机总图

6.16.2 系统组成

铂热电阻

轴承测温，Pt100
WZPK2-336，1只

双金属温度计

轴承测温
0～100℃
WSS-311，1只

出口软连接

625×700

稀释风机本体

4-72No.10C，右90°

入口调风门

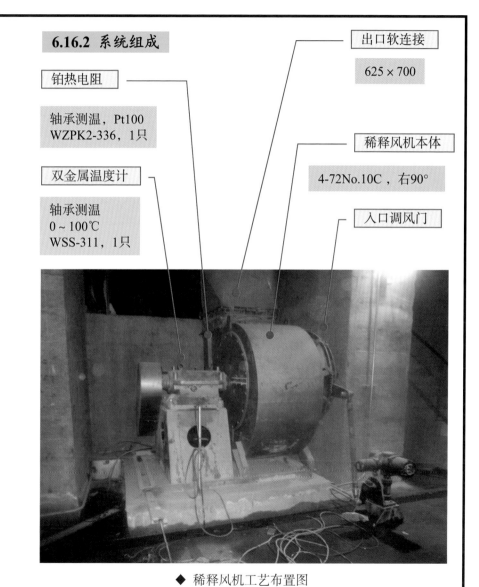

◆ 稀释风机工艺布置图

6.17 烟道钢结构

6.17.1 概述

烟道钢结构是工字钢、槽钢和钢板焊接的片架式结构，下部用地脚螺栓与基础固定，上部用槽钢圈梁连成矩形框架，检修炉门等炉子附件固定在烟道钢结构上。

烟道共分为两段，预热器前高温段为矩形烟道，预热器后低温段为圆形烟道，并设置烟道闸板。

6.17.2 结构组成

矩形烟道主要由侧板、底板、顶板、密封盖板及吊挂梁组成，内衬耐火材料。圆形烟道由多段烟管组成，管内喷涂耐火材料。

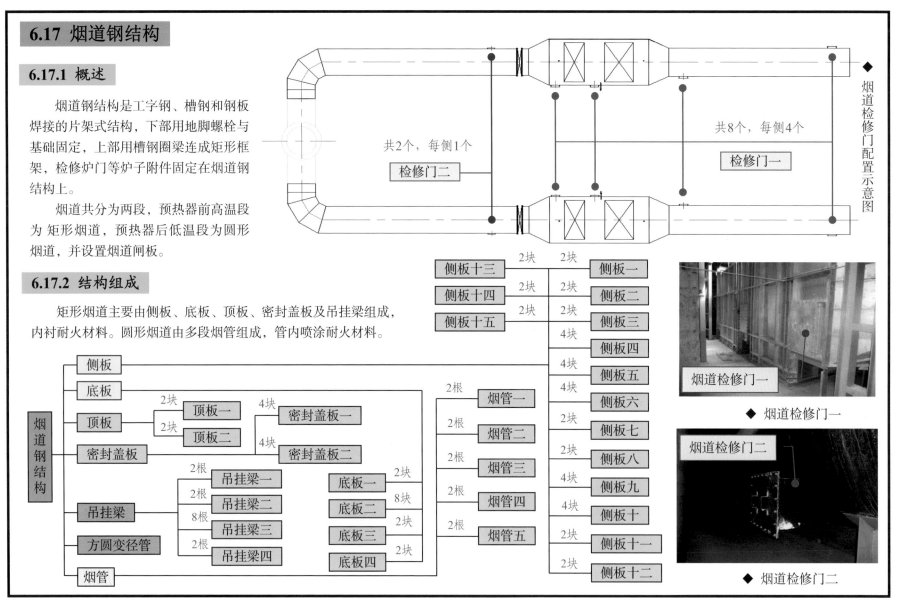

共2个，每侧1个
检修门二

共8个，每侧4个
检修门一

烟道检修门配置示意图

烟道检修门一
◆ 烟道检修门一

烟道检修门二
◆ 烟道检修门二

◆ 烟道钢结构视图（1）

◆ 烟道钢结构视图（2）

◆ 烟道钢结构视图（3）

◆ 烟道钢结构视图（4）

· 145 ·

6.18 烟道闸板

6.18.1 概述

加热炉设置烟道闸板2套，设在煤气预热器后的烟道内，用于维持炉内微正压，挡板由电动执行机构驱动。

炉子设置混凝土烟囱1座，高度约95m，出口直径约3.2m。

烟囱底部最大排烟量32.2Nm³/s，烟气温度约420℃。

6.18.2 设备组成

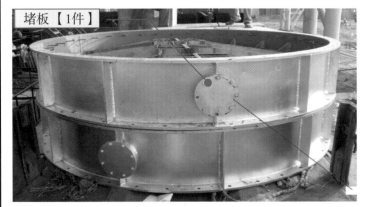

堵板【1件】

◆ 烟道闸板组成视图（2）

刻度板【1件】　　键【1个】

◆ 烟道闸板组成视图（3）

◆ 烟道闸板组成视图（1）

外壳【1件】　　烟道闸板执行机构【1套】

闸板【2件】

闸板轴【1套】　　轴（三）【1件】

端盖（二）【1件】

风冷管头【1个】

端盖（一）【1件】

毛毡圈【2个】

轴承【1套】

轴承箱【1套】

控制曲柄【1个】

轴（一）【1套】

轴（二）【1套】

油杯【1个】

开口销【4个】

垫圈【4个】

销【2个】

◆ 烟道闸板组成视图（4）

6.19 耐材砌筑

6.19.1 砌筑范围

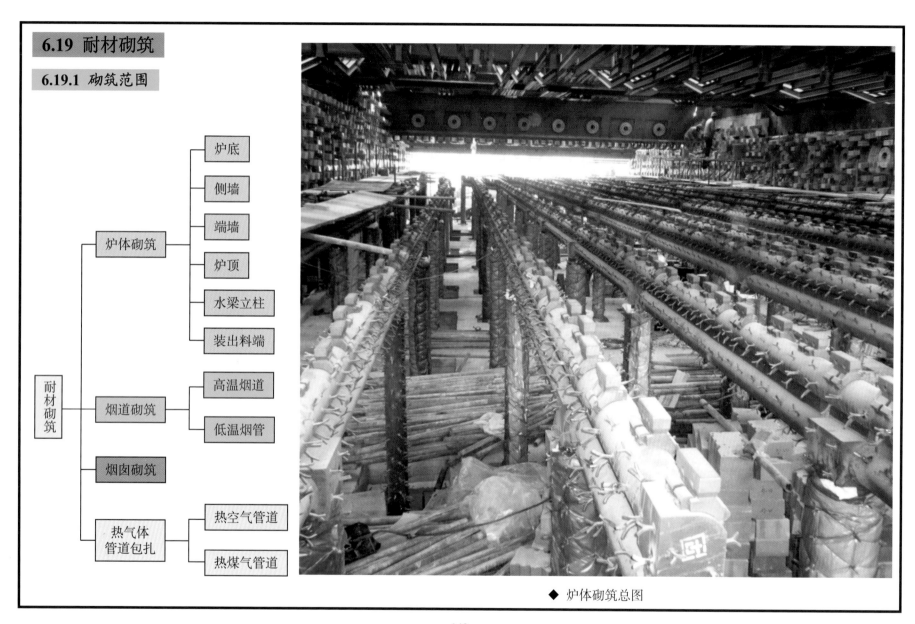

耐材砌筑
- 炉体砌筑
  - 炉底
  - 侧墙
  - 端墙
  - 炉顶
  - 水梁立柱
  - 装出料端
- 烟道砌筑
  - 高温烟道
  - 低温烟管
- 烟囱砌筑
- 热气体管道包扎
  - 热空气管道
  - 热煤气管道

◆ 炉体砌筑总图

6.19.2 耐材理化指标

◆ 低水泥浇注料（炉墙）

序号	指　标		数值
1	体积密度（g/cm³）	110℃×16h	≥2.2
		1300℃×3h	≥2.15
2	化学成分（%）	Al₂O₃	≥50
3	耐压强度（MPa）	110℃×16h	≥30
		1300℃×3h	≥50
4	抗折强度（MPa）	110℃×16h	≥5
		1300℃×3h	≥7
5	线变化率（%）	110℃×16h	0～-0.2
		1300℃×3h	0～-0.5

◆ 可塑料（低温段炉顶）

序号	指　标		数值
1	体积密度（g/cm³）	110℃×16h	≥2.25
2	化学成分（%）	Al₂O₃	≥40
3	抗折强度（MPa）	110℃×16h	2.5
		1000℃×3h	2.5
		1300℃×3h	3.0
4	线变化率（%）	110℃×16h	0～-1
		1000℃×3h	0～-1
		1300℃×3h	0～-1

◆ 可塑料（高温段炉顶）

序号	指　标		数值
1	体积密度（g/cm³）	110℃×16h	≥2.35
2	化学成分（%）	Al₂O₃	≥60
3	抗折强度（MPa）	110℃×16h	2.5
		1000℃×3h	2.5
		1300℃×3h	3.0
4	线变化率（%）	110℃×16h	0～-1
		1000℃×3h	0～-1
		1300℃×3h	0～-1

◆ 自流浇注料（水梁立柱包扎）

序号	指　标		数值
1	体积密度（g/cm³）	110℃×16h	≥2.35
		1350℃×3h	≥2.3
2	化学成分（%）	Al₂O₃	≥65
3	耐压强度（MPa）	110℃×16h	≥40
		1350℃×3h	≥65
4	抗折强度（MPa）	110℃×16h	≥6
		1350℃×3h	≥8
5	线变化率（%）	110℃×16h	0～-0.2
		1300℃×3h	0～-0.5

◆ 喷涂料（高温段烟道）

序号	指　标		数值
1	体积密度（g/cm³）		1.2
2	导热系数（W/(m·K)）	540℃	≤0.38
3	化学成分（%）	Al₂O₃	≥25
4	耐压强度（MPa）	110℃×24h	≥2
		1000℃×3h	≥2
5	线变化率（%）	110℃×16h	≤0.2
		800℃×3h	≤0.8

◆ 锚固砖

序号	指　标		数值
1	化学成分（%）	Al₂O₃	≥55
2	耐压强度（MPa）		≥44.1
3	荷重软化温度（℃）	0.2MPa	≥1450

6.19.3 炉体砌筑

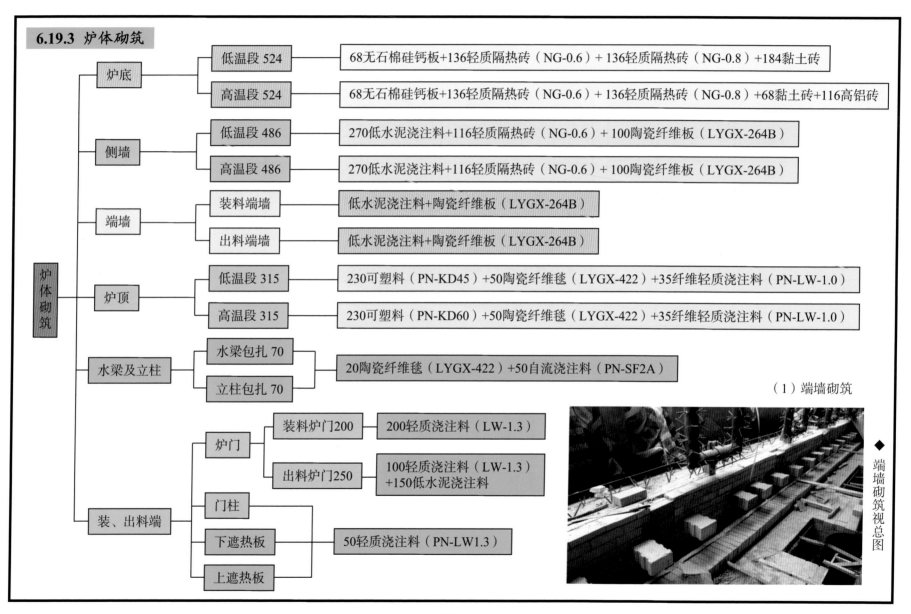

炉体砌筑

炉底
- 低温段 524 — 68无石棉硅钙板+136轻质隔热砖（NG-0.6）+ 136轻质隔热砖（NG-0.8）+184黏土砖
- 高温段 524 — 68无石棉硅钙板+136轻质隔热砖（NG-0.6）+ 136轻质隔热砖（NG-0.8）+68黏土砖+116高铝砖

侧墙
- 低温段 486 — 270低水泥浇注料+116轻质隔热砖（NG-0.6）+ 100陶瓷纤维板（LYGX-264B）
- 高温段 486 — 270低水泥浇注料+116轻质隔热砖（NG-0.6）+ 100陶瓷纤维板（LYGX-264B）

端墙
- 装料端墙 — 低水泥浇注料+陶瓷纤维板（LYGX-264B）
- 出料端墙 — 低水泥浇注料+陶瓷纤维板（LYGX-264B）

炉顶
- 低温段 315 — 230可塑料（PN-KD45）+50陶瓷纤维毯（LYGX-422）+35纤维轻质浇注料（PN-LW-1.0）
- 高温段 315 — 230可塑料（PN-KD60）+50陶瓷纤维毯（LYGX-422）+35纤维轻质浇注料（PN-LW-1.0）

水梁及立柱
- 水梁包扎 70
- 立柱包扎 70
— 20陶瓷纤维毯（LYGX-422）+50自流浇注料（PN-SF2A）

装、出料端
- 炉门
  - 装料炉门200 — 200轻质浇注料（LW-1.3）
  - 出料炉门250 — 100轻质浇注料（LW-1.3）+150低水泥浇注料
- 门柱
- 下遮热板 — 50轻质浇注料（PN-LW1.3）
- 上遮热板

（1）端墙砌筑

◆ 端墙砌筑视总图

（2）炉底砌筑

◆ 炉底砌筑视图（1）

◆ 炉底砌筑视图（2）

（3）侧墙砌筑

◆ 侧墙砌筑视图（1）

◆ 侧墙砌筑视图（2）

◆ 侧墙砌筑视图（3）

◆ 侧墙砌筑视图（4）

（4）炉顶砌筑

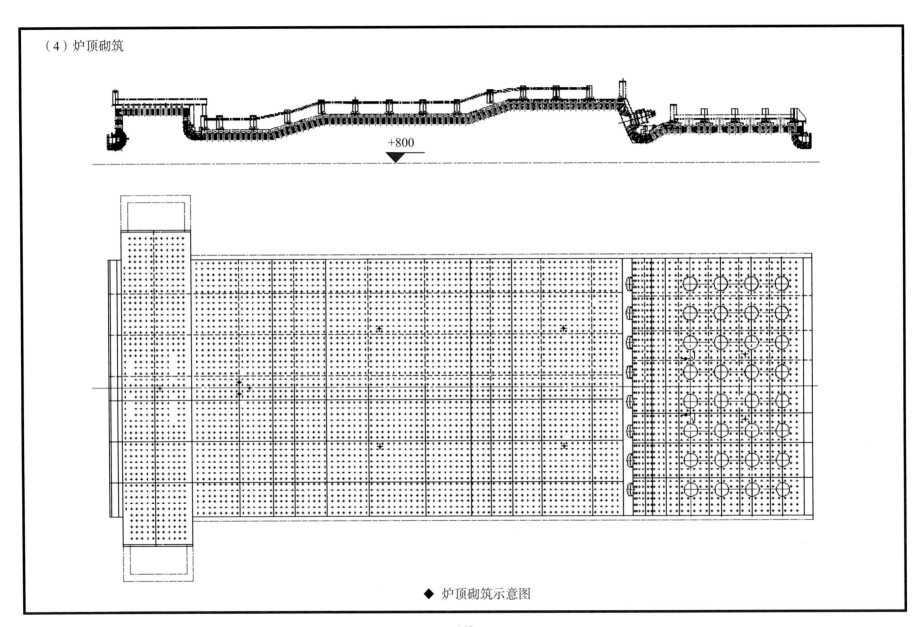

+800

◆ 炉顶砌筑示意图

（5）水梁及立柱包扎

◆ 水梁及立柱包扎视图（1）

◆ 水梁及立柱包扎视图（3）

◆ 水梁及立柱包扎视图（2）

◆ 水梁及立柱包扎视图（4）

（6）炉门砌筑

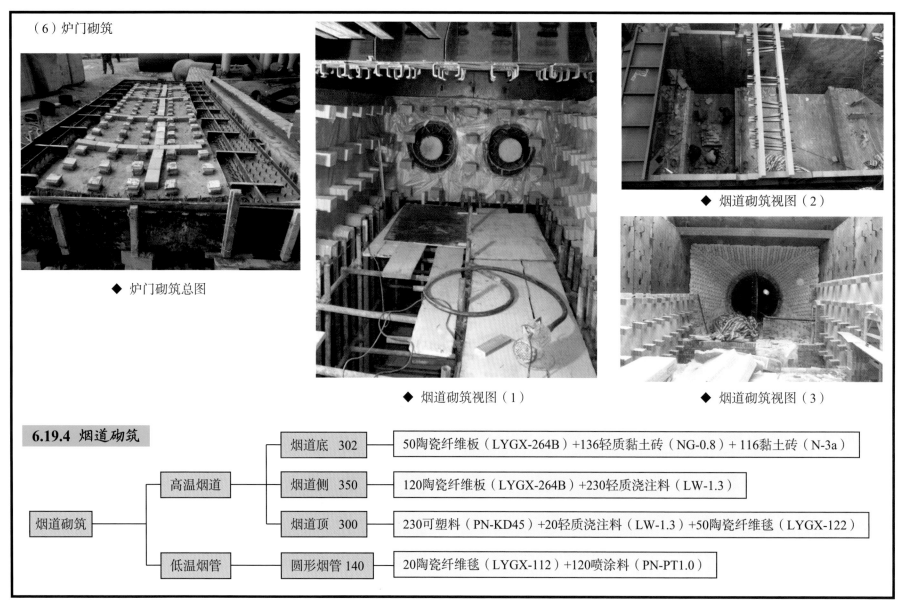

◆ 炉门砌筑总图

◆ 烟道砌筑视图（2）

◆ 烟道砌筑视图（1）

◆ 烟道砌筑视图（3）

6.19.4 烟道砌筑

烟道砌筑 ── 高温烟道 ── 烟道底 302 ── 50陶瓷纤维板（LYGX-264B）+136轻质黏土砖（NG-0.8）+ 116黏土砖（N-3a）

烟道侧 350 ── 120陶瓷纤维板（LYGX-264B）+230轻质浇注料（LW-1.3）

烟道顶 300 ── 230可塑料（PN-KD45）+20轻质浇注料（LW-1.3）+50陶瓷纤维毯（LYGX-122）

低温烟管 ── 圆形烟管 140 ── 20陶瓷纤维毯（LYGX-112）+120喷涂料（PN-PT1.0）

· 154 ·

6.19.5 烟囱砌筑

烟囱砌筑 ┬ 10m以下 340 ── 240黏土砖+100矿渣棉
        └ 10m以上 220 ── 240黏土砖+100矿渣棉

6.19.6 热气体管道包扎

热气体管道包扎 ┬ 热空气管道 ┬ 热空气管道外保温 80 ── 80普通硅酸铝纤维毯（LYGX-112）+0.5镀锌铁皮
             │   └ 热空气管道内保温155 ── 115轻质隔热砖（NG120-0.6）+40陶瓷纤维板（LYGX-164B）
             └ 热煤气管道 ┬ 热煤气管道外保温 80 ── 80普通硅酸铝纤维毯（LYGX-112）+0.5镀锌铁皮
                        └ 热煤气管道内保温155 ── 115轻质隔热砖（NG120-0.6）+40陶瓷纤维板（LYGX-164B）

6.19.7 烘炉曲线

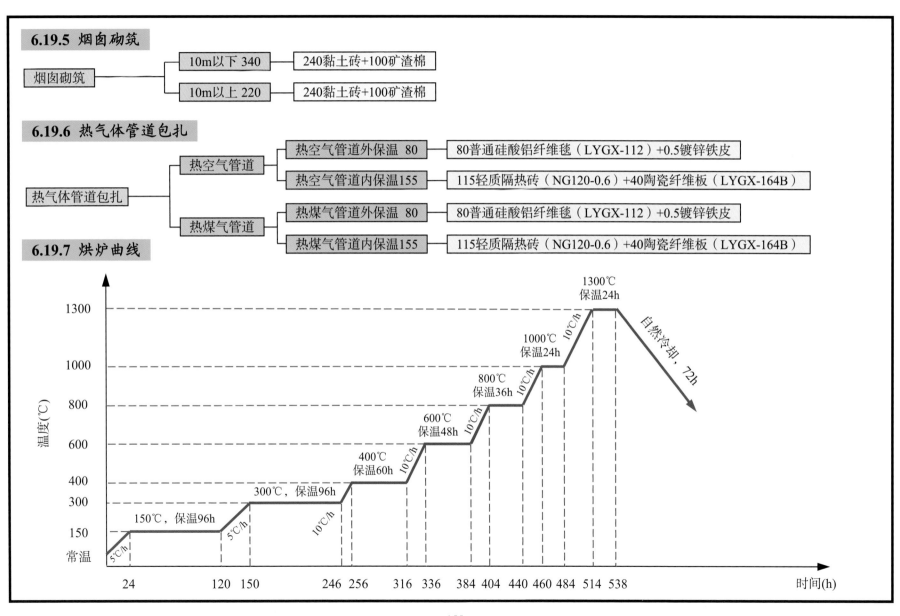

· 155 ·

【技术拓展】零烘烤浇注料

（1）"诺尔曼零烘烤浇注料"的定义

即该浇注料在施工结束后，不需要任何时间和条件限制，甚至不需要凝固就可以直接将温度上升到正常的使用温度，且不会出现任何不良现象，也不会影响质量的一种浇注料。

（2）"耐火浇注料"的三大天敌

浇注料天生就有三大天敌。一是原材料符合要求，但在制作过程中，由于人为原因或设备原因所造成的配比不精确或搅拌偏析；二是产品合格，但在施工过程中，由于人为原因或设备原因所造成的加水量不准确或搅拌、振动不均匀；三是前两者都合格，但在烘烤过程中，由于人为原因或设备原因所造成的温度变化太大。这三大因素，往往都是不以人们的意志为转移的，故称它们为浇注料的天敌一点都不为过。

（3）"零烘烤浇注料"的研发

以克服浇注料三大天敌为目标，从实际应用出发，秉承技基相依托，采用精尖设备做配合，以现场使用见结果。成功研发出了这种切合实际、广泛而又高效的浇注料——"零烘烤浇注料"。目前已经在国内外多个行业推广、应用了两年多，并得到了客户很好的评价。

（4）"零烘烤浇注料"的意义

能够省去或缩短因窑炉维修或大修所需要的烘烤时间（约7～15天），提高生产效率并增加相应经济效益。减少因烘烤而产生的人力、物力、财力的投入，实现相应经济效益和社会环境效益的双赢、双收获。

（5）"零烘烤浇注料"的性能

"零烘烤浇注料"的主要性能与其他同等材质的浇注料相比基本相同。所不同的是体积密度略有下降，下降幅度为5～15kg/m³。但是它的抗热震性能则相应提高，950℃风冷能够提高5～8次。

（6）"零烘烤浇注料"的应用范围

"零烘烤浇注料"的使用性能和任何同类的浇注料产品一样，完全能够满足、适用同类浇注料的使用环境和要求，而且已经被广泛地应用在各种炉窑的维修、大修或基础建设。

（7）"零烘烤浇注料"的特优

浇注料有三大质量关：材料、施工和烘烤。这三大关键失去任何一种都将无质量可谈。而且它们都具有双重形象，即表形和隐形。比如烘烤过程中，它的表形则为表面爆裂，能够看得到，容易判断，甚至可以判断准确。而隐形则属于中、底层爆裂，根本无法看到，更谈不上判断准确。这种隐形分裂会在短期的生产中呈现出来，当然这是最麻烦的。经过长期的努力"零烘烤浇注料"将永远、彻底地解决这一难题。

（8）"零烘烤浇注料"的趋势

就像其他任何种类的产品一样，"零烘烤浇注料"的问世，将会在不久的时间内拓展高宽、遍及各个使用厂家，并逐步替代原始的同类浇注料产品。同时，非"零烘烤浇注料"将全部退出市场，且从此销声匿迹。继而将是铺天盖地的"零烘烤浇注料"进入各行各业。

（9）"零烘烤浇注料"的应用案例

目前应用厂家主要有：四川德胜钢铁、云南德胜钢铁、广西桂鑫钢铁、河北天柱钢铁、陕西龙门钢铁、马鞍山马江耐材、江苏天工爱和特钢、河南佰利联钛业、江苏苏能环保窑炉制造公司、江苏亿诺窑炉制造有限公司、北京寸长窑炉制造有限公司、南京星辰窑炉制造公司、无锡寸长窑炉制造公司。

（10）技术专有

焦作诺尔曼炉业有限公司

【技术拓展】 新型纳米级微孔隔热材料

（1） 技术背景

隔热材料是钢铁工业炉窑及热工设备的重要组成，对设备能耗具有较大影响。目前钢铁行业使用的隔热材料主要有隔热砖、陶瓷纤维、硅酸钙板等产品，这类材料在低温时隔热效果尚可接受，但随着使用温度升高，导热系数也会急剧升高，隔热性能迅速下降。

钢铁工业热工设备的运行温度通常较高，使用环境恶劣。传统隔热材料不能胜任，隔热效果不明显。在当今节能减排要求日益提高的背景下，纳米微孔隔热材料逐渐引起关注并得到应用。

（2） 材料介绍

纳米微孔隔热材料是一种基于微孔隔热原理研制而成的新型材料，主要成分为直径7~12nm的超细二氧化硅粉末、混合热辐射遮蔽材料、高温抗收缩材料及无机纤维增强材料等，经特殊工艺压制而成。

纳米微孔隔热材料表面有玻璃纤维布包覆，常用形态有平板型、卷帘型、砌块型、柔毯型等。平板型可用于平面炉壁或弧度不太大的炉壁，卷帘型主要用于管道系统。

（3） 使用性能

■ 使用温度：NIF-1050型和NIF-1100型的最高使用温度为1050℃和1100℃，在设计隔热层厚度时应避免过厚，纳米隔热材料的热面温度高于最高使用温度，会造成材料过载而失效。

■ 导热系数：由于材料内部形成的微孔直径小于空气分子的平均自由行程，分子间的碰撞传热受到抑制，再加上热辐射遮蔽成分的作用，使该材料在高温下可达到比静止空气还低的导热系数。纳米微孔隔热材料的隔热效果是传统隔热材料的4倍。

（4） 理化性能

产品名称		1050型纳米微孔隔热毡	1100型纳米微孔隔热毡
产品代码		NIF-1050	NIF-1100
熔点/℃		>1200	>1200
最高使用温度/℃		1050	1100
密度（kg/m³），±10%		400	400
比热（kJ/(kg·K)），400℃		0.8	0.8
抗折强度/MPa，压缩10%		0.6	0.6
线收缩率/%，950℃		1.3	1.3
导热系数（W/(m·K)）	50℃	0.022	0.022
	100℃	0.023	0.025
	200℃	0.024	0.026
	300℃	0.026	0.028
	400℃	0.029	0.031
	800℃	0.043	0.047

（5） 隔热性能

纳米微孔隔热材料的隔热效果是传统隔热材料的4倍。

◆ 玻璃棉　　　　　　　　　■ 矿棉，100kg/m³
● 陶瓷纤维，128kg/m³　　■ 静止空气
■ 纳米微孔隔热材料，230kg/m³

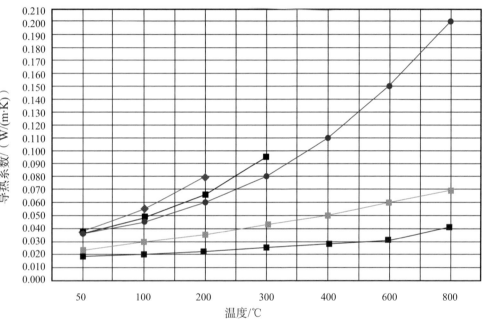

◆ 隔热材料导热系数对比

（6）典型应用

以纳米微孔隔热毡在钢包上的应用为例：

① 使用方法

用纳米微孔隔热毡替代传统隔热砖或陶瓷纤维板，在钢包壁上贴一层纳米微孔隔热毡，然后依次砌筑永久层和工作层。

② 安装方法

用纳米微孔隔热毡替代传统隔热砖或陶瓷纤维板，在钢包壁上贴一层纳米微孔隔热毡，然后依次砌筑永久层和工作层。

③ 应用效果

- 减少钢包外壳热损失；
- 降低钢包外壳温度，增加钢包使用寿命和安全性；
- 替代过厚传统隔热砖，增加钢包容积；
- 降低耐火砖层冷热面温差，延长耐火砖使用寿命；
- 减少钢包烘烤所需热量；
- 能适当降低转炉出钢温度。

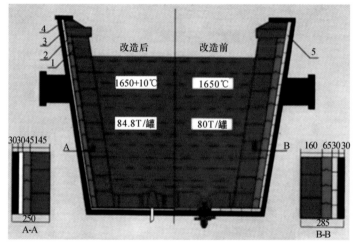

◆ 纳米级微孔隔热板与传统保温材料比较

1—工作层；2—永久层；3—隔热板；4—包壳；5—传统保温材料

（7）应用领域

- 冶金：鱼雷罐、钢包、中间包、焦炉炉门；
- 机械：工业炉、电炉、炉门、炉盖；
- 汽车：发动机隔热罩、催化排气管；
- 石化：裂解炉、转化炉、加热炉；
- 电力：锅炉、汽轮机、管道；
- 建材：陶瓷窑、回转窑、玻璃窑炉；
- 电子：电器隔热元件。

（8）应用案例

案例1		
耐火层结构（由外向内）	厚度（mm）	使用效果
纳米微孔隔热毡	5	（1）钢水热损失降至0.3℃/min；（2）钢包外壁温度从370℃降至240℃
莫来石轻质砖	38	
镁铝浇注料	25	
镁碳砖	114	

案例2		
耐火层结构（由外向内）	厚度（mm）	使用效果
纳米微孔隔热毡	7	（1）钢包外壁温度80～100℃；（2）酸化附着物明显减少，钢包外围设备使用寿命延长
莫来石轻质砖	63	
镁铝浇注料	25	
镁碳砖	150	

（9）其他应用

以高炉为例：（1）用于高炉风口内衬，可提高热风温度，减少热风温降，降低风管外表面温度，减少热损失并达到节能的目的。（2）用于出铁沟，可减少铁水散热，防止出铁沟变形损坏。保温好的铁水热损失小，因而可降低出铁口的铁水温度，从而节能并延长耐火材料寿命。

（10）应用经济分析

① 节能效益

以210t钢包为例，把钢包看作一个圆柱体，钢包平均直径3.761m，高度4.46m，散热面积为52.67m²。假定钢包在贴隔热毡前后外壁温度为310℃和220℃，可算出钢包散热损失热功前后对比：$Q_前$=2.47×10⁶W，$Q_后$=1.55×10⁶W，$Q_前$-$Q_后$=0.92×10⁶W。根据统计，钢包的平均周转时间为100min，1600℃钢水的比热c=0.837kJ/(kg·℃)，可以求出减少钢水的温降：Δt=0.92×10⁶×6000/0.837×10³×210×10³=31.4℃，钢包节约散热：$Q_前$-$Q_后$=0.92×10⁶W，一个钢包运行周期0.92×1000×1.6=14720kW·h，吨钢节约70kW·h，按0.6元/kW·h计算，计算得出可节约4.2元/t。

② 材料成本

钢包表面贴两层隔热毡，每层面积52.67m²，共115.3m²。按830元/m²计算，成本增加：115.3×830=95699元。按每个包役12000个包龄计算，合计炼钢210t×12000=252万吨，平均吨钢增加成本 95699/2520000=0.04元/t，吨钢节约4.2-0.04=4.16元/t 。

③ 间接效益

■ 减少钢包热损失，降低炼钢成本。■ 隔热效果明显，可以减少烘烤所用煤气费用。■ 精炼炉减少加热电极的消耗，降低炼钢成本。■ 可以降低转炉出钢温度，节约能源消耗。■ 降低钢包外表面温度，减少钢包热疲劳，提高钢包使用寿命。■ 降低钢包耐火材料内外温差，提高耐材的热稳定性。■ 减薄钢包耐材，提高钢包有效容量，提高炼钢产量。

（11）技术专有

山东大唐节能材料有限公司

159

【技术拓展】蓄热式加热炉烟气CO减排节能环保系统

（1）行业背景

轧钢厂蓄热式加热炉所使用燃料通常为低热值高炉煤气，此项燃烧技术解决了以前炼铁企业高炉煤气自然放散问题，既减少排放污染又提高能源利用，此技术目前已被广泛应用于钢铁企业轧钢加热炉。

（2）问题提出

由于蓄热式燃烧技术的管道布置特点，蓄热式燃烧系统每次换向，盲区管路中煤气都随烟气直接排放到大气中，造成能源浪费和大气污染。

（3）解决方案

利用中介气体将盲区管路中残留煤气置换吹扫到加热炉炉内继续燃烧，为此特设计一套烟气CO减排系统，系统的硬件设备和软件控制程序都可以与原加热炉燃烧系统自由结合与隔离，自由切换期间不影响加热炉正常生产，不增加原加热炉岗位的工作量。

在炉区的煤烟总管上引出煤烟烟气，经过风机加压，送到各个供热段的煤气/煤烟换向阀或之后的集管上，采用两通阀或快切阀进行开关切换控制，切换时序与原燃烧系统结合。

风机入口设一台手阀、一台气动快切阀、热电阻、烟气CO和O_2检测仪，出口设置一台远传压力检测、一台流量计、一台气动快切阀（或盲板阀）。

为了防止在运行期间烟气加压风机憋压，在烟气加压风机后增加一路旁通管，设置切换阀（气缸和阀板一用一备），旁通管接入烟囱。

考虑安全和优化控制，现有煤烟总管设置CO和O_2测点外，空烟总管设置CO激光式分析仪，建议各段煤烟支管同时设置CO和O_2红外式分析仪。

考虑到部分现场阀门和管道布置，原有换向阀根据需要进行适当改造，需要更改检修窗或更换管道接口位置。

（4）系统配置

本套系统包括：循环风机、安全阀门组、切换阀门组、管路系统、控制系统、检测系统、安全连锁保护系统。

（5）安全措施

■ 当各段炉温超过750℃（可调）时，烟气反吹才允许投用。一旦各段炉膛温度低于750℃，烟气反吹停止运行。

■ 排烟温度高于150℃时或烟气中残氧量较高时，烟气反吹系统直接打开旁通，通往换向系统的切断阀直接切断，停止换向系统反吹。

■ 在烟气反吹系统盲板阀前后各设置一路氮气吹扫管路，在各支管末端阀门前增加放散管路，每路单独放散，便于在该系统启用前或者停用后，对该管路进行吹扫。

■ 烟气反吹风机前设置气动快切阀，风机出口主管设置气动快切阀或盲板阀，当系统停电、停用时保证反吹系统与原系统能有效切断。

■ 在炉区使用的电动阀门、风机电机等为防爆型，确保在煤气区域机电设备安全运行。

■ 为防止烟气加压风机吸取量大于煤烟引风机排出量，系统可以设定：当煤气总管流量低于某流量时，烟气反吹系统停止。

（6） 经济效益

以某加热炉为例，全炉设置116个烧嘴，其中高炉煤气烧嘴 n=60个，换向阀与烧嘴之间的管径 $D=\phi300\sim350mm$，取最小值300mm，管道长度 L=3~5m，取最小值3m，加热炉燃烧系统的一个换向周期，单次煤气排放量的计算公式为：$V_0=\pi D^2Ln/4$。式中，D 为盲区支内径；L 为盲区支管长度；n 为蓄热式燃烧盲区支管个数。计算结果为 V_0=12.72m³，换向阀每60s将换向一次，以三段集中换向控制加热炉为例，加热炉的三个控制段将会周而复始的不停的排放公共管道中的煤气。这将造成每天4320次的煤气直接排放，每年（按330天）142万次的煤气直接排放。全年高炉煤气放散量约为：V_n=12.72×1420000=18062400m³，按高炉煤气成本0.1元/m³，直接节省成本为1806240元，即每年直接产生约180万元的经济效益，吨钢煤气消耗从232m³左右降低到220m³左右，节能约5%。

（7） 环保效益

仍以上述炉子为例，改造前高炉煤气蓄热式加热炉煤烟排放中CO含量约15000~30000ppm，甚至更高，改造后，加热炉正常运行时煤烟排放中CO含量2000~3000ppm左右。大幅降低了CO排放量，又使煤气得到有效回收，减少了环境污染，环保效益显著。

（8） 应用案例

■ 唐山新宝泰钢铁有限公司，2台；
■ 唐山鑫晶特种钢有限公司，2台；
■ 新兴铸管股份有限公司，1台；
■ 河北普阳钢铁有限公司，6台。

（9） 技术专有

沈阳格竹科技有限公司

7 燃 气

7.1 概述

7.1.1 燃气系统概述

加热炉采用高、焦混合煤气作为主燃料,高炉煤气和焦炉煤气经过煤气混合加压站混合加压后,先经过煤气预热器,再进入烧嘴,在炉内燃烧。烘炉燃料为天然气。

煤气配管包括从加热炉前的煤气接点到烧嘴前的所有煤气管路,从煤气输入接点到烧嘴之间的煤气系统包括:

(1)主煤气管

主煤气管道主要配置有:电动金属密闭蝶阀、电动扇形盲板阀、快速切断阀和压力自动调节阀各1个,煤气预热器6台及波纹管补偿器1个。

(2)段煤气管

各加热段煤气管路上主要配置为:流量测量孔板1套、流量调节兼切断阀1个及波纹管补偿器1个。

(3)烧嘴前支管

每个烧嘴前支管上主要配置为:球阀1个、金属硬密封蝶阀1个、1个波纹管补偿器。

煤气管道所有的电动阀门均要求带手动功能和电机防爆。

加热炉各段煤气切断后,对段切断阀后到烧嘴前的煤气管道进行自动吹扫;加热炉各段煤气切断后,对煤气总管到各段切断阀间的管道进行手动吹扫;关闭烧嘴前煤气切断对煤气支管、总管进行一部分一部分地吹扫。在煤气总管自动切断阀前后设有氮气管道和煤气放散管,每段的煤气管设有冷凝水排放管,煤气放散管末端设煤气放散管和气体检测取样阀。

7.1.2 燃气系统配置

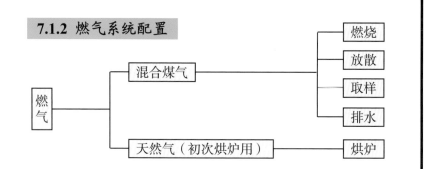

7.1.3 燃气供气要求

(1)混合煤气

序号	项目	单位	数 值
1	压力	kPa	10
2	正常流量	Nm³/h	41500
3	最大流量	Nm³/h	47500
4	热值	kcal/Nm³	1600
5	品质要求		焦油≤20mg/m³;灰尘≤3.3mg/m³;H_2S≤200 mg/m³

(2)天然气

序号	项目	单位	数 值
1	压力	kPa	10
2	正常流量	Nm³/h	740
3	热值	kcal/Nm³	8000
4	品质要求		GB 17820—1999

7.2 混合煤气

7.2.1 概述

加热炉主燃料为高、焦混合煤气，在煤气混合加压站经过混合和加压后，送入车间外。加热炉本体煤气配管包括从车间外煤气接点到烧嘴前的所有煤气管路，包括主煤气管、段煤气管及烧嘴前支管。

7.2.2 气源接点

◆ 混合煤气气源接点

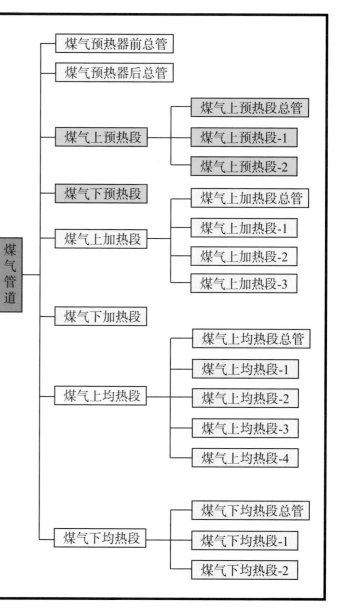

7.2.3 工艺流程

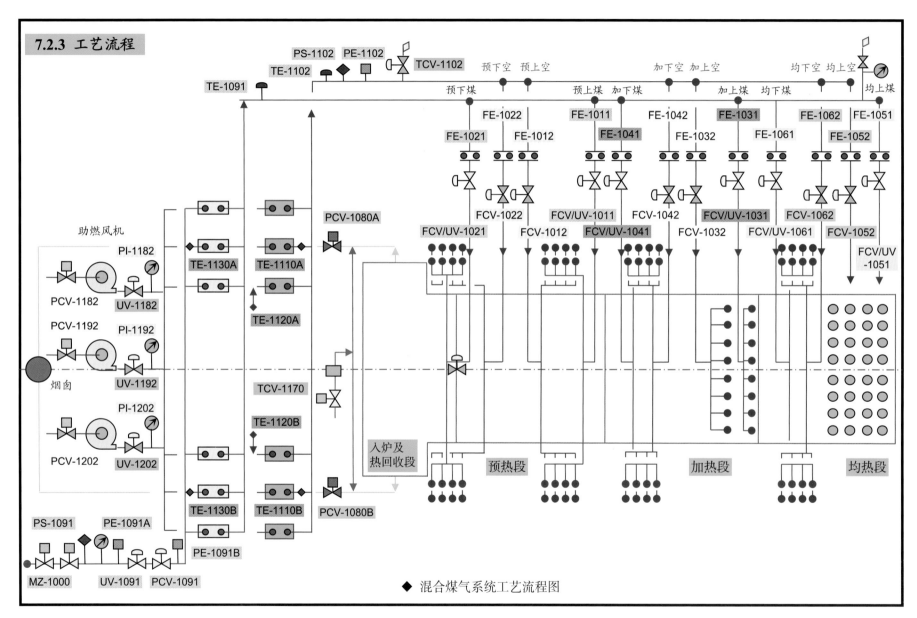

◆ 混合煤气系统工艺流程图

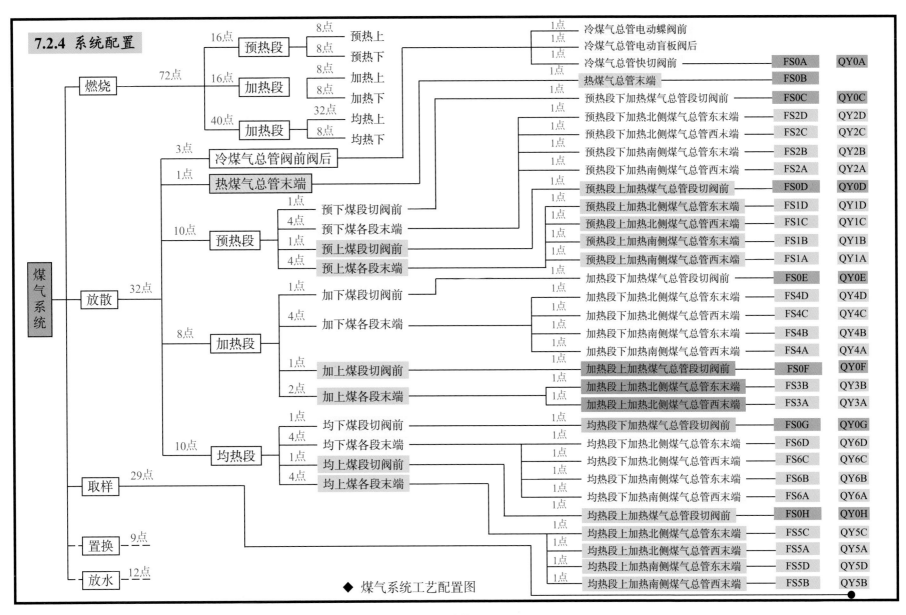

7.2.4 系统配置

				1点	冷煤气总管电动蝶阀前	
			8点 预热上	1点	冷煤气总管电动盲板阀后	
		16点 预热段	8点 预热下	1点	冷煤气总管快切阀前	FS0A QY0A
		16点 加热段	8点 加热上	1点	热煤气总管末端	FS0B
	72点 燃烧		8点 加热下	1点	预热段下加热煤气总管段切阀前	FS0C QY0C
		40点 加热段	32点 均热上	1点	预热段下加热北侧煤气总管东末端	FS2D QY2D
			8点 均热下	1点	预热段下加热北侧煤气总管西末端	FS2C QY2C
				1点	预热段下加热南侧煤气总管东末端	FS2B QY2B
	3点 冷煤气总管阀前阀后			1点	预热段下加热南侧煤气总管西末端	FS2A QY2A
	1点 热煤气总管末端			1点	预热段上加热煤气总管段切阀前	FS0D QY0D
			1点 预下煤段切阀前	1点	预热段上加热北侧煤气总管东末端	FS1D QY1D
			4点 预下煤各段末端	1点	预热段上加热北侧煤气总管西末端	FS1C QY1C
		10点 预热段	1点 预上煤段切阀前	1点	预热段上加热南侧煤气总管东末端	FS1B QY1B
			4点 预上煤各段末端	1点	预热段上加热南侧煤气总管西末端	FS1A QY1A
				1点	加热段下加热煤气总管段切阀前	FS0E QY0E
煤气系统	32点 放散		1点 加下煤段切阀前	1点	加热段下加热北侧煤气总管东末端	FS4D QY4D
			4点 加下煤各段末端	1点	加热段下加热北侧煤气总管西末端	FS4C QY4C
		8点 加热段		1点	加热段下加热南侧煤气总管东末端	FS4B QY4B
				1点	加热段下加热南侧煤气总管西末端	FS4A QY4A
			1点 加上煤段切阀前	1点	加热段上加热煤气总管段切阀前	FS0F QY0F
			2点 加上煤各段末端	1点	加热段上加热北侧煤气总管东末端	FS3B QY3B
				1点	加热段上加热北侧煤气总管西末端	FS3A QY3A
			1点 均下煤段切阀前	1点	均热段下加热煤气总管段切阀前	FS0G QY0G
			4点 均下煤各段末端	1点	均热段下加热北侧煤气总管东末端	FS6D QY6D
		10点 均热段	1点 均上煤段切阀前	1点	均热段下加热北侧煤气总管西末端	FS6C QY6C
			4点 均上煤各段末端	1点	均热段下加热南侧煤气总管东末端	FS6B QY6B
				1点	均热段下加热南侧煤气总管西末端	FS6A QY6A
	29点 取样			1点	均热段上加热煤气总管段切阀前	FS0H QY0H
				1点	均热段上加热北侧煤气总管东末端	FS5C QY5C
	9点 置换			1点	均热段上加热北侧煤气总管西末端	FS5A QY5A
				1点	均热段上加热南侧煤气总管东末端	FS5D QY5D
	12点 放水			1点	均热段上加热南侧煤气总管西末端	FS5B QY5B

◆ 煤气系统工艺配置图

· 165 ·

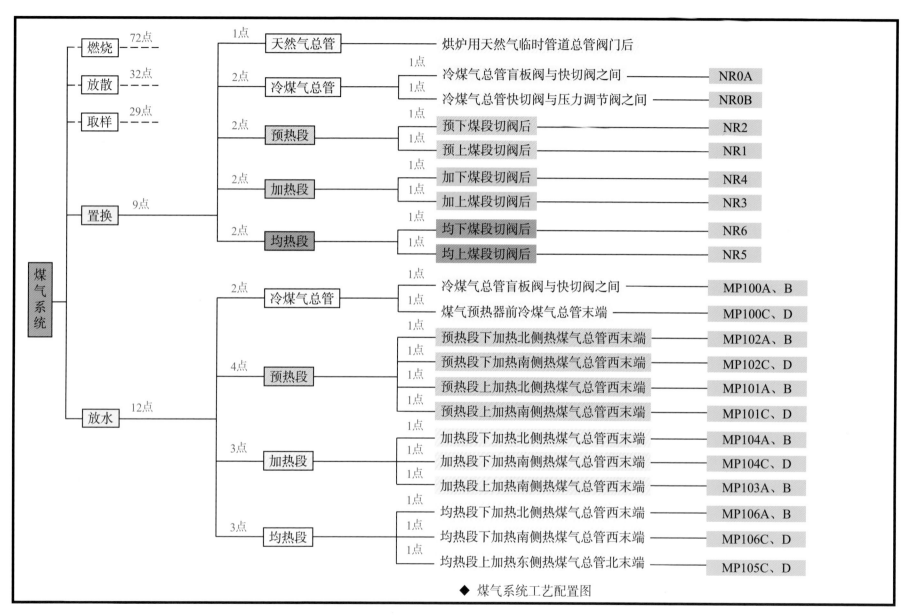

◆ 煤气系统工艺配置图

MZ-1000，煤气总管电动蝶阀

D941SH–6C，DN1200

煤气总管电动盲板阀

F943BX–1.6 C，DN1200

◆ 煤气总管视图

φ1420×10

UV-1091，煤气总管快切阀

PCV-1091，煤气总管压力调节阀

φ1820×12

φ1420×10

MZ-1000 煤气总管 电动蝶阀

◆ 煤气气源接点

煤气总管 电动盲板阀

◆ 煤气总管阀门配置

热煤气，约300℃

煤气系统视图（1）

预下煤

预上煤

加下煤

煤气系统视图（3）

热煤气，约300℃

煤气系统视图（2）

加上煤

均下煤

均上煤

煤气系统视图（4）

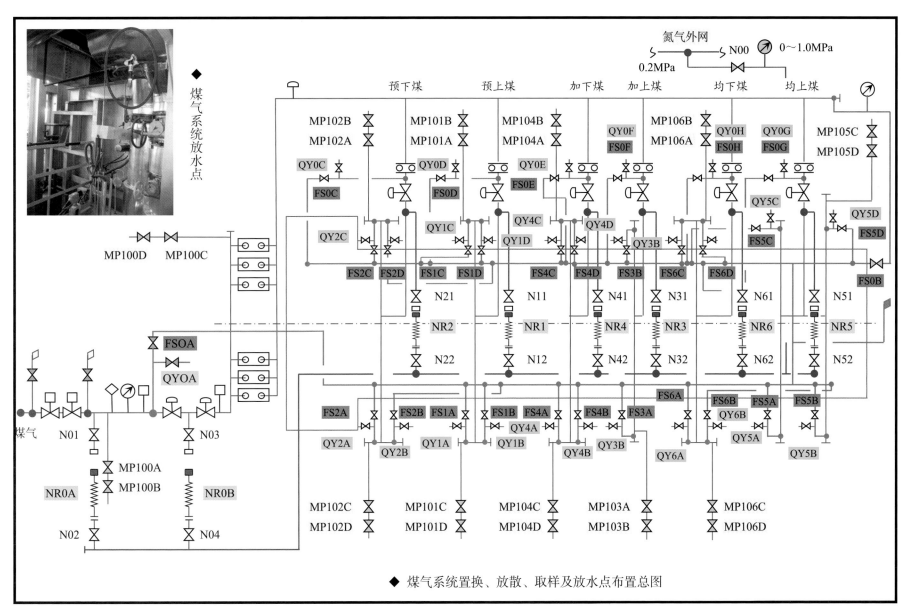

◆ 煤气系统放水点

◆ 煤气系统置换、放散、取样及放水点布置总图

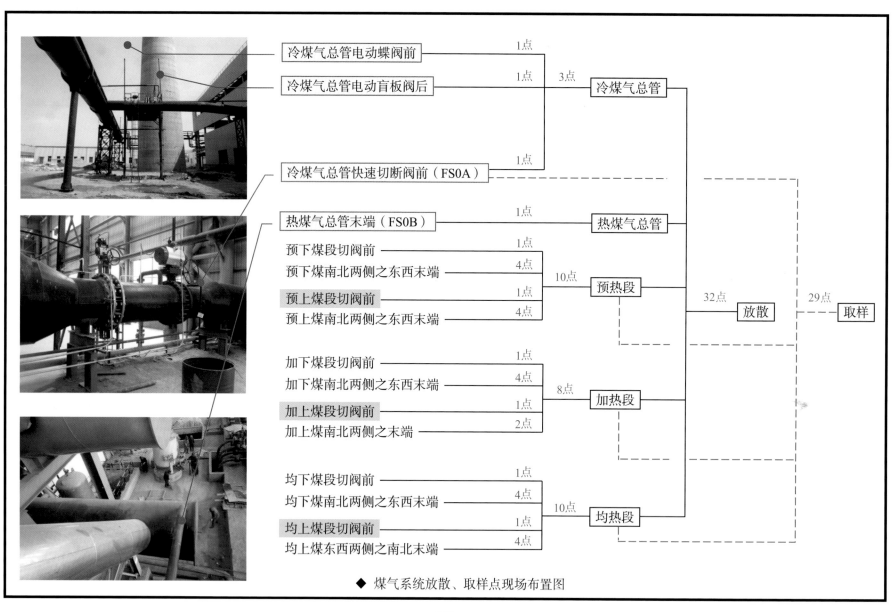

冷煤气总管电动蝶阀前 —— 1点

冷煤气总管电动盲板阀后 —— 1点 ┐ 3点 ── 冷煤气总管

冷煤气总管快速切断阀前（FS0A） —— 1点

热煤气总管末端（FS0B） —— 1点 ── 热煤气总管

预下煤段切阀前 —— 1点
预下煤南北两侧之东西末端 —— 4点
预上煤段切阀前 —— 1点 ┐ 10点 ── 预热段
预上煤南北两侧之东西末端 —— 4点

加下煤段切阀前 —— 1点
加下煤南北两侧之东西末端 —— 4点
加上煤段切阀前 —— 1点 ┐ 8点 ── 加热段
加上煤南北两侧之末端 —— 2点

均下煤段切阀前 —— 1点
均下煤南北两侧之东西末端 —— 4点
均上煤段切阀前 —— 1点 ┐ 10点 ── 均热段
均上煤东西两侧之南北末端 —— 4点

32点 ── 放散
29点 ── 取样

◆ 煤气系统放散、取样点现场布置图

170

7.3 天然气

7.3.1 概述

天然气主要用于临时烘炉。

7.3.2 天然气烘炉系统

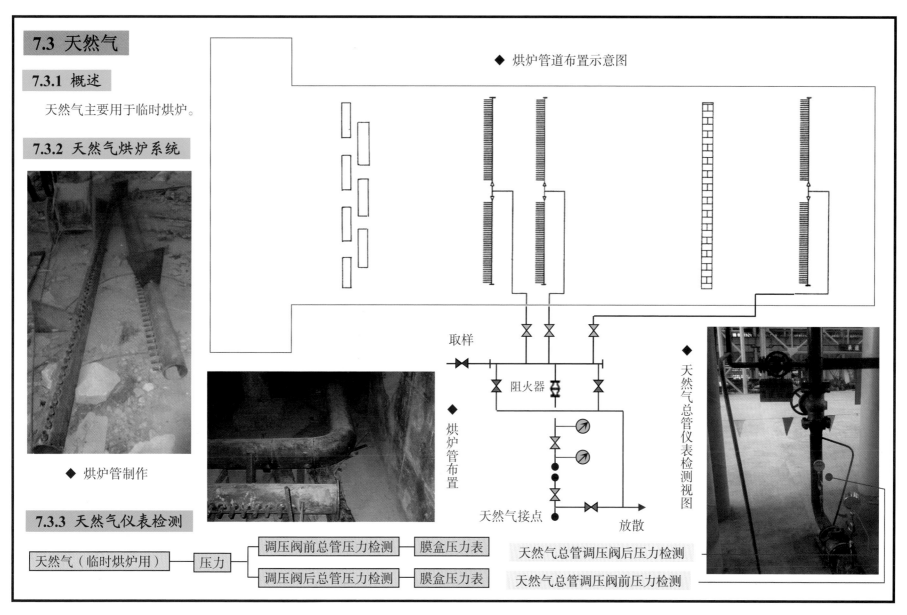

◆ 烘炉管道布置示意图

◆ 烘炉管制作

取样

阻火器

◆ 烘炉管布置

天然气接点

放散

◆ 天然气总管仪表检测视图

7.3.3 天然气仪表检测

天然气（临时烘炉用） — 压力 — 调压阀前总管压力检测 — 膜盒压力表

调压阀后总管压力检测 — 膜盒压力表

天然气总管调压阀后压力检测

天然气总管调压阀前压力检测

8 热 力

8.1 概述

8.1.1 热力系统概述

热力系统主要包括氮气、压缩空气、蒸汽等系统。氮气主要用于煤气管道吹扫，压缩空气主要作为仪表气源及日常清扫使用。蒸汽部分详见11 汽化冷却。

8.1.2 热力系统配置

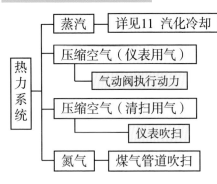

8.1.3 能源介质供气要求

（1）仪表用气（压缩空气）

项目	单位	数　值
压力	MPa	0.4
正常流量	m³/min	约4
温度	℃	<35
品质要求		灰尘量≤1mg/m³，残余含油量≤1mg/m³

（2）清扫用气（压缩空气）

项目	单位	数　值
压力	MPa	0.4～0.6
正常用量	m³/min	约5
温度	℃	常温
品质要求		一般工业用压缩空气

8.2 蒸汽

8.2.1 蒸汽管路系统

详见11 汽化冷却。

（3）氮气

项目	单位	数值
压力	MPa	0.2
正常用量	m³/次	约250
品质要求		纯度99.9%
清扫时间	min/次	10～15

8.2.2 外供蒸汽参数

项目	单位	数值
压力	MPa	1.27
正常流量	t/h	约7.35
最大流量	t/h	约14.54

8.3 仪表气源（压缩空气）

8.3.1 仪表气源用户

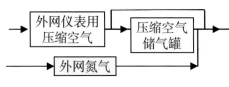

- 预下煤流量调节阀
- 预下空流量调节阀
- 预上空流量调节阀
- 预上煤流量调节阀

- 加下煤流量调节阀
- 加下空流量调节阀
- 加上空流量调节阀
- 加上煤流量调节阀

- 均下煤流量调节阀
- 均下空流量调节阀
- 均上空流量调节阀
- 均上煤流量调节阀

- 软水箱入口切断阀
- 软水箱出口切断阀
- 除氧给水流量调节阀
- 除氧蒸汽压力调节阀
- 汽包给水流量调节阀
- 汽包送出蒸汽压力调节阀
- 汽包放散蒸汽压力调节阀
- 1#助燃风机入口压力调节阀
- 2#助燃风机入口压力调节阀
- 3#助燃风机入口压力调节阀
- 热风放散阀
- 煤气总管快速切断阀
- 煤气总管压力调节阀
- 装料端工业电视（轧机侧）
- 氧化锆分析仪探头
- 出料端工业电视（轧机侧）
- 炉内激光检测器接收端
- 装料端工业电视（非轧机侧）
- 氧化锆分析仪控制柜
- 出料端工业电视（非轧机侧）
- 炉内激光检测器发射端

8.3.2 仪表气源管路

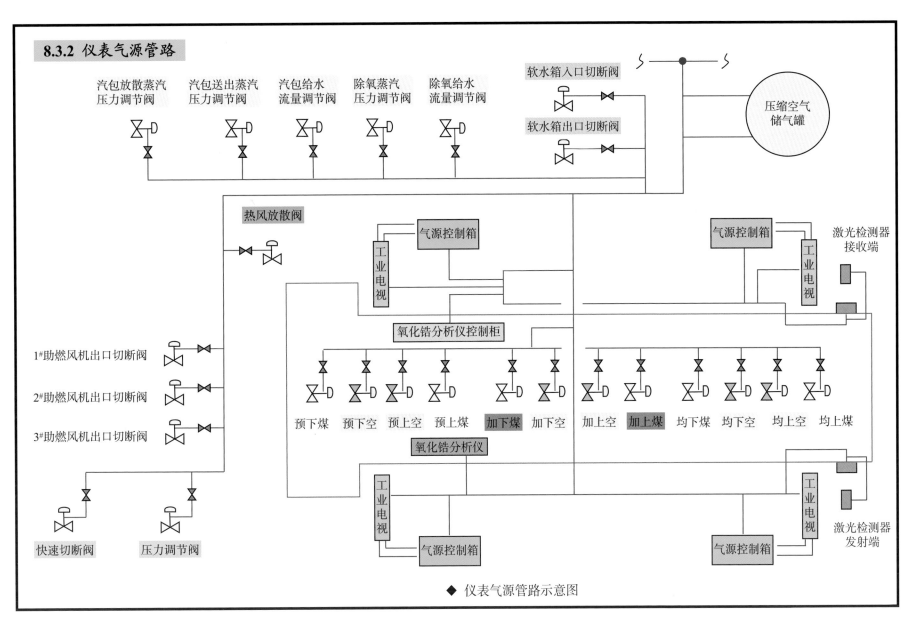

汽包放散蒸汽压力调节阀　汽包送出蒸汽压力调节阀　汽包给水流量调节阀　除氧蒸汽压力调节阀　除氧给水流量调节阀

软水箱入口切断阀
软水箱出口切断阀
压缩空气储气罐

热风放散阀
气源控制箱
工业电视
氧化锆分析仪控制柜
气源控制箱
工业电视
激光检测器接收端

1#助燃风机出口切断阀
2#助燃风机出口切断阀
3#助燃风机出口切断阀

预下煤　预下空　预上空　预上煤　加下煤　加下空　加上空　加上煤　均下煤　均下空　均上空　均上煤

氧化锆分析仪
工业电视
气源控制箱
工业电视
气源控制箱
激光检测器发射端

快速切断阀　　压力调节阀

◆ 仪表气源管路示意图

8.3.3 仪表气源流程

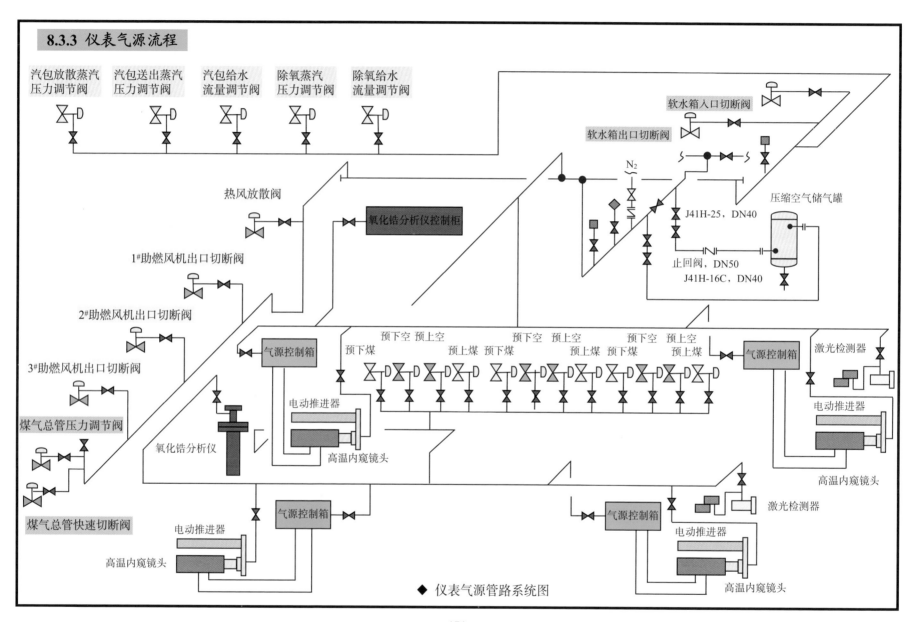

◆ 仪表气源管路系统图

8.3.4 仪表气源用户现场分布

PCV-1091
煤气总管
压力调节阀

UV-1091
煤气总管
快切阀

TCV-1102，热风放散阀

◆ 煤气总管快切阀及压力调节阀

◆ 助燃风机出口切断阀

◆ 热风放散阀

UV-1182，1#助燃风机出口切断阀

UV-1192，2#助燃风机出口切断阀

UV-1202，3#助燃风机出口切断阀

◆ 炉顶各段空气、煤气流量调节阀视图（1）

FCV/UV-1021，预下煤流量调节阀

FCV-1022，预下空流量调节阀

FCV-1012，预上空流量调节阀

FCV/UV-1021，预上煤流量调节阀

FCV/UV-1041，加下煤流量调节阀

FCV-1032，加上空流量调节阀

FCV-1042，加下空流量调节阀

◆ 炉顶各段空气、煤气流量调节阀视图（2）

FCV/UV-1033，加上煤流量调节阀

FCV/UV-1061，均下煤流量调节阀

FCV-1062，均下空流量调节阀

FCV-1052，均上空流量调节阀

FCV/UV-1051，均上煤流量调节阀

装料端非轧机侧工业电视

◆ 装料端非轧机侧工业电视

装料端轧机侧工业电视

◆ 装料端轧机侧工业电视

出料端轧机侧工业电视

◆ 出料端轧机侧工业电视

出料端非轧机侧工业电视

◆ 出料端非轧机侧工业电视

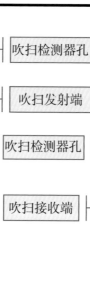

吹扫检测器孔

吹扫发射端

吹扫检测器孔

吹扫接收端

◆ 炉内激光检测器发射端

◆ 炉内激光检测器接收端

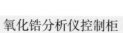

氧化锆分析仪探头

氧化锆分析仪控制柜

◆ 氧化锆分析仪探头

◆ 氧化锆分析仪控制柜

UV-2274A

软水箱软水进水液位控制阀

UV-2274B

软水箱与给水泵进口母管控制阀

PCV-2225

除氧器进口蒸汽压力调节阀

PCV-2218

汽包送出蒸汽压力调节阀

LCV-2224

除氧器液位调节阀

LCV-2214

汽包给水流量调节阀

PCV-2215

汽包放散蒸汽压力调节阀

◆ 汽化冷却系统气动阀

8.4 日常清扫用气（压缩空气）

8.4.1 日常清扫气用户

日常清扫用压缩空气 → 4点

- 接点之一
- 接点之二
- 接点之三
- 接点之四

日常清扫用压缩空气用途

- 日常打扫卫生
- 检修时吹扫空气预热器
- 检修时吹扫煤气预热器
- 大修时炉内打渣、清扫

8.4.2 日常清扫用气接点

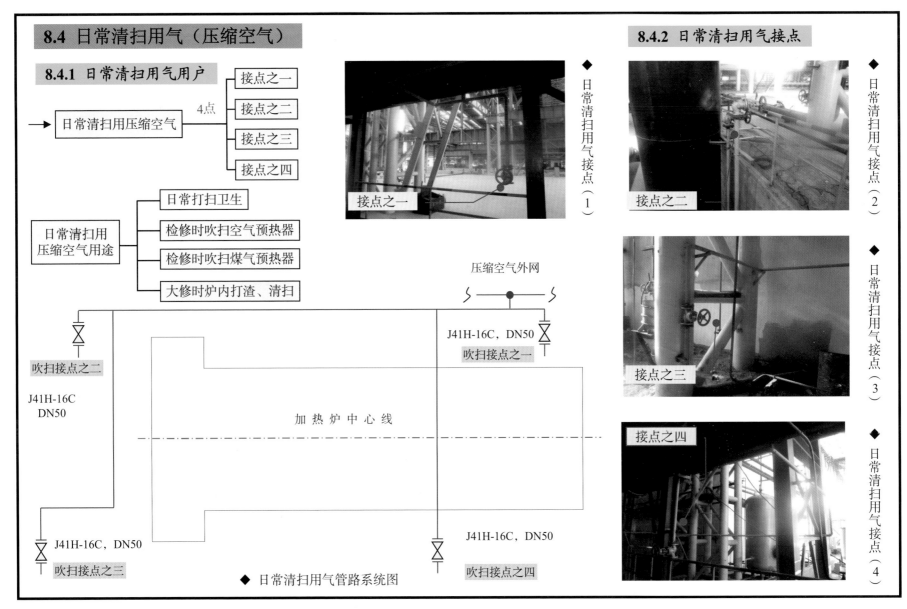

接点之一

◆ 日常清扫用气接点（1）

压缩空气外网

J41H-16C，DN50
吹扫接点之一

J41H-16C
DN50
吹扫接点之二

加 热 炉 中 心 线

J41H-16C，DN50
吹扫接点之三

J41H-16C，DN50
吹扫接点之四

◆ 日常清扫用气管路系统图

接点之二
◆ 日常清扫用气接点（2）

接点之三
◆ 日常清扫用气接点（3）

接点之四
◆ 日常清扫用气接点（4）

8.5 氮气

8.5.1 氮气吹扫管路布置

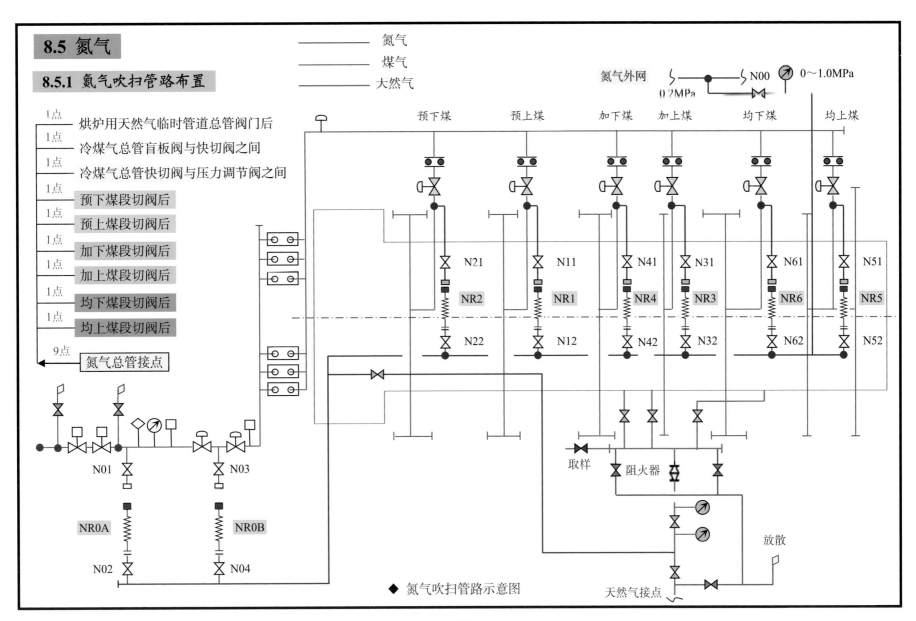

氮气
煤气
大然气

氮气外网 ——●—— N00 0～1.0MPa
0.2MPa

1点 —— 烘炉用天然气临时管道总管阀门后
1点 —— 冷煤气总管盲板阀与快切阀之间
1点 —— 冷煤气总管快切阀与压力调节阀之间
1点 —— 预下煤段切阀后
1点 —— 预上煤段切阀后
1点 —— 加下煤段切阀后
1点 —— 加上煤段切阀后
1点 —— 均下煤段切阀后
1点 —— 均上煤段切阀后
9点 —— 氮气总管接点

预下煤　预上煤　加下煤　加上煤　均下煤　均上煤

N21　N11　N41　N31　N61　N51
NR2　NR1　NR4　NR3　NR6　NR5
N22　N12　N42　N32　N62　N52

N01　N03
NR0A　NR0B
N02　N04

取样　阻火器　放散

天然气接点

◆ 氮气吹扫管路示意图

181

8.5.2 氮气吹扫接点布置

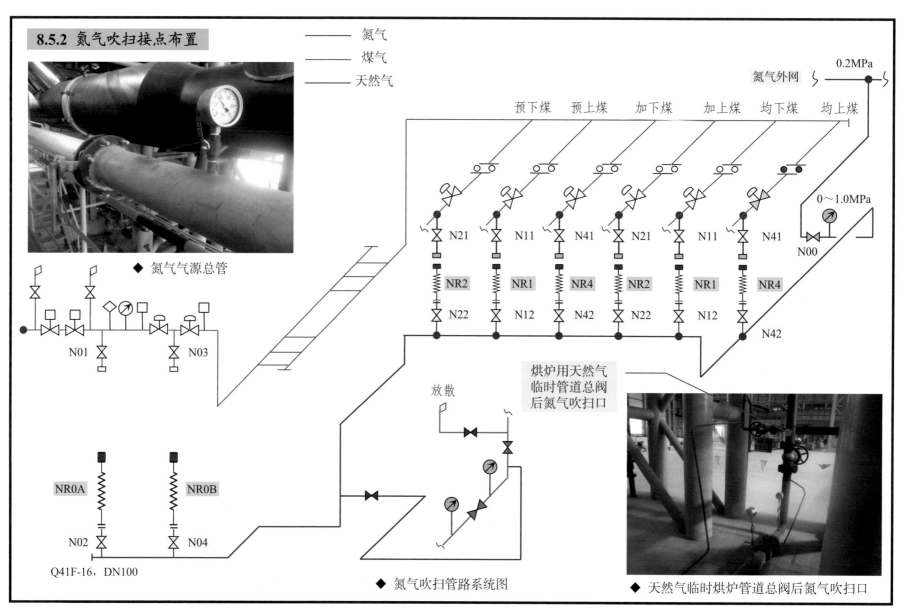

氮气

煤气

天然气

0.2MPa

氮气外网

预下煤　预上煤　加下煤　加上煤　均下煤　均上煤

0～1.0MPa

N21　　N11　　N41　　N21　　N11　　N41

N00

NR2　　NR1　　NR4　　NR2　　NR1　　NR4

N22　　N12　　N42　　N22　　N12　　N42

◆ 氮气气源总管

N01　　　　　　N03

NR0A　　　　NR0B

N02　　　　N04

Q41F-16，DN100

放散

烘炉用天然气
临时管道总阀
后氮气吹扫口

◆ 氮气吹扫管路系统图

◆ 天然气临时烘炉管道总阀后氮气吹扫口

煤气总管
快切阀前
氮气吹扫口

◆ 煤气总管快切阀前氮气吹扫口

预上煤
调节阀后
氮气吹扫口

◆ 预热段上加热煤气调节阀后氮气吹扫口

煤气总管快切阀
与压力调节阀之
间氮气吹扫口

◆ 煤气总管快切阀与压力调节阀之间氮气吹扫口

预下煤
调节阀后
氮气吹扫口

◆ 预热段下加热煤气调节阀后氮气吹扫口

加上煤
调节阀后
氮气吹扫口

均上煤
调节阀后
氮气吹扫口

◆ 加热段上加热煤气调节阀后氮气吹扫口

◆ 均热段上加热煤气调节阀后氮气吹扫口

均下煤
调节阀后
氮气吹扫口

加下煤
调节阀后
氮气吹扫口

◆ 加热段下加热煤气调节阀后氮气吹扫口

◆ 均热段下加热煤气调节阀后氮气吹扫口

8.6 热力系统仪表检测

8.6.1 压缩空气总管仪表检测

PE-2168，压力变送器   汽化冷却系统仪表气源总管压力检测

PS-1160，压力开关   加热炉本体仪表气源总管压力检测

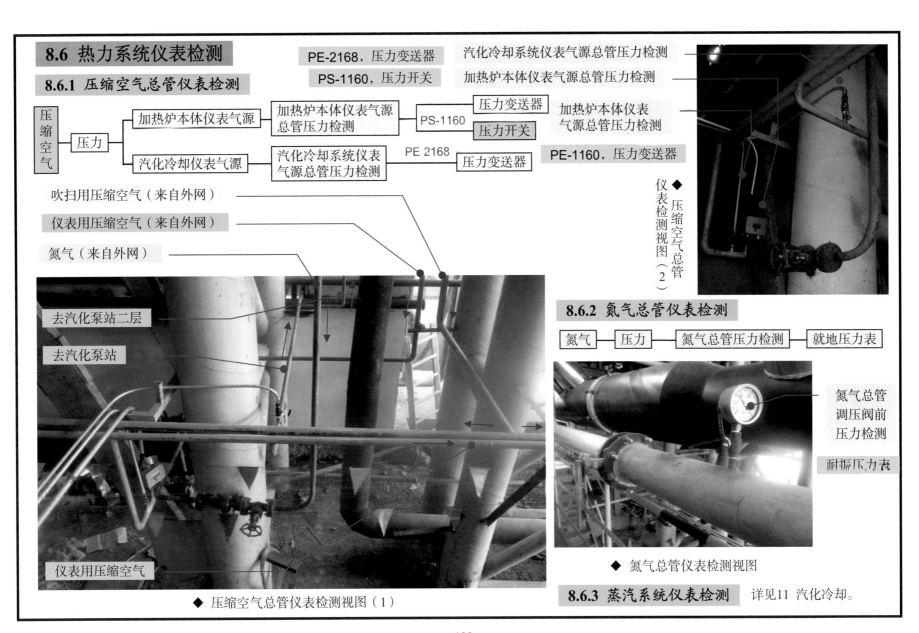

加热炉本体仪表气源总管压力检测 ── PS-1160 ── 压力变送器 / 压力开关

加热炉本体仪表气源总管压力检测

压缩空气 ── 压力 ── 加热炉本体仪表气源 / 汽化冷却仪表气源

加热炉本体仪表气源总管压力检测

汽化冷却系统仪表气源总管压力检测 ── PE 2168 ── 压力变送器

PE-1160，压力变送器

吹扫用压缩空气（来自外网）

仪表用压缩空气（来自外网）

氮气（来自外网）

去汽化泵站二层

去汽化泵站

仪表用压缩空气

◆ 压缩空气总管仪表检测视图（2）

8.6.2 氮气总管仪表检测

氮气 ── 压力 ── 氮气总管压力检测 ── 就地压力表

氮气总管调压阀前压力检测

耐振压力表

◆ 氮气总管仪表检测视图

◆ 压缩空气总管仪表检测视图（1）

8.6.3 蒸汽系统仪表检测　详见11 汽化冷却。

9 给排水

9.1 概述

9.1.1 给排水系统概述

给排水系统主要包括净环水系统、浊环水系统、软化水系统及事故水系统。净环水用于设备冷却，浊环水用于水封槽、水冲渣及溜渣槽。软化水用于汽化冷却，事故水作为软水备用水源。

9.1.2 给排水系统配置

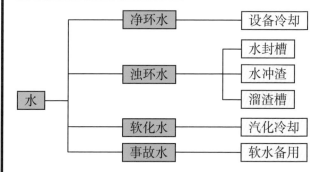

9.1.3 供水要求

（1）净环水

项目	单位	数 值
压力	MPa	约0.45
正常用量	t/h	约180
温度	℃	≤35
水质要求		pH：7.8～8.4；硬度：<150mg/L 油：无；颗粒尺寸：0.2mm 悬浮物：≤30mg/L

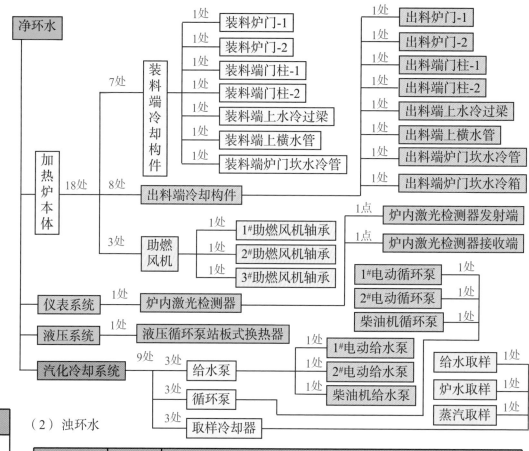

（2）浊环水

项目	单位	数 值
压力	MPa	约0.35
正常用量	t/h	约85
温度	℃	≤35
水质要求		pH：7.8～8.4；硬度：200～250mg/L；悬浮物：≤50mg/L

（3）事故水

项目	单位	数　值
压力	MPa	0.15～0.35
正常用量	t/h	约22
温度	℃	≤35
水质要求		pH：7.8～8.4 硬度：<150mg/L 油：无 颗粒尺寸：0.2mm 悬浮物：≤30mg/L

9.2 软水

9.2.1 软水水质要求

项目	单位	数　值
压力	MPa	0.15～0.35
正常用量	t/h	约12
最大用量	t/h	约22
水质要求		GB/T 1576—2008 工业锅炉水质

9.2.2 软化水系统

详见11 汽化冷却。

9.3 净环水

9.3.1 净环水用户

详见：187页

9.3.2 净环水系统图

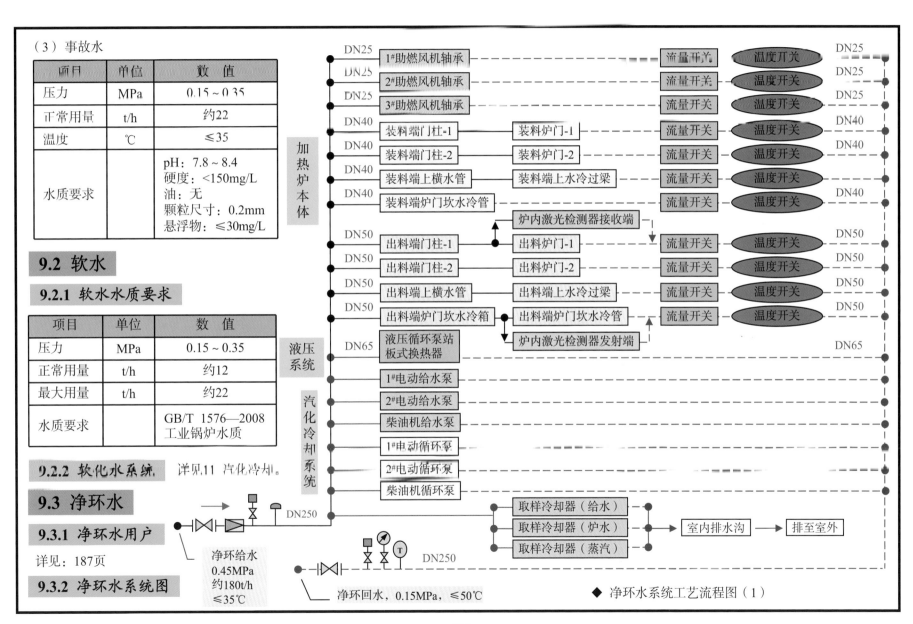

◆ 净环水系统工艺流程图（1）

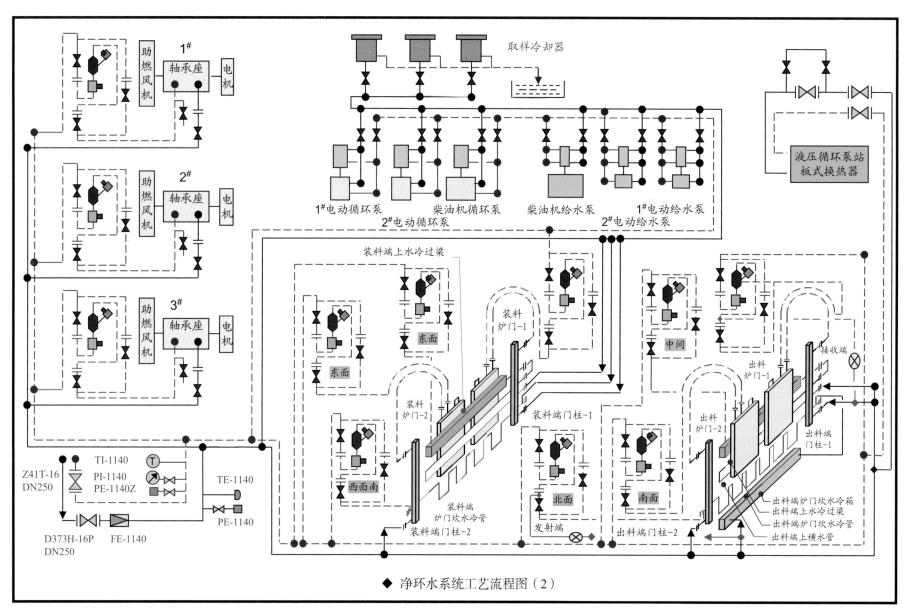

助燃风机 1# 轴承座 电机

助燃风机 2# 轴承座 电机

助燃风机 3# 轴承座 电机

取样冷却器

1#电动循环泵　柴油机循环泵　柴油机给水泵　1#电动给水泵
2#电动循环泵　　　　　　　　　　　　　　2#电动给水泵

液压循环泵站
板式换热器

TI-1140
PI-1140
PE-1140Z

Z41T-16
DN250

TE-1140

PE-1140

D373H-16P
DN250

FE-1140

装料端上水冷过梁

装料
炉门-1

东面

东面

中间

装料
炉门-2

装料端门柱-1

接收端

出料
炉门-1

西面南

装料端
炉门坎水冷管

出料
炉门-2

北面

南面

发射端

出料端门柱-2

装料端门柱-2

出料端
门柱-1

出料端炉门坎水冷箱
出料端上水冷过梁
出料端炉门坎水冷梁
出料端上横水管

◆ 净环水系统工艺流程图（2）

9.3.3 装料端水冷构件

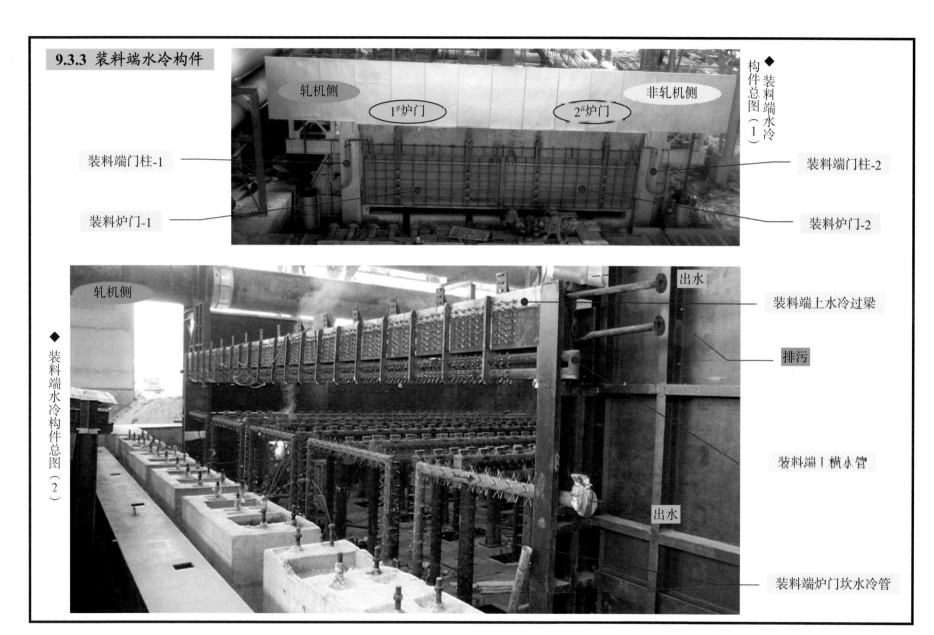

装料端水冷构件总图（1）

轧机侧　　1#炉门　　2#炉门　　非轧机侧

装料端门柱-1

装料炉门-1

装料端门柱-2

装料炉门-2

装料端水冷构件总图（2）

轧机侧

出水

装料端上水冷过梁

排污

装料端上横小管

出水

装料端炉门坎水冷管

9.3.4 出料端水冷构件

非轧机侧

◆ 出料端水冷构件总图（1）

轧机侧

出料端炉门坎水冷箱

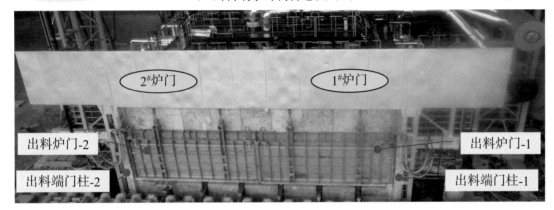

2#炉门　　　　　1#炉门

出料炉门-2

出料端门柱-2

出料炉门-1

出料端门柱-1

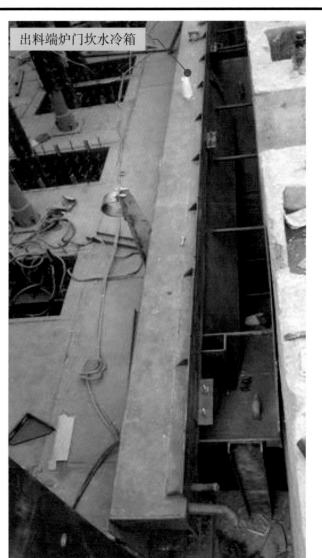

◆ 出料端水冷构件总图（2）

◆ 出料端水冷构件总图（3）

190

出料端
上水冷过梁

出水

排污

出料端
上横水管

出料端
炉门坎
水冷管

◆ 出料端水冷构件总图（3）

9.3.5 助燃风机

1#、2#、3#助燃风机轴承冷却

◆ 助燃风机冷却水管视图（1）

◆ 助燃风机冷却水管视图（2）

9.3.6 激光检测器

进

出

— 仪表用压缩空气（吹扫）

— 冷却水给水（西侧）

— 冷却水回水（东侧）

◆ 炉内激光检测器发射端

— 仪表用压缩空气（吹扫）

◆ 炉内激光检测器接收端

— 冷却水回水（东侧）

— 冷却水给水（西侧）

9.3.7 给水泵

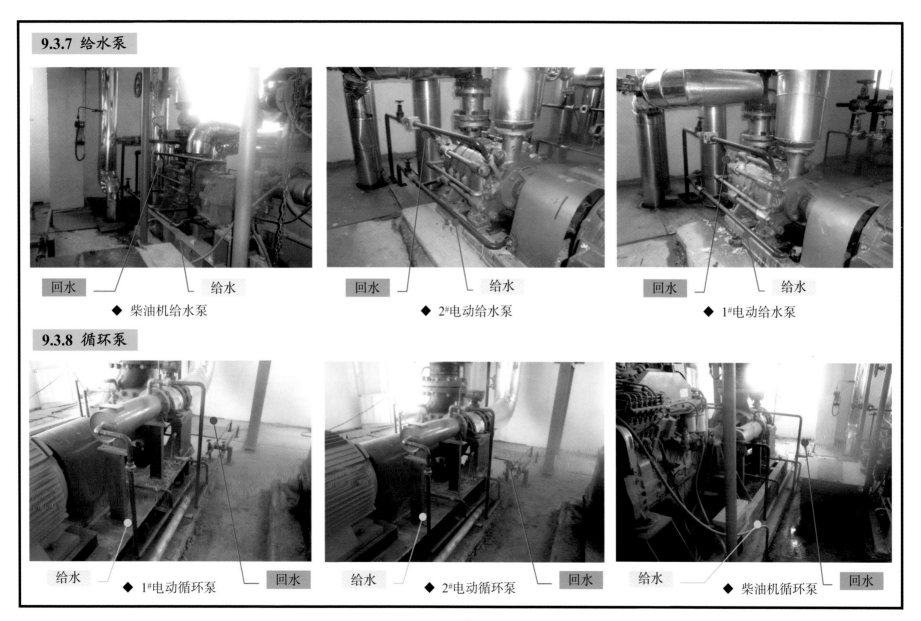

回水   给水

◆ 柴油机给水泵

回水   给水

◆ 2#电动给水泵

回水   给水

◆ 1#电动给水泵

9.3.8 循环泵

给水   ◆ 1#电动循环泵   回水

给水   ◆ 2#电动循环泵   回水

给水   ◆ 柴油机循环泵   回水

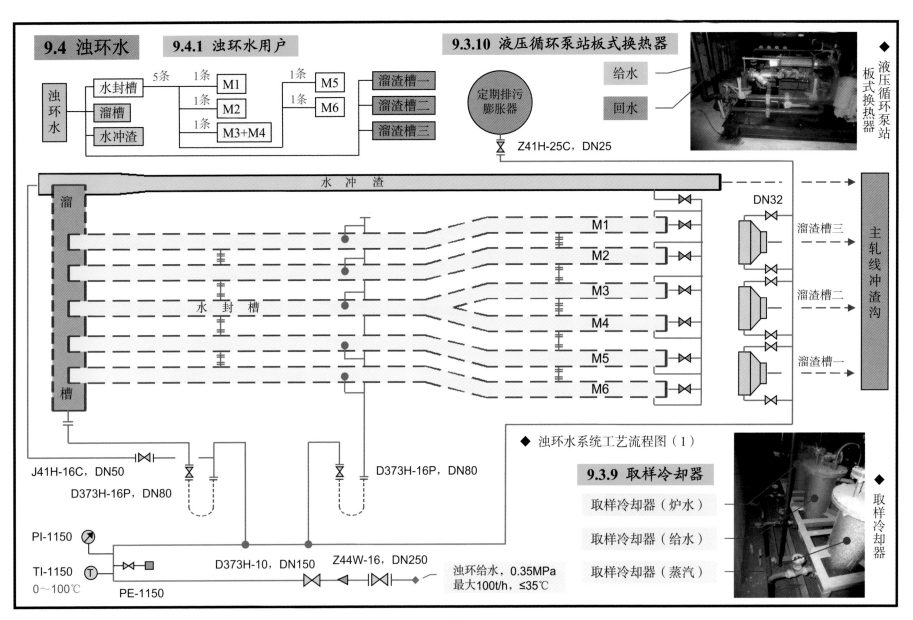

9.4 浊环水

9.4.1 浊环水用户

9.3.10 液压循环泵站板式换热器

给水

回水

Z41H-25C，DN25

J41H-16C，DN50

D373H-16P，DN80

D373H-16P，DN80

DN32

PI-1150

TI-1150
0～100℃

PE-1150

D373H-10，DN150

Z44W-16，DN250

浊环给水，0.35MPa
最大100t/h，≤35℃

◆ 浊环水系统工艺流程图（1）

9.3.9 取样冷却器

取样冷却器（炉水）

取样冷却器（给水）

取样冷却器（蒸汽）

液压循环泵站板式换热器

取样冷却器

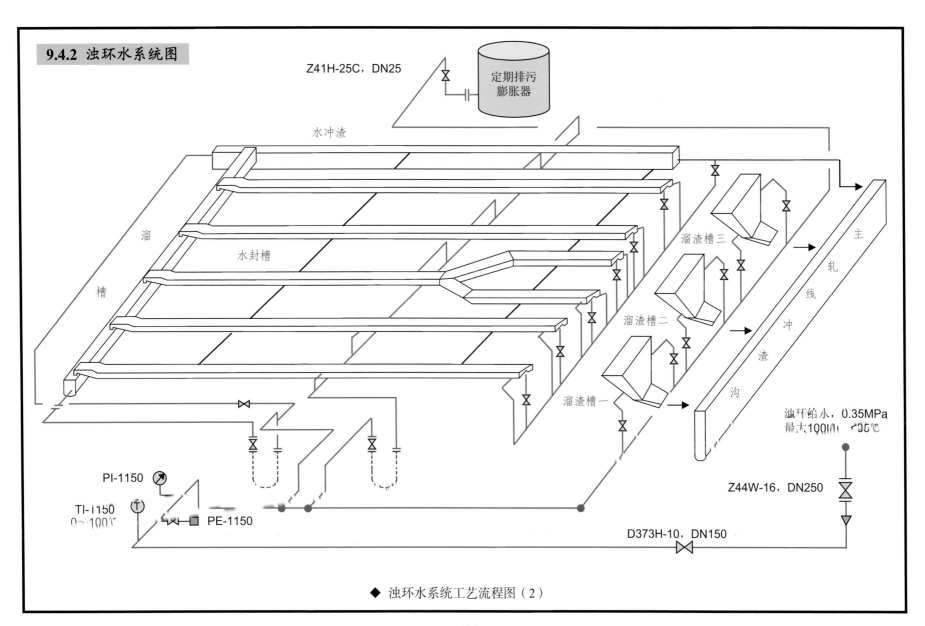

9.4.2 浊环水系统图

Z41H-25C，DN25

定期排污
膨胀器

水冲渣

溜

槽

水封槽

溜渣槽三

溜渣槽二

溜渣槽一

主
轧
线
冲
渣
沟

浊环给水，0.35MPa
最大100m/h，≤35℃

PI-1150

TI-1150
0~100℃

PE-1150

Z44W-16，DN250

D373H-10，DN150

◆ 浊环水系统工艺流程图（2）

9.4.3 浊环水系统用户分布

◆ 浊环水系统总图

◆ 浊环水系统用户视图（1）

水封槽

溜槽

水冲渣

溜渣槽三

溜渣槽二

溜渣槽一

◆ 浊环水系统用户视图（2）

◆ 浊环水系统用户视图（3）

◆ 浊环水系统用户视图（4）

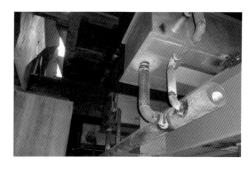

◆ 浊环水系统用户视图（5）

9.5 排污系统

9.5.1 排污系统概述

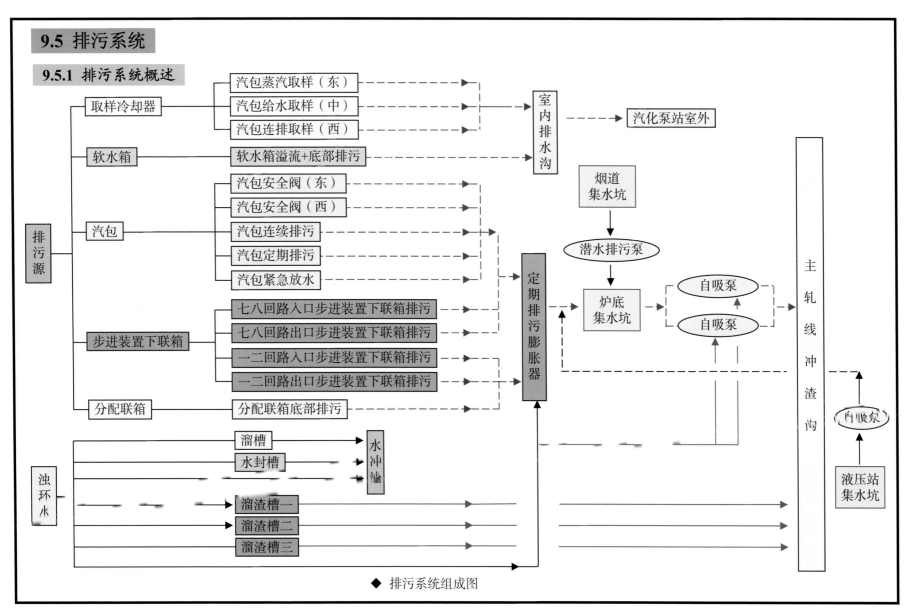

◆ 排污系统组成图

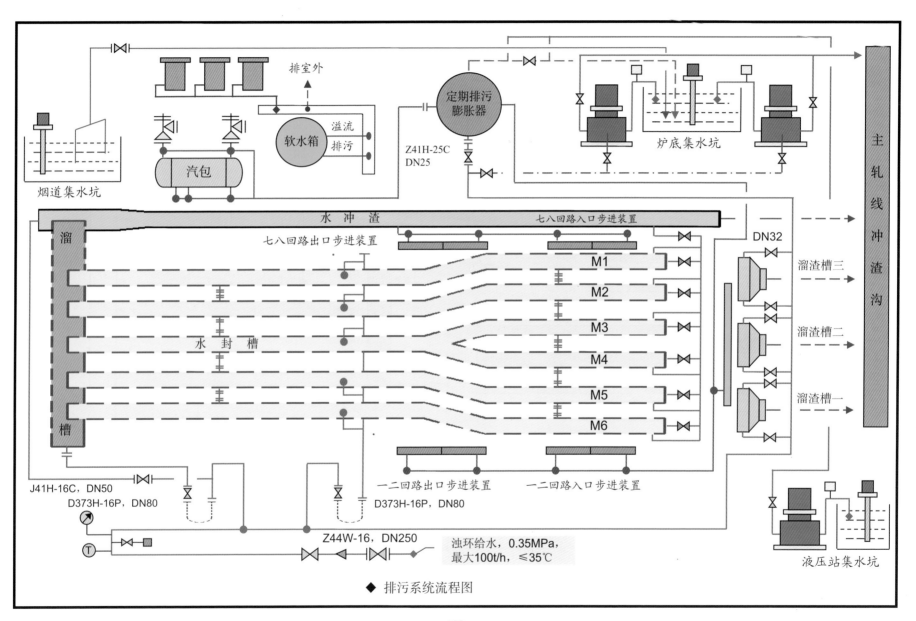

排室外

溢流

排污

软水箱

汽包

定期排污膨胀器

Z41H-25C
DN25

炉底集水坑

主轧线冲渣沟

烟道集水坑

溜

槽

水冲渣

七八回路入口步进装置

七八回路出口步进装置

水封槽

DN32

M1

M2

M3

M4

M5

M6

溜渣槽三

溜渣槽二

溜渣槽一

J41H-16C，DN50

D373H-16P，DN80

一二回路出口步进装置

一二回路入口步进装置

D373H-16P，DN80

Z44W-16，DN250

浊环给水，0.35MPa，
最大100t/h，≤35℃

液压站集水坑

◆ 排污系统流程图

· 198 ·

9.5.2 软水箱排污

软水箱

◆ 软水箱排污

9.5.3 汽包排污

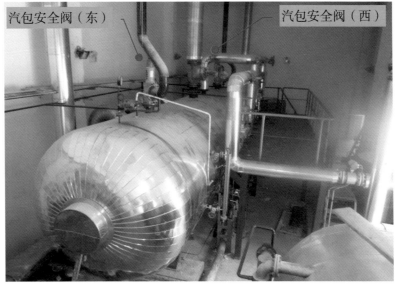

汽包安全阀（东）　　　　　汽包安全阀（西）

◆ 汽包排污（1）

9.5.4 取样冷却器排污

取样冷却器

◆ 取样冷却器排污

◆ 汽包排污（2）

汽包定期排污

汽包连续排污

汽包紧急放水

◆ 汽包排污（3）

七、八回路出口步进装置下联箱

七、八回路入口步进装置下联箱

一、二回路出口步进装置下联箱

一、二回路入口步进装置下联箱

9.5.5 步进装置排污 ◆ 一、二回路进出口步进装置下联箱排污 ◆ 七、八回路进出口步进装置下联箱排污

分配联箱

9.5.6 分配联箱排污 ◆ 分配联箱排污

9.5.7 烟道排水泵排污

◆ 烟道排污泵安装图

型号：65WQ30-22-4

烟道排污泵

液位开关

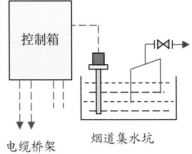

◆ 烟道排污泵工艺示意图

控制箱

电缆桥架　烟道集水坑

◆ 液位开关安装图

规格：L=2m，220V
AC，0.3A，IP44
继电器输出，使用类型AC-14
型号：UX-D$_4$N$_{2R}$/MP/K1

液压无密封自控自吸泵

型号：ZG40WFB-A2，转速：2900r/min
流量：5～10m³/h，自吸深度：3m
总扬程：15～11m，配套功率：2.2kW
进口直径：ϕ40mm，出口直径：ϕ32mm
电机：2.2kW，Y2-90L-2，380V
50Hz，2840r/min

9.5.8 液压站排污泵排污

出液口　电机　电动空气控制阀

液位开关

逆止阀

泵体　放空口　吸液口

◆ 液压站排污泵安装图

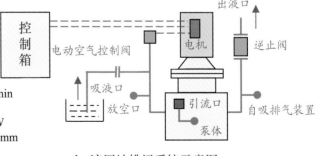

出液口

控制箱

电动空气控制阀　电机　逆止阀

吸液口

放空口　引流口　自吸排气装置

泵体

◆ 液压站排污系统示意图

9.5.9 炉底排水泵排污

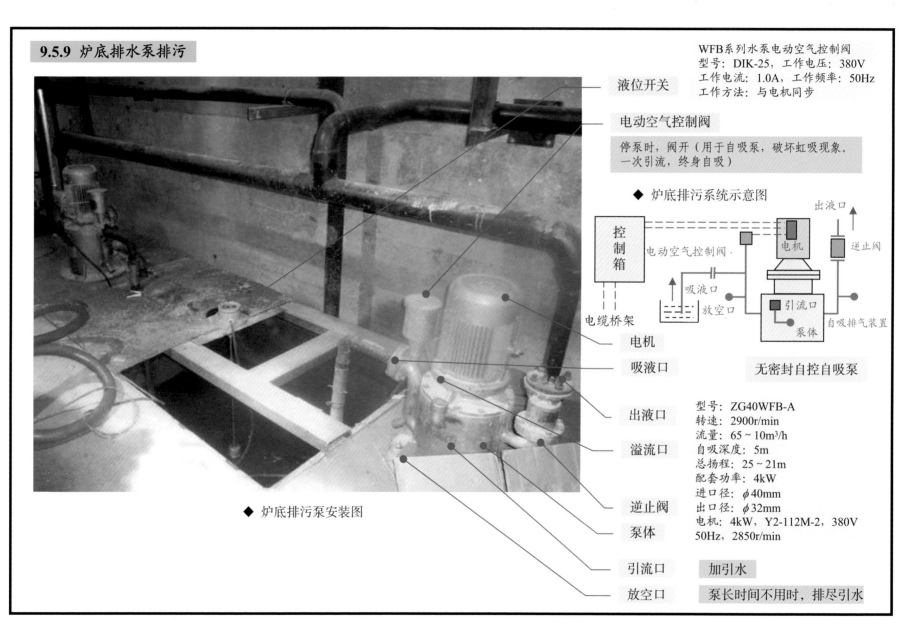

WFB系列水泵电动空气控制阀
型号：DIK-25，工作电压：380V
工作电流：1.0A，工作频率：50Hz
工作方法：与电机同步

液位开关

电动空气控制阀

停泵时，阀开（用于自吸泵，破坏虹吸现象。
一次引流，终身自吸）

◆ 炉底排污系统示意图

控制箱

电缆桥架

电动空气控制阀

吸液口

放空口

出液口

电机

逆止阀

引流口

自吸排气装置

泵体

无密封自控自吸泵

型号：ZG40WFB-A
转速：2900r/min
流量：65～10m³/h
自吸深度：5m
总扬程：25～21m
配套功率：4kW
进口径：φ40mm
出口径：φ32mm
电机：4kW，Y2-112M-2，380V
50Hz，2850r/min

电机

吸液口

出液口

溢流口

逆止阀

泵体

◆ 炉底排污泵安装图

引流口

加引水

放空口

泵长时间不用时，排尽引水

9.6 给排水系统仪表检测

9.6.1 给排水系统仪表检测概述

接9.6.3 浊环水系统仪表检测。

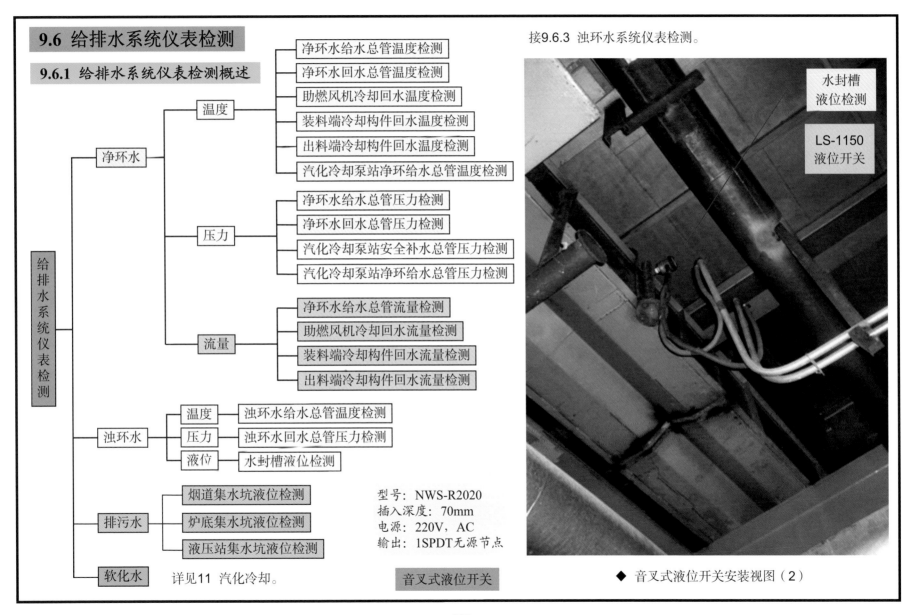

给排水系统仪表检测

- 净环水
  - 温度
    - 净环水给水总管温度检测
    - 净环水回水总管温度检测
    - 助燃风机冷却回水温度检测
    - 装料端冷却构件回水温度检测
    - 出料端冷却构件回水温度检测
    - 汽化冷却泵站净环给水总管温度检测
  - 压力
    - 净环水给水总管压力检测
    - 净环水回水总管压力检测
    - 汽化冷却泵站安全补水总管压力检测
    - 汽化冷却泵站净环给水总管压力检测
  - 流量
    - 净环水给水总管流量检测
    - 助燃风机冷却回水流量检测
    - 装料端冷却构件回水流量检测
    - 出料端冷却构件回水流量检测
- 浊环水
  - 温度
    - 浊环水给水总管温度检测
  - 压力
    - 浊环水回水总管压力检测
  - 液位
    - 水封槽液位检测
- 排污水
  - 烟道集水坑液位检测
  - 炉底集水坑液位检测
  - 液压站集水坑液位检测
- 软化水

型号：NWS-R2020
插入深度：70mm
电源：220V，AC
输出：1SPDT无源节点

音叉式液位开关

详见11 汽化冷却。

水封槽
液位检测

LS-1150
液位开关

◆ 音叉式液位开关安装视图（2）

9.6.2 净环水系统仪表检测

		净环给水总管流量累积	FQ-1140	一体式电磁流量计
	给水总管	净环给水总管流量检测	1点，FE-1140	
		净环给水总管压力检测	1点，PE-1140	压力变送器
总管		净环给水总管温度检测	1点，TE-1140	热电阻
	回水总管			

净环回水总管温度检测　1点，TI-1140　充氮式温度计
净环回水总管压力检测　1点，PI-1140　就地压力表
净环回水总管压力检测　1点，PE-1140　压力变送器

净环水

助燃风机	助燃风机冷却单元回水温度、流量检测	1#助燃风机冷却单元回水温度、流量检测	1点，TS-1140A / 1点，FS-1140A	温度控制器+流量开关
		2#助燃风机冷却单元回水温度、流量检测	1点，TS-1140B / 1点，FS-1140B	温度控制器+流量开关
		3#助燃风机冷却单元回水温度、流量检测	1点，TS-1140C / 1点，FS-1140C	温度控制器+流量开关

装料端冷却构件	装料端冷却构件回水温度、流量检测	装料端上水冷过梁回水温度、流量检测	1点，TS-1140H / 1点，FS-1140H	温度控制器+流量开关
		装料端炉门坎水冷管回水温度、流量检测	1点，TS-1140I / 1点，FS-1140I	温度控制器+流量开关
		装料端炉门-1回水温度、流量检测	1点，TS-1140J / 1点，FS-1140J	温度控制器+流量开关
		装料端炉门-2回水温度、流量检测	1点，TS-1140K / 1点，FS-1140K	温度控制器+流量开关

出料端冷却构件	出料端冷却构件回水温度、流量检测	出料端上水冷过梁回水温度、流量检测	1点，TS-1140D / 1点，FS-1140D	温度控制器+流量开关
		出料端炉门坎水冷管回水温度、流量检测	1点，TS-1140E / 1点，FS-1140E	温度控制器+流量开关
		出料端炉门-1回水温度、流量检测	1点，TS-1140F / 1点，FS-1140F	温度控制器+流量开关
		出料端炉门-2回水温度、流量检测	1点，TS-1140G / 1点，FS-1140G	温度控制器+流量开关

汽化冷却泵站	安全补水总管压力检测
	净环给水总管压力检测
	净环给水总管温度检测

详见11.5 汽化冷却系统仪表检测。

◆ 净环水总管仪表检测视图（1）

净环给水总管
温度检测

TE-1140，热电阻

净环给水总管
压力检测

PE-1140，压力变送器

净环给水总管
流量检测

FE-1140，一体式
电磁流量计

◆ 净环水总管仪表检测视图（2）

◆ 一体式电磁流量计

转换器

净环回水总管压力检测

PI-1140，耐振压力表

净环回水总管压力检测

PE-1140，压力变送器

净环回水总管温度检测

TI-1140，充氮式温度计

传感器

一体式电磁流量计

型号：IFM4080K
口径：200
量程：0～150m³/h
电源：220V，AC
输出：4～20mA

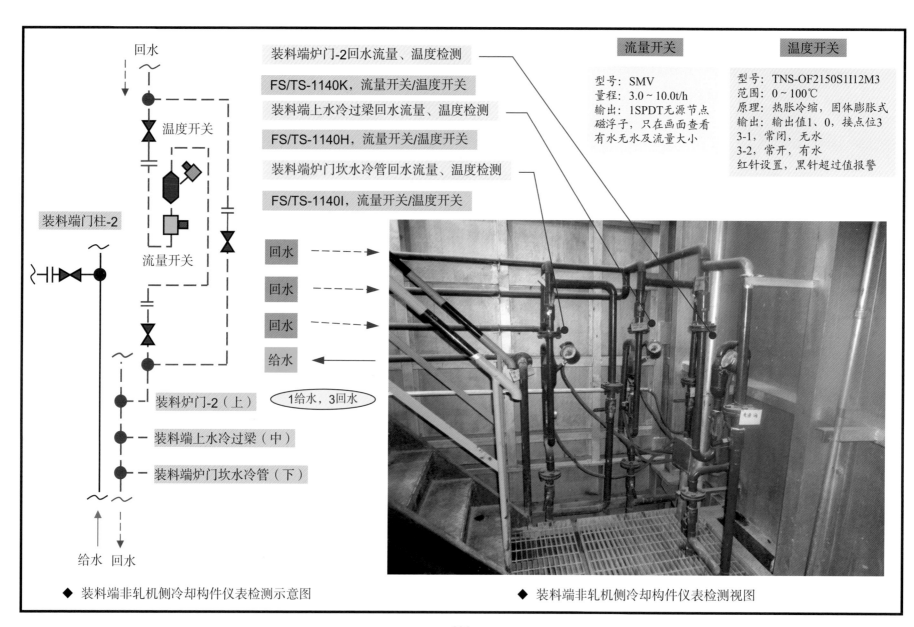

回水

装料端炉门-2回水流量、温度检测

FS/TS-1140K，流量开关/温度开关

装料端上水冷过梁回水流量、温度检测

FS/TS-1140H，流量开关/温度开关

装料端炉门坎水冷管回水流量、温度检测

FS/TS-1140I，流量开关/温度开关

温度开关

装料端门柱-2

流量开关

回水

回水

回水

给水

1给水，3回水

装料炉门-2（上）

装料端上水冷过梁（中）

装料端炉门坎水冷管（下）

给水　回水

流量开关

型号：SMV
量程：3.0～10.0t/h
输出：1SPDT无源节点
磁浮子，只在画面查看
有水无水及流量大小

温度开关

型号：TNS-OF2150S1I12M3
范围：0～100℃
原理：热胀冷缩，固体膨胀式
输出：输出值1、0，接点位3
3-1，常闭，无水
3-2，常开，有水
红针设置，黑针超过值报警

◆ 装料端非轧机侧冷却构件仪表检测示意图

◆ 装料端非轧机侧冷却构件仪表检测视图

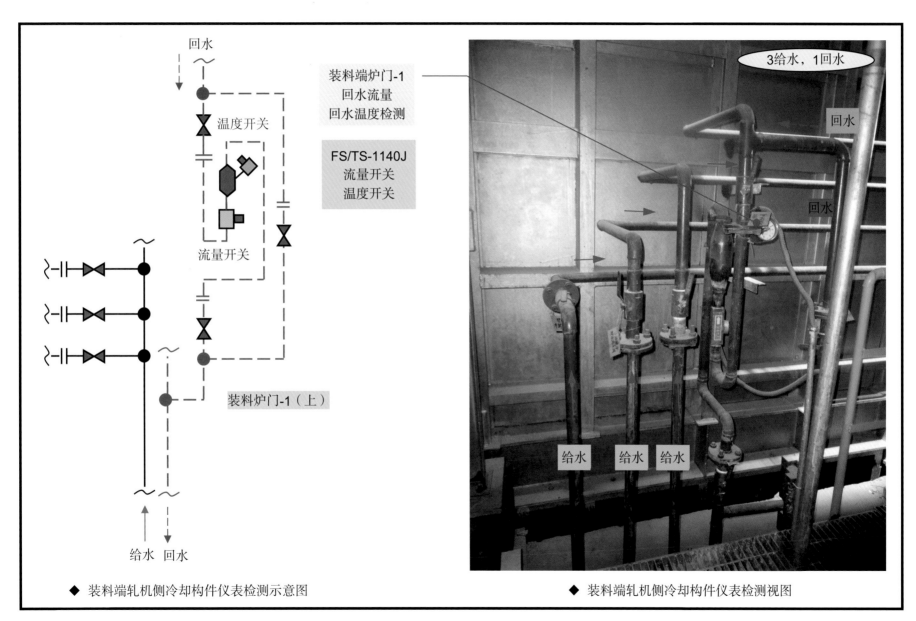

◆ 装料端轧机侧冷却构件仪表检测示意图   ◆ 装料端轧机侧冷却构件仪表检测视图

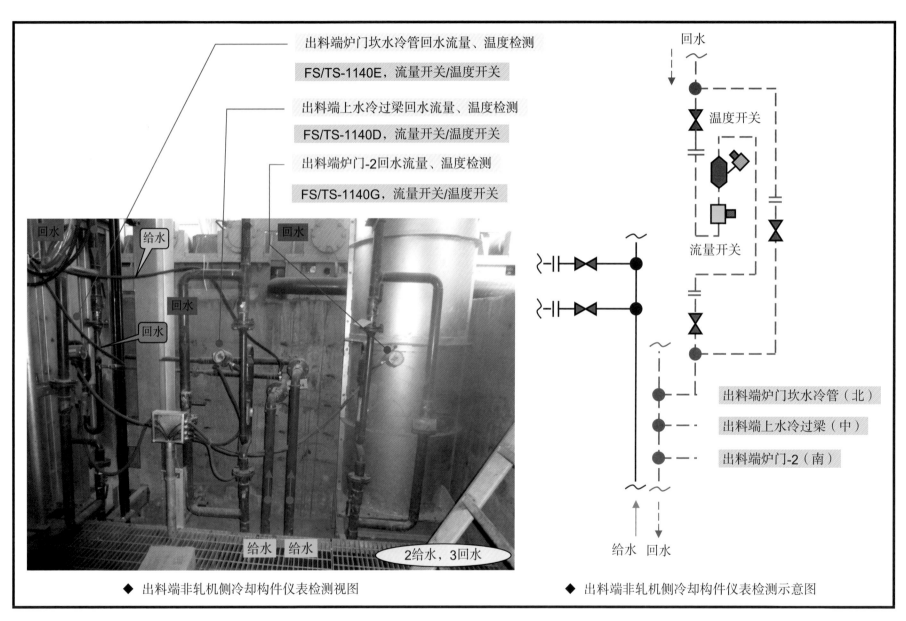

出料端炉门坎水冷管回水流量、温度检测

FS/TS-1140E，流量开关/温度开关

出料端上水冷过梁回水流量、温度检测

FS/TS-1140D，流量开关/温度开关

出料端炉门-2回水流量、温度检测

FS/TS-1140G，流量开关/温度开关

回水

给水

回水

回水

回水

给水 给水

2给水，3回水

回水

温度开关

流量开关

出料端炉门坎水冷管（北）

出料端上水冷过梁（中）

出料端炉门-2（南）

给水 回水

◆ 出料端非轧机侧冷却构件仪表检测视图

◆ 出料端非轧机侧冷却构件仪表检测示意图

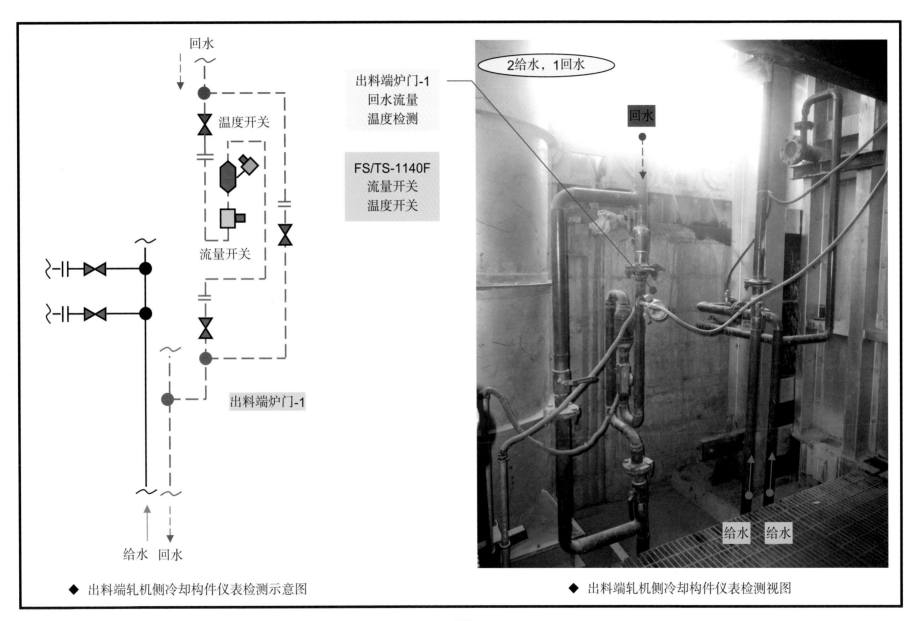

回水

出料端炉门-1
回水流量
温度检测

FS/TS-1140F
流量开关
温度开关

温度开关

流量开关

出料端炉门-1

给水　回水

2给水，1回水

回水

给水　给水

◆ 出料端轧机侧冷却构件仪表检测示意图

◆ 出料端轧机侧冷却构件仪表检测视图

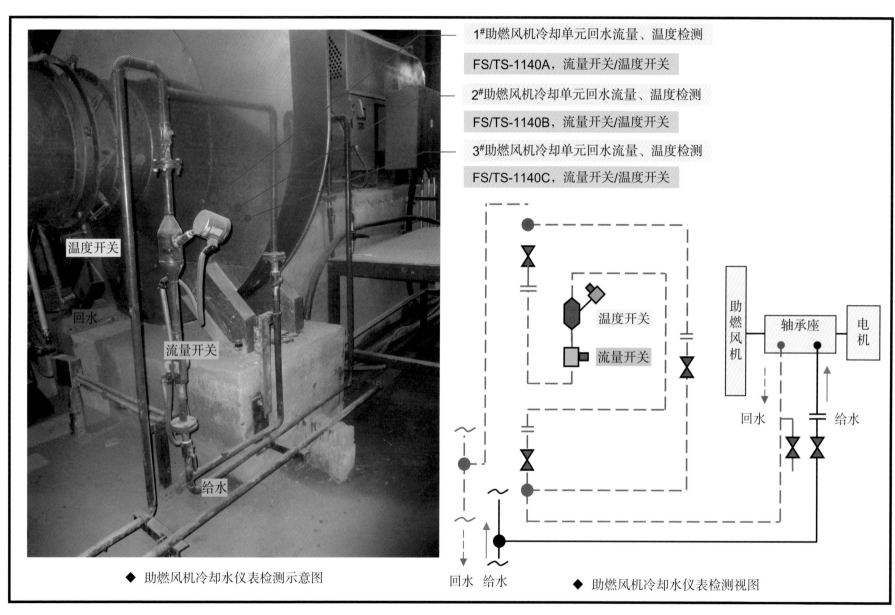

1#助燃风机冷却单元回水流量、温度检测

FS/TS-1140A，流量开关/温度开关

2#助燃风机冷却单元回水流量、温度检测

FS/TS-1140B，流量开关/温度开关

3#助燃风机冷却单元回水流量、温度检测

FS/TS-1140C，流量开关/温度开关

温度开关

回水

流量开关

给水

◆ 助燃风机冷却水仪表检测示意图

温度开关

流量开关

助燃风机

轴承座

电机

回水

给水

回水 给水

◆ 助燃风机冷却水仪表检测视图

9.6.3 浊环水系统仪表检测

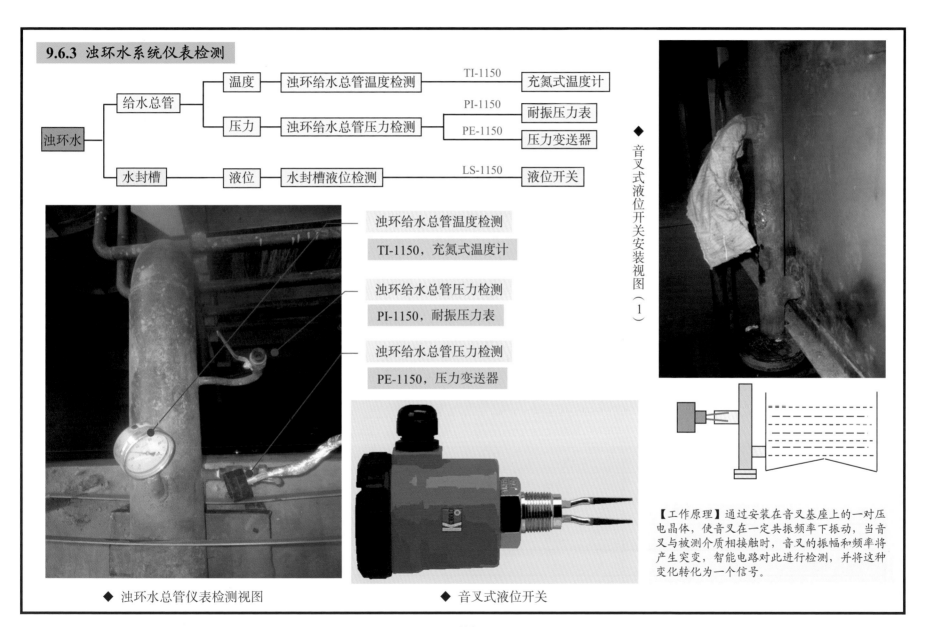

浊环水 → 给水总管 → 温度 → 浊环给水总管温度检测 → TI-1150 → 充氮式温度计

给水总管 → 压力 → 浊环给水总管压力检测 → PI-1150 → 耐振压力表
压力 → 浊环给水总管压力检测 → PE-1150 → 压力变送器

水封槽 → 液位 → 水封槽液位检测 → LS-1150 → 液位开关

浊环给水总管温度检测
TI-1150，充氮式温度计

浊环给水总管压力检测
PI-1150，耐振压力表

浊环给水总管压力检测
PE-1150，压力变送器

◆ 音叉式液位开关安装视图（1）

【工作原理】通过安装在音叉基座上的一对压电晶体，使音叉在一定共振频率下振动，当音叉与被测介质相接触时，音叉的振幅和频率将产生突变，智能电路对此进行检测，并将这种变化转化为一个信号。

◆ 浊环水总管仪表检测视图

◆ 音叉式液位开关

9.6.4 排污系统仪表检测

```
排污水 ── 集水坑 ── 液位 ──┬── 烟道集水坑液位检测 ──── 液位开关
                          ├── 炉底集水坑液位检测 ──── 液位开关
                          └── 液压站集水坑液位检测 ── 液位开关
```

烟道集水坑液位开关（PS-01）

炉底集水坑液位开关（PS-02）

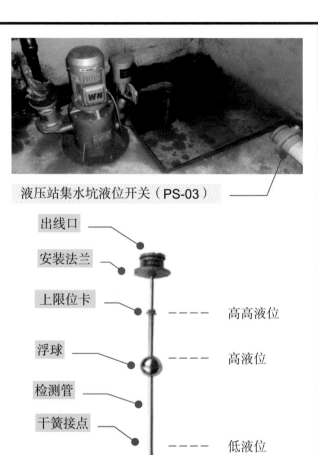

液压站集水坑液位开关（PS-03）

◆ 液位开关结构示意图

出线口
安装法兰
上限位卡 ---- 高高液位
浮球 ---- 高液位
检测管
干簧接点 ---- 低液位
下限位卡 ---- 低低液位

◆ 集水坑液位控制

项目	烟道集水坑	炉底集水坑	液压站集水坑
高水位报警（m）	−10.3	−7.8	−8.6
高水位启泵（m）	−10.8	−8.3	−8.7
低水位停泵（m）	−12.1	−9.6	−9.2
低水位报警（m）	−12.2	−9.7	−9.3
坑底标高（m）	−12.5	−10.0	−9.5

9.6.5 软化水系统仪表检测

详见11 汽化冷却。

10 通 风

10.1 概述

10.1.1 通风概述

炉体、炉顶等部位长期处于高温状态，且属于煤气区域，因此需要设置通风装置。

10.1.2 通风部位

通风部位 — 炉体
        — 炉顶
        — 汽化冷却泵站
        — 液压站

10.2 通风点设置

10.2.1 炉顶通风

炉顶北（东）通风机

炉顶北（中）通风机

炉顶北（西）通风机

◆ 炉顶通风机

10.2.2 炉体通风

炉体（南）-1.5m平台通风机　　炉体（北）-1.5m平台通风机

炉体通风机视图（1）

炉体通风机视图（2）

10.2.3 液压站通风

液压站通风机

液压站通风机

10.2.4 汽化冷却泵站通风

汽化冷却泵站一层通风机

汽化泵站通风（1）

汽化冷却泵站二层通风机

汽化泵站通风（2）

11 汽化冷却

11.1 概述

11.1.1 汽化冷却系统概述

汽化冷却系统采用软水作为冷却介质，水梁采用强制循环汽化冷却，立柱芯管为自然循环冷却。

（1）加热炉基本数据

加热炉有效长度35.6m，炉膛净宽度12.6m，炉内高度约4.7m，加热炉基本数据见右表。

（2）汽化冷却装置基本数据

汽包设计压力1.27MPa，最大产汽量17.1t/h，汽化冷却装置基本数据见右表。

（3）汽化冷却系统组成

汽化冷却系统由循环水冷却系统、蒸汽系统、给水除氧系统、软水系统、净环水系统、取样、排污及加药系统组成。

（4）汽化冷却循环回路组成

汽化冷却系统循环回路采用集中下降、分组上升的串并联方式组合回路，固定梁4个回路，上升管合并为2根；活动梁4个回路，上升管合并为2根。

（5）汽化冷却系统设备组成

汽化冷却系统主要设备由软水箱、软水泵、除氧器、给水泵、汽包、循环泵、分配联箱、步进装置等组成。

序号	项目	单位	数量	备注
一	加热炉基本数据表			
1	加热炉数量	台	1	
2	加热炉额定产量	t/h	180/200	不锈钢/碳钢
3	加热炉平均热负荷	MJ/h	20300	绝热层完好
4	加热炉最大热负荷	MJ/h	40800	后期绝热层脱落
5	水梁结构形式			双水梁圆形
6	活动梁根数	根	16（5+5+6）	
7	固定梁根数	根	18（6+6+6）	
8	年工作时间	h	6500	
9	活动梁水平/垂直行程	mm	550/200	
二	汽化冷却装置基本数据表			
1	汽包工作压力	MPa	1.27	饱和温度
2	活动梁回路数	个	4	
3	固定梁回路数	个	4	
4	最大产汽量	t/h	17.1	
5	平均产汽量	t/h	8.65	
6	平均外供蒸汽量	t/h	7.35	
7	最大外供蒸汽量	t/h	14.54	
8	总循环流量	m³/h	500	435t/h
9	最大负荷循环倍率		25.4	
10	平均负荷循环倍率		50.2	
11	最大负荷给水量	t/h	18.81	
12	平均负荷给水量	t/h	9.52	
13	最大负荷软水量	t/h	20.0	
14	平均负荷软水量	t/h	10.0	

11.1.2 汽化冷却系统组成

汽化冷却系统主要由以下系统组成：

（1）循环水冷却系统

① 固定梁循环水系统

该系统由汽包、电动热水循环泵、柴油机热水循环泵、水分配联箱、固定梁及立柱、下降管、上升管及控制阀组组成，系统流程为：

汽包中的欠饱和水→下降集管→热水循环泵升压→下降集管→分配联箱→下降支管→固定梁及立柱管冷却构件→上升支管→上升集管→汽包。

② 活动梁循环水系统

该系统由汽包、电动热水循环泵、柴油机热水循环泵、水分配联箱、活动梁及立柱、步进装置、下降管、上升管及控制阀组组成，系统流程为：

汽包中的欠饱和水→下降集管→热水循环泵升压→下降集管→分配联箱→下降支管→步进装置→下降支管→活动梁及立柱管→步进装置→上升支管→上升集管→汽包。

（2）蒸汽系统

汽包产生的蒸汽经压力调节阀组送至厂区低压蒸汽管网，当汽包产生的蒸汽不外送时，经气动调节排汽阀、消声器排入大气。

（3）给水除氧系统

进入除氧器的软水被蒸汽加热除氧，除氧后的软水经给水泵升压后送入汽包，柴油机给水泵为其停电或电动给水泵事故停运时启动运行向汽包供水。

（4）软水系统

由厂区软水管网送来的软水分为两路，一路引入软水箱，经软水泵升压后送入除氧器；另一路引至磷酸盐加药装置。

（5）排污系统

排污系统由汽包、步进装置下联箱、分配联箱、定期排污扩容器及控制组组成。

① 汽包排污

汽包水表面连续排污水及汽包底部定期排污水引入定期排污扩容器，分离出的蒸汽排入大气，分离出的水排入炉底积水坑，冷却后经排污泵排入铁皮沟。

② 步进装置下联箱及分配联箱排污

步进装置下联箱及分配联箱底部设排污管，排污水引入定期排污扩容器。

（6）疏放水系统

① 汽包紧急放水

汽包底部设有紧急放水口，设电动紧急放水阀，放水引入定期排污扩容器。

② 其他疏放水系统

各种设备、汽管设有疏放水阀，疏放水引入铁皮沟。

（7）取样及加药系统

① 取样系统

为检验给水、蒸汽及汽包水的品质，分别设有取样冷却器进行取样化验。

② 加药系统

为保证软水品质，设置磷酸盐加药装置，定期对系统进行加药。

（8）净环水系统

主要用于取样水、循环水泵、给水泵等的冷却。

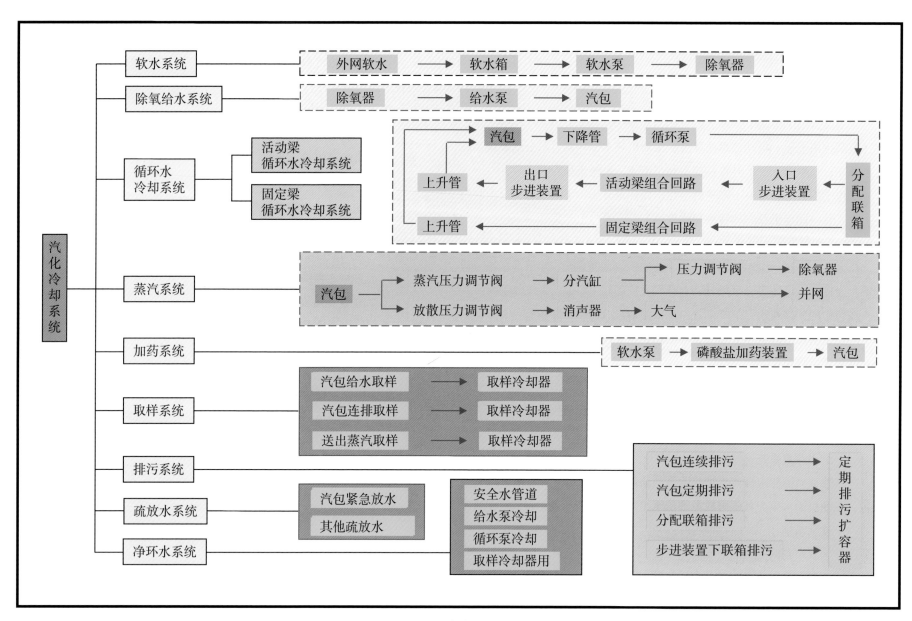

符号	名称	符号	名称	符号	名称
—— S ——	冷却水上水管道	—— SH7-8 ——	第七八回路上升集管		气动调节阀
—— X ——	冷却水下水管道	—— SH5-6 ——	第五六回路上升集管		快速切断阀
—— P2 ——	定期排污管道	—— SH3-4 ——	第三四回路上升集管		电动蝶阀
—— P1 ——	连续排污管道	—— SH1-2 ——	第一二回路上升集管		止回阀
—— JY ——	加药管道	—— XH ——	下降总管		截止阀
—— X ——	冷却水下水管道		排大气		内螺纹截止阀
—— Z ——	蒸汽管道		地沟		电动闸阀
—— S8 ——	软水管道		法兰连接		闸阀
—— SF ——	疏放水管道		同心异径管		升降式止回阀
—— PQ ——	排气管道	TZ	弹簧支架		旋启式止回阀
—— PW ——	排污管道	PD	普通吊架		节流阀
—— FY ——	排烟管道	LQD	立管卡环支架		安全阀
—— FS ——	紧急放水管道	HZ	滑动支架		压力表
—— ZP ——	排汽管道		固定支架		流量孔板
—— ZX ——	再循环管道		设计分界线		疏水器

11.1.4 汽化冷却系统工艺流程

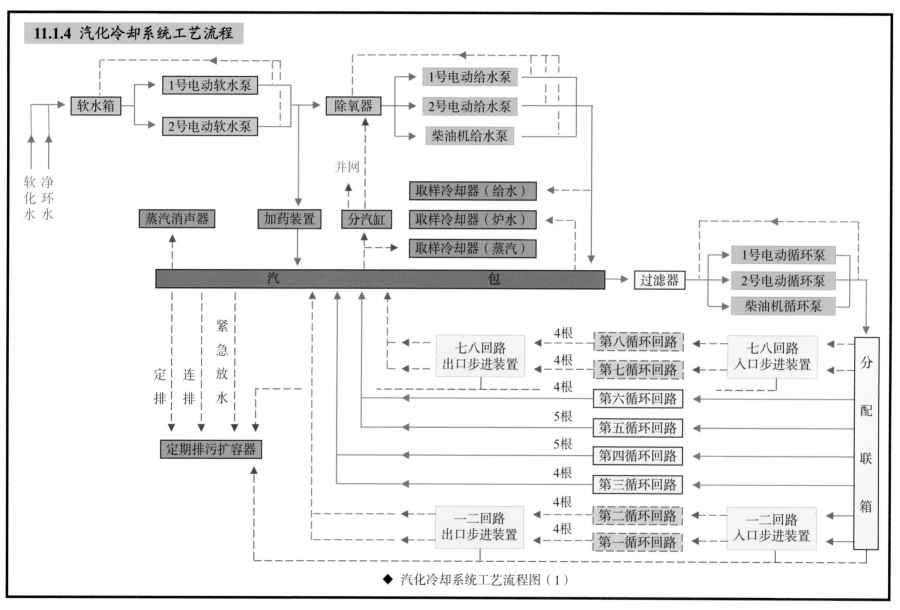

◆ 汽化冷却系统工艺流程图（1）

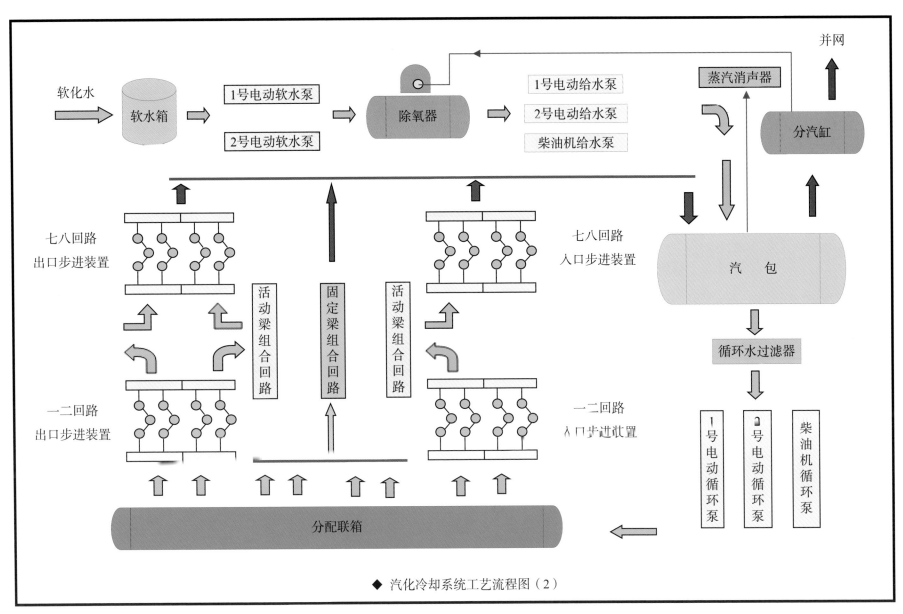

◆ 汽化冷却系统工艺流程图（2）

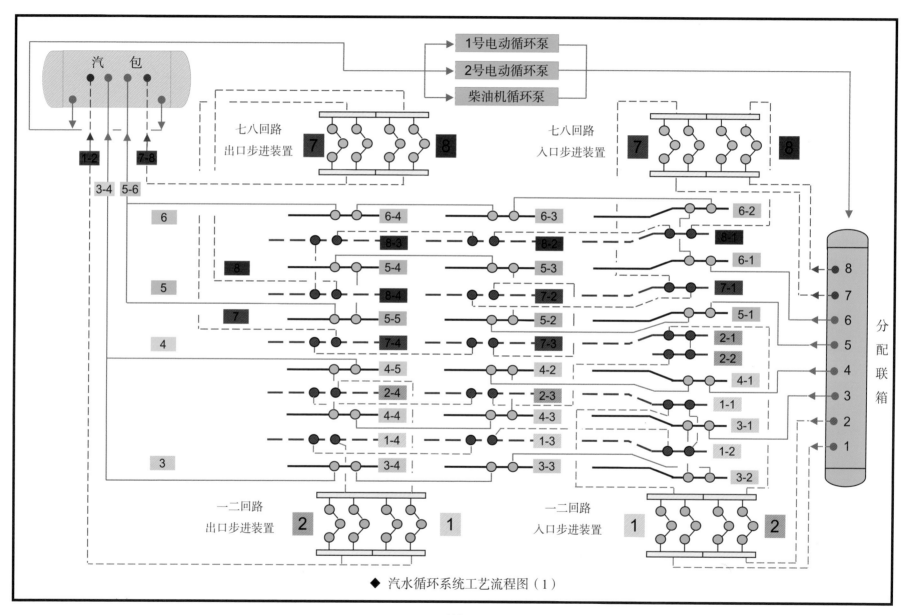

◆ 汽水循环系统工艺流程图（1）

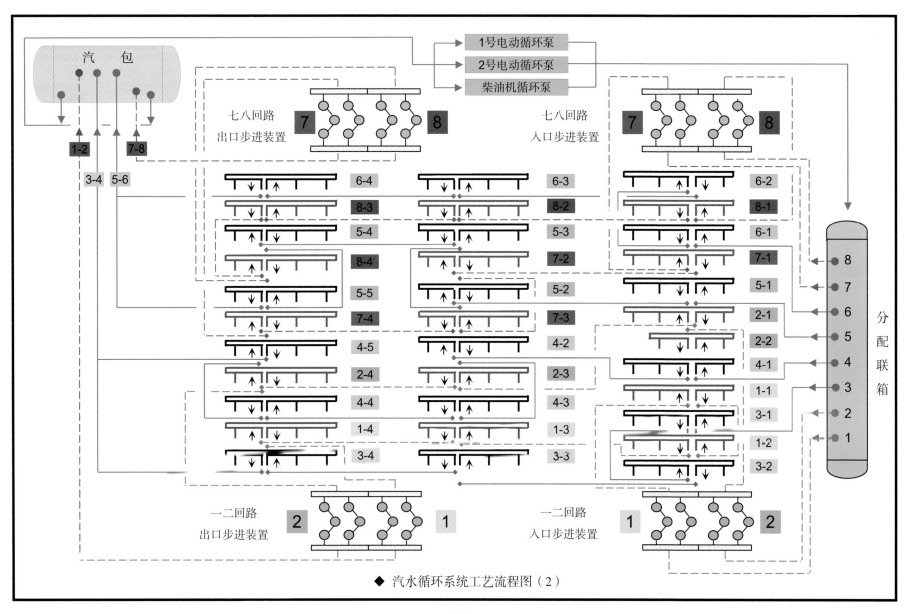

◆ 汽水循环系统工艺流程图（2）

11.2 汽化冷却泵站布置

11.2.1 概述

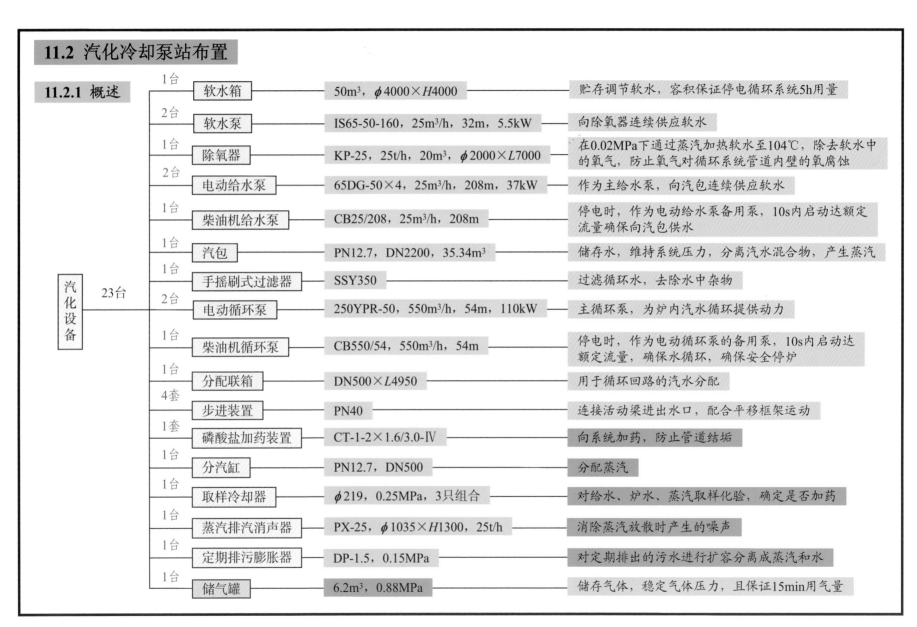

设备	数量	名称	规格	说明
汽化设备	23台	软水箱	50m³，φ4000×H4000	贮存调节软水，容积保证停电循环系统5h用量
		软水泵	IS65-50-160，25m³/h，32m，5.5kW	向除氧器连续供应软水
		除氧器	KP-25，25t/h，20m³，φ2000×L7000	在0.02MPa下通过蒸汽加热软水至104℃，除去软水中的氧气，防止氧气对循环系统管道内壁的氧腐蚀
		电动给水泵	65DG-50×4，25m³/h，208m，37kW	作为主给水泵，向汽包连续供应软水
		柴油机给水泵	CB25/208，25m³/h，208m	停电时，作为电动给水泵备用泵，10s内启动达额定流量确保向汽包供水
		汽包	PN12.7，DN2200，35.34m³	储存水，维持系统压力，分离汽水混合物，产生蒸汽
		手摇刷式过滤器	SSY350	过滤循环水，去除水中杂物
		电动循环泵	250YPR-50，550m³/h，54m，110kW	主循环泵，为炉内汽水循环提供动力
		柴油机循环泵	CB550/54，550m³/h，54m	停电时，作为电动循环泵的备用泵，10s内启动达额定流量，确保水循环，确保安全停炉
		分配联箱	DN500×L4950	用于循环回路的汽水分配
		步进装置	PN40	连接活动梁进出水口，配合平移框架运动
		磷酸盐加药装置	CT-1-2×1.6/3.0-Ⅳ	向系统加药，防止管道结垢
		分汽缸	PN12.7，DN500	分配蒸汽
		取样冷却器	φ219，0.25MPa，3只组合	对给水、炉水、蒸汽取样化验，确定是否加药
		蒸汽排汽消声器	PX-25，φ1035×H1300，25t/h	消除蒸汽放散时产生的噪声
		定期排污膨胀器	DP-1.5，0.15MPa	对定期排出的污水进行扩容分离成蒸汽和水
		储气罐	6.2m³，0.88MPa	储存气体，稳定气体压力，且保证15min用气量

注：表格左侧各设备台数依次为：软水箱1台、软水泵2台、除氧器1台、电动给水泵2台、柴油机给水泵1台、汽包1台、手摇刷式过滤器1台、电动循环泵2台、柴油机循环泵1台、分配联箱1台、步进装置4套、磷酸盐加药装置1套、分汽缸1台、取样冷却器1台、蒸汽排汽消声器1台、定期排污膨胀器1台、储气罐1台。

11.2.2 汽化冷却系统设备联系图

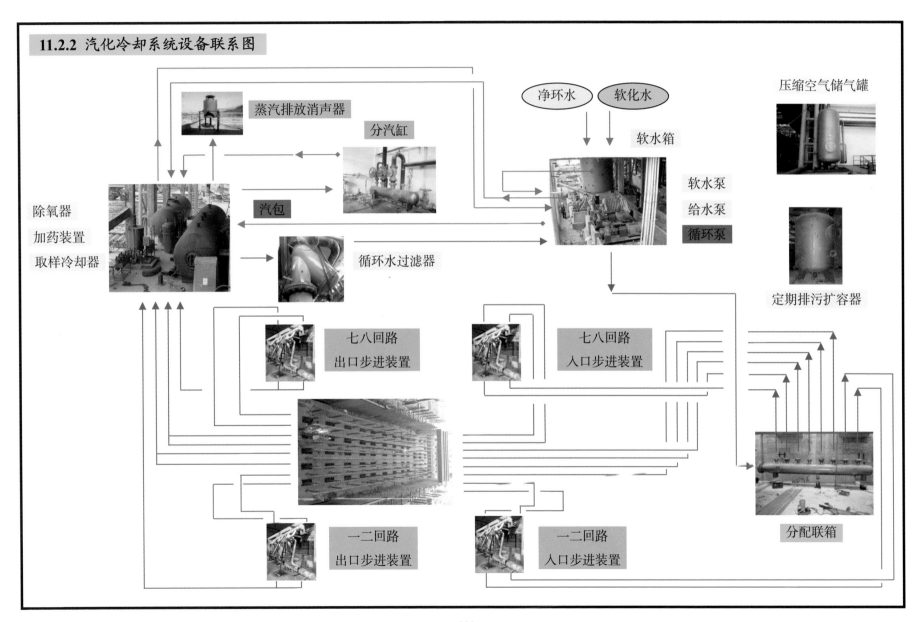

蒸汽排放消声器

分汽缸

净环水　软化水

压缩空气储气罐

软水箱

除氧器
加药装置
取样冷却器

汽包

软水泵
给水泵
循环泵

循环水过滤器

定期排污扩容器

七八回路
出口步进装置

七八回路
入口步进装置

一二回路
出口步进装置

一二回路
入口步进装置

分配联箱

11.2.3 汽化冷却系统设备工艺布置

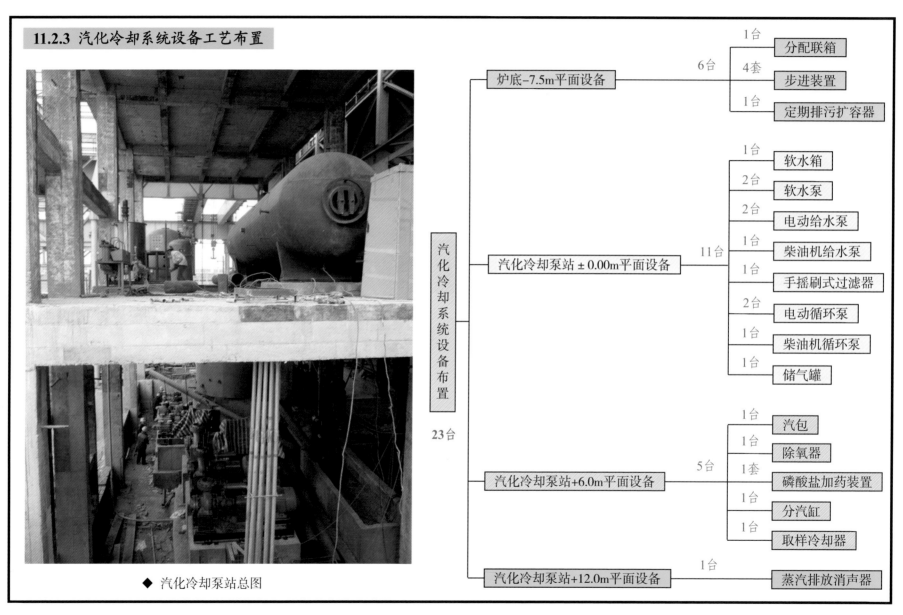

◆ 汽化冷却泵站总图

汽化冷却系统设备布置 23台

炉底-7.5m平面设备 6台
- 分配联箱 1台
- 步进装置 4套
- 定期排污扩容器 1台

汽化冷却泵站±0.00m平面设备 11台
- 软水箱 1台
- 软水泵 2台
- 电动给水泵 2台
- 柴油机给水泵 1台
- 手摇刷式过滤器 1台
- 电动循环泵 2台
- 柴油机循环泵 1台
- 储气罐 1台

汽化冷却泵站+6.0m平面设备 5台
- 汽包 1台
- 除氧器 1台
- 磷酸盐加药装置 1套
- 分汽缸 1台
- 取样冷却器 1台

汽化冷却泵站+12.0m平面设备 1台
- 蒸汽排放消声器

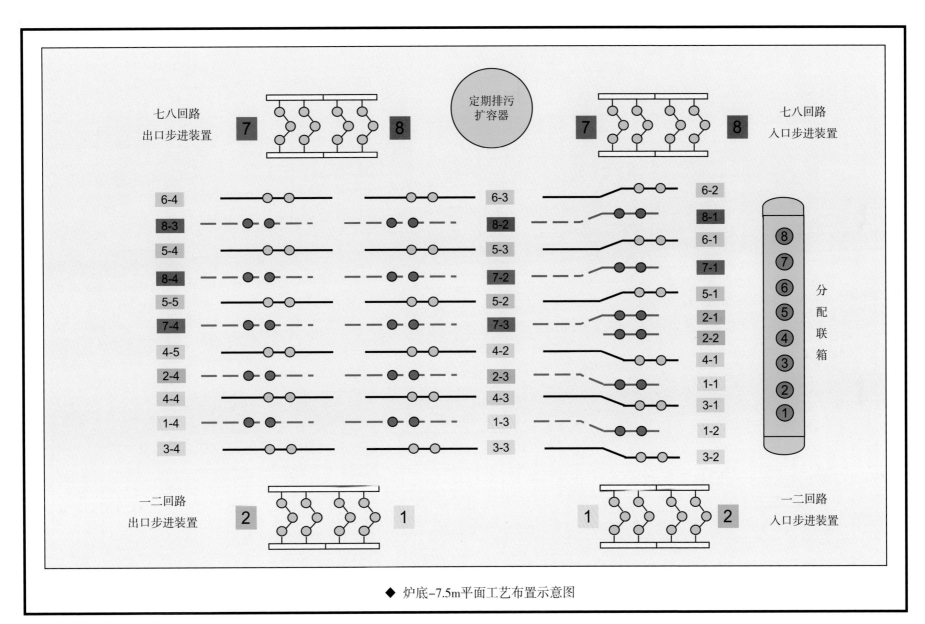

◆ 炉底-7.5m平面工艺布置示意图

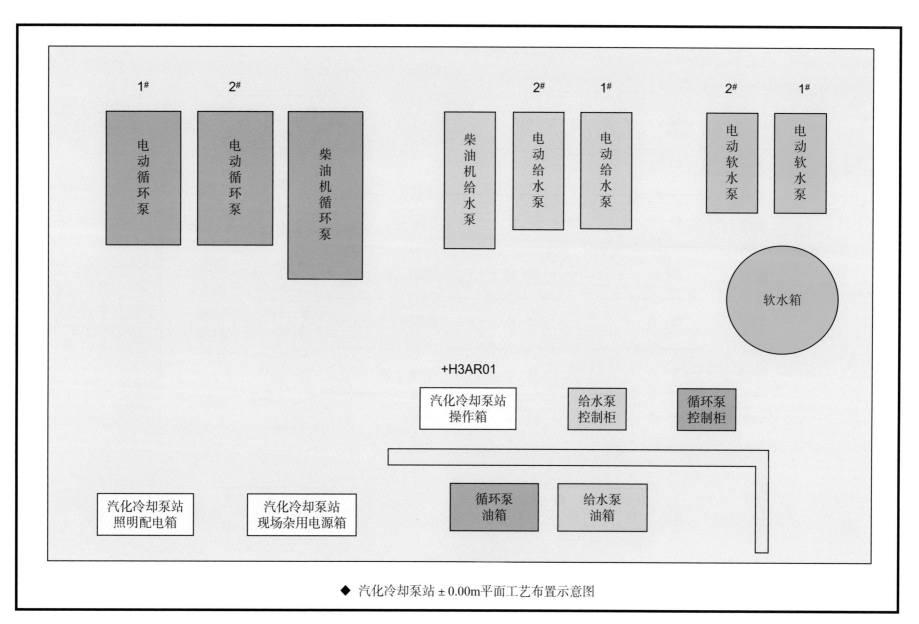

◆ 汽化冷却泵站±0.00m平面工艺布置示意图

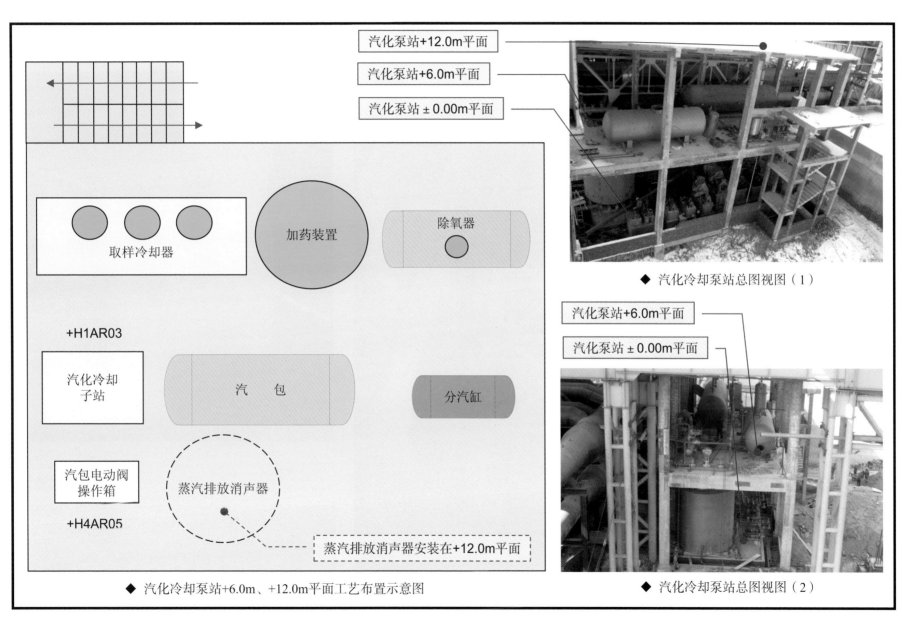

汽化泵站+12.0m平面

汽化泵站+6.0m平面

汽化泵站±0.00m平面

◆ 汽化冷却泵站总图视图（1）

取样冷却器

加药装置

除氧器

+H1AR03

汽化冷却
子站

汽　包

分汽缸

汽包电动阀
操作箱

蒸汽排放消声器

+H4AR05

蒸汽排放消声器安装在+12.0m平面

◆ 汽化冷却泵站+6.0m、+12.0m平面工艺布置示意图

汽化泵站+6.0m平面

汽化泵站±0.00m平面

◆ 汽化冷却泵站总图视图（2）

11.2.4 炉底−7.5m平面工艺布置

◆ 炉底−7.5m平面设备工艺布置图

一二回路
出口步进装置

一二回路
入口步进装置

七八回路
出口步进装置

七八回路
入口步进装置

定期排污扩容器

◆ 定期排污扩容器

分配联箱

◆ 分配联箱

11.2.5 汽化冷却泵站±0.00m平面工艺布置

软水箱，1台

电动软水泵，2台

电动给水泵，2台

柴油机给水泵，1台

柴油机循环泵，1台

电动循环泵，2台

◆ 汽化冷却泵站±0.00m平面设备工艺布置图

11.2.6 汽化冷却泵站+6.0m平面工艺布置

分汽缸，1台

除氧器，1台

汽包，1台

磷酸盐加药装置，1套

取样冷却器，1套

汽化RI/O柜，1台
+H1AR03

◆ 汽化冷却泵站+6.0m平面设备工艺布置图

11.2.7 汽化冷却泵站+12.0m平面工艺布置 ◆ 蒸汽排放消声器

蒸汽排放消声器，1台

11.3 汽化冷却系统设备

11.3.1 软水箱

（1）设备用途

软水箱主要用来贮存和调节软水，设置圆形立式水箱1台，容积50m³，材质为碳钢，带防腐内衬，设置内、外爬梯，主要附件有磁翻板带水位计等。

（2）技术性能

项目	单位	数值
设备用途		贮存和调节软水
有效容积	m³	50
外形尺寸	mm	$\phi 4000 \times H4000$
工作压力		常压
工作温度	℃	常温
附属设备		
磁翻板水位计		UHC-CJ，1套
内、外扶梯		各1套

（3）设备接口

软水箱 12个
- 主要接口 4个
  - 软水进口 — a — 1个 — DN80 — 接外网软水
  - 软水出口 — b — 1个 — DN80 — 去软水泵
  - 给水出口 — c — 1个 — DN80 — 事故停电时，柴油机给水泵直接从软水箱抽水
  - 再循环进口 — d — 1个 — DN20 — 来自软水泵出口，与软水泵之间再循环
- 辅助接口 4个
  - 排水口 — e — 1个 — DN65 — 软水箱底部排污
  - 溢流口 — f — 1个 — DN80 — 软水超过溢流水位时通过此口溢流到排水沟
  - 排气口 — g — 1个 — DN50 — 用于软水箱排气
  - 人孔 — h — 1个 — DN600 — 检修时，进入软水箱
- 仪表接口 4个
  - 就地水位计接口 — i — 1套，2个 — DN80 — 接就地磁翻板液位计
  - 远传水位计接口 — j — 1套，2个 — DN50 — 接差压变送器

就地磁翻板液位计接口 DN20

远传磁翻板液位计接口 DN20

软水给水进口 DN80

排水口，DN65

◆ 软水箱视图（1）

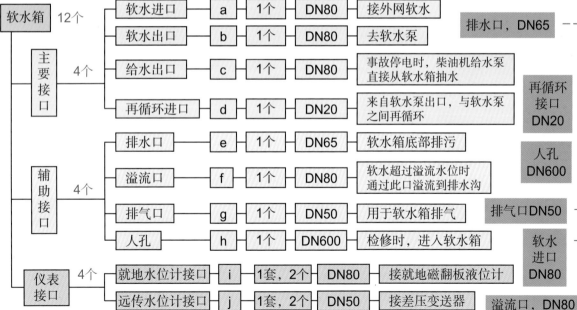

再循环接口 DN20

人孔 DN600

排气口 DN50

软水进口 DN80

溢流口，DN80

◆ 软水箱视图（2）

11.3.2 软水泵

（1）设备用途

软水泵主要是向除氧器供应软水，形式为卧式离心泵，2台，一用一备。

（3）设备接口

```
                    ┌─ 2个 ─┬─ 泵进口，DN65 ── 来自软水箱
            ┌─ 主要接口 ─┤
软水泵 ─ 3个 ─┤           └──── 泵出口，DN50 ── 去除氧器
            └─ 辅助接口 ─ 1个 ── 加油口 ── 用于泵体润滑
```

（4）设备结构

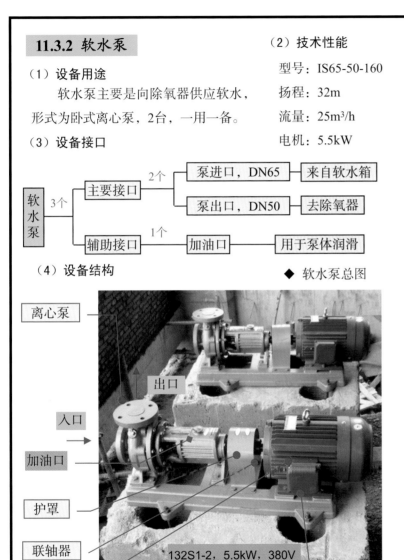

◆ 软水泵总图

132S1-2，5.5kW，380V
10.7A，50Hz，2900r/min

离心泵、出口、入口、加油口、护罩、联轴器、电机、接线盒

（2）技术性能

型号：IS65-50-160

扬程：32m

流量：25m³/h

电机：5.5kW

11.3.3 除氧器

（1）设备用途

在0.02MPa压力下，通过蒸汽加热软水至104℃，除去软水中的氧气，防止氧气对循环系统管道内壁的氧腐蚀。

（2）技术性能

型号：KP-25

工作压力：0.02MPa

工作温度：105℃

有效容积：20m³

处理水量：25m³/h

水箱：$\phi 2000 \times L7000$

喷嘴进水压力：0.2MPa

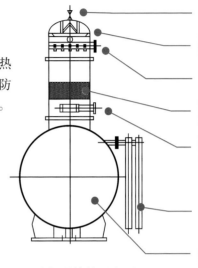

排氧气口、汽水分离器、软水进口、填料、蒸汽进口、溢流水封、内置换热器

◆ 除氧器结构示意图

◆ 除氧器视图（1）

溢流水封

磁性浮子液位计

（3）设备接口

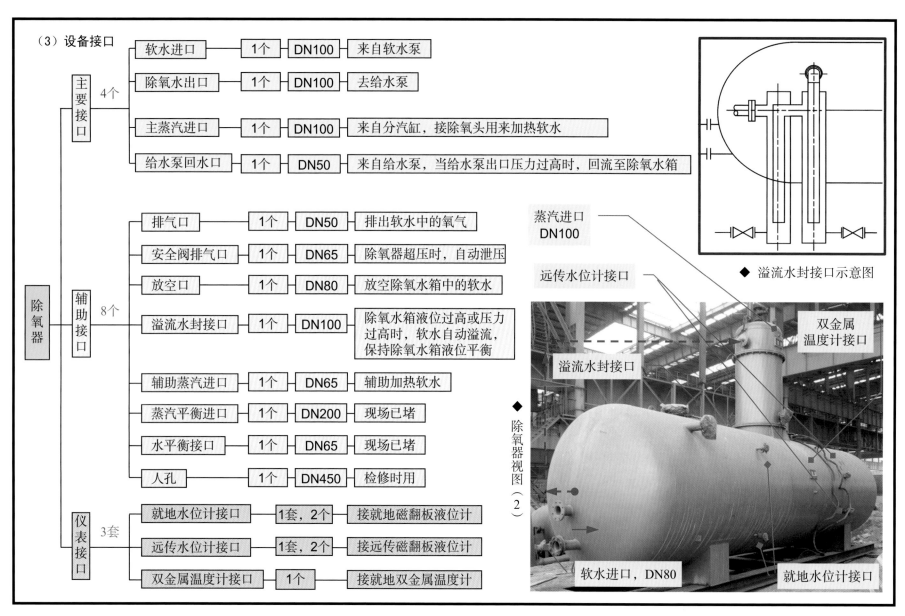

除氧器

主要接口 — 4个
- 软水进口 — 1个 — DN100 — 来自软水泵
- 除氧水出口 — 1个 — DN100 — 去给水泵
- 主蒸汽进口 — 1个 — DN100 — 来自分汽缸，接除氧头用来加热软水
- 给水泵回水口 — 1个 — DN50 — 来自给水泵，当给水泵出口压力过高时，回流至除氧水箱

辅助接口 — 8个
- 排气口 — 1个 — DN50 — 排出软水中的氧气
- 安全阀排气口 — 1个 — DN65 — 除氧器超压时，自动泄压
- 放空口 — 1个 — DN80 — 放空除氧水箱中的软水
- 溢流水封接口 — 1个 — DN100 — 除氧水箱液位过高或压力过高时，软水自动溢流，保持除氧水箱液位平衡
- 辅助蒸汽进口 — 1个 — DN65 — 辅助加热软水
- 蒸汽平衡进口 — 1个 — DN200 — 现场已堵
- 水平衡接口 — 1个 — DN65 — 现场已堵
- 人孔 — 1个 — DN450 — 检修时用

仪表接口 — 3套
- 就地水位计接口 — 1套，2个 — 接就地磁翻板液位计
- 远传水位计接口 — 1套，2个 — 接远传磁翻板液位计
- 双金属温度计接口 — 1个 — 接就地双金属温度计

蒸汽进口 DN100

远传水位计接口

◆ 溢流水封接口示意图

双金属温度计接口

溢流水封接口

◆ 除氧器视图（2）

软水进口，DN80

就地水位计接口

排气阀，DN50

安全阀，DN65
A47H-16C，

安全阀排气口
DN65，A47H-16C

除氧头

给水泵回水口，DN50

除氧水箱

排氧气口，DN50

【蒸汽平衡口】
DN200

滑动支座

固定支座

人孔，DN450

【水平衡口】，DN65

辅助蒸汽入口，DN65

除氧水出口，DN100

放空口，DN80

◆ 除氧器视图（3）

11.3.4 电动给水泵

（1）设备用途

给水泵主要是向汽包供应软水，形式为卧式离心泵，2台，一用一备。

（2）技术性能

型号：65DG-50×4

流量：25m³/h

扬程：208m

电机：37kW

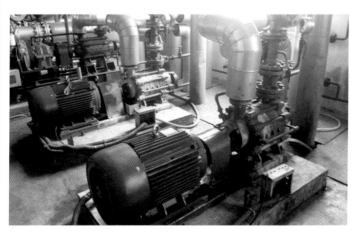

◆ 电动给水泵总图

（3）设备接口

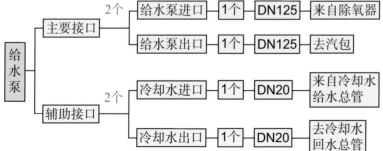

◆ 电动给水泵布置图

234·

11.3.5 柴油机给水泵

（1）设备用途

停电时，作为电动给水泵的备用泵，确保向汽包供水。

（2）技术性能

① 给水泵

形式：离心卧式

数量：1台

流量：25m³/h

扬程：3.0MPa（表压）

② 柴油机

型式：空冷、直排烟式

数量：1台

功率：45kW

启动方式：全自动/手动

启动时间：10s内到达额定负荷

蓄电池：全免维护蓄电池

联结方式：泵与柴油机间采用直联

辅助设备：配带油箱1个（带油位计、有效容积应满足12h运行用油量，用轻柴油）、滤油器、控制柜、排气消声器、连接波纹管及公用底座等。

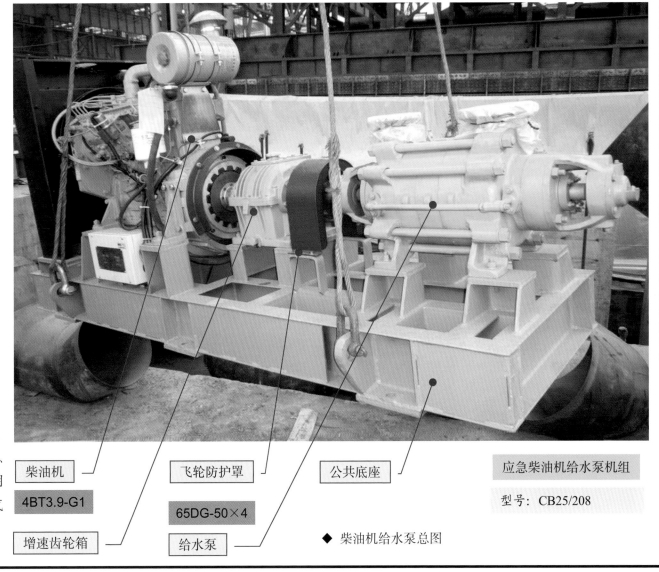

柴油机
4BT3.9-G1

增速齿轮箱

飞轮防护罩

65DG-50×4

给水泵

公共底座

应急柴油机给水泵机组

型号：CB25/208

◆ 柴油机给水泵总图

11.3.6 汽包

（1）设备用途

　　用于储存水，维持系统压力，分离汽水混合物，产生蒸汽。

（2）技术性能

容器类别：一类

介质名称：水及饱和蒸汽

设计压力：1.4 MPa

最高工作压力：1.27 MPa

设计温度：200℃

工作温度：194℃

全容积：35.34 m³

主要受压元件材质：筒体16Mn，接管20

（3）设备接口

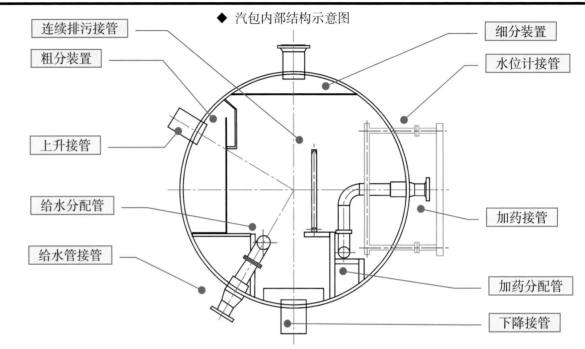

◆ 汽包内部结构示意图

连续排污接管

粗分装置

上升接管

给水分配管

给水管接管

细分装置

水位计接管

加药接管

加药分配管

下降接管

上升管接口e1、e2、e3、e4 DN200

e4　e3　e2　e1

给水口i，DN100

i　f2

下降管接口f1、f2，DN250

f1

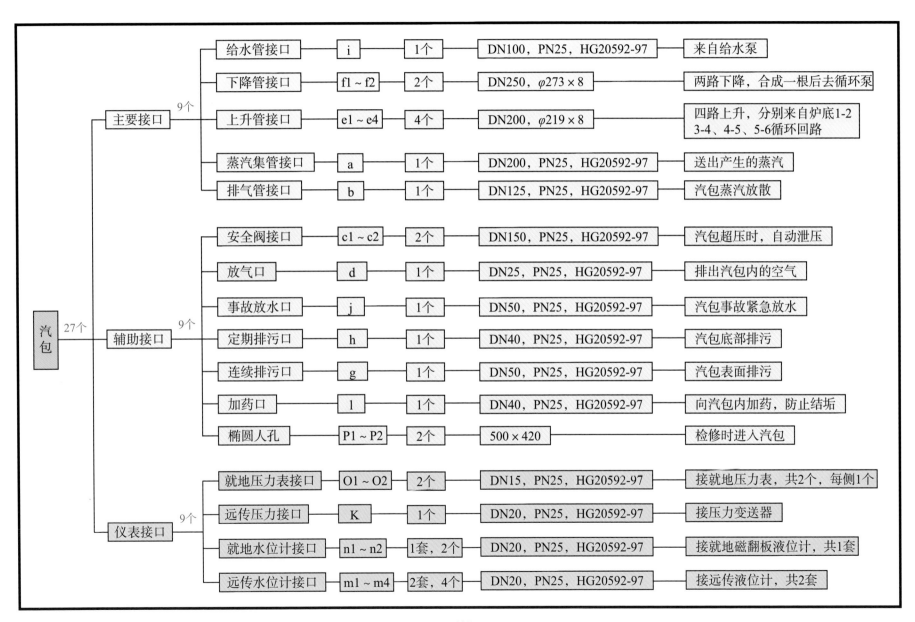

	给水管接口	i	1个	DN100，PN25，HG20592-97	来自给水泵
主要接口 9个	下降管接口	f1～f2	2个	DN250，φ273×8	两路下降，合成一根后去循环泵
	上升管接口	e1～e4	4个	DN200，φ219×8	四路上升，分别来自炉底1-2 3-4、4-5、5-6循环回路
	蒸汽集管接口	a	1个	DN200，PN25，HG20592-97	送出产生的蒸汽
	排气管接口	b	1个	DN125，PN25，HG20592-97	汽包蒸汽放散
	安全阀接口	c1～c2	2个	DN150，PN25，HG20592-97	汽包超压时，自动泄压
	放气口	d	1个	DN25，PN25，HG20592-97	排出汽包内的空气
辅助接口 9个	事故放水口	j	1个	DN50，PN25，HG20592-97	汽包事故紧急放水
	定期排污口	h	1个	DN40，PN25，HG20592-97	汽包底部排污
	连续排污口	g	1个	DN50，PN25，HG20592-97	汽包表面排污
	加药口	l	1个	DN40，PN25，HG20592-97	向汽包内加药，防止结垢
	椭圆人孔	P1～P2	2个	500×420	检修时进入汽包
	就地压力表接口	O1～O2	2个	DN15，PN25，HG20592-97	接就地压力表，共2个，每侧1个
仪表接口 9个	远传压力接口	K	1个	DN20，PN25，HG20592-97	接压力变送器
	就地水位计接口	n1～n2	1套，2个	DN20，PN25，HG20592-97	接就地磁翻板液位计，共1套
	远传水位计接口	m1～m4	2套，4个	DN20，PN25，HG20592-97	接远传液位计，共2套

汽包 27个

就地压力表O1，DN15　　远传压力接点K，DN20　　蒸汽集管出口a，DN200　　安全阀C2，DN150　　放气口d，DN25

安全阀C1，DN150　　排气口b，DN125　　就地压力表O2，DN15

m3

n1

m1

m2　　n2　　m4

就地水位计接口
DN20

定期排污口h，DN50　　远传水位计接口m1、m2、m3、m4，DN20　　加药口i，DN40　　椭圆人孔P2

椭圆人孔P1　　◆ 汽包总图　　连续排污口g，DN40　　事故放水口j，DN50

11.3.7 过滤器

（1）设备用途

　　用来过滤循环水，去除水中杂物。

（2）技术性能

规格型号：SSY-350

最大处理流量：800m³/h

工作温度：≤200℃

设计压力：2.5MPa

进口直径：DN350

过滤精度：1.5mm

工作方式：手动

（3）设备接口

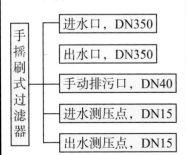

手摇刷式过滤器
- 进水口，DN350
- 出水口，DN350
- 手动排污口，DN40
- 进水测压点，DN15
- 出水测压点，DN15

◆ 手摇刷式过滤器内部结构视图（1）

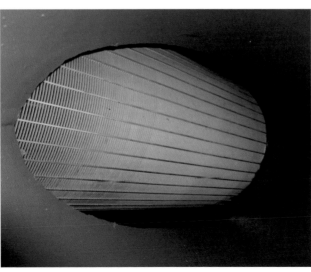

◆ 手摇刷式过滤器内部结构视图（2）

进水口，DN350　　　　　　　出水口，DN350

◆ 手摇刷式过滤器总图

不锈钢手柄

Y100，0～2.5MPa

出水压力表

Y100，0～2.5MPa

进水压力表

排污管

进水　　φ630　　160×90　　φ377　　出水

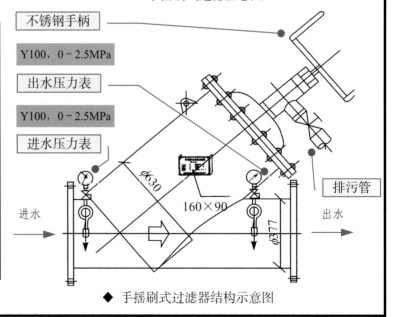

◆ 手摇刷式过滤器结构示意图

11.3.8 电动循环泵

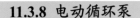

（1）设备用途

作为主循环泵，为炉内汽水循环提供动力。

（2）技术性能

型号：250YPR-50，扬程54m，流量550m³/h，电机110kW。

（3）设备接口

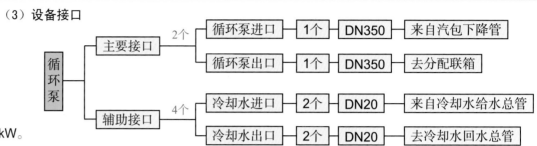

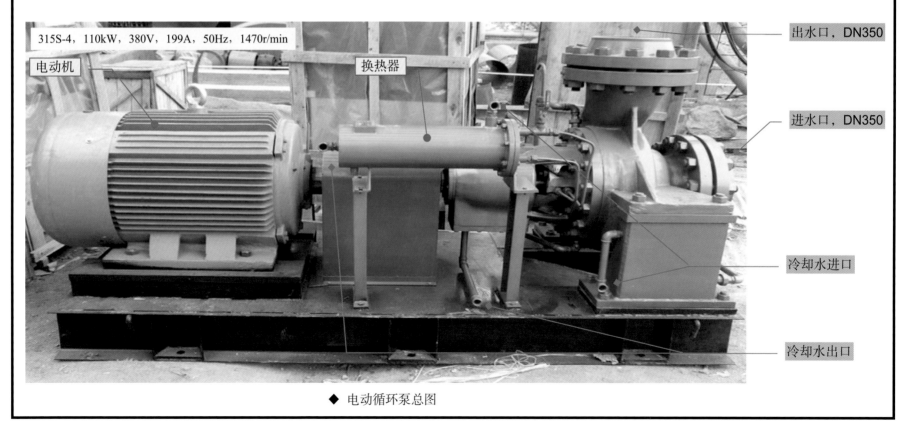

315S-4，110kW，380V，199A，50Hz，1470r/min

电动机

换热器

出水口，DN350

进水口，DN350

冷却水进口

冷却水出口

◆ 电动循环泵总图

11.3.9 柴油机循环泵

（1）设备用途

停电时，作为电动循环泵备用泵，确保水循环，确保安全停炉。

（2）技术性能

① 热水循环泵

形式：卧置离心式

数量：1台

流量：550m³/h

扬程：0.54MPa（表压）

工作温度：225℃

② 柴油机

形式：空冷、直排烟式

数量：1台

功率：160kW

启动方式：全自动/手动

启动时间：10s内到达额定负荷

蓄电池：全免维护蓄电池

联结方式：泵与柴油机间采用直联

辅助设备：配带油箱1个（带油位计、有效容积应满足12h运行用油量，用轻柴油）、滤油器、控制柜、排气消声器及连接波纹管及公用底座等。

（3）设备结构

◆ 柴油机循环泵总图

空气滤清器

水箱加水口

涡轮增压器

风扇

水箱

发电机

油水分离器

燃油滤清器

发动机

发动机预加热器

联轴器

应急柴油机循环泵机组

型号：CB550/54

◆ 柴油机循环泵视图（1）

消声器

波纹管

废气排放口

机油滤清器

泄漏报警器
XB312

机油尺

机油箱

执行器

电池箱

◆ 柴油机循环泵视图（2）

11.3.10 分配联箱

（1）设备用途

用于循环回路的汽水分配。

（2）技术性能

容器类别：二类

介质名称：欠饱和水

设计压力：2.53 MPa

最高工作压力：2.3 MPa

设计温度：200℃

容积：1.0 m³

（3）设备结构

分配联箱 13个	主要接口 9个	进水口	a	1个	DN350，PN40	来自循环泵
		出水口	b1~b8	8个	DN125，PN40	去循环回路
	辅助接口 3个	手孔装置	d1~d2	2个	DN150，PN40	用于检修
		疏放水口	e	1个	DN50，PN40	底部排污
	仪表接口 1个	压力表接口	c	1个	DN15，PN40	接就地压力表

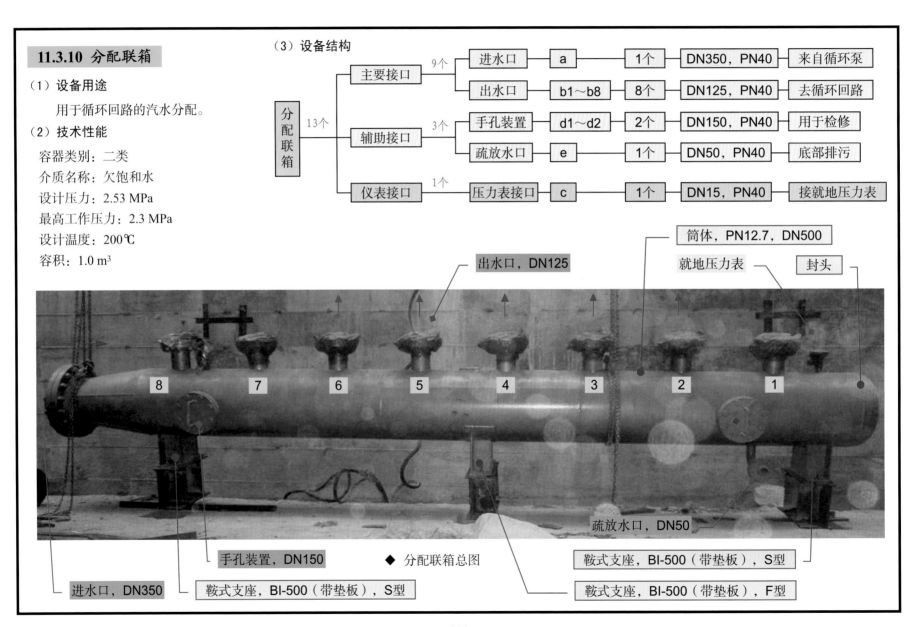

筒体，PN12.7，DN500

就地压力表

封头

出水口，DN125

手孔装置，DN150

疏放水口，DN50

进水口，DN350

鞍式支座，BI-500（带垫板），S型

鞍式支座，BI-500（带垫板），S型

鞍式支座，BI-500（带垫板），F型

◆ 分配联箱总图

11.3.11 步进装置

（1）设备用途

连接活动梁进、出水口，配合平移框架运动。

（2）技术性能

数量：4套

公称压力：PN40

工作温度：225℃

（3）设备接口

（4）设备组成

步进装置共设置4套，每套步进装置配置由下联箱、上联箱、弹簧吊架、蝶阀、转动接头、导向装置、防振装置、连接管道等组成。

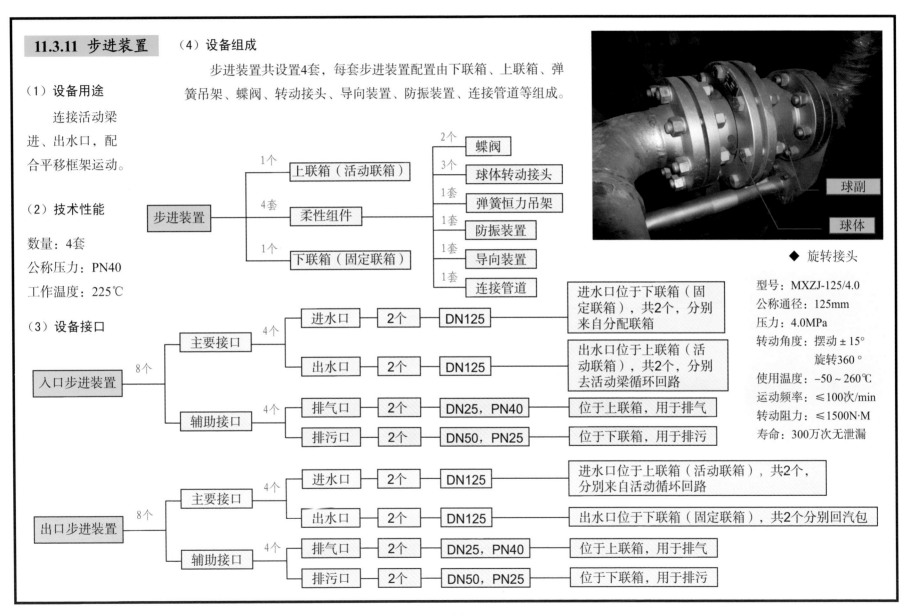

◆ 旋转接头

型号：MXZJ-125/4.0

公称通径：125mm

压力：4.0MPa

转动角度：摆动±15°
    旋转360°

使用温度：-50～260℃

运动频率：≤100次/min

转动阻力：≤1500N·M

寿命：300万次无泄漏

步进装置
- 1个 上联箱（活动联箱）
- 4套 柔性组件
  - 2个 蝶阀
  - 3个 球体转动接头
  - 1套 弹簧恒力吊架
  - 1套 防振装置
  - 1套 导向装置
  - 1套 连接管道
- 1个 下联箱（固定联箱）

入口步进装置 8个
- 主要接口 4个
  - 进水口 2个 DN125 —— 进水口位于下联箱（固定联箱），共2个，分别来自分配联箱
  - 出水口 2个 DN125 —— 出水口位于上联箱（活动联箱），共2个，分别去活动梁循环回路
- 辅助接口 4个
  - 排气口 2个 DN25，PN40 —— 位于上联箱，用于排气
  - 排污口 2个 DN50，PN25 —— 位于下联箱，用于排污

出口步进装置 8个
- 主要接口 4个
  - 进水口 2个 DN125 —— 进水口位于上联箱（活动联箱），共2个，分别来自活动循坏回路
  - 出水口 2个 DN125 —— 出水口位于下联箱（固定联箱），共2个分别回汽包
- 辅助接口 4个
  - 排气口 2个 DN25，PN40 —— 位于上联箱，用于排气
  - 排污口 2个 DN50，PN25 —— 位于下联箱，用于排污

型号：MXZJ-125/4.0，公称通径125mm，压力4.0MPa

排气口

活动联箱

连接管道
1套

蝶阀，2个

弹簧恒力
吊架，1套

MXTHDJ-500

球体转动
接头，3个

导向装置
1套

630.6RS
FMOUS

防震装置
1套

固定联箱

排污口

进水口

◆ 步进装置总图

246

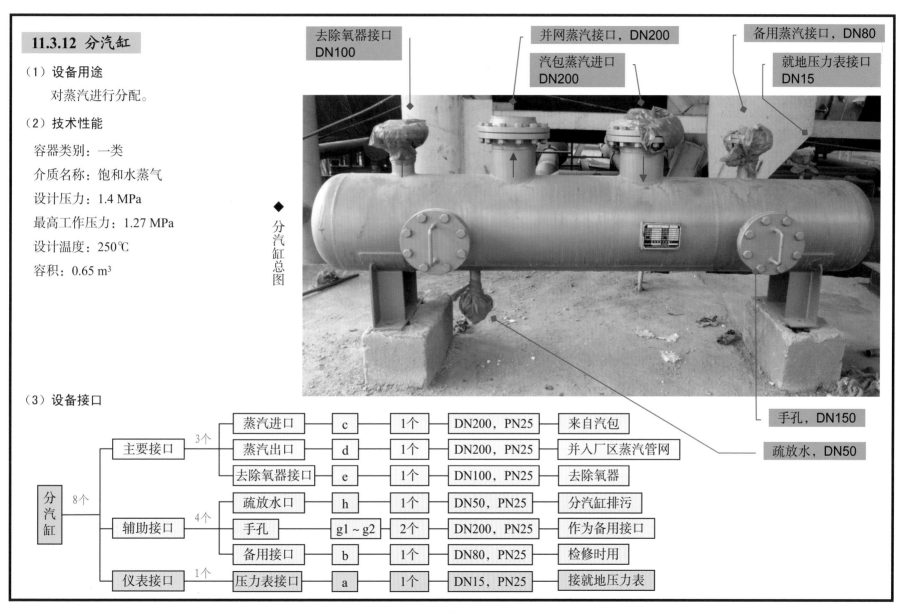

11.3.12 分汽缸

（1）设备用途

对蒸汽进行分配。

（2）技术性能

容器类别：一类

介质名称：饱和水蒸气

设计压力：1.4 MPa

最高工作压力：1.27 MPa

设计温度：250℃

容积：0.65 m³

◆ 分汽缸总图

去除氧器接口 DN100

并网蒸汽接口，DN200

汽包蒸汽进口 DN200

备用蒸汽接口，DN80

就地压力表接口 DN15

手孔，DN150

疏放水，DN50

（3）设备接口

分汽缸 8个	主要接口 3个	蒸汽进口	c	1个	DN200，PN25	来自汽包
		蒸汽出口	d	1个	DN200，PN25	并入厂区蒸汽管网
		去除氧器接口	e	1个	DN100，PN25	去除氧器
	辅助接口 4个	疏放水口	h	1个	DN50，PN25	分汽缸排污
		手孔	g1～g2	2个	DN200，PN25	作为备用接口
		备用接口	b	1个	DN80，PN25	检修时用
	仪表接口 1个	压力表接口	a	1个	DN15，PN25	接就地压力表

11.3.13 磷酸盐加药装置

（1）设备用途

向系统加药，防止管道结垢。

（2）系统组成

数量：1套

加药泵数量：2台

搅拌器数量：1台

溶解箱容积：满足24h用量

加药泵流量：16L/h

加药泵扬程：3.0MPa（表压）

材质：不锈钢

控制方式：全自动/手动

电机功率：3.3kW/台

◆ 磷酸盐加药装置总图

（3）设备接口

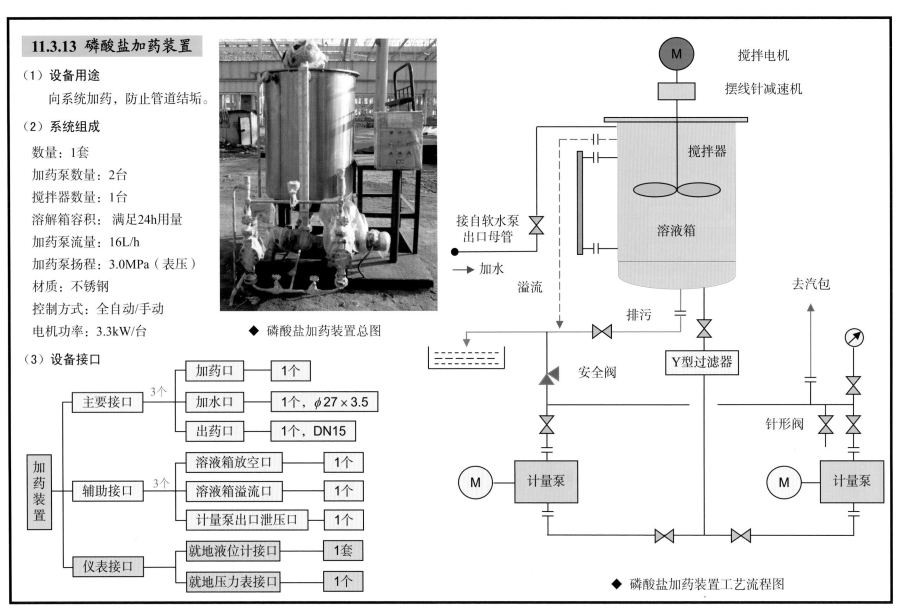

◆ 磷酸盐加药装置工艺流程图

加药口

溶液箱

搅拌器

磁性浮子液位计

控制柜

安全阀

A21W-40P，DN15

压力表

出药口

针型阀

截止阀

泄压口

溢流口

加水口

◆ 磷酸盐加药装置工艺布置图　　　　　　　　◆ 磷酸盐加药装置总图视图（1）

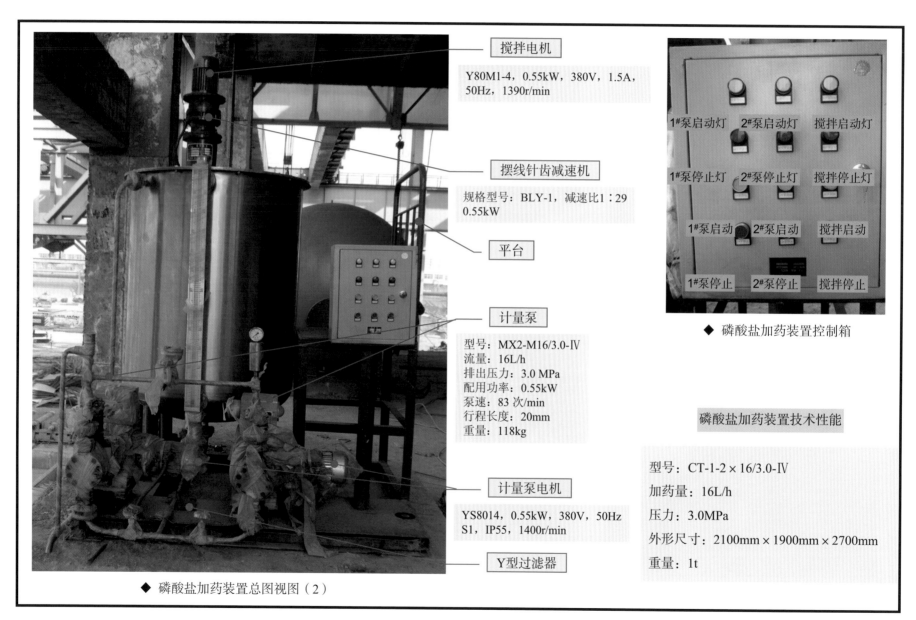

搅拌电机

Y80M1-4，0.55kW，380V，1.5A，
50Hz，1390r/min

摆线针齿减速机

规格型号：BLY-1，减速比1：29
0.55kW

平台

计量泵

型号：MX2-M16/3.0-Ⅳ
流量：16L/h
排出压力：3.0 MPa
配用功率：0.55kW
泵速：83 次/min
行程长度：20mm
重量：118kg

计量泵电机

YS8014，0.55kW，380V，50Hz
S1，IP55，1400r/min

Y型过滤器

◆ 磷酸盐加药装置总图视图（2）

1#泵启动灯　2#泵启动灯　搅拌启动灯

1#泵停止灯　2#泵停止灯　搅拌停止灯

1#泵启动　2#泵启动　搅拌启动

1#泵停止　2#泵停止　搅拌停止

◆ 磷酸盐加药装置控制箱

磷酸盐加药装置技术性能

型号：CT-1-2×16/3.0-Ⅳ

加药量：16L/h

压力：3.0MPa

外形尺寸：2100mm×1900mm×2700mm

重量：1t

11.3.14 取样冷却器

（1）设备用途

　　向系统加药，防止管道结垢。

（2）系统组成

　　形式：铜盘管芯

　　数量：3台，附件：带支架

（3）技术性能

　　规格型号：ϕ219，3只组合

　　工作压力：2.5 MPa

　　工作温度：250 ℃

　　冷却面积：0.38m²/台

（4）设备接口

蒸汽排汽消声器

取样水进口	1个	DN15	分别来自汽包给水、炉水、蒸汽取样
取样水出口	1个	DN15	排至集水箱
冷却水进口	1个	DN25	接自净循环水，用来冷却取样品
冷却水出口	1个	DN25	排至集水箱
总排水接口	1个	DN50	排至室内排水沟

取样水进口，DN15

取样水出口，DN15

接地沟总排水接口

冷却水出口，DN25

冷却水进口，DN25

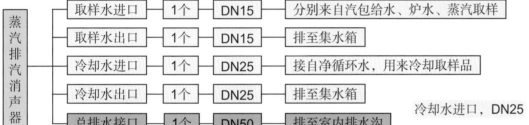

◆ 取样冷却器总图

◆ 取样冷却器总图视图（1）

◆ 取样冷却器总图视图（2）

11.3.15 蒸汽排放消声器

（1）设备用途

消除蒸汽放散时产生的噪声。

（2）系统组成

形式：小孔喷射减压、圆形立式

数量：1台

（3）技术性能

规格：$\phi 1035 \times H1300$

型号：PX-25

介质名称：饱和水蒸汽

工作压力：1.27 MPa

工作温度：195℃

排放流量：25t/h

消声量：≥25dB（A）

结构形式：小孔喷射减压
圆形立式带支座

（4）用途接口

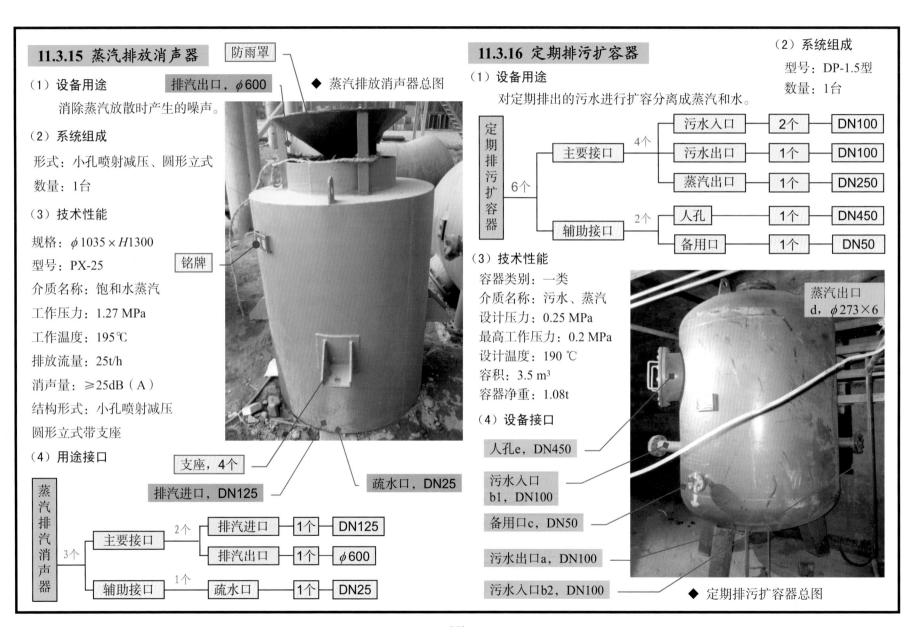

防雨罩

排汽出口，$\phi 600$

◆ 蒸汽排放消声器总图

铭牌

支座，4个

排汽进口，DN125

疏水口，DN25

蒸汽排汽消声器 3个 ┬ 主要接口 2个 ┬ 排汽进口 — 1个 — DN125
└ 排汽出口 — 1个 — $\phi 600$
└ 辅助接口 1个 — 疏水口 — 1个 — DN25

11.3.16 定期排污扩容器

（1）设备用途

对定期排出的污水进行扩容分离成蒸汽和水。

（2）系统组成

型号：DP-1.5型

数量：1台

定期排污扩容器 6个 ┬ 主要接口 4个 ┬ 污水入口 — 2个 — DN100
│ ├ 污水出口 — 1个 — DN100
│ └ 蒸汽出口 — 1个 — DN250
└ 辅助接口 2个 ┬ 人孔 — 1个 — DN450
└ 备用口 — 1个 — DN50

（3）技术性能

容器类别：一类

介质名称：污水、蒸汽

设计压力：0.25 MPa

最高工作压力：0.2 MPa

设计温度：190 ℃

容积：3.5 m³

容器净重：1.08t

（4）设备接口

人孔e，DN450

污水入口
b1，DN100

备用口c，DN50

污水出口a，DN100

污水入口b2，DN100

蒸汽出口
d，$\phi 273 \times 6$

◆ 定期排污扩容器总图

11.3.17 压缩空气储气罐

（1）设备用途

储存气体，稳定气体压力，且保证15min用气量。

（2）系统组成

立式储罐，1台。

（3）技术性能

容器类别：一类

介质名称：压缩空气

设计压力：0.88 MPa

工作压力：0.8 MPa

安全阀启跳压力：0.84 MPa

设计温度：50℃

工作温度：40℃

全容积：6.2 m^3

（4）设备接口

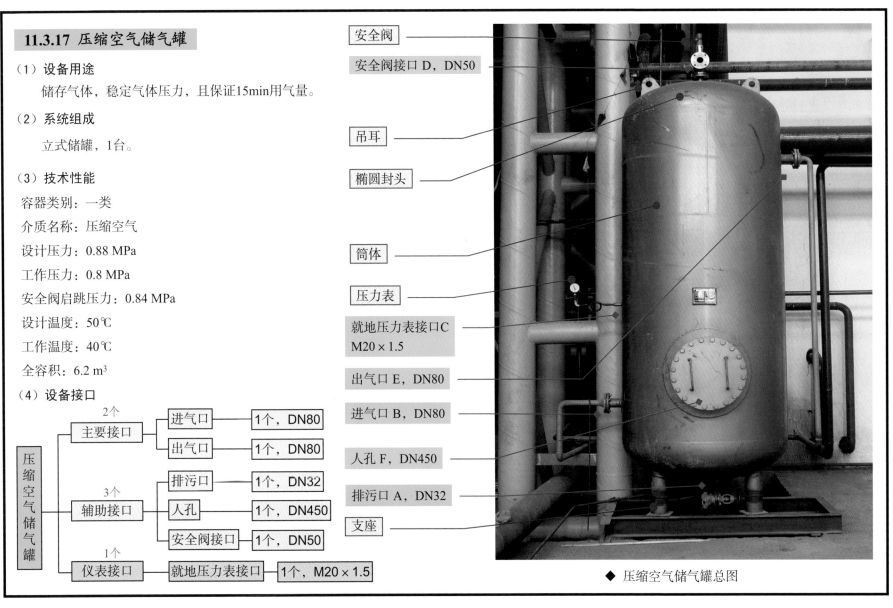

◆ 压缩空气储气罐总图

11.4 汽化冷却系统管路

11.4.1 概述

◆ 汽化冷却系统管路组成

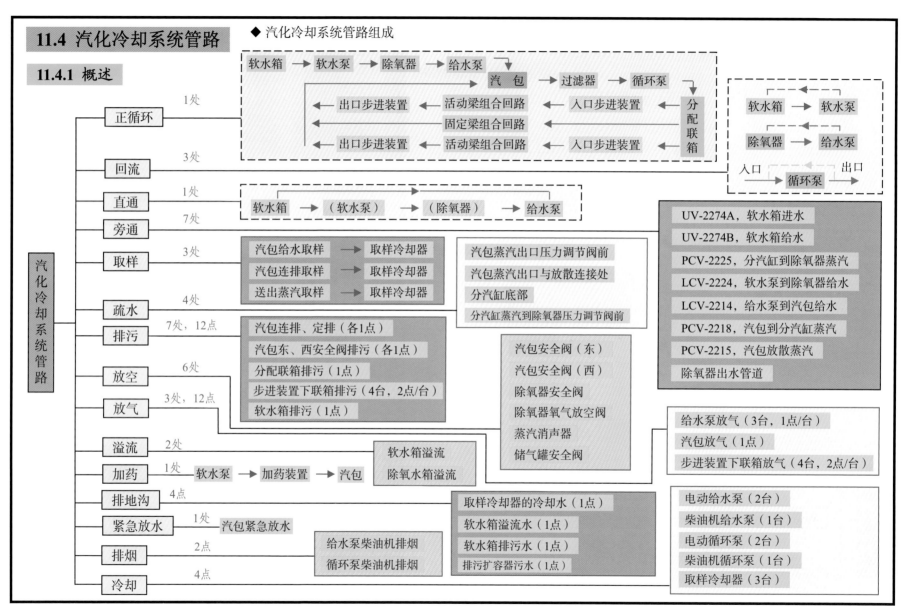

汽化冷却系统管路

- 正循环 —— 1处
- 回流 —— 3处
- 直通 —— 1处
- 旁通 —— 7处
- 取样 —— 3处
- 疏水 —— 4处
- 排污 —— 7处，12点
- 放空 —— 6处
- 放气 —— 3处，12点
- 溢流 —— 2处
- 加药 —— 1处
- 排地沟 —— 4点
- 紧急放水 —— 1处
- 排烟 —— 2点
- 冷却 —— 4点

软水箱 → 软水泵 → 除氧器 → 给水泵 → 汽包 → 过滤器 → 循环泵
出口步进装置 ← 活动梁组合回路 ← 入口步进装置 ← 分配联箱
固定梁组合回路 ← 分配联箱
出口步进装置 ← 活动梁组合回路 ← 入口步进装置 ← 分配联箱

软水箱 → 软水泵
除氧器 → 给水泵
入口 → 循环泵 → 出口

软水箱 → （软水泵） → （除氧器） → 给水泵

取样:
- 汽包给水取样 → 取样冷却器
- 汽包连排取样 → 取样冷却器
- 送出蒸汽取样 → 取样冷却器

疏水:
- 汽包蒸汽出口压力调节阀前
- 汽包蒸汽出口与放散连接处
- 分汽缸底部
- 分汽缸蒸汽到除氧压力调节阀前

排污:
- 汽包连排、定排（各1点）
- 汽包东、西安全阀排污（各1点）
- 分配联箱排污（1点）
- 步进装置下联箱排污（4台，2点/台）
- 软水箱排污（1点）

放空:
- 汽包安全阀（东）
- 汽包安全阀（西）
- 除氧器安全阀
- 除氧器氧气放空阀
- 蒸汽消声器
- 储气罐安全阀

溢流:
- 软水箱溢流
- 除氧水箱溢流

加药: 软水泵 → 加药装置 → 汽包

放气:
- 给水泵放气（3台，1点/台）
- 汽包放气（1点）
- 步进装置下联箱放气（4台，2点/台）

排地沟:
- 取样冷却器的冷却水（1点）
- 软水箱溢流水（1点）
- 软水箱排污水（1点）
- 排污扩容器污水（1点）

紧急放水: 汽包紧急放水

排烟:
- 给水泵柴油机排烟
- 循环泵柴油机排烟

冷却:
- 电动给水泵（2台）
- 柴油机给水泵（1台）
- 电动循环泵（2台）
- 柴油机循环泵（1台）
- 取样冷却器（3台）

UV-2274A，软水箱进水
UV-2274B，软水箱给水
PCV-2225，分汽缸到除氧器蒸汽
LCV-2224，软水泵到除氧器给水
LCV-2214，给水泵到汽包给水
PCV-2218，汽包到分汽缸蒸汽
PCV-2215，汽包放散蒸汽
除氧器出水管道

◆ 汽化冷却泵站管道表

序号	管道编号	管径（mm）	输送介质	工作温度（℃）	管道范围
1	XH-1	$\phi 377 \times 10$	热水	194	从汽包到循环泵下降管
2	XH-2	$\phi 328 \times 8$	热水	194	循环泵入口段下降管
3	XH-3	$\phi 273 \times 7$	热水	194	汽包出口段下降管
4	XH-4	$\phi 377 \times 10$	热水	194	循环泵出口到分配联箱下降段
5	XH-5	$\phi 273 \times 7$	热水	194	循环泵出口再循环管
6	ZX-6	$\phi 133 \times 4$	热水	194	循环泵出口再循环管
7	Z-1	$\phi 219 \times 6$	蒸汽	194	汽包到分汽缸蒸汽管
8	Z-2	$\phi 108 \times 4$	蒸汽	194	分汽缸到除氧器蒸汽管
9	ZP-1	$\phi 133 \times 4$	蒸汽	194	汽包排气管
10	P1	$\phi 45 \times 3$	热水	194	连续排污管道
11	P2	$\phi 57 \times 3$	热水	194	定期排污管道
12	FS	$\phi 57 \times 3$	热水	194	紧急放水管道
13	PW	$\phi 57 \times 3$	热水	194	排污管道
14	G-1	$\phi 108 \times 4$	软水	104	除氧器到给水泵除氧水管道
15	G-2	$\phi 89 \times 4$	软水	104	给水泵入口段除氧水管
16	G-3	$\phi 89 \times 4$	软水	104	给水泵出口段除氧水管
17	G-4	$\phi 108 \times 4$	软水	104	给水泵出口母管到汽包给水管道
18	S8	$\phi 89 \times 4$	软水	20	软水管道
19	S	$\phi 73 \times 3.5$	软水	20	冷却上水管道
20	S	$\phi 57 \times 3$	软水	20	冷却上水管道
21	S	$\phi 45 \times 2.5$	软水	20	冷却上水管道
22	X	$\phi 73 \times 3.5$	软水	20	冷却回水管道
23	X	$\phi 57 \times 3$	软水	20	冷却回水管道
24	ZX	$\phi 57 \times 3$	软水	20	给水再循环管道
25	ZX	$\phi 32 \times 3.5$	软水	20	给水再循环管道

◆ 汽化冷却炉底管道表

序号	管道编号	管道名称	管径	管道范围	输送介质
	XH	下降总管	$\phi 325 \times 8$	从汽包下降管 → 分配联箱入口	热水
1	一回路			从分配联箱一回路出口 → 一二回路出口步进装置下联箱出口后与二回路回合处	热水
	XH1	第一回路下降管	$\phi 133 \times 5$	从分配联箱一回路出口 → 第一活动梁双立柱入口	热水
	LD1	第一回路炉底管	$\phi 133 \times 5$	从第一活动梁双立柱出口 → 最末活动梁双立柱入口	热水
	SH1	第一回路上升管	$\phi 133 \times 6$	从最末活动梁双立柱出口 → 一二回路出口步进装置下联箱出口后与二回路回合处	热水
2	二回路			从分配联箱二回路出口 → 一二回路出口步进装置下联箱出口后与一回路回合处	热水
	XH2	第二回路下降管	$\phi 133 \times 5$	从分配联箱二回路出口 → 第一活动梁双立柱入口	热水
	LD2	第二回路炉底管	$\phi 133 \times 5$	从第一活动梁双立柱出口 → 最末活动梁双立柱入口	热水
	SH2	第二回路上升管	$\phi 133 \times 6$	从最末活动梁双立柱出口 → 一二回路出口步进装置下联箱出口后与一回路回合处	热水
	SH1-2	第一二回路上升集管	$\phi 219 \times 6$	从一二回路汇合处 → 汽包入口	热水
3	三回路			从分配联箱三回路出口 → 三四回路出口步进装置下联箱出口后与四回路汇合处	热水
	XH3	第三回路下降管	$\phi 133 \times 5$	从分配联箱三回路出口 → 第一固定梁双立柱入口	热水
	LD3	第三回路炉底管	$\phi 133 \times 5$	从第一固定梁双立柱出口 → 最末活固定梁双立柱入口	热水
	SH3	第三回路上升管	$\phi 159 \times 6$	从最末固定梁双立柱出口 → 三四回路出口步进装置下联箱出口后与四回路汇合处	热水
4	四回路			从分配联箱四回路出口 → 三四回路出口步进装置下联箱出口后与三回路汇合处	热水
	XH4	第四回路下降管	$\phi 133 \times 5$	从分配联箱四回路出口 → 第一固定梁双立柱入口	热水
	LD4	第四回路炉底管	$\phi 133 \times 5$	从第一固定梁双立柱出口 → 最末固定梁双立柱入口	热水
	SH4	第四回路上升管	$\phi 159 \times 6$	从最末固定梁双立柱出口 → 三四回路出口步进装置下联箱出口后与三回路汇合处	热水
	SH3-4	第三四回路上升集管	$\phi 219 \times 6$	从三四回路汇合处 → 汽包入口	热水
5	五回路			从分配联箱五回路出口 → 五六回路出口步进装置下联箱出口后与六回路汇合处	热水
	XH5	第五回路下降管	$\phi 133 \times 5$	从分配联箱五回路出口 → 第一固定梁双立柱入口	热水
	LD5	第五回路炉底管	$\phi 133 \times 5$	从第一固定梁双立柱出口 → 最末活固定梁双立柱入口	热水
	SH5	第五回路上升管	$\phi 159 \times 6$	从最末固定梁双立柱出口 → 五六回路出口步进装置下联箱出口后与六回路汇合处	热水

序号	管道编号	管道名称	管径	管道范围	输送介质
6	六回路			从分配联箱六回路出口 → 五六回路出口步进装置下联箱出口后与五回路汇合处	热水
	XH6	第六回路下降管	$\phi 133 \times 5$	从分配联箱六回路出口 → 第一固定梁双立柱入口	热水
	LD6	第六回路炉底管	$\phi 133 \times 5$	从第一固定梁双立柱出口 → 最末固定梁双立柱入口	热水
	SH6	第六回路上升管	$\phi 159 \times 6$	从最末固定梁双立柱出口 → 五六回路出口步进装置下联箱出口后与五回路汇合处	热水
	SH5-6	第五六回路上升集管	$\phi 219 \times 6$	从五六回路汇合处 → 汽包入口	热水
7	七回路			从分配联箱七回路出口 → 七八回路出口步进装置下联箱出口后与八回路回合处	热水
	XH7	第七回路下降管	$\phi 133 \times 5$	从分配联箱七回路出口 → 第一活动梁双立柱入口	热水
	LD7	第七回路炉底管	$\phi 133 \times 5$	从第七活动梁双立柱出口 → 最末活动梁双立柱入口	热水
	SH7	第七回路上升管	$\phi 133 \times 6$	从最末活动梁双立柱出口 → 七八回路出口步进装置下联箱出口后与八回路回合处	热水
8	八回路			从分配联箱八回路出口 → 七八回路出口步进装置下联箱出口后与七回路回合处	热水
	XH8	第八回路下降管	$\phi 133 \times 5$	从分配联箱八回路出口 → 第一活动梁双立柱入口	热水
	LD8	第八回路炉底管	$\phi 133 \times 5$	从第一活动梁双立柱出口 → 最末活动梁双立柱入口	热水
	SH8	第八回路上升管	$\phi 133 \times 6$	从最末活动梁双立柱出口 → 七八回路出口步进装置下联箱出口后与七回路回合处	热水
	SH7-8	第七八回路上升集管	$\phi 219 \times 6$	从七八回路汇合处 → 汽包入口	热水

◆ 汽化冷却系统循环分类

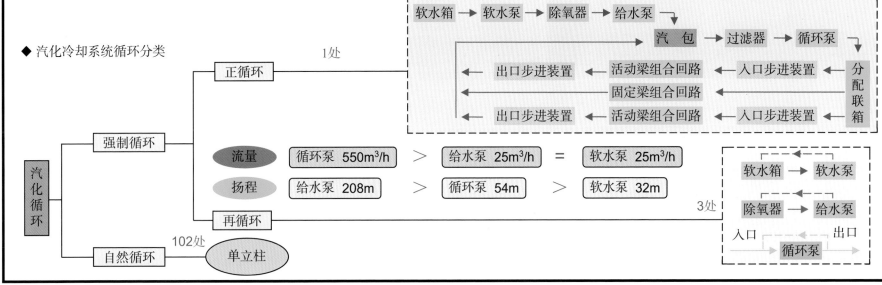

11.4.2 软水箱配管

汽化设备冷却
给水总管
压力检测
【压力变送器】

汽化设备冷却
给水总管
压力检测
【耐震压力表】

汽化设备
冷却回水

软水旁通

◆ 软水箱配管视图（1）

J41H-16C，DN125

汽化设备冷却
给水总管
温度检测
【充氮式温度计】

UV-2274B
气动高性能切断蝶阀
HL421231-125C
DN125

J41H-16C，DN80

UV-2274A
气动高性能切断蝶阀
HL421231-125C，DN125

截止阀，4个
J41H-16C，DN80

软水直通

止回阀
H44H-16C，DN80

去汽化设备冷却

外网净环水

再循环管
来自软水泵
回到软水箱

净环回水

净环给水

软水出口
去软水泵

压缩空气

软水给水
去给水泵

软水泵出口
去除氧器

软水给水
去给水泵

软水泵再循环管
来自软水泵
回到软水箱

压缩空气

软水出口
去软水泵

净环给水

◆ 软水箱配管视图（4）　　　　　　　◆ 软水箱配管视图（5）

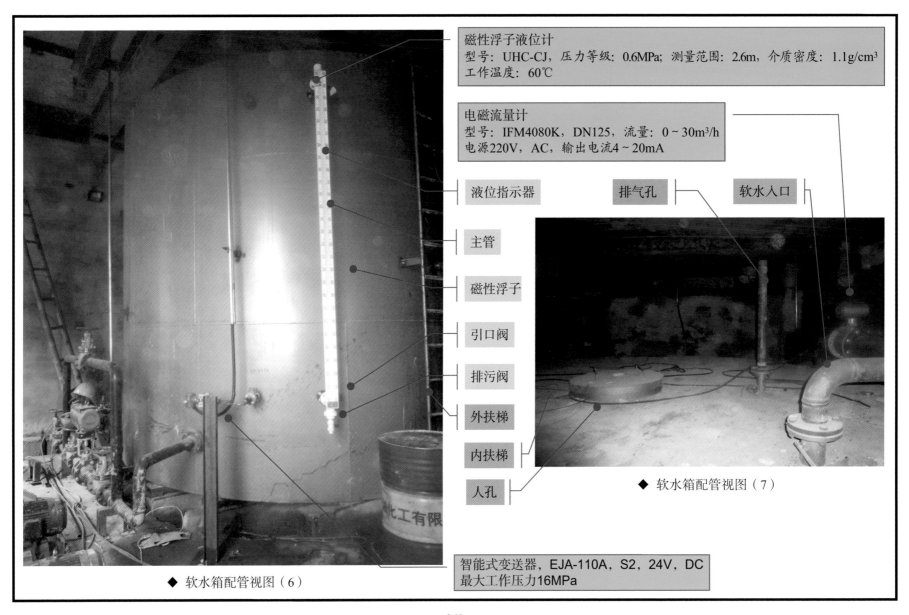

磁性浮子液位计
型号：UHC-CJ，压力等级：0.6MPa；测量范围：2.6m，介质密度：1.1g/cm³
工作温度：60℃

电磁流量计
型号：IFM4080K，DN125，流量：0～30m³/h
电源220V，AC，输出电流4～20mA

液位指示器

排气孔

软水入口

主管

磁性浮子

引口阀

排污阀

外扶梯

内扶梯

人孔

◆ 软水箱配管视图（7）

◆ 软水箱配管视图（6）

智能式变送器，EJA-110A，S2，24V，DC
最大工作压力16MPa

11.4.3 软水泵配管

截止阀：J41H-16C，DN50

止回阀：H44H-16C，DN50

软水泵出口
去除氧器

软水泵出口
压力检测
【就地压力表】
0～3MPa

截止阀
J41H-16C，DN50

软水泵再循环管
回软水箱

软水泵入口
来自软水箱

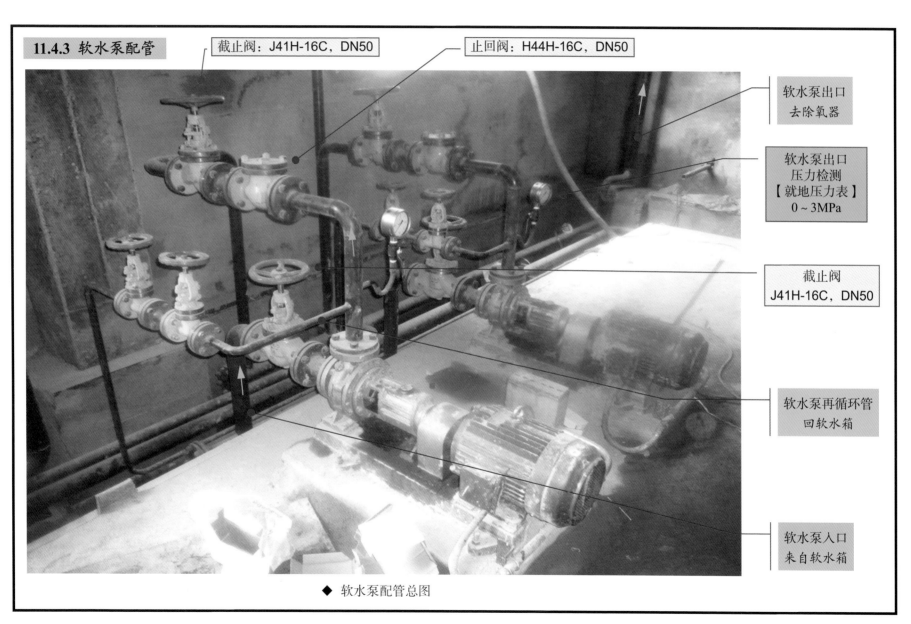

◆ 软水泵配管总图

11.4.4 除氧器配管

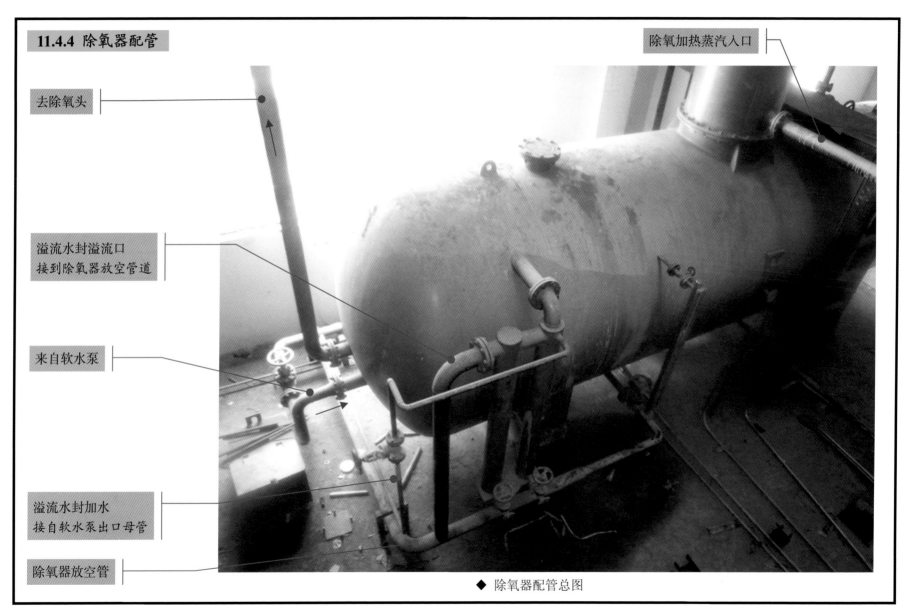

除氧加热蒸汽入口

去除氧头

溢流水封溢流口
接到除氧器放空管道

来自软水泵

溢流水封加水
接自软水泵出口母管

除氧器放空管

◆ 除氧器配管总图

11.4.5 给水泵配管

截止阀
J41H-16C，DN125

止回阀
H41H-16C，DN125

示流器

冷却回水

冷却给水

给水泵出口（远离电机侧）

给水泵再循环（回除氧器）

给水泵入口（靠近电机侧）

◆ 给水泵配管总图

11.4.6 汽包配管

汽包上升管

汽包蒸汽送出

汽包安全阀排放

汽包蒸汽放散

汽包给水

汽包就地压力表

汽包压力远传

◆ 汽包配管总图

11.4.7 循环泵配管

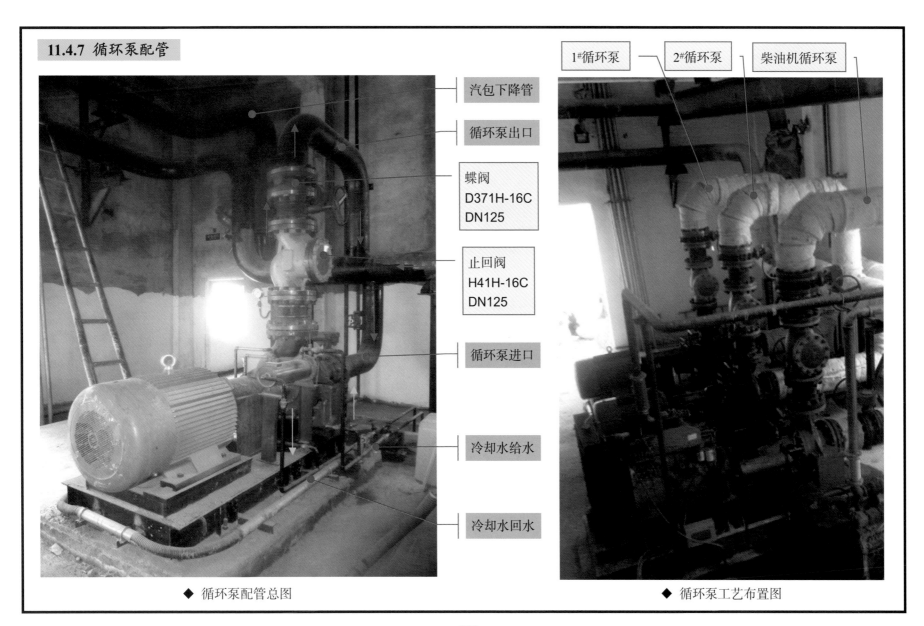

汽包下降管

循环泵出口

蝶阀
D371H-16C
DN125

止回阀
H41H-16C
DN125

循环泵进口

冷却水给水

冷却水回水

1#循环泵

2#循环泵

柴油机循环泵

◆ 循环泵配管总图

◆ 循环泵工艺布置图

11.4.8 分配联箱配管

XH8　XH7　XH6　XH5　XH4　XH3　XH2　XH1

进水

8　7　6　5　4　3　2　1

截止阀：J41H-16C，DN125

蝶阀：D371H-16C，DN125

◆ 分配联箱配管总图

11.4.9 分汽缸配管

蒸汽并网

去除氧器

旁通

汽包送出蒸汽

◆ 分汽缸配管总图

11.4.10 磷酸盐加药装置配管

出药口
去汽包

加水口
接自软水泵出口母管

◆ 磷酸盐加药装置配管总图

汽包连排取样

汽包给水取样

汽包送出蒸汽取样

◆ 取样冷却器配管总图

汽包连排取样

◆ 汽包连排取样视图

◆ 定期排污扩容器配管总图（1）

汽包连排取样

◆ 汽包给水取样视图

汽包送出蒸汽到分汽缸调节阀前取样

◆ 汽包送出蒸汽到分汽缸调节阀前取样

污水入口2

污水入口1

污水出口

◆ 定期排污扩容器配管总图（2）

11.4.13 特殊中间管路——旁通

UV-2274A

软水箱软水进水液位控制阀

UV-2274B

软水箱与给水泵进口母管控制阀

PCV-2225

除氧器进口蒸汽压力调节阀

PCV-2218

汽包送出蒸汽压力调节阀

LCV-2224

除氧器液位调节阀

LCV-2214

汽包给水流量调节阀

PCV-2215

汽包放散蒸汽压力调节阀

· 269 ·

11.4.14 特殊中间管路—疏水

◆ 蒸汽管路疏水点（1）

汽包送出蒸汽
压力调节阀前

◆ 蒸汽管路疏水点（3）

汽包送出蒸汽
与放散连接处

◆ 蒸汽管路疏水点（2）

分汽缸
底部疏放水

◆ 蒸汽管路疏水点（4）

分汽缸蒸汽
到除氧器

11.5 汽化冷却系统仪表检测

11.5.1 概述

TE－1023A

附加号：a~z，A~Z

A：分析
B：烧嘴
C：控制
d：差
E：检测元件
F：流量
H：手动
I：指示
L：物位
P：压力
Q：累积
T：温度，传递
U：多变量，多功能
V：阀、风门、百叶窗
Z：驱动、执行器

仪表功能

AI： 分析指示
AT： 分析变送
FCV： 流量控制阀
FE： 流量检测
FQ： 流量累积
FS： 流量开关
FT： 流量变送
LCV： 液位控制阀
LS： 物位开关
LT： 液位变送
PCV： 压力控制阀
PdT： 压力差变送
PE： 压力检测
PI： 压力指示
PS： 压力开关
PT： 压力变送
TCV： 温度控制阀
TE： 温度检测
TI： 温度指示
TS： 温度开关
UV： 切断

1： 加热炉
2： 汽化冷却
3 ~ 9： 预留

21： 汽包
22： 除氧器
23： 过热器
24： 热水循环泵入口
25： 热水循环泵出口
26： 软水泵
27： 软水箱
28： 循环流量
29： 分汽缸
30： 电动给水泵
31： 工业水
32： 回路循环
33： 循环回路节流孔板前
34： 循环回路节流孔板后
35： 回路上升管
36： 氮气
37： 加药溶解罐
38： 炉底水梁立柱

00： 公用及其他
01： 上预热段
02： 下预热段
03： 上加热段
04： 下加热段
05： 上均热段
06： 下均热段
07： 热回收段及入炉段
08： 烟道闸板
09： 混合煤气总管
10： 助燃空气总管
11： 空气预热器前
12： 空气预热器后
13： 煤气预热器后
14： 净环水系统
15： 浊环水系统
16： 仪表气源管路
17： 稀释风机
18： 1号助燃风机
19： 2号助燃风机
20： 3号助燃风机

0： 其他
1： 混合煤气
2： 助燃空气
3： 炉温
4： 水
5： 蒸汽
6： 软水
7： 排污
8： 预留
9： 预留

设备代号

216*： 仪表气源管路
221*： 汽包
222*： 除氧器
225*： 循环泵出口
226*： 软水泵
227*： 软水箱
230*： 电动给水泵
231*： 净环水
232*： 循环回路

2168： 汽化冷却仪表气源管路
2214： 汽包水
2215： 汽包蒸汽
2218： 汽包

2224： 除氧器水
2225： 除氧器蒸汽
2254： 循环泵出口水
2264： 软水泵水

2274： 软水箱软水
2304： 给水泵水
2314： 净环水
2318： 安全水补水
2324： 循环回路水

◆ 汽化冷却系统仪表检测位号编制

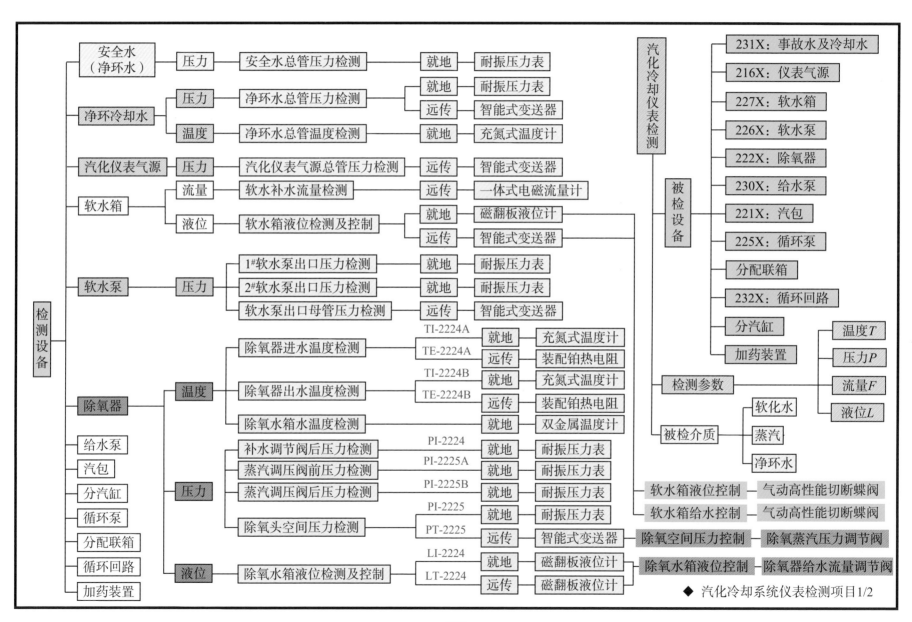

◆ 汽化冷却系统仪表检测项目1/2

272

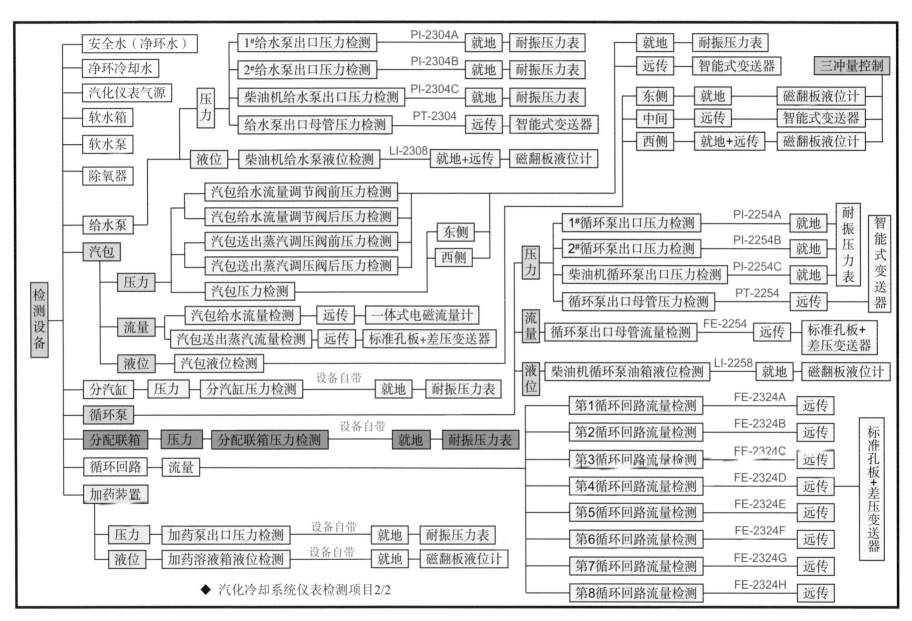

◆ 汽化冷却系统仪表检测项目2/2

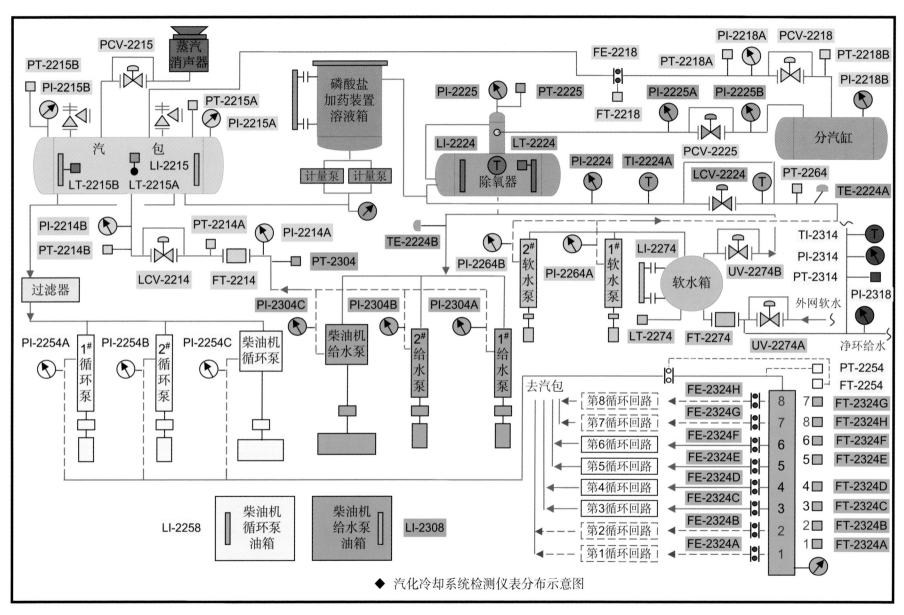

◆ 汽化冷却系统检测仪表分布示意图

11.5.2 事故水及冷却水仪表检测　◆ 汽化冷却系统检测仪表现场分布—【事故水及冷却水】（231*）

PI-2318，安全水补水总管压力检测

就地，耐振压力表，0～1.0MPa

PT-2314，净环冷却水总管压力检测

远传，压力变送器，0～1.0MPa

PI-2314，净环冷却水总管压力检测

就地，耐振压力表，0～1.0MPa

TI-2314，净环冷却水总管温度检测

就地，充氮式温度计，0～100℃

11.5.3 汽化仪表气源仪表检测　◆ 汽化冷却系统检测仪表现场分布—【汽化仪表气源】（216*）

远传，压力变送器，0～1.0MPa

PT-2168
汽化冷却仪表气源总管压力检测

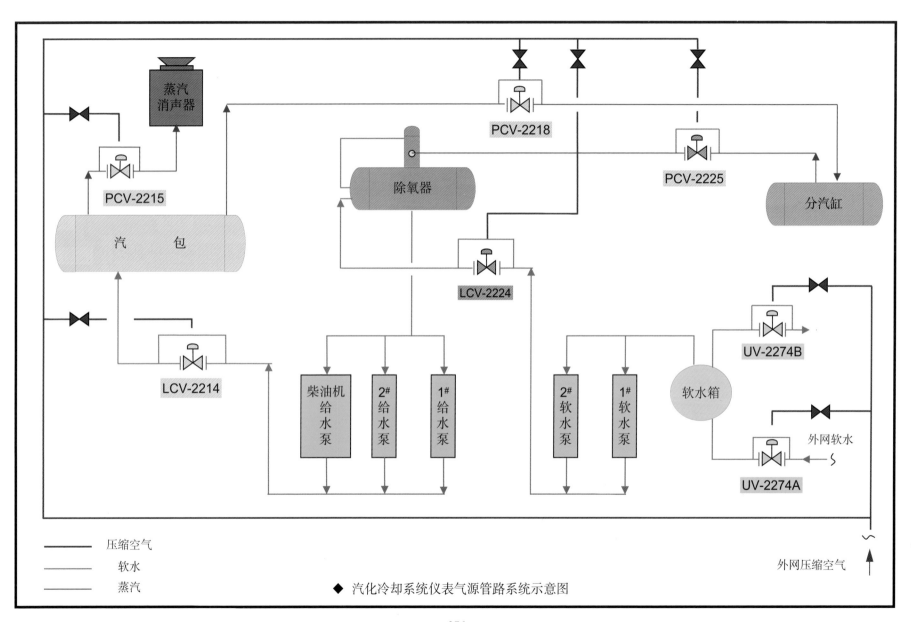

◆ 汽化冷却系统仪表气源管路系统示意图

UV-2274A

软水箱软水进水液位控制阀

UV-2274B

软水箱与给水泵进口母管控制阀

PCV-2225

除氧器进口蒸汽压力调节阀

PCV-2218

汽包送出蒸汽压力调节阀

LCV-2224

除氧器液位调节阀

LCV-2214

汽包给水流量调节阀

PCV-2215

汽包放散蒸汽压力调节阀

◆ 汽化冷却系统仪表气源用户

UV-2274A
软水箱软水进水液位控制

气动高性能切断蝶阀，ON-OFF

FT-2274，软水补水流量检测

一体式电磁流量计，0～30t/h

LI-2274，软水箱液位检测

就地，磁翻板液位计，0～2.6m

LT-2274，软水箱液位检测

远传，差压变送器，-1300～+1300mm

UV-2274B，软水箱与给水泵
进口母管气动阀

气动高性能切断蝶阀，ON-OFF

11.5.5 软水泵仪表检测

◆ 汽化冷却系统检测仪表现场分布—【软水泵】（226*）

PI-2264A
1#软水泵出口
压力检测

就地，耐振压力表
0～1.0MPa

PI-2264B
2#软水泵出口
压力检测

就地，耐振压力表
0～1.0MPa

软水泵出口母管温度检测

就地，充氮式温度计
0～150℃

PT-2264，软水泵
出口母管压力检测

远传，压力变送器
0～1.0MPa

11.5.6 除氧器仪表检测

◆ 汽化冷却系统检测仪表现场分布—【除氧器】（222*）

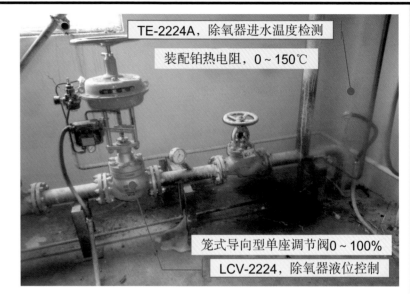

TE-2224A，除氧器进水温度检测

装配铂热电阻，0～150℃

笼式导向型单座调节阀0～100%

LCV-2224，除氧器液位控制

TE-2224B
除氧器出水温度检测

装配铂热电阻，0～150℃

TI-2224A
除氧器进水温度检测

就地，充氮式温度计，0～150℃

就地，耐振压力表
0～3.0MPa

PI-2224，除氧器
补水阀后压力检测

PT-2225，除氧头蒸汽空间压力检测　远传，压力变送器，0~1.0MPa

PI-2225，除氧头蒸汽空间压力检测　就地，耐振压力表，0~1.0MPa

PI-2225A，除氧蒸汽压力调节阀前压力检测

就地，耐振压力表，0~3.0MPa

多级降压笼式导向型单座调节阀

PCV-2225，除氧蒸汽压力调节

PI-2225A，除氧蒸汽压力调节阀前压力检测

就地，耐振压力表，0~3.0MPa

LT-2225，除氧水箱液位检测　远传，磁翻板液位计，-400~+400mm

PT-2225，除氧水箱温度检测　就地，双金属温度计，0~150℃

LI-2225，除氧水箱液位检测　就地，磁翻板液位计，0~1.2m

11.5.7 给水泵仪表检测

◆ 汽化冷却系统检测仪表现场分布—【给水泵】（230*）

| PI-2304B，2#给水泵出口压力检测 |
| 就地，耐振压力表，0～3.0MPa |
| PI-2304A，1#给水泵出口压力检测 |
| 就地，耐振压力表，0～3.0MPa |
| PI-2304C，柴油机给水泵出口压力检测 |
| 就地，耐振压力表，0～3.0MPa |
| PT-2304，给水泵出口母管压力检测 |
| 远传，压力变送器，0～4.0MPa |
| LI-2308，柴油机给水泵油箱液位检测 |
| 就地+远传，磁翻板液位计，0～0.6m |

11.5.8 汽包仪表检测

◆ 汽化冷却系统检测仪表现场分布—【汽包】（221*）

| PT-2214A，汽包给水调节阀前压力检测 | 远传，压力变送器，0~3.0MPa |

| FT-2214，汽包给水流量检测 | 一体式电磁流量计，0~30t/h |

| PI-2214A，汽包给水调节阀前压力检测 | 就地，耐振压力表，0~3.0MPa |

| PT-2214A，汽包给水调节阀后压力检测 | 远传，压力变送器，0~3.0MPa |

| PI-2214A，汽包给水调节阀前压力检测 | 就地，耐振压力表，0~3.0MPa |

| LCV-2214，汽包给水流量调节阀 | 气动笼式导向型单座调节阀，0~100% |

FT-2218，汽包送出蒸汽流量检测

流量变送器，0～30t/h

PI-2218A，汽包送出蒸汽
压力调节阀前压力检测

就地，耐振压力表，0～3.0MPa

PT-2218A，汽包送出蒸汽
压力调节阀前压力检测

压力变送器，0～3.0MPa

FE-2218，汽包送出蒸汽流量检测

节流孔板

汽包事故放水阀

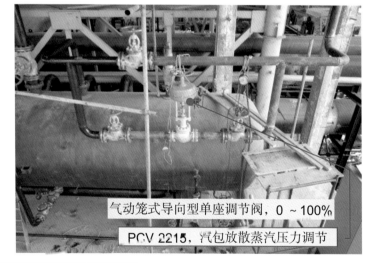

气动笼式导向型单座调节阀，0～100%

PCV 2215，汽包放散蒸汽压力调节

PCV-2218，汽包送出蒸汽压力调节　　气动笼式导向型单座调节阀，0～100%

就地，耐振压力表，0～3.0MPa

PI-2218B，汽包送出蒸汽压力调节阀后压力检测

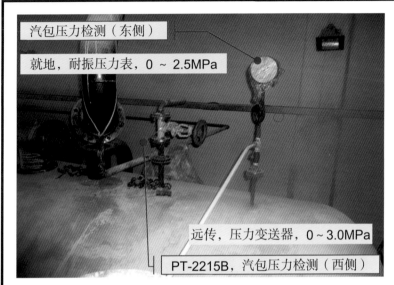

汽包压力检测（东侧）

就地，耐振压力表，0 ～ 2.5MPa

远传，压力变送器，0 ～ 3.0MPa

PT-2215B，汽包压力检测（西侧）

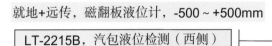

就地+远传，磁翻板液位计，-500 ～ +500mm

LT-2215B，汽包液位检测（西侧）

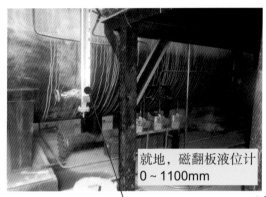

就地，磁翻板液位计
0 ～ 1100mm

LI-2215，汽包液位检测（东侧）

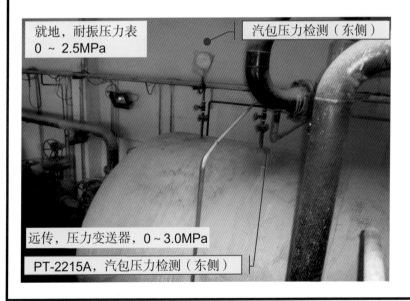

就地，耐振压力表
0 ～ 2.5MPa

汽包压力检测（东侧）

远传，压力变送器，0 ～ 3.0MPa

PT-2215A，汽包压力检测（东侧）

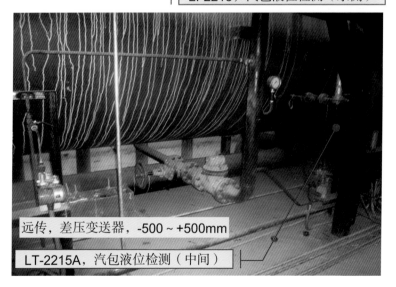

远传，差压变送器，-500 ～ +500mm

LT-2215A，汽包液位检测（中间）

11.5.9 分汽缸仪表检测

◆ 汽化冷却系统检测仪表现场分布—【分汽缸】

PI-2218B
分汽缸
蒸汽压力检测

就地，耐振压力表

0～2.5MPa

11.5.10 循环泵仪表检测

◆ 汽化冷却系统检测仪表现场分布—【循环泵】（225*）

FE-2254，循环出水母管流量检测

LI-2258，柴油机循环泵油箱液位检测

就地+远传，磁翻板液位计，0～0.6m

压力变送器，0～3.0MPa

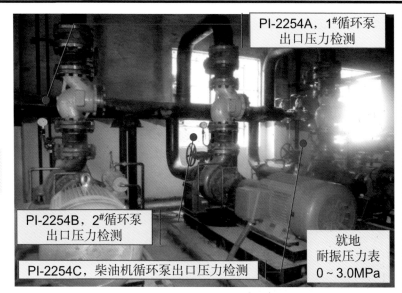

PI-2254A，1#循环泵
出口压力检测

PI-2254B，2#循环泵
出口压力检测

就地
耐振压力表
0～3.0MPa

PI-2254C，柴油机循环泵出口压力检测

FT-2254，循环出水母管流量检测

节流孔板

远传，压力变送器，0～3.0MPa

PT-2254，循环泵出口母管压力检测

11.5.11 分配联箱仪表检测

◆ 汽化冷却系统检测仪表现场分布—【分配联箱】

就地，耐振压力表，0~4.0MPa

| 分配联箱蒸汽压力检测 |

就地，磁翻板液位计，0~1.2m

| 磷酸盐加药装置溶液箱液位检测 |

就地，压力表，0~2.5MPa

| 磷酸盐加药装置计量泵出口压力检测 |

11.5.12 磷酸盐加药装置仪表检测

◆ 汽化冷却系统检测仪表现场分布—【磷酸盐加药装置】

11.5.13 循环回路仪表检测

◆ 汽化冷却系统检测仪表现场分布—【循环回路】（232*）

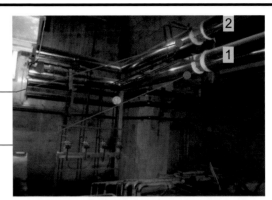

节流孔板

FE-2324G，第2循环回路水流量检测

节流孔板

FE-2324H，第1循环回路水流量检测

节流孔板

FE-2324C，第6循环回路水流量检测

节流孔板

FE-2324D，第5循环回路水流量检测

节流孔板

FE-2324E，第4循环回路水流量检测

节流孔板

FE-2324F，第3循环回路水流量检测

节流孔板

FE-2324B，第7循环回路水流量检测

节流孔板

FE-2324A，第8循环回路水流量检测

11.6 汽化冷却系统仪表设备

11.6.1 温度检测仪表

◆ 充氮式温度计

◆ 双金属温度计

◆ 热电阻

◆ 节流孔板

11.6.2 压力检测仪表

◆ 压力变送器

◆ 耐振压力表

◆ 一体式电磁流量计

◆ 节流孔板

◆ 汽包给水流量检测—FE-2214

技术性能
型号：IFM4080K
规格：DN100-PTFE-MO
量程：0～30t/h，压力：4.0MPa
位号：FT-2214
工艺管道：$\phi 133 \times 4$，DN100
电源：220V，AC，输出信号：4～20mA

11.6.3 流量检测仪表

◆ 一体式电磁流量计

◆ 软水箱补水流量检测—FE-2274

技术性能
型号：IFM4080K
规格：DN125-NEOP-MO
量程：0～30t/h
压力：1.6MPa
位号：FT-2274
工艺管道：$\phi 133 \times 4$，DN125
电源：220V，AC
输出信号：4～20mA

11.6.4 液位检测仪表

软水箱液位计（就地）

差压变送器

汽包（中）差压变送器

汽包液位计（东）（就地）

汽包液位计（西）（就地+远传）

柴油机给水泵油箱液位计（就地）

柴油机循环泵油箱液位计（就地）

加药装置液位计（就地）

除氧器液位计（西）（就地）

除氧器液位计（东）（就地+远传）

（1）液位检测仪表—【软水箱】

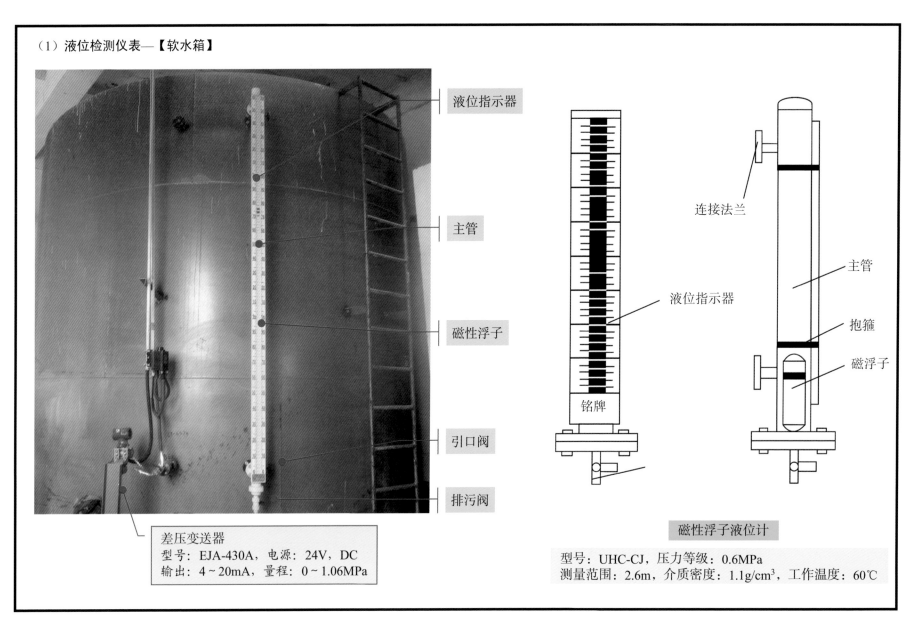

液位指示器

主管

磁性浮子

引口阀

排污阀

差压变送器
型号：EJA-430A，电源：24V，DC
输出：4~20mA，量程：0~1.06MPa

连接法兰

主管

抱箍

磁浮子

液位指示器

铭牌

磁性浮子液位计

型号：UHC-CJ，压力等级：0.6MPa
测量范围：2.6m，介质密度：1.1g/cm³，工作温度：60℃

（2）液位检测仪表—【除氧器】

就地

就地+远传

电远传磁翻柱液位计
型号：UHZ-517C11
输出信号：4～20mA，压力等级：0～1.0MPa
测量范围：800mm，介质密度：1.0g/cm³，工作温度：80℃

磁性浮子液位计（就地）
型号：UHC-CJ，压力等级：0～1.0MPa
测量范围：1.2m，介质密度：1.0g/cm³
工作温度：150℃

磁性浮子液位计（就地）

磁性浮子液位计（就地+远传）

（3）液位检测仪表—【汽包】

磁性浮子液位计（就地）
型号：UFZ-52
压力等级：0~1.4MPa
测量范围：1.1m
介质密度：0.98g/cm³
工作温度：220℃

差压变送器
型号：EJA-110A
电源：24V，DC
输出：4~20mA
量程：-500~+500mm

电远传磁翻柱液位计
型号：NBK-06-F20-RK-W-F-1-M
输出信号：4~20mA
压力等级：0~4.0MPa
测量范围：1100mm
介质密度：1.0g/cm³
工作温度：400℃

双室平衡容器

TK-307

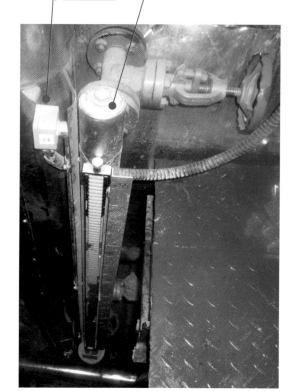

磁性浮子液位计（就地）　　　　　差压变送器　　　　　　KOBOLD NBK标准型磁翻板液位计

（4）液位检测仪表—【柴油机水泵油箱】

应急柴油机循环泵机组燃油箱

应急柴油机给水泵机组燃油箱

（5）液位检测仪表—【磷酸盐加药装置溶液箱】

磷酸盐加药装置总图

UHZ系列磁浮子翻板液位计
型号：UHZ-52，工作压力：2.5MPa
长度：600mm，介质密度：0.75
工作温度：≤100℃

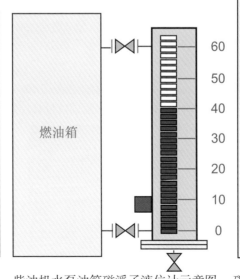
燃油箱

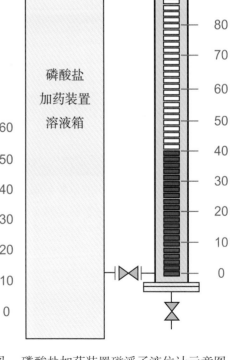
磷酸盐
加药装置
溶液箱

柴油机水泵油箱视图（1）　　　　柴油机水泵油箱视图（2）　　　　柴油机水泵油箱磁浮子液位计示意图　　磷酸盐加药装置磁浮子液位计示意图

11.6.5 调节阀及切断阀

序号	位号	名称	规格型号	公称通径	公称压力（MPa）	输入信号	流量特性	流量系数	数量	使用部位
1	UV-2274A	气动高性能切断蝶阀	HL421231-125C	125	ANSI150#			760	1	软水箱液位控制
2	UV-2274B	气动高性能切断蝶阀	HL421231-125C	125	ANSI150#			760	1	软水箱到除氧器的给水控制
3	LCV-2224	笼式导向型单座调节阀	HL12241G-80C	80	1.6	4～20mA	%	44	1	除氧器液位控制
4	LCV-2214	笼式导向型单座调节阀	HL12241G-80C	80	4.0	4～20mA	%	68	1	汽包液位控制
5	PCV-2218	笼式导向型单座调节阀	HL12241G-150C	150	4.0	4～20mA	%	420	1	汽包送出蒸汽压力调节
6	PCV-2215	笼式导向型单座调节阀	HL12241G-100C	100	4.0	4～20mA	%	220	1	汽包放散蒸汽压力控制
7	PCV-2225	多级降压笼式导向型单座调节阀	HL12241K-80C	80	4.0	4～20mA	L	32	1	除氧蒸汽压力调节
8		电动闸阀	Z941H-25，DN50	50	2.5				1	汽包紧急放水阀

UV-2274A
◆ 软水箱软水进水液位控制阀

UV-2274B
◆ 软水箱与给水泵进口母管控制阀

LCV-2224
◆ 除氧器液位调节阀

LCV-2214
◆ 汽包给水流量调节阀

PCV-2218
◆ 汽包送出蒸汽压力调节阀

PCV-2215
◆ 汽包放散蒸汽压力调节阀

PCV-2225
◆ 除氧蒸汽压力调节阀

电动闸阀
◆ 汽包紧急放水阀

（1）软水箱液位控制阀

工艺参数

名称：气动高性能切断蝶阀

型号：HL421231-125C

位号：UV-2274A

工艺管道：$\phi 133 \times 4$，DN125

介质：软水，介质温度：30℃

阀体部分规格

型号：HL421231

公称通径：DN125

流量特性：开关

行程：90°

量程：ON/OFF

驱动部分规格

执行器型号：SDAC1200S（高温型≤90℃）

执行机构形式：气动单作用，信号增加，阀开，带弹簧复位。

动作形式：气开式

附件规格

电磁阀：ASCO3/2，板式单腔，220AC

过滤减压器：750-069

限位开关：APL310

软水箱液位控制阀视图

气源进口

过滤减压器（带压力表）

位置开关

气动执行器

电磁阀（220V，AC）

手轮机构

（2）软水给水控制阀

软水给水控制阀（UV-2274B）

软水给水控制阀视图（1）

软水给水控制阀视图（2）

软水箱液位控制阀总图

软水箱液位控制阀（UV-2274A）

工艺参数

名称：气动高性能切断蝶阀

型号：HL421231-125C

位号：UV-2274B

工艺管道：$\phi 133 \times 4$，DN125

介质：软水

介质温度：30℃

阀体部分规格

型号：HL421231

公称通径：DN125

流量特性：开关

行程：90°

量程：ON/OFF

驱动部分规格

执行器型号：SDAC1200S（高温型≤90℃）

执行机构形式：气动单作用信号增加，阀开，带弹簧复位

动作形式：气开式

附件规格

电磁阀：ASCO3/2，板式单腔220AC

过滤减压器：750-069

限位开关：APL310

（3）除氧器液位调节阀　◆ 气动薄膜式套筒导向型单座调节阀

顶装手轮机构

上膜盖

吊环螺栓

过滤减压器

下膜盖

推杆

标尺

指针

反馈杠杆

上阀盖

阀筒

阀体

电气阀门定位器

除氧器液位调节阀（LCV-2224）

工艺参数

名称：气动薄膜式套筒导向型单座调节阀
型号：HL12241G-80C
位号：LCV-2224
工艺管道：$\phi 89 \times 4$，DN80
介质：软水，介质温度：30℃
介质流量：最小8t/h，正常11.1t/h，最大21.4t/h
相对开度：最小流量对应开度：47.37%，正常55.74%
　　　　　最大流量对应开度：72.52%

阀体部分规格

型号：HL12241G
公称通径：DN80
压力等级：1.6MPa
流量特性：等百分比
开度：90°
量程：0～100%
行程：38mm
额定C_v值：44

驱动部分规格

执行器型号：A-360M（高温型≤80℃）
执行机构形式：多弹簧薄膜式
驱动源：0.5MPa
气源故障阀位置：关
动作形式：气开式
阀作用形式：气动单动作，信号增加，阀开，失气，阀关

附件规格

阀门定位器：MT-1000L（高温型≤80℃）
过滤减压器：T50-068
输入信号：4～20mA

（4）汽包液位调节阀

◆ 汽包液位调节阀

汽包液位调节阀（LCV-2214）

工艺参数

名称：气动薄膜式套筒导向型单座调节阀
型号：HL12241G-80C
位号：LCV-2214
工艺管道：φ89×4，DN80
介质：软水，介质温度：30℃
介质流量：最小8t/h，正常11.1t/h，最大21.4t/h
相对开度：最小流量对应开度47.37%
正常55.74%，最大流量对应开度72.52%

阀体部分规格

型号：HL12241G；公称通径：DN80
压力等级：4.0MPa；流量特性：等百分比
开度：90°；量程：0～100%
行程：38mm；额定C_v值：44

驱动部分规格

执行器型号：A-360M（高温型≤80℃）
执行机构形式：多弹簧薄膜式
驱动源：0.5MPa
气源故障阀位置：关
动作形式：气开式
阀作用形式：气动单动作
信号增加，阀开，失气，阀关

附件规格

阀门定位器：MT-1000L（高温型≤80℃）
过滤减压器：T50-068
输入信号：4～20mA

（5）汽包送出蒸汽压力调节阀

工艺参数

名称：气动薄膜式套筒导向型单座调节阀
型号：HL12241G-80C
位号：PCV-2218
工艺管道：φ89×4，DN80
介质：软水，介质温度：30℃
介质流量：最小8t/h，正常11.1t/h，最大21.4t/h
相对开度：最小流量对应开度47.37%
正常55.74%，最大流量对应开度72.52%

阀体部分规格

型号：HL12241G；公称通径：DN80
压力等级：4.0MPa；流量特性：等百分比
开度：90°；量程：0～100%
行程：38mm；额定C_v值：44

驱动部分规格

执行器型号：A-360M
（高温型≤80℃）
执行机构形式：多弹簧薄膜式
驱动源：0.5MPa
气源故障阀位置：关
动作形式：气开式
阀作用形式：气动单动作
信号增加，阀开，失气，阀关

附件规格

阀门定位器：MT-1000L
（高温型≤80℃）
过滤减压器：T50-068
输入信号：4～20mA

◆ 汽包送出蒸汽压力调节阀

汽包送出蒸汽
压力调节阀
（PCV-2218）

（6）汽包放散蒸汽压力调节阀

汽包放散蒸汽
压力调节阀
（PCV-2215）

汽包放散蒸汽压力调节阀

工艺参数

名称：气动笼式导向型单座调节阀
型号：HL12241G-100C
位号：PCV-2215
工艺管道：ϕ108×4，DN100
介质：软水，介质温度：30℃
介质流量：最小8t/h，正常11.1t/h，最大21.4t/h
相对开度：最小流量对应开度47.37%
正常55.74%，最大流量对应开度72.52%

阀体部分规格

型号：HL12241G；公称通径：DN100
压力等级：4.0MPa；流量特性：等百分比
开度：90°；量程：0～100%
行程：38mm；额定C_v值：44

驱动部分规格

执行器型号：A-360M
（高温型≤80℃）
执行机构形式：多弹簧薄膜式
驱动源：0.5MPa
气源故障阀位置：关
动作形式：气开式
阀作用形式：气动单动作
信号增加，阀开，失气，阀关

附件规格

阀门定位器：MT-1000L
（高温型≤80℃）
过滤减压器：T50-068
输入信号：4～20mA

（7）除氧蒸汽压力调节阀

工艺参数

名称：多级降压笼式导向型单座调节阀
型号：HL12241G-80C
位号：PCV-2225
工艺管道：ϕ89×4，DN80
介质：软水，介质温度：30℃
介质流量：最小8t/h，正常11.1t/h，最大21.4t/h
相对开度：最小流量对应开度47.37%
正常55.74%，最大流量对应开度72.52%

阀体部分规格

型号：HL12241G；公称通径：DN80
压力等级：4.0MPa
流量特性：等百分比
开度：90°；量程：0～100%
行程：38mm；额定C_v值：44

驱动部分规格

执行器型号：A-360M
（高温型≤80℃）
执行机构形式：多弹簧薄膜式
驱动源：0.5MPa
气源故障阀位置：关
动作形式：气开式
阀作用形式：气动单动作
信号增加，阀开，失气，阀关

附件规格

阀门定位器：MT-1000L
（高温型≤80℃）
过滤减压器：T50-068
输入信号：4～20mA

◆ 除氧蒸汽压力调节阀

除氧蒸汽
压力调节阀
（PCV-2225）

11.7 汽化冷却系统仪表控制

11.7.1 概述

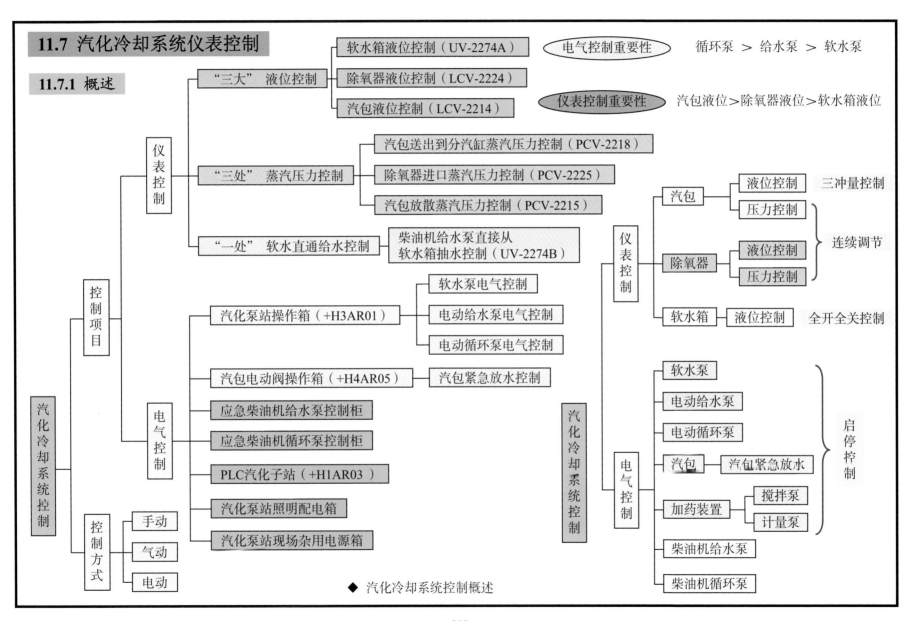

软水箱液位控制（UV-2274A）

除氧器液位控制（LCV-2224）

汽包液位控制（LCV-2214）

"三大"液位控制

电气控制重要性 　循环泵 ＞ 给水泵 ＞ 软水泵

仪表控制重要性 　汽包液位＞除氧器液位＞软水箱液位

汽包送出到分汽缸蒸汽压力控制（PCV-2218）

除氧器进口蒸汽压力控制（PCV-2225）

汽包放散蒸汽压力控制（PCV-2215）

"三处"蒸汽压力控制

柴油机给水泵直接从
软水箱抽水控制（UV-2274B）

"一处"软水直通给水控制

仪表控制

软水泵电气控制

电动给水泵电气控制

电动循环泵电气控制

汽化泵站操作箱（+H3AR01）

汽包紧急放水控制

汽包电动阀操作箱（+H4AR05）

应急柴油机给水泵控制柜

应急柴油机循环泵控制柜

PLC汽化子站（+H1AR03）

汽化泵站照明配电箱

汽化泵站现场杂用电源箱

电气控制

控制项目

手动

气动

电动

控制方式

汽化冷却系统控制

汽包　液位控制　三冲量控制　压力控制

除氧器　液位控制　压力控制　连续调节

软水箱　液位控制　全开全关控制

仪表控制

软水泵

电动给水泵

电动循环泵

汽包　汽包紧急放水

加药装置　搅拌泵　计量泵

柴油机给水泵

柴油机循环泵

启停控制

电气控制

汽化冷却系统控制

◆ 汽化冷却系统控制概述

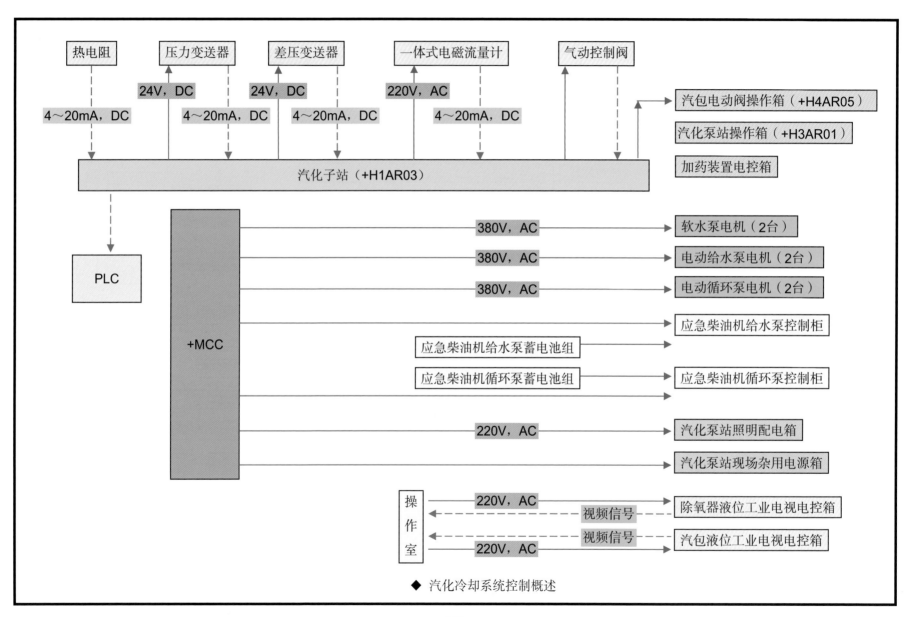

◆ 汽化冷却系统控制概述

11.7.2 仪控项目

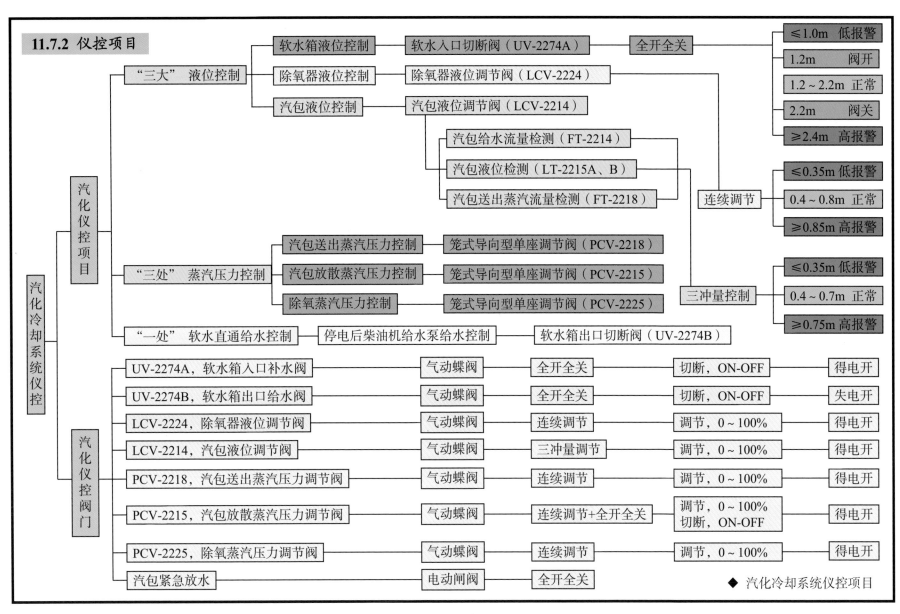

◆ 汽化冷却系统仪控项目

11.7.3 仪控报警

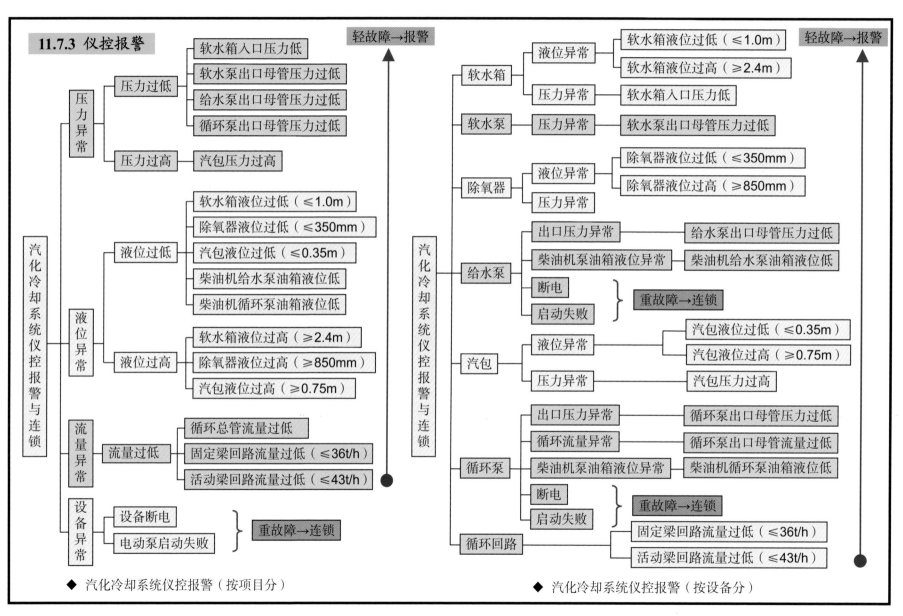

◆ 汽化冷却系统仪控报警（按项目分）　　　　　　　◆ 汽化冷却系统仪控报警（按设备分）

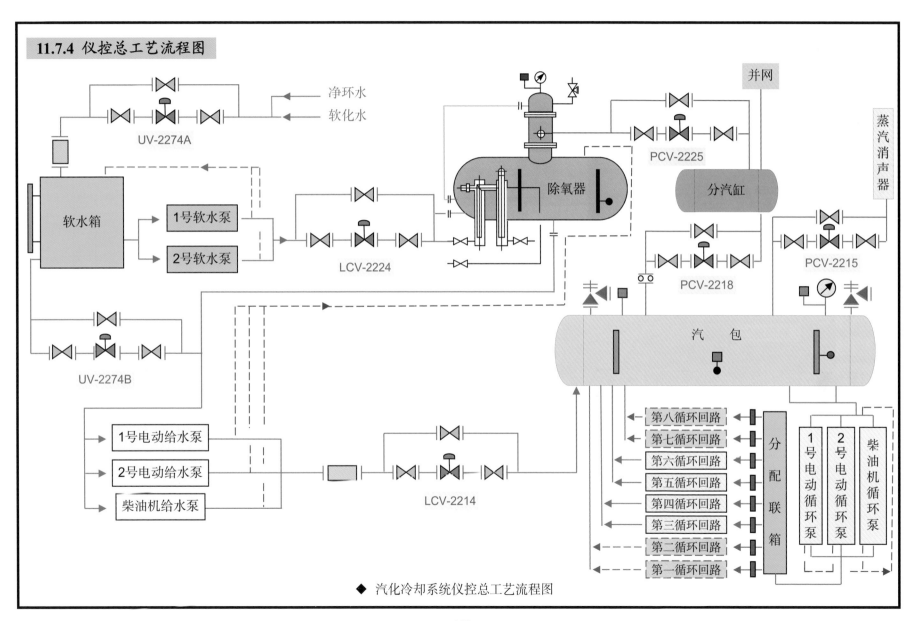

◆ 汽化冷却系统仪控总工艺流程图

11.7.5 软水箱仪控

（1）概述　◆ 软水箱液位检测总图

（2）软水箱液位检测及控制　◆ 软水箱液位检测与控制示意图

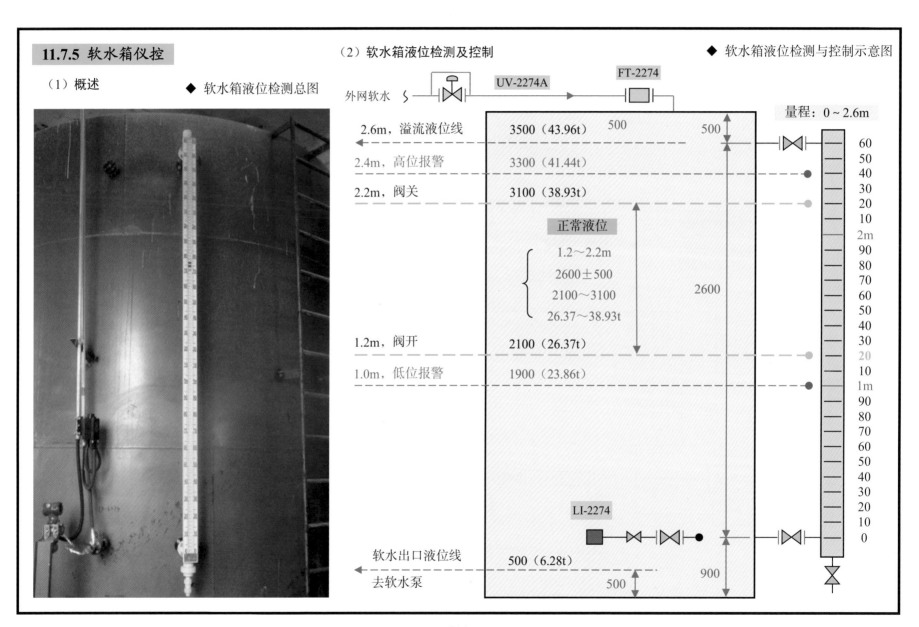

外网软水　UV-2274A　FT-2274　量程：0～2.6m

2.6m，溢流液位线　3500（43.96t）　500　500

2.4m，高位报警　3300（41.44t）

2.2m，阀关　3100（38.93t）

正常液位

1.2～2.2m
2600±500
2100～3100
26.37～38.93t

2600

1.2m，阀开　2100（26.37t）

1.0m，低位报警　1900（23.86t）

LI-2274

软水出口液位线　500（6.28t）

去软水泵　500　900

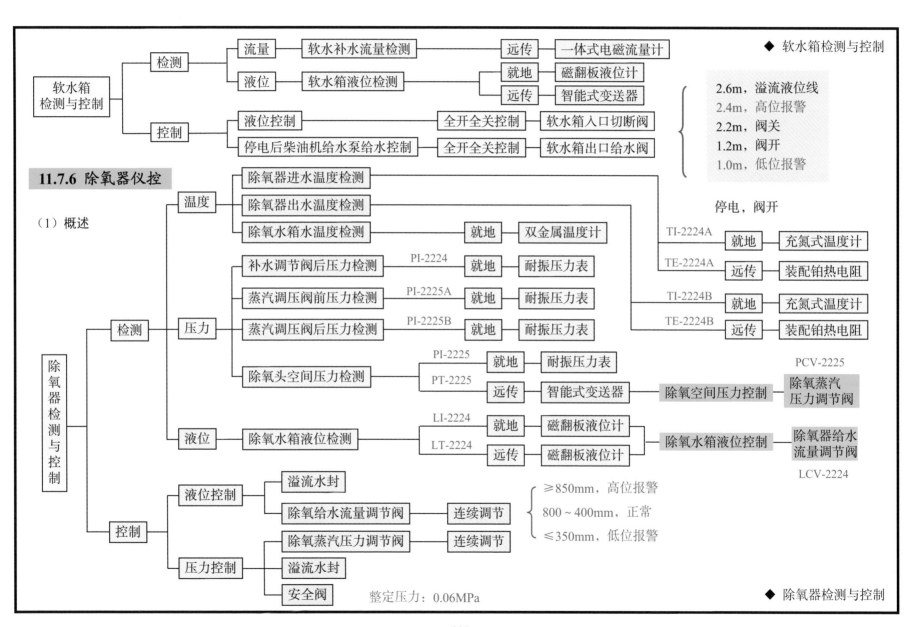

◆ 软水箱检测与控制

11.7.6 除氧器仪控

（1）概述

2.6m，溢流液位线
2.4m，高位报警
2.2m，阀关
1.2m，阀开
1.0m，低位报警

停电，阀开

整定压力：0.06MPa

≥850mm，高位报警
800～400mm，正常
≤350mm，低位报警

◆ 除氧器检测与控制

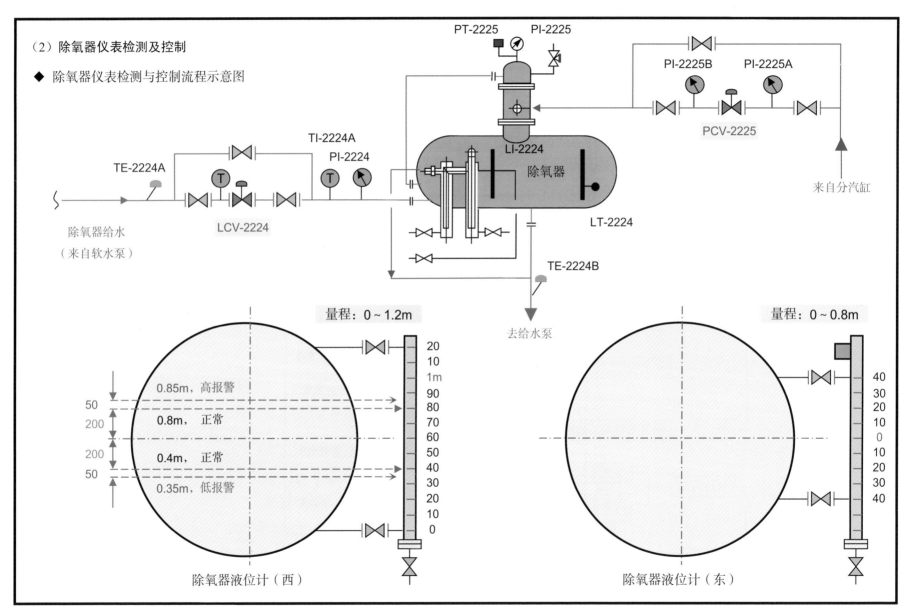

（2）除氧器仪表检测及控制

◆ 除氧器仪表检测与控制流程示意图

PT-2225　PI-2225

PI-2225B　PI-2225A

PCV-2225

TI-2224A

PI-2224

TE-2224A

LI-2224

除氧器

来自分汽缸

除氧器给水

（来自软水泵）

LCV-2224

LT-2224

TE-2224B

去给水泵

量程：0～1.2m

20
10
1m

0.85m，高报警

50

90
80

200

0.8m，正常

70
60

200

0.4m，正常

50
40

50

0.35m，低报警

30
20
10
0

除氧器液位计（西）

量程：0～0.8m

40
30
20
10
0
10
20
30
40

除氧器液位计（东）

11.7.7 汽包仪控

（1）概述

（2）汽包仪表检测及控制

◆ 汽包仪表检测与控制流程示意图

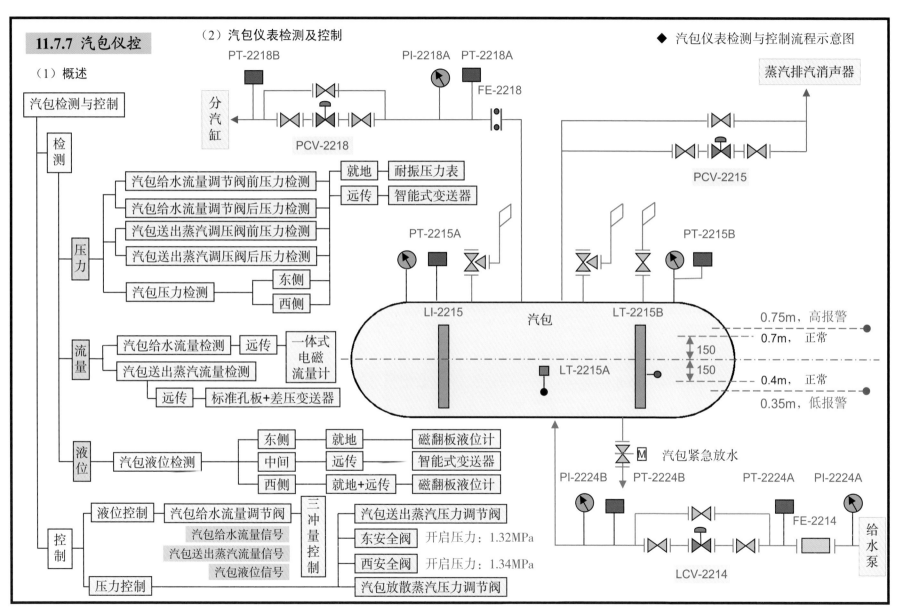

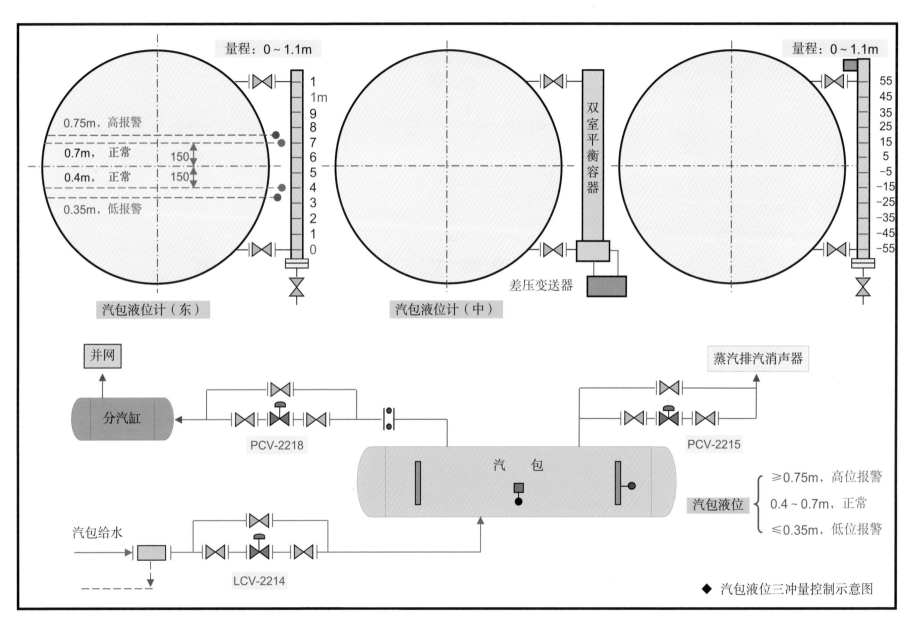

量程：0~1.1m

0.75m，高报警
0.7m，正常 150
0.4m，正常 150
0.35m，低报警

汽包液位计（东）

汽包液位计（中）

双室平衡容器

差压变送器

量程：0~1.1m

并网

蒸汽排汽消声器

分汽缸

PCV-2218

PCV-2215

汽 包

汽包液位 { ≥0.75m，高位报警
0.4~0.7m，正常
≤0.35m，低位报警

汽包给水

LCV-2214

◆ 汽包液位三冲量控制示意图

（3）汽化冷却系统正常运行参数

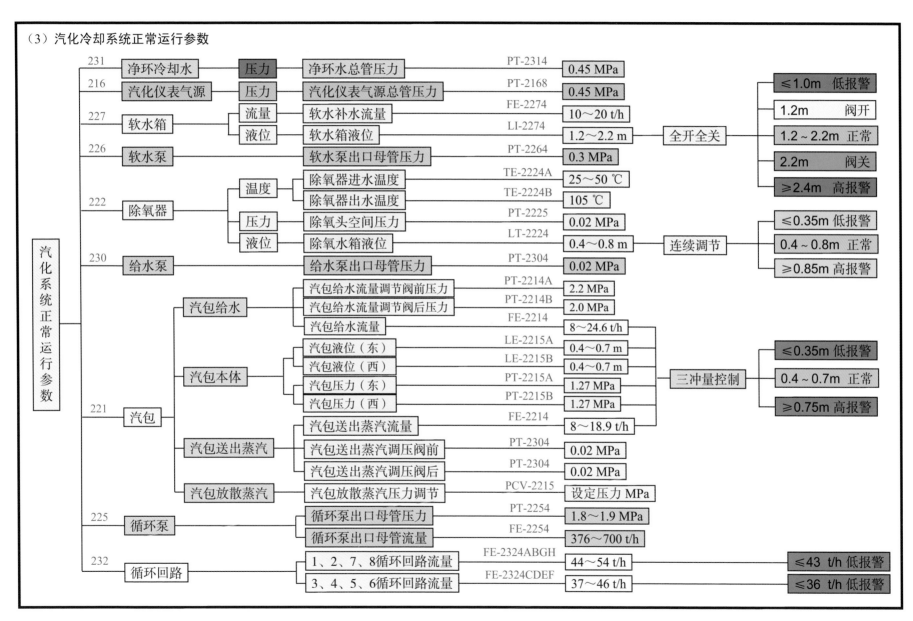

（4）汽化冷却系统画面正常运行参数

水汽管网

分汽缸

PIC-2218
0.08MPa M
1.0MPa

PIC-2215
0.20MPa A

1.0MPa
PI-2218B
0.08MPa
1.27MPa
PI-2218A
0.17MPa
0%
8～18.9t/h
FI-2218
0.0t/h
D
B
汽包排气
16%

400～800mm   0.03～0.05MPa

LIC-2224
+208mm M
PIC-2225
0.000MPa M

400～700mm
LI-2215A
+89mm
PI-2215A
0.20MPa
1.27MPa
PI-2215A
0.20MPa
1.27MPa
400～700mm
LI-2215B
+110mm

1.2m，阀开
2.2m，阀关

10～20t/h
FI-2274
25.0t/h

400～800mm
LI-2224
+208mm
PI-2225
0.000MPa   0.02MPa
100%   0%
D
A
400～700mm
LIC-2215
+88mm M
FI-2214
0.0t/h
L
汽包排水

UV-2274A
开 M 闭

TI-224A
28.1℃   20℃
TI-2224B
37.2℃
105℃

2.2MPa
PI-2214A
0.00MPa
0%
PI-2214B
0.00MPa
2.0MPa

PI-2264
0.02MPa
0.3MPa
软水泵组单动

0.02MPa
PI-2304
0.06MPa
给水泵组单动

热水泵组单动

LI-2274
1.96m
1.2～2.2m

R
1#
0:05:41
R
2#
0:04:48

R
1#
0:12:01
R
2#
0:12:32
R
3#

R
1#
96:56:22
R
2#
0:24:19
R
3#

≤1.0m，低报警
≥2.4m，高报警

UV-2274B
开 M 闭

PI-2254
0.68MPa   1.8～1.9MPa
FI-2254
564t/h   376～700t/h

≤43t/h，低报警   ≤36t/h，低报警

0.45MPa
PI-2314
0.33MPa
净循环冷却水

0.4MPa
PI-2168
0.55MPa
汽化冷却仪表气源

FI-2324A	FI-2324B	FI-2324C	FI-2324D	FI-2324E	FI-2324F	FI-2324G	FI-2324H
74t/h	73t/h	69t/h	65t/h	65t/h	65t/h	77t/h	72t/h
冷却回路	冷却回路	冷却回路	冷却回路	冷却回路	冷却回路	冷却回路	冷却回路
44～54t/h	44～54t/h	37～46t/h	37～46t/h	37～46t/h	37～46t/h	44～54t/h	44～54t/h

11.8 汽化冷却系统电气控制

11.8.1 概述

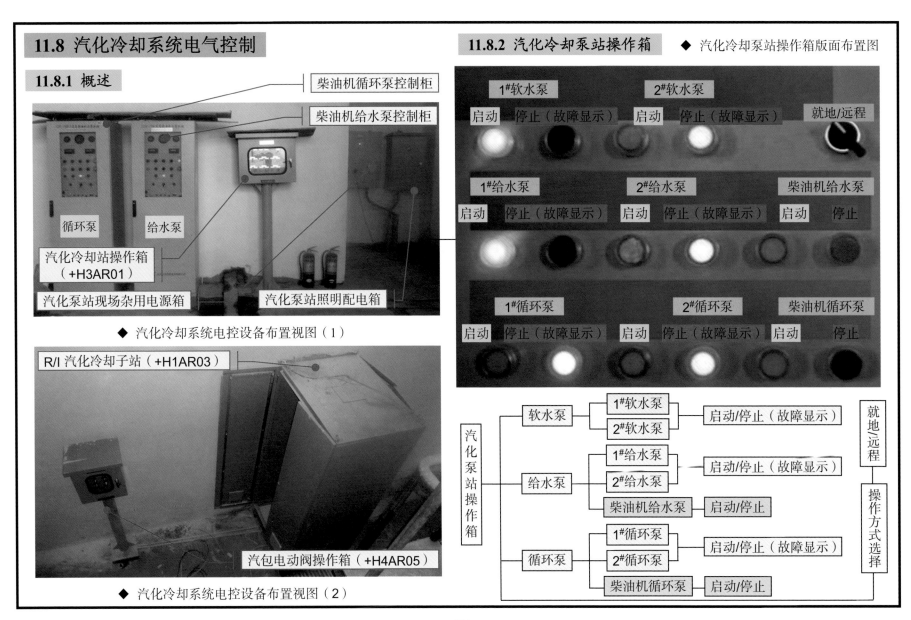

柴油机循环泵控制柜

柴油机给水泵控制柜

循环泵　给水泵

汽化冷却站操作箱
（+H3AR01）

汽化泵站现场杂用电源箱　汽化泵站照明配电箱

◆ 汽化冷却系统电控设备布置视图（1）

R/I汽化冷却子站（+H1AR03）

汽包电动阀操作箱（+H4AR05）

◆ 汽化冷却系统电控设备布置视图（2）

11.8.2 汽化冷却泵站操作箱　◆ 汽化冷却泵站操作箱版面布置图

1#软水泵　　2#软水泵

启动　停止（故障显示）　启动　停止（故障显示）　就地/远程

1#给水泵　　2#给水泵　　柴油机给水泵

启动　停止（故障显示）　启动　停止（故障显示）　启动　停止

1#循环泵　　2#循环泵　　柴油机循环泵

启动　停止（故障显示）　启动　停止（故障显示）　启动　停止

汽化泵站操作箱
- 软水泵
  - 1#软水泵
  - 2#软水泵 —— 启动/停止（故障显示）
- 给水泵
  - 1#给水泵
  - 2#给水泵 —— 启动/停止（故障显示）
  - 柴油机给水泵 —— 启动/停止
- 循环泵
  - 1#循环泵
  - 2#循环泵 —— 启动/停止（故障显示）
  - 柴油机循环泵 —— 启动/停止

就地/远程 操作方式选择

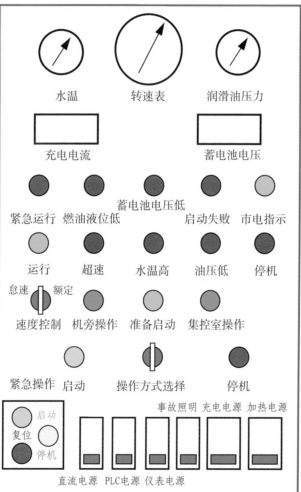

◆ 应急柴油机给水泵控制柜总图　　　◆ 应急柴油机水泵控制柜板面布置图　　　◆ 应急柴油机给水泵控制柜总图

11.8.5 磷酸盐加药装置控制箱

◆ 磷酸盐加药装置总图

1#泵启动灯	2#泵启动灯	搅拌启动灯
1#泵停止灯	2#泵停止灯	搅拌停止灯
1#泵启动	2#泵启动	搅拌启动
1#泵停止	2#泵停止	搅拌停止

◆ 磷酸盐加药装置控制箱板面布置图

11.8.6 汽包紧急放水阀

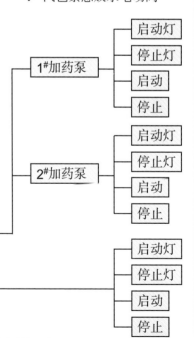

◆ 汽包紧急放水电动阀

```
磷酸盐加药装置控制箱 ── 加药泵 ─┬─ 1#加药泵 ─┬─ 启动灯
                                │            ├─ 停止灯
                                │            ├─ 启动
                                │            └─ 停止
                                └─ 2#加药泵 ─┬─ 启动灯
                                             ├─ 停止灯
                                             ├─ 启动
                                             └─ 停止
                      └─ 搅拌泵 ─┬─ 启动灯
                                 ├─ 停止灯
                                 ├─ 启动
                                 └─ 停止
```

11.9 汽化冷却系统安全措施

11.9.1 汽化冷却系统连锁控制

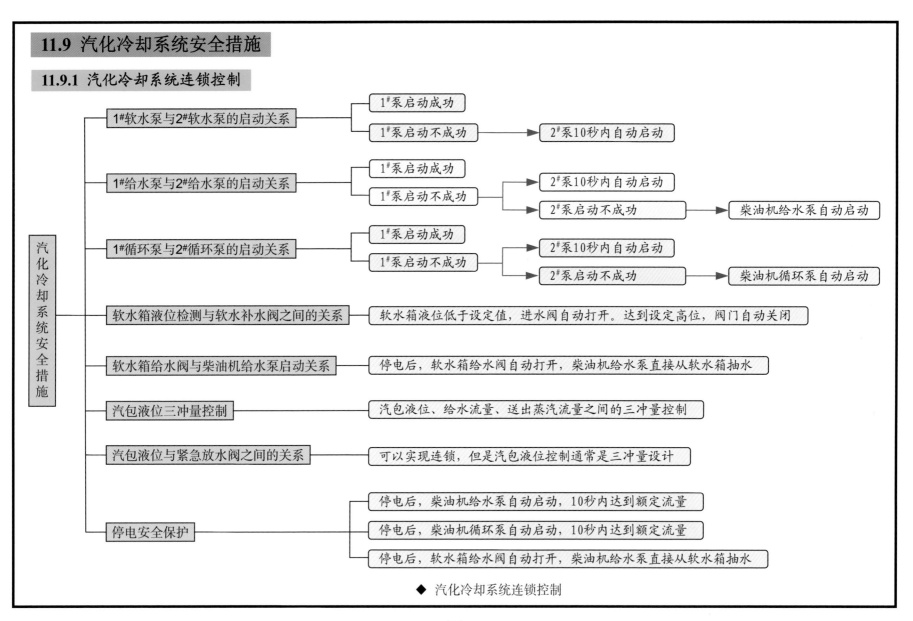

◆ 汽化冷却系统连锁控制

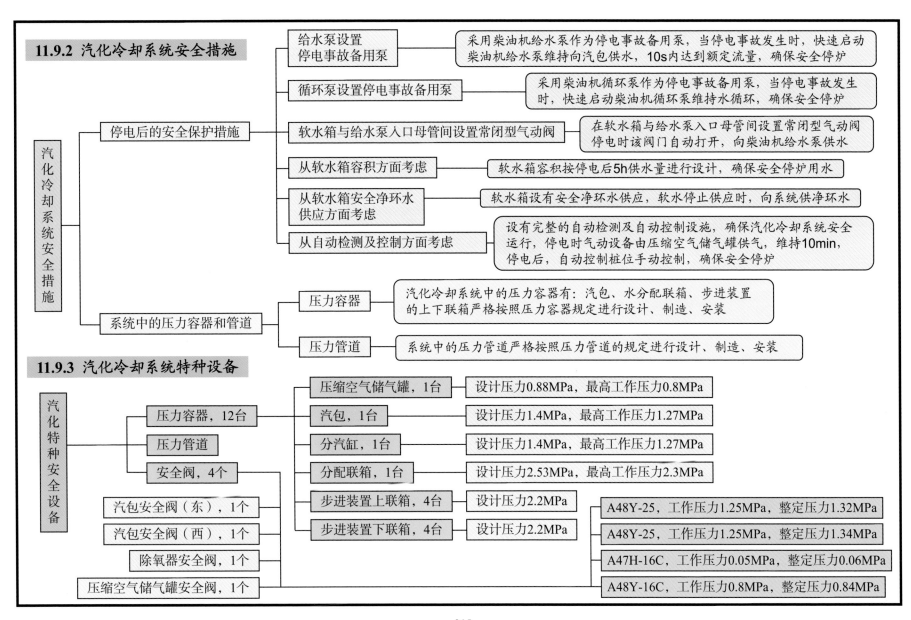

11.9.2 汽化冷却系统安全措施

汽化冷却系统安全措施

- 停电后的安全保护措施
  - 给水泵设置停电事故备用泵 → 采用柴油机给水泵作为停电事故备用泵，当停电事故发生时，快速启动柴油机给水泵维持向汽包供水，10s内达到额定流量，确保安全停炉
  - 循环泵设置停电事故备用泵 → 采用柴油机循环泵作为停电事故备用泵，当停电事故发生时，快速启动柴油机循环泵维持水循环，确保安全停炉
  - 软水箱与给水泵入口母管间设置常闭型气动阀 → 在软水箱与给水泵入口母管间设置常闭型气动阀，停电时该阀门自动打开，向柴油机给水泵供水
  - 从软水箱容积方面考虑 → 软水箱容积按停电后5h供水量进行设计，确保安全停炉用水
  - 从软水箱安全净环水供应方面考虑 → 软水箱设有安全净环水供应，软水停止供应时，向系统供净环水
  - 从自动检测及控制方面考虑 → 设有完整的自动检测及自动控制设施，确保汽化冷却系统安全运行，停电时气动设备由压缩空气储气罐供气，维持10min，停电后，自动控制桩位手动控制，确保安全停炉
- 系统中的压力容器和管道
  - 压力容器 → 汽化冷却系统中的压力容器有：汽包、水分配联箱、步进装置的上下联箱严格按照压力容器规定进行设计、制造、安装
  - 压力管道 → 系统中的压力管道严格按照压力管道的规定进行设计、制造、安装

11.9.3 汽化冷却系统特种设备

汽化特种安全设备

- 压力容器，12台
  - 压缩空气储气罐，1台 → 设计压力0.88MPa，最高工作压力0.8MPa
  - 汽包，1台 → 设计压力1.4MPa，最高工作压力1.27MPa
  - 分汽缸，1台 → 设计压力1.4MPa，最高工作压力1.27MPa
  - 分配联箱，1台 → 设计压力2.53MPa，最高工作压力2.3MPa
  - 步进装置上联箱，4台 → 设计压力2.2MPa
  - 步进装置下联箱，4台 → 设计压力2.2MPa
- 压力管道
- 安全阀，4个
- 汽包安全阀（东），1个 → A48Y-25，工作压力1.25MPa，整定压力1.32MPa
- 汽包安全阀（西），1个 → A48Y-25，工作压力1.25MPa，整定压力1.34MPa
- 除氧器安全阀，1个 → A47H-16C，工作压力0.05MPa，整定压力0.06MPa
- 压缩空气储气罐安全阀，1个 → A48Y-16C，工作压力0.8MPa，整定压力0.84MPa

压缩空气储气罐安全阀

A48Y-16C型弹簧式安全阀
工作压力：0.8MPa
整定压力：0.84MPa

◆ 压缩空气储气罐安全阀

汽包安全阀

汽包安全阀（东）　　汽包安全阀（西）　　除氧器安全阀

A48Y-25型弹簧式安全阀	A48Y-25型弹簧式安全阀	A47H-16C型弹簧式安全阀
制造许可证：TS2710144—2011	制造许可证：TS2710144—2011	制造许可证：0001059
公称通径：150mm	公称通径：150mm	公称通径：65mm
流道直径：100mm	流道直径：100mm	流道直径：50mm
压力等级：1.3～1.6MPa	压力等级：1.3～1.6MPa	压力等级：0.06～0.1MPa
公称压力：2.5MPa	公称压力：2.5MPa	公称压力：1.6MPa
工作压力：1.25MPa	工作压力：1.25MPa	工作压力：0.05MPa
整定压力：1.32MPa	整定压力：1.34MPa	整定压力：0.06MPa
排放压力：1.36MPa	排放压力：1.38MPa	排放压力：0.063MPa
回坐压力：1.188MPa	回坐压力：1.206MPa	回坐压力：0.064MPa
开启高度：≥25mm	开启高度：≥25mm	开启高度：≥32mm
适用温度：≤350℃	适用温度：≤350℃	适用温度：≤350℃
排量系数：0.75	排量系数：0.75	排量系数：0.75

◆ 除氧器安全阀

12 电　气

12.1 概述

12.1.1 加热炉本体电气系统设计内容

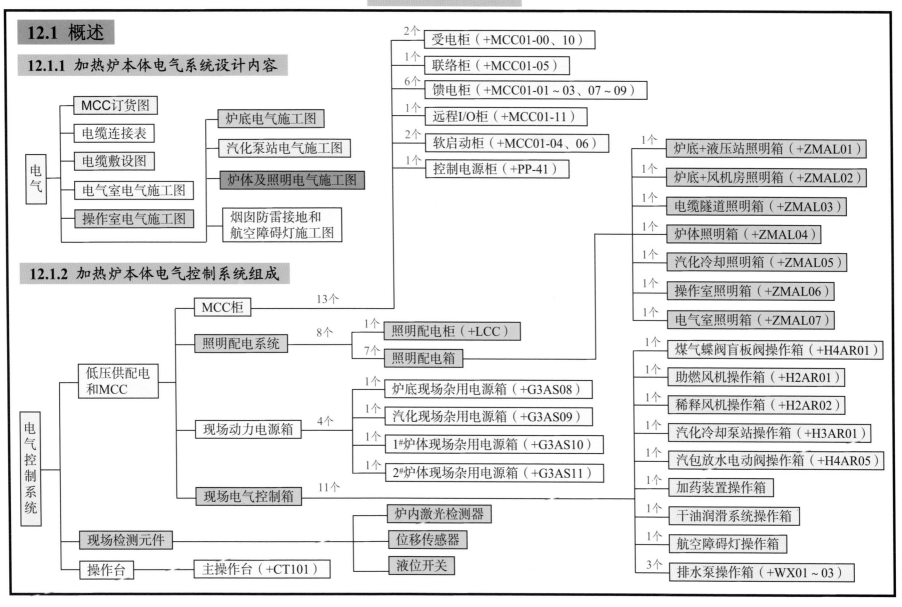

电气
- MCC订货图
- 电缆连接表
- 电缆敷设图
- 电气室电气施工图
- 操作室电气施工图
- 炉底电气施工图
- 汽化泵站电气施工图
- 炉体及照明电气施工图
- 烟囱防雷接地和航空障碍灯施工图

12.1.2 加热炉本体电气控制系统组成

电气控制系统
- 低压供配电和MCC
  - MCC柜 13个
    - 2个 受电柜（+MCC01-00、10）
    - 1个 联络柜（+MCC01-05）
    - 6个 馈电柜（+MCC01-01～03、07～09）
    - 1个 远程I/O柜（+MCC01-11）
    - 2个 软启动柜（+MCC01-04、06）
    - 1个 控制电源柜（+PP-41）
  - 照明配电系统 8个
    - 1个 照明配电柜（+LCC）
    - 7个 照明配电箱
      - 1个 炉底+液压站照明箱（+ZMAL01）
      - 1个 炉底+风机房照明箱（+ZMAL02）
      - 1个 电缆隧道照明箱（+ZMAL03）
      - 1个 炉体照明箱（+ZMAL04）
      - 1个 汽化冷却照明箱（+ZMAL05）
      - 1个 操作室照明箱（+ZMAL06）
      - 1个 电气室照明箱（+ZMAL07）
  - 现场动力电源箱 4个
    - 1个 炉底现场杂用电源箱（+G3AS08）
    - 1个 汽化现场杂用电源箱（+G3AS09）
    - 1个 1#炉体现场杂用电源箱（+G3AS10）
    - 1个 2#炉体现场杂用电源箱（+G3AS11）
  - 现场电气控制箱 11个
    - 1个 煤气蝶阀盲板阀操作箱（+H4AR01）
    - 1个 助燃风机操作箱（+H2AR01）
    - 1个 稀释风机操作箱（+H2AR02）
    - 1个 汽化冷却泵站操作箱（+H3AR01）
    - 1个 汽包放水电动阀操作箱（+H4AR05）
    - 1个 加药装置操作箱
    - 1个 干油润滑系统操作箱
    - 1个 航空障碍灯操作箱
    - 3个 排水泵操作箱（+WX01～03）
- 现场检测元件
  - 炉内激光检测器
  - 位移传感器
  - 液位开关
- 操作台
  - 主操作台（+CT101）

12.1.3 加热炉电气室设备布置

1#受电柜	馈电柜	馈电柜	馈电柜	软启动柜	联络柜	软启动柜	馈电柜	馈电柜	馈电柜	2#受电柜	远程I/O柜	照明电源柜
+MCC01-00	+MCC01-01	+MCC01-02	+MCC01-03	+MCC01-04	+MCC01-05	+MCC01-06	+MCC01-07	+MCC01-08	+MCC01-09	+MCC01-10	+MCC01-11	+LCC

加热炉电气室

L2主机柜
PLC主机柜 +H1RE01
系统电源柜 +PP-41

L2主机柜   L1主机柜   系统电源柜

◆ 加热炉电气室设备布置视图（1）

◆ 加热炉电气室设备布置视图（2）

12.1.4 加热炉供电系统图

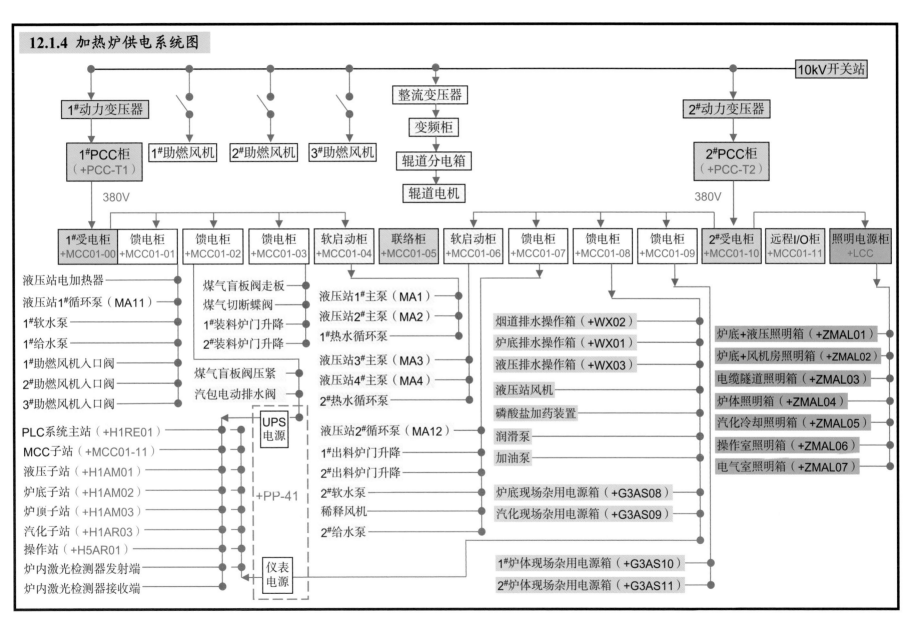

12.2 用电设备

12.2.1 概述

（1）电压等级

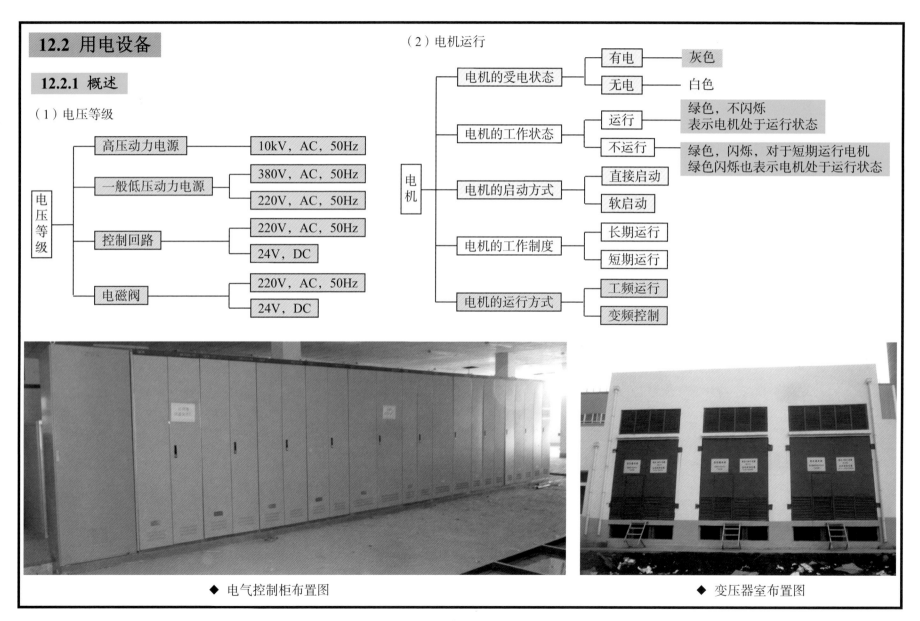

```
           ┌── 高压动力电源 ──── 10kV，AC，50Hz
           │
           │                    ┌── 380V，AC，50Hz
电压   ─────┼── 一般低压动力电源 ──┤
等级        │                    └── 220V，AC，50Hz
           │                    ┌── 220V，AC，50Hz
           ├── 控制回路 ─────────┤
           │                    └── 24V，DC
           │                    ┌── 220V，AC，50Hz
           └── 电磁阀 ──────────┤
                                └── 24V，DC
```

（2）电机运行

```
       ┌── 电机的受电状态 ──┬── 有电 ─── 灰色
       │                   └── 无电 ─── 白色
       │                   ┌── 运行 ─── 绿色，不闪烁
       │                   │           表示电机处于运行状态
       ├── 电机的工作状态 ──┤
       │                   └── 不运行 ── 绿色，闪烁，对于短期运行电机
       │                               绿色闪烁也表示电机处于运行状态
电机 ───┤                   ┌── 直接启动
       ├── 电机的启动方式 ──┤
       │                   └── 软启动
       │                   ┌── 长期运行
       ├── 电机的工作制度 ──┤
       │                   └── 短期运行
       │                   ┌── 工频运行
       └── 电机的运行方式 ──┤
                           └── 变频控制
```

◆ 电气控制柜布置图

◆ 变压器室布置图

12.2.2 加热炉用电设备汇总

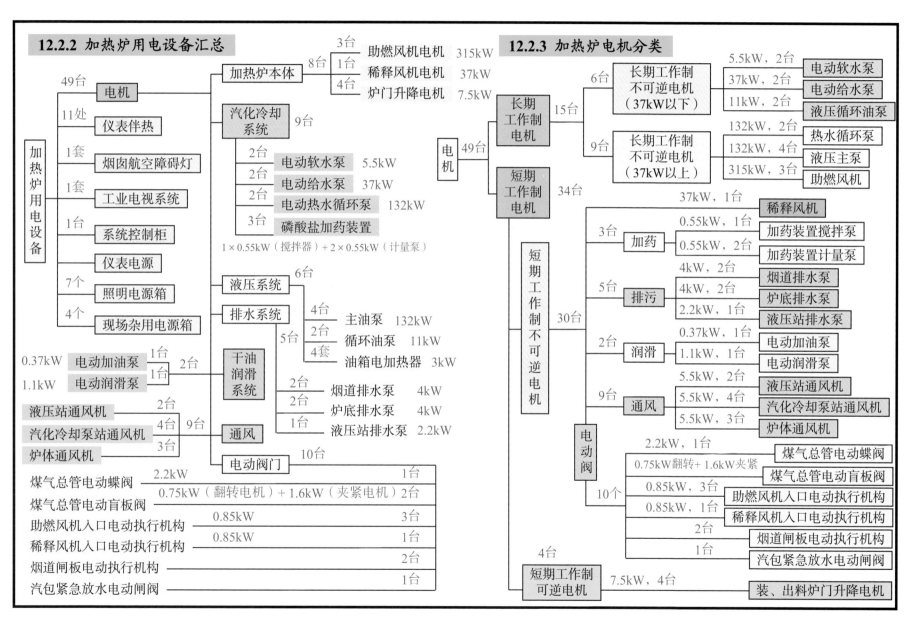

加热炉用电设备
- 电机　49台
- 仪表伴热　11处
- 烟囱航空障碍灯　1套
- 工业电视系统　1套
- 系统控制柜　1台
- 仪表电源
- 照明电源箱　7个
- 现场杂用电源箱　4个

电机
- 加热炉本体　8台
  - 助燃风机电机　315kW　3台
  - 稀释风机电机　37kW　1台
  - 炉门升降电机　7.5kW　4台
- 汽化冷却系统　9台
  - 电动软水泵　5.5kW　2台
  - 电动给水泵　37kW　2台
  - 电动热水循环泵　132kW　2台
  - 磷酸盐加药装置　3台
    1×0.55kW（搅拌器）＋2×0.55kW（计量泵）
- 液压系统　6台
  - 主油泵　132kW　4台
  - 循环油泵　11kW　2台
  - 油箱电加热器　3kW　4套
- 排水系统　5台
- 干油润滑系统　2台
  - 电动加油泵　0.37kW　1台
  - 电动润滑泵　1.1kW　1台
- 通风　9台
  - 液压站通风机　2台
  - 汽化冷却泵站通风机　4台
  - 炉体通风机　3台
  - 烟道排水泵　4kW　2台
  - 炉底排水泵　4kW　2台
  - 液压站排水泵　2.2kW　1台
- 电动阀门　10台
  - 煤气总管电动蝶阀　2.2kW　1台
  - 煤气总管电动盲板阀　0.75kW（翻转电机）＋1.6kW（夹紧电机）　2台
  - 助燃风机入口电动执行机构　0.85kW　3台
  - 稀释风机入口电动执行机构　0.85kW　1台
  - 烟道闸板电动执行机构　2台
  - 汽包紧急放水电动闸阀　1台

12.2.3 加热炉电机分类

电机　49台
- 长期工作制电机　15台
  - 长期工作制不可逆电机（37kW以下）　6台
    - 电动软水泵　5.5kW，2台
    - 电动给水泵　37kW，2台
    - 液压循环油泵　11kW，2台
  - 长期工作制不可逆电机（37kW以上）　9台
    - 热水循环泵　132kW，2台
    - 液压主泵　132kW，4台
    - 助燃风机　315kW，3台
- 短期工作制电机　34台
  - 短期工作制不可逆电机　30台
    - 稀释风机　37kW，1台
    - 加药　3台
      - 加药装置搅拌泵　0.55kW，1台
      - 加药装置计量泵　0.55kW，2台
    - 排污　5台
      - 烟道排水泵　4kW，2台
      - 炉底排水泵　4kW，2台
      - 液压站排水泵　2.2kW，1台
    - 润滑　2台
      - 电动加油泵　0.37kW，1台
      - 电动润滑泵　1.1kW，1台
    - 通风　9台
      - 液压站通风机　5.5kW，2台
      - 汽化冷却泵站通风机　5.5kW，4台
      - 炉体通风机　5.5kW，3台
    - 电动阀　10个
      - 煤气总管电动蝶阀　2.2kW，1台
      - 煤气总管电动盲板阀　0.75kW翻转＋1.6kW夹紧
      - 助燃风机入口电动执行机构　0.85kW，3台
      - 稀释风机入口电动执行机构　0.85kW，1台
      - 烟道闸板电动执行机构　2台
      - 汽包紧急放水电动闸阀　1台
  - 短期工作制可逆电机　4台
    - 装、出料炉门升降电机　7.5kW，4台

12.2.4 加热炉本体用电设备

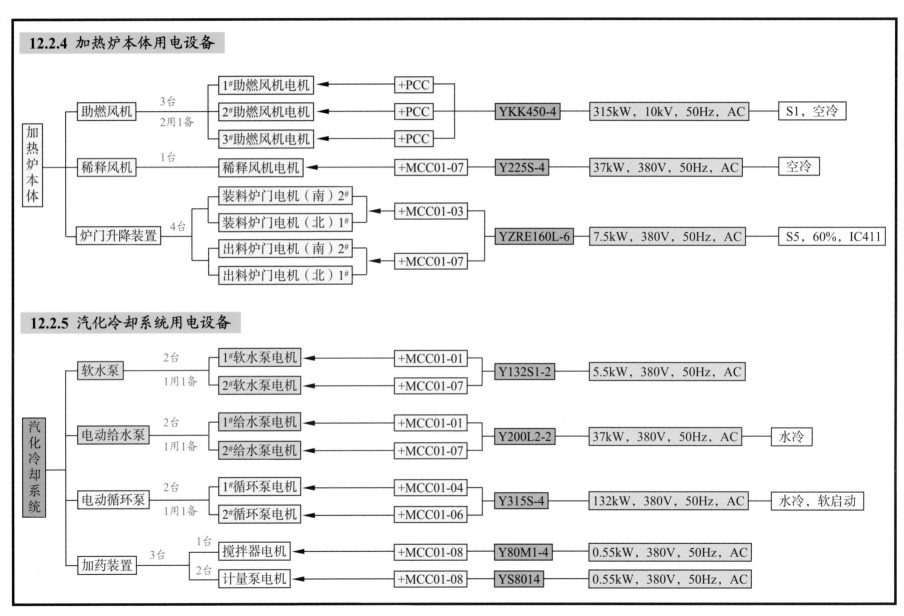

12.2.5 汽化冷却系统用电设备

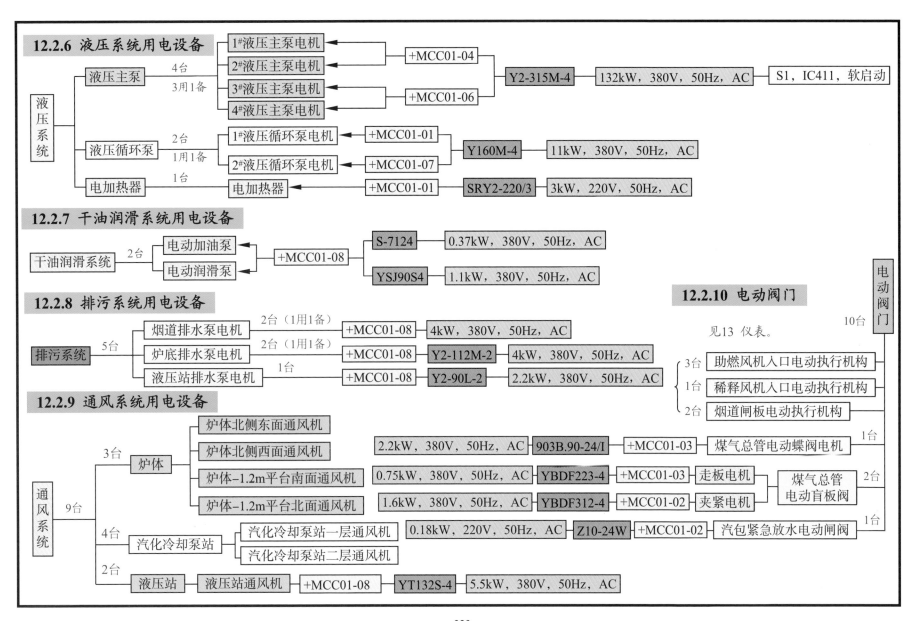

12.2.6 液压系统用电设备

液压系统
- 液压主泵 4台 3用1备
  - 1#液压主泵电机 ← +MCC01-04
  - 2#液压主泵电机 ← +MCC01-04
  - 3#液压主泵电机 ← +MCC01-06
  - 4#液压主泵电机 ← +MCC01-06
  - Y2-315M-4 — 132kW, 380V, 50Hz, AC — S1, IC411, 软启动
- 液压循环泵 2台 1用1备
  - 1#液压循环泵电机 ← +MCC01-01
  - 2#液压循环泵电机 ← +MCC01-07
  - Y160M-4 — 11kW, 380V, 50Hz, AC
- 电加热器 1台
  - 电加热器 ← +MCC01-01 — SRY2-220/3 — 3kW, 220V, 50Hz, AC

12.2.7 干油润滑系统用电设备

干油润滑系统 2台
- 电动加油泵 ← +MCC01-08 — S-7124 — 0.37kW, 380V, 50Hz, AC
- 电动润滑泵 ← +MCC01-08 — YSJ90S4 — 1.1kW, 380V, 50Hz, AC

12.2.8 排污系统用电设备

排污系统 5台
- 烟道排水泵电机 2台（1用1备）← +MCC01-08 — 4kW, 380V, 50Hz, AC
- 炉底排水泵电机 2台（1用1备）← +MCC01-08 — Y2-112M-2 — 4kW, 380V, 50Hz, AC
- 液压站排水泵电机 1台 ← +MCC01-08 — Y2-90L-2 — 2.2kW, 380V, 50Hz, AC

12.2.9 通风系统用电设备

通风系统 9台
- 炉体 3台
  - 炉体北侧东面通风机
  - 炉体北侧西面通风机
    - 2.2kW, 380V, 50Hz, AC — 903B.90-24/I — +MCC01-03 — 煤气总管电动蝶阀电机 1台
  - 炉体-1.2m平台南面通风机
    - 0.75kW, 380V, 50Hz, AC — YBDF223-4 — +MCC01-03 — 走板电机
  - 炉体-1.2m平台北面通风机
    - 1.6kW, 380V, 50Hz, AC — YBDF312-4 — +MCC01-02 — 夹紧电机
    - 煤气总管电动盲板阀 2台
- 汽化冷却泵站 4台
  - 汽化冷却泵站一层通风机
    - 0.18kW, 220V, 50Hz, AC — Z10-24W — +MCC01-02 — 汽包紧急放水电动闸阀 1台
  - 汽化冷却泵站二层通风机
- 液压站 2台
  - 液压站通风机 — +MCC01-08 — YT132S-4 — 5.5kW, 380V, 50Hz, AC

12.2.10 电动阀门

见13 仪表。

电动阀门 10台
- 助燃风机入口电动执行机构 3台
- 稀释风机入口电动执行机构 1台
- 烟道闸板电动执行机构 2台

12.2.11 仪表系统用电设备

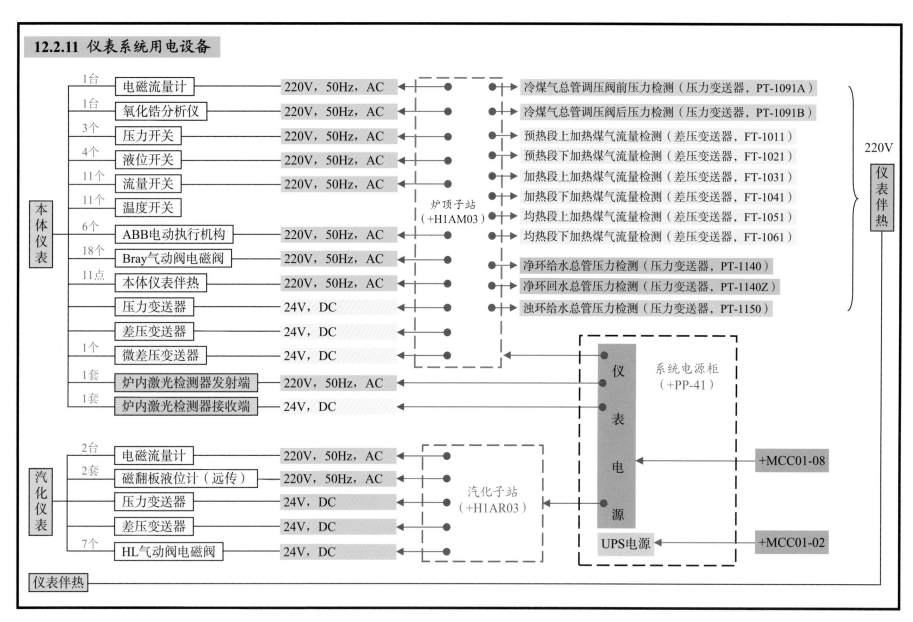

12.3 电缆连接

12.3.1 概述

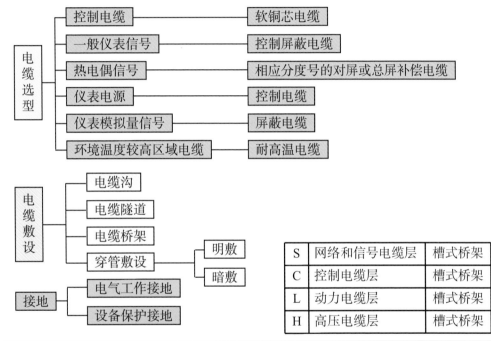

S	网络和信号电缆层	槽式桥架
C	控制电缆层	槽式桥架
L	动力电缆层	槽式桥架
H	高压电缆层	槽式桥架

Profibus-DP	计算机通讯电缆DP总线电缆	YJV	动力电缆
	以太网络电缆	YGV	动力电缆
KVV	控制电缆	VV	动力电缆
KVVR	控制电缆	BV	导线
KVVRP	控制电缆	BVR	导线
KFFR	控制电缆	PE	保护接地线
		PEN	保护接地线和中性线共用一线

12.3.2 电缆桥架施工材料

类别	名称	规格型号
桥架	阶梯式直通桥架	XQJ-T1-01-10-6，600×100×2000
	槽式直通桥架	XQJ-C-1A-14，600×100×2000
		XQJ-C-1A-6，300×100×2000
隔板	隔板	XQJ-PC-07-100，100×2000
弯通	阶梯式水平弯通	XQJ-T1-02C-10-6，600×100
	槽式水平弯通	XQJ-C-2A-14，600×100
		XQJ-C-2A-6，300×100
三通	阶梯式水平三通	XQJ-T1-03B-10-6，600×100
	槽式水平三通	XQJ-C-3A-14，600×100
四通	阶梯式水平四通	XQJ-T1-04B-10-6，600×100
	槽式水平四通	XQJ-C-4A-14，600×100
护罩	直通护罩	XQJ-TPC-07-6，600×2000
		XQJ-TPC-07-3，300×2000
	弯通护罩	XQJ-TPC-08-6，600
		XQJ-TPC-08-3，300
	三通护罩	XQJ-TPC-09-6，600
	四通护罩	XQJ-TPC-10-6，600
工字钢立柱	工字钢立柱	XQJ-H-01A-30，L=3000mm
		XQJ-H-01A-15，L=1500mm
		XQJ-H-01A-10，L=1000mm
托臂	托臂	XQJ-TB-01A-600，L=650mm
接地材料	镀锌扁钢	-40×4
	接地线	BVR-500，10mm²
		BVR-500，16mm²
其他	电缆沟支架托臂	L40×4，320mm
	电缆沟支架支柱	L40×4，800mm
	钢管	ϕ50mm
	金属软管	ϕ50mm
	金属软管接头	ϕ50mm
阻火材料	阻火模块	HJM-8K
	阻火软阻料	
电缆配管	FB-PP-01-G50	50

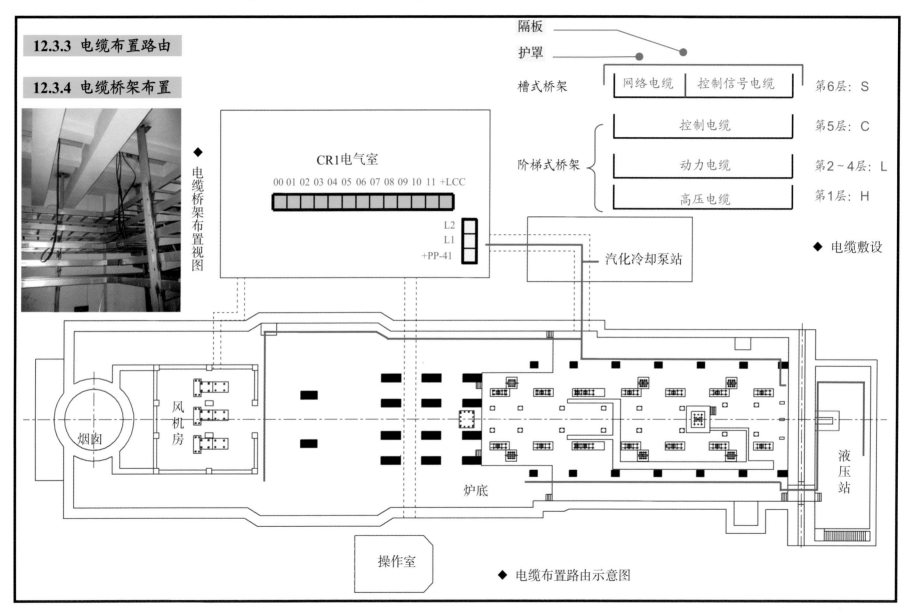

12.3.3 电缆布置路由

12.3.4 电缆桥架布置

◆ 电缆桥架布置视图

隔板

护罩

槽式桥架

| 网络电缆 | 控制信号电缆 |

第6层：S

阶梯式桥架
| 控制电缆 |
第5层：C

| 动力电缆 |
第2～4层：L

| 高压电缆 |
第1层：H

◆ 电缆敷设

CR1电气室

00 01 02 03 04 05 06 07 08 09 10 11 +LCC

L2
L1
+PP-41

汽化冷却泵站

烟囱

风机房

炉底

操作室

液压站

◆ 电缆布置路由示意图

12.3.5 马达控制中心动力电缆连接

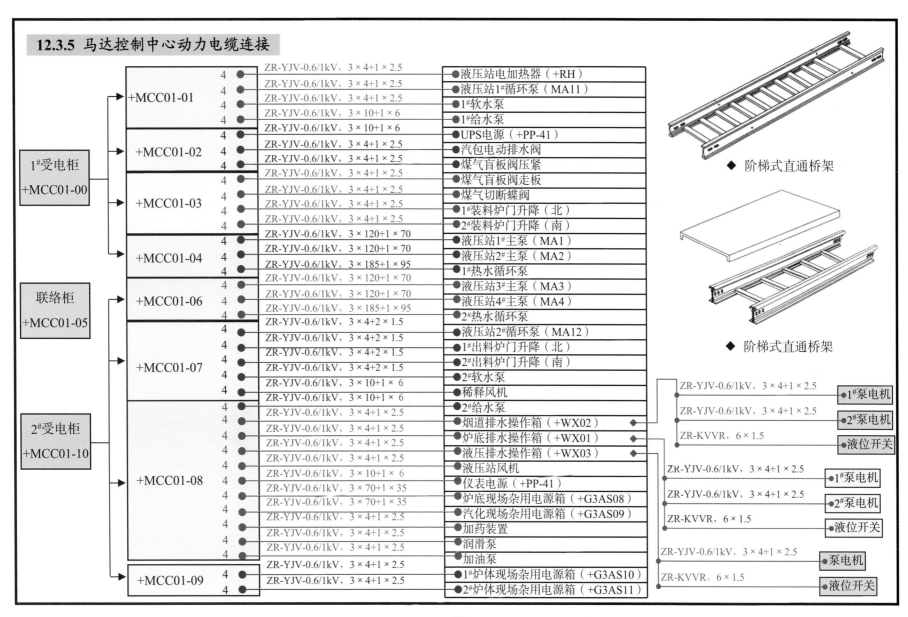

柜	回路	电缆规格	负载名称
	4	ZR-YJV-0.6/1kV，3×4+1×2.5	液压站电加热器（+RH）
	4	ZR-YJV-0.6/1kV，3×4+1×2.5	液压站1#循环泵（MA11）
+MCC01-01	4	ZR-YJV-0.6/1kV，3×4+1×2.5	1#软水泵
	4	ZR-YJV-0.6/1kV，3×10+1×6	1#给水泵
	4	ZR-YJV-0.6/1kV，3×10+1×6	UPS电源（+PP-41）
+MCC01-02	4	ZR-YJV-0.6/1kV，3×4+1×2.5	汽包电动排水阀
	4	ZR-YJV-0.6/1kV，3×4+1×2.5	煤气盲板阀压紧
	4	ZR-YJV-0.6/1kV，3×4+1×2.5	煤气盲板阀走板
+MCC01-03	4	ZR-YJV-0.6/1kV，3×4+1×2.5	煤气切断蝶阀
	4	ZR-YJV-0.6/1kV，3×4+1×2.5	1#装料炉门升降（北）
	4	ZR-YJV-0.6/1kV，3×4+1×2.5	2#装料炉门升降（南）
	4	ZR-YJV-0.6/1kV，3×120+1×70	液压站1#主泵（MA1）
+MCC01-04	4	ZR-YJV-0.6/1kV，3×120+1×70	液压站2#主泵（MA2）
	4	ZR-YJV-0.6/1kV，3×185+1×95	1#热水循环泵
	4	ZR-YJV-0.6/1kV，3×120+1×70	液压站3#主泵（MA3）
+MCC01-06	4	ZR-YJV-0.6/1kV，3×120+1×70	液压站4#主泵（MA4）
	4	ZR-YJV-0.6/1kV，3×185+1×95	2#热水循环泵
	4	ZR-YJV-0.6/1kV，3×4+2×1.5	液压站2#循环泵（MA12）
	4	ZR-YJV-0.6/1kV，3×4+2×1.5	1#出料炉门升降（北）
+MCC01-07	4	ZR-YJV-0.6/1kV，3×4+2×1.5	2#出料炉门升降（南）
	4	ZR-YJV-0.6/1kV，3×4+2×1.5	2#软水泵
	4	ZR-YJV-0.6/1kV，3×10+1×6	稀释风机
	4	ZR-YJV-0.6/1kV，3×10+1×6	2#给水泵
	4	ZR-YJV-0.6/1kV，3×4+1×2.5	烟道排水操作箱（+WX02）
	4	ZR-YJV-0.6/1kV，3×4+1×2.5	炉底排水操作箱（+WX01）
	4	ZR-YJV-0.6/1kV，3×4+1×2.5	液压排水操作箱（+WX03）
+MCC01-08	4	ZR-YJV-0.6/1kV，3×4+1×2.5	液压站风机
	4	ZR-YJV-0.6/1kV，3×10+1×6	仪表电源（+PP-41）
	4	ZR-YJV-0.6/1kV，3×70+1×35	炉底现场杂用电源箱（+G3AS08）
	4	ZR-YJV-0.6/1kV，3×70+1×35	汽化现场杂用电源箱（+G3AS09）
	4	ZR-YJV-0.6/1kV，3×4+1×2.5	加药装置
	4	ZR-YJV-0.6/1kV，3×4+1×2.5	润滑泵
	4	ZR-YJV-0.6/1kV，3×4+1×2.5	加油泵
+MCC01-09	4	ZR-YJV-0.6/1kV，3×4+1×2.5	1#炉体现场杂用电源箱（+G3AS10）
	4		2#炉体现场杂用电源箱（+G3AS11）

1#受电柜 +MCC01-00

联络柜 +MCC01-05

2#受电柜 +MCC01-10

◆ 阶梯式直通桥架

◆ 阶梯式直通桥架

ZR-YJV-0.6/1kV，3×4+1×2.5 → 1#泵电机
ZR-YJV-0.6/1kV，3×4+1×2.5 → 2#泵电机
ZR-KVVR，6×1.5 → 液位开关

ZR-YJV-0.6/1kV，3×4+1×2.5 → 1#泵电机
ZR-YJV-0.6/1kV，3×4+1×2.5 → 2#泵电机
ZR-KVVR，6×1.5 → 液位开关

ZR-YJV-0.6/1kV，3×4+1×2.5 → 泵电机
ZR-KVVR，6×1.5 → 液位开关

12.3.6 MCC子站控制电缆连接

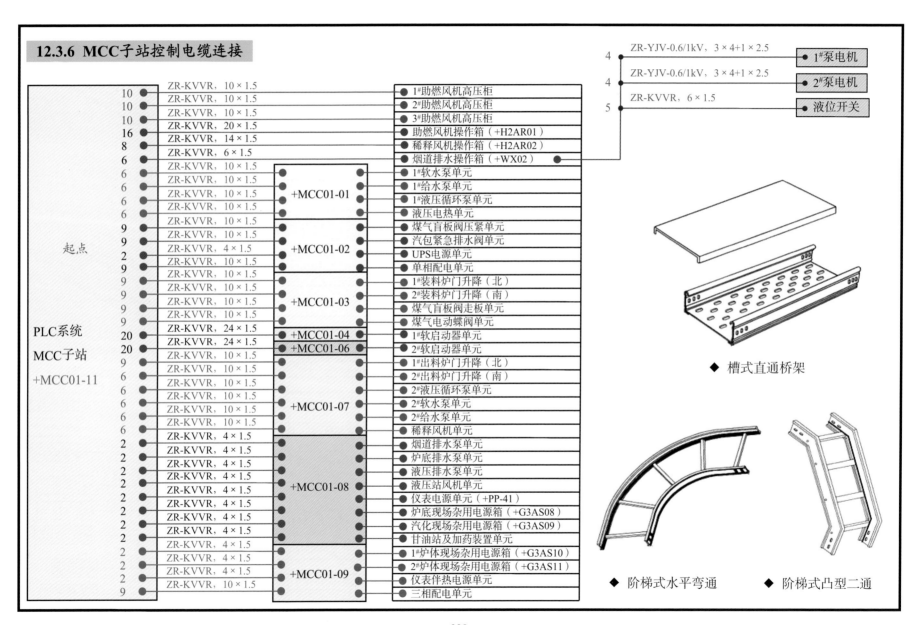

ZR-YJV-0.6/1kV，3×4+1×2.5 — 4 — 1#泵电机
ZR-YJV-0.6/1kV，3×4+1×2.5 — 4 — 2#泵电机
ZR-KVVR，6×1.5 — 5 — 液位开关

线号	电缆规格	设备
10	ZR-KVVR，10×1.5	1#助燃风机高压柜
10	ZR-KVVR，10×1.5	2#助燃风机高压柜
10	ZR-KVVR，10×1.5	3#助燃风机高压柜
16	ZR-KVVR，20×1.5	助燃风机操作箱（+H2AR01）
8	ZR-KVVR，14×1.5	稀释风机操作箱（+H2AR02）
6	ZR-KVVR，6×1.5	烟道排水操作箱（+WX02）

起点

+MCC01-01
6	ZR-KVVR，10×1.5	1#软水泵单元
6	ZR-KVVR，10×1.5	1#给水泵单元
6	ZR-KVVR，10×1.5	1#液压循环泵单元
6	ZR-KVVR，10×1.5	液压电热单元

+MCC01-02
9	ZR-KVVR，10×1.5	煤气盲板阀压紧单元
9	ZR-KVVR，10×1.5	汽包紧急排水阀单元
2	ZR-KVVR，4×1.5	UPS电源单元
9	ZR-KVVR，10×1.5	单相配电单元

PLC系统
MCC子站
+MCC01-11

+MCC01-03
9	ZR-KVVR，10×1.5	1#装料炉门升降（北）
9	ZR-KVVR，10×1.5	2#装料炉门升降（南）
9	ZR-KVVR，10×1.5	煤气盲板阀走板单元
9	ZR-KVVR，10×1.5	煤气电动蝶阀单元

+MCC01-04 | 20 | ZR-KVVR，24×1.5 | 1#软启动器单元 |
+MCC01-06 | 20 | ZR-KVVR，24×1.5 | 2#软启动器单元 |

+MCC01-07
9	ZR-KVVR，10×1.5	1#出料炉门升降（北）
9	ZR-KVVR，10×1.5	2#出料炉门升降（南）
6	ZR-KVVR，10×1.5	2#液压循环泵单元
6	ZR-KVVR，10×1.5	2#软水泵单元
6	ZR-KVVR，10×1.5	2#给水泵单元
6	ZR-KVVR，10×1.5	稀释风机单元

+MCC01-08
2	ZR-KVVR，4×1.5	烟道排水泵单元
2	ZR-KVVR，4×1.5	炉底排水泵单元
2	ZR-KVVR，4×1.5	液压排水泵单元
2	ZR-KVVR，4×1.5	液压站风机单元
2	ZR-KVVR，4×1.5	仪表电源单元（+PP-41）
2	ZR-KVVR，4×1.5	炉底现场杂用电源箱（+G3AS08）
2	ZR-KVVR，4×1.5	汽化现场杂用电源箱（+G3AS09）
2	ZR-KVVR，4×1.5	甘油站及加药装置单元

+MCC01-09
2	ZR-KVVR，4×1.5	1#炉体现场杂用电源箱（+G3AS10）
2	ZR-KVVR，4×1.5	2#炉体现场杂用电源箱（+G3AS11）
2	ZR-KVVR，4×1.5	仪表伴热电源单元
9	ZR-KVVR，10×1.5	三相配电单元

◆ 槽式直通桥架

◆ 阶梯式水平弯通　　◆ 阶梯式凸型二通

328

12.3.7 系统电源柜及照明电源柜动力电缆连接

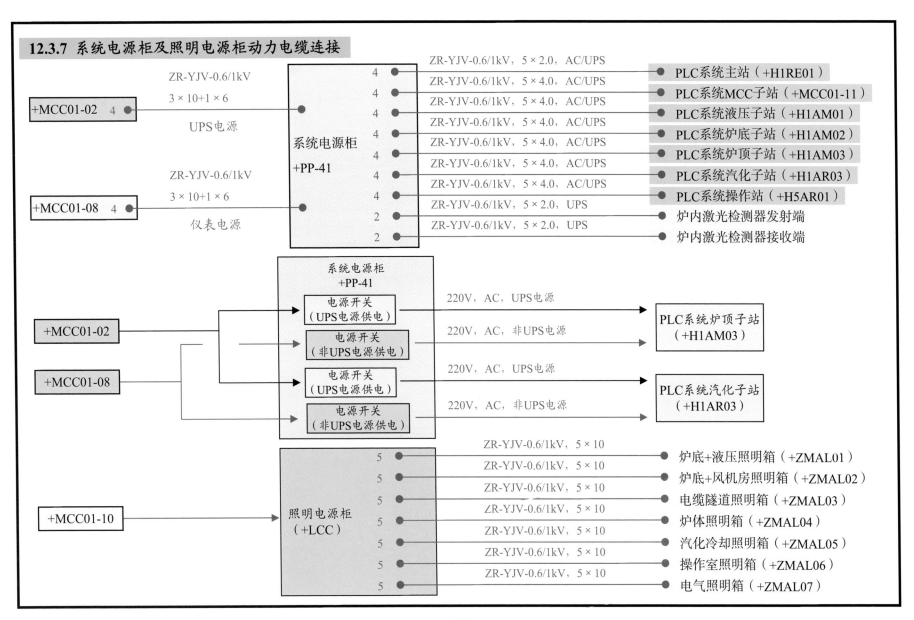

ZR-YJV-0.6/1kV, 5×2.0, AC/UPS —●— PLC系统主站（+H1RE01）
ZR-YJV-0.6/1kV, 5×4.0, AC/UPS —●— PLC系统MCC子站（+MCC01-11）
ZR-YJV-0.6/1kV, 5×4.0, AC/UPS —●— PLC系统液压子站（+H1AM01）
ZR-YJV-0.6/1kV, 5×4.0, AC/UPS —●— PLC系统炉底子站（+H1AM02）
ZR-YJV-0.6/1kV, 5×4.0, AC/UPS —●— PLC系统炉顶子站（+H1AM03）
ZR-YJV-0.6/1kV, 5×4.0, AC/UPS —●— PLC系统汽化子站（+H1AR03）
ZR-YJV-0.6/1kV, 5×4.0, AC/UPS —●— PLC系统操作站（+H5AR01）
ZR-YJV-0.6/1kV, 5×2.0, UPS —●— 炉内激光检测器发射端
ZR-YJV-0.6/1kV, 5×2.0, UPS —●— 炉内激光检测器接收端

ZR-YJV-0.6/1kV 3×10+1×6 UPS电源
+MCC01-02

系统电源柜 +PP-41

ZR-YJV-0.6/1kV 3×10+1×6 仪表电源
+MCC01-08

系统电源柜 +PP-41

电源开关（UPS电源供电） 220V, AC, UPS电源
电源开关（非UPS电源供电） 220V, AC, 非UPS电源
电源开关（UPS电源供电） 220V, AC, UPS电源
电源开关（非UPS电源供电） 220V, AC, 非UPS电源

+MCC01-02
+MCC01-08

PLC系统炉顶子站（+H1AM03）
PLC系统汽化子站（+H1AR03）

照明电源柜（+LCC）
+MCC01-10

ZR-YJV-0.6/1kV, 5×10 —●— 炉底+液压照明箱（+ZMAL01）
ZR-YJV-0.6/1kV, 5×10 —●— 炉底+风机房照明箱（+ZMAL02）
ZR-YJV-0.6/1kV, 5×10 —●— 电缆隧道照明箱（+ZMAL03）
ZR-YJV-0.6/1kV, 5×10 —●— 炉体照明箱（+ZMAL04）
ZR-YJV-0.6/1kV, 5×10 —●— 汽化冷却照明箱（+ZMAL05）
ZR-YJV-0.6/1kV, 5×10 —●— 操作室照明箱（+ZMAL06）
ZR-YJV-0.6/1kV, 5×10 —●— 电气照明箱（+ZMAL07）

12.3.8 液压子站、炉底子站、汽化子站及装料操作台子站控制电缆连接

起点

PLC系统 液压子站 +H1AM01		终点
12	ZR-KVVR，10×1.5；ZR-KVVRP，6×1.5	+BX1，油箱接线盒
4	ZR-KVVR，10×1.5	+BX2，循环站接线盒
7	ZR-KVVR，4×1.5	+BX3，回油过滤器接线盒
3 18	ZR-KVVR，24×1.5；ZR-KVVRP，4×1.5	+BX4，泵调压站接线盒
2 6	ZR-KVVR，10×1.5；ZR-KVVRP，10×1.5	+VX1，炉底机械阀台接线盒
8 5	ZR-KVVR，6×1.5	+WX03，液压站排水操作箱

4	ZR-YJV-0.6/1kV，3×4+1×2.5	液压排水泵电机
5	ZR-KVVR，6×1.5	液位开关

4	ZR-YJV-0.6/1kV，3×4+1×2.5	1#排水泵电机
4	ZR-YJV-0.6/1kV，3×4+1×2.5	2#排水泵电机
5	ZR-KVVR，6×1.5	液位开关

PLC系统 炉底子站 +H1AM02

4	ZR-KFFR，10×1.5	1#装料炉门主令控制器
4	ZR-KFFR，4×1.5	1#装料炉门接近开关
4	ZR-KFFR，10×1.5	2#装料炉门主令控制器
4	ZR-KFFR，4×1.5	2#装料炉门接近开关
4	ZR-KFFR，10×1.5	1#出料炉门主令控制器
4	ZR-KFFR，4×1.5	1#出料炉门接近开关
4	ZR-KFFR，10×1.5	2#出料炉门主令控制器
4	ZR-KFFR，4×1.5	2#出料炉门接近开关
4	ZR-KVVRP，6×1.5	升降位移传感器信号及电源
6	ZR-KVVR，10×1.5	升降缸位置检测接近开关
4	ZR-KVVRP，6×1.5	平移位移传感器信号及电源
6	ZR-KVVR，10×1.5	平移缸位置检测接近开关
2	ZR-KVVR，4×1.5	激光检测器接收端信号
6	ZR-KVVR，10×1.5	炉底排水操作箱（+WX01）

PLC系统 汽化子站 +H1AR03

5	ZR-KVVR，6×1.5	汽包紧急排水阀行程转矩开关
16	ZR-KVVR，20×1.5	汽包阀门操作箱（+H3AR02）
19 17	ZR-KVVR，20×1.5；ZR-KVVR，20×1.5	汽化冷却操作箱（+H3AR01）
2	ZR-KVVR，4×1.5	柴油机给水泵
2	ZR-KVVR，4×1.5	柴油机循环泵

PLC系统 装料操作台子站 +H1PP01

22	ZR-KVVR，24×1.5	煤气阀门操作箱（+H4AR01）
5	ZR-KVVR，6×1.5	煤气蝶阀转矩行程开关
5	ZR-KVVR，6×1.5	盲板阀走板转矩行程开关
5	ZR-KVVR，6×1.5	盲板阀压紧转矩行程开关

12.3.9 网络系统控制电缆连接

PLC系统 液压子站（+H1AM01）

6XV1 830-0ET20

PLC系统 炉底子站（+H1AM02）

6XV1 830-0ET20

PLC系统 炉顶子站（+H1AM03）

6XV1 830-0ET20

PLC系统 汽化子站（+H1AR03）

6XV1 830-0ET20

PLC系统 主站（+H1RE01）

6XV1 830-0ET20

PLC系统 MCC子站（+MCC01-11）

6XV1 830-0ET20

PLC系统 装料操作台子站（+H1PP01）

PLC系统 操作员站（+H5AR05）

以太网线

PLC系统 工程师站

以太网线

12.4 炉区电气

12.4.1 助燃风机房电缆埋管

流量开关
温度开关

助燃风机入口
电动执行机构

◆ 助燃风机房电缆埋管视图（1）

风机前后轴承测温

3# 2# 1#

加热器及测温元件

主电机

◆ 助燃风机房电缆埋管视图（2）

◆ 助燃风机房电缆埋管示意图

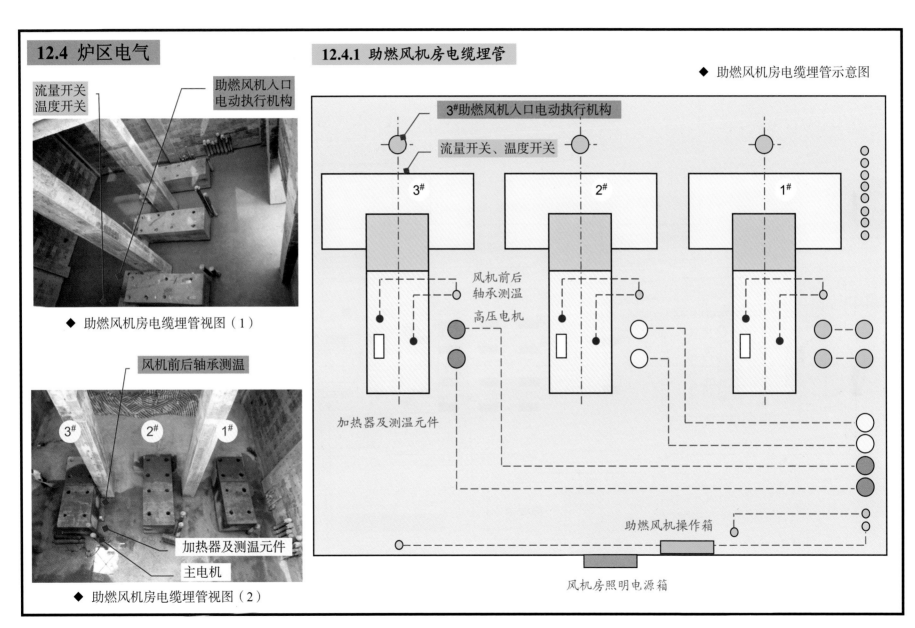

3#助燃风机入口电动执行机构

流量开关、温度开关

3#   2#   1#

风机前后
轴承测温

高压电机

加热器及测温元件

助燃风机操作箱

风机房照明电源箱

12.4.2 炉底电缆埋管

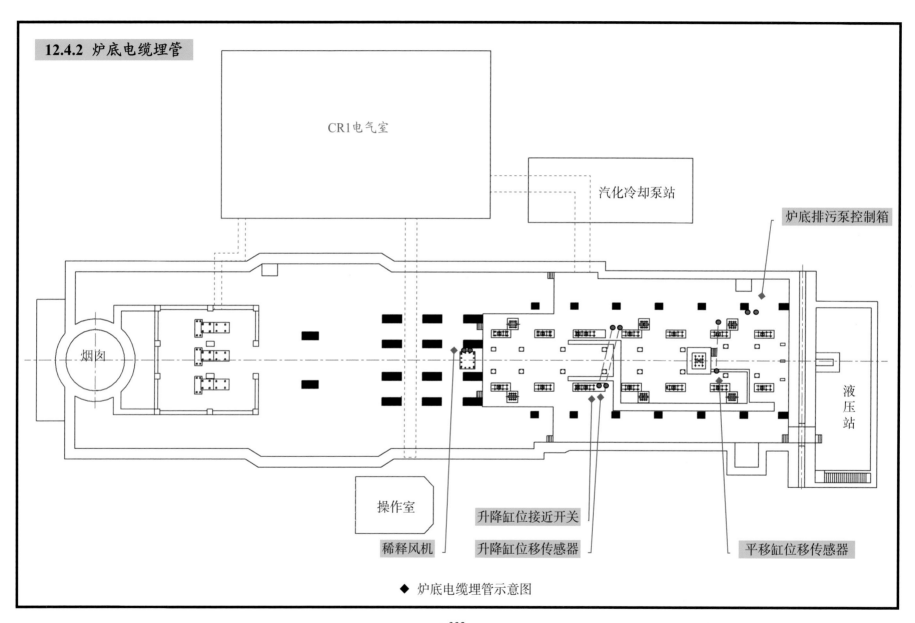

CR1电气室

汽化冷却泵站

炉底排污泵控制箱

烟囱

液压站

操作室

稀释风机

升降缸位接近开关

升降缸位移传感器

平移缸位移传感器

◆ 炉底电缆埋管示意图

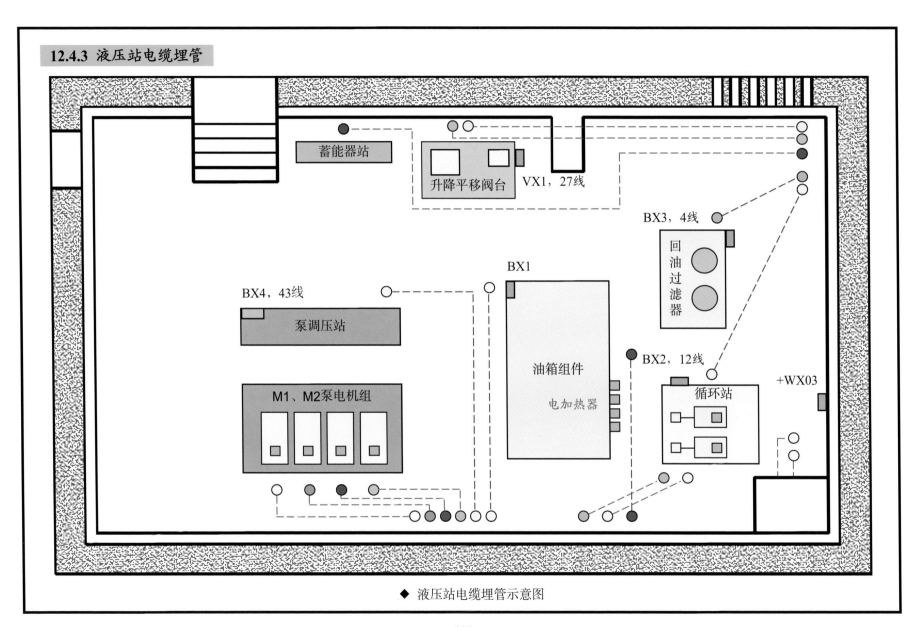

蓄能器站

升降平移阀台　VX1，27线

BX3，4线

回油过滤器

BX1

BX4，43线

泵调压站

油箱组件

电加热器

BX2，12线

循环站

+WX03

M1、M2泵电机组

◆ 液压站电缆埋管示意图

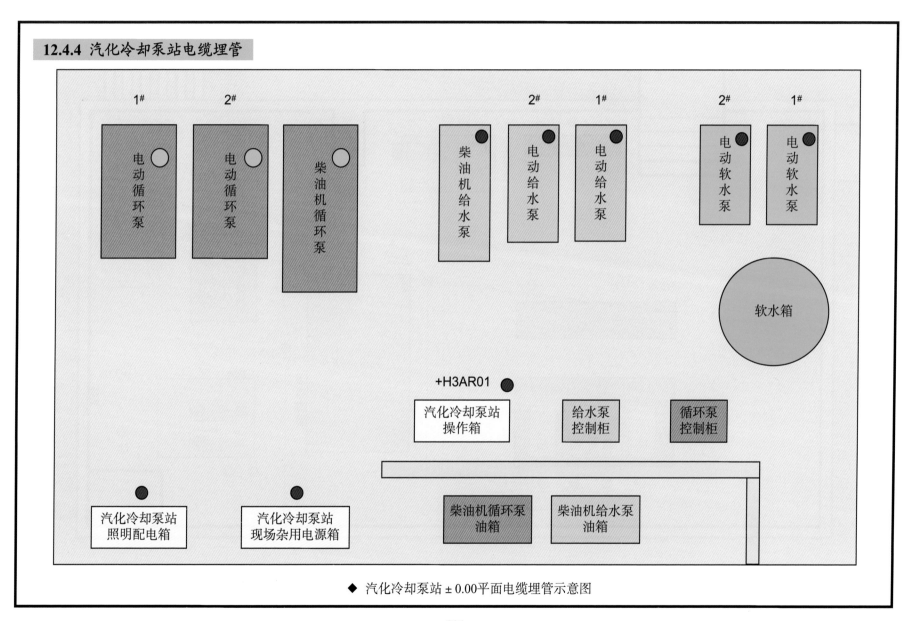

◆ 汽化冷却泵站±0.00平面电缆埋管示意图

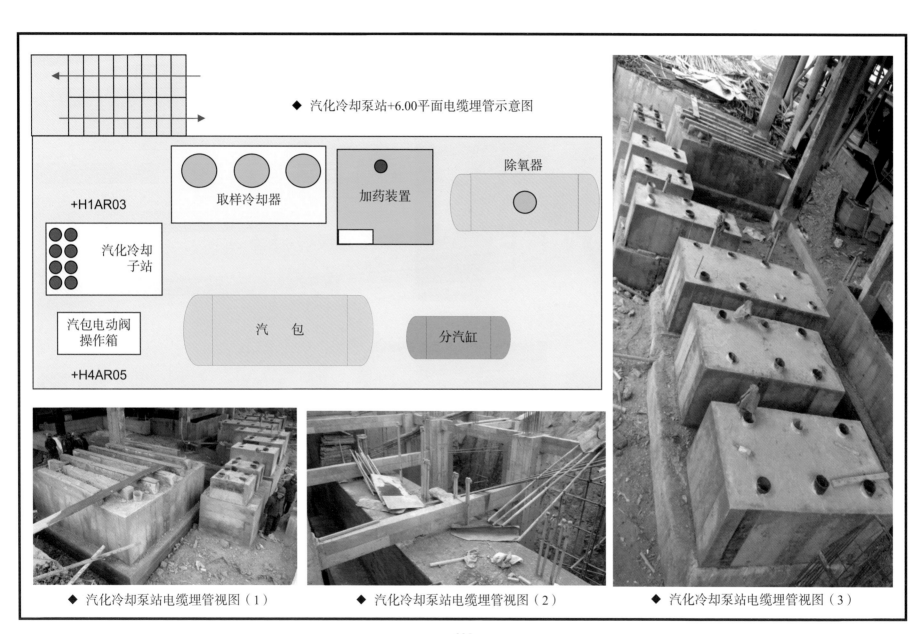

◆ 汽化冷却泵站+6.00平面电缆埋管示意图

+H1AR03

取样冷却器

加药装置

除氧器

汽化冷却
子站

汽包电动阀
操作箱

汽　包

分汽缸

+H4AR05

◆ 汽化冷却泵站电缆埋管视图（1）　　　　◆ 汽化冷却泵站电缆埋管视图（2）　　　　◆ 汽化冷却泵站电缆埋管视图（3）

12.4.5 航空障碍灯

CH-21软启动闪光障碍灯

单层，4套，闪光频率：15～100次/min

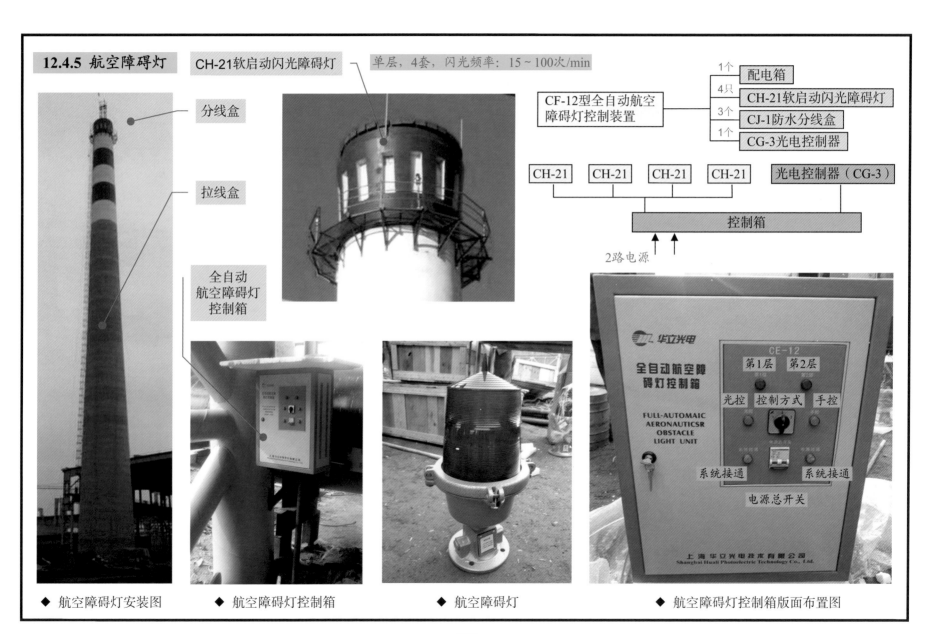

CF-12型全自动航空障碍灯控制装置

1个 —— 配电箱
4只 —— CH-21软启动闪光障碍灯
3个 —— CJ-1防水分线盒
1个 —— CG-3光电控制器

CH-21　CH-21　CH-21　CH-21　　光电控制器（CG-3）

控制箱

2路电源

分线盒

拉线盒

全自动
航空障碍灯
控制箱

华立光电

CE-12

全自动航空障
碍灯控制箱

第1层　第2层

光控　控制方式　手控

FULL-AUTOMAIC
AERONAUTICSR
OBSTACLE
LIGHT UNIT

系统接通　　系统接通

电源总开关

上海华立光电技术有限公司
Shanghai Huali Photoelectric Technology Co., Ltd.

◆ 航空障碍灯安装图　　◆ 航空障碍灯控制箱　　◆ 航空障碍灯　　◆ 航空障碍灯控制箱版面布置图

12.4.6 烟囱防雷接地

防雷接地材料
- 接地干线，镀锌扁钢，−40×4
- 接地支线，镀锌扁钢，−25×4
- 接地极，角钢，L50×50×4
- 避雷针，镀锌圆钢，φ25
- 避雷带，镀锌圆钢，φ25

避雷针 φ25

避雷带 φ25

◆ 烟囱防雷接地

12.5 炉区杂用电源

12.5.1 概述

现场杂用电源箱
- +G3AS08，炉底现场杂用电源箱
- +G3AS09，汽化现场杂用电源箱
- +G3AS10，1#炉体现场杂用电源箱
- +G3AS11，2#炉体现场杂用电源箱

现场杂用电源箱
- 电源指示
- 380V，AC，32A
- 220V，AC，16A
- 36V，AC，16A
- 36V，AC，16A

12.5.2 现场杂用电源箱

电源指示

| 380V AC 32A | 220V AC 16A | 36V AC 16A | 36V AC 16A |

◆ 现场杂用电源箱

+G3AS09
汽化冷却泵站现场杂用电源箱

◆ 汽化冷却泵站现场杂用电源箱

+G3AS010
1#炉体现场
杂用电源箱

◆ 炉体现场杂用电源箱（1）

+G3AS011
2#炉体现场
杂用电源箱

◆ 炉体现场杂用电源箱（2）

+G3AS08
炉底现场杂用电源箱

◆ 炉底现场杂用电源箱

12.6 电气控制

12.6.1 概述

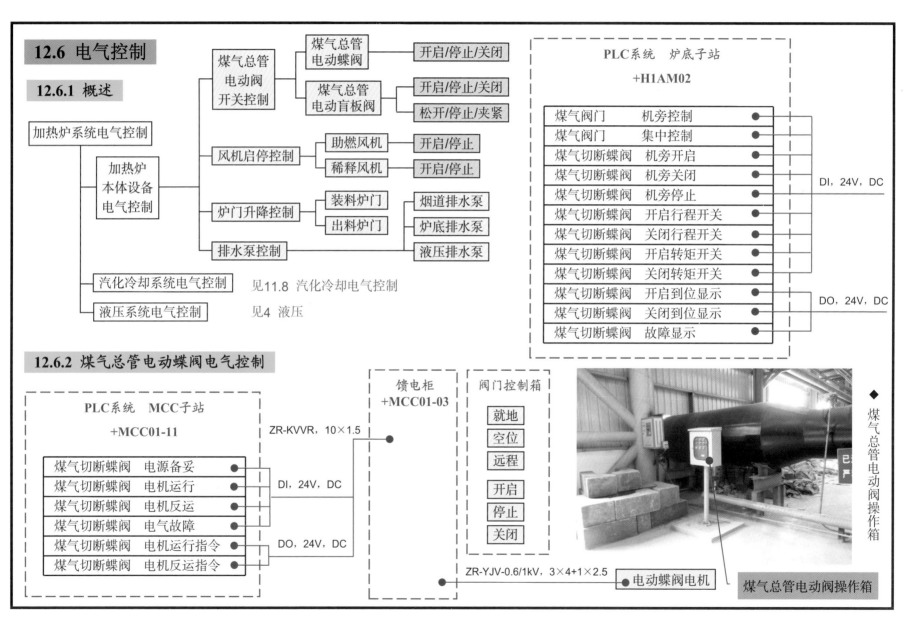

加热炉系统电气控制
- 加热炉本体设备电气控制
  - 煤气总管电动阀开关控制
    - 煤气总管电动蝶阀 → 开启/停止/关闭
    - 煤气总管电动盲板阀 → 开启/停止/关闭；松开/停止/夹紧
  - 风机启停控制
    - 助燃风机 → 开启/停止
    - 稀释风机 → 开启/停止
  - 炉门升降控制
    - 装料炉门
    - 出料炉门
  - 排水泵控制
    - 烟道排水泵
    - 炉底排水泵
    - 液压排水泵
- 汽化冷却系统电气控制　见11.8 汽化冷却电气控制
- 液压系统电气控制　见4 液压

PLC系统　炉底子站　+H1AM02

煤气阀门	机旁控制	●
煤气阀门	集中控制	●
煤气切断蝶阀	机旁开启	●
煤气切断蝶阀	机旁关闭	●
煤气切断蝶阀	机旁停止	●
煤气切断蝶阀	开启行程开关	●
煤气切断蝶阀	关闭行程开关	●
煤气切断蝶阀	开启转矩开关	●
煤气切断蝶阀	关闭转矩开关	●
煤气切断蝶阀	开启到位显示	●
煤气切断蝶阀	关闭到位显示	●
煤气切断蝶阀	故障显示	●

DI, 24V, DC
DO, 24V, DC

12.6.2 煤气总管电动蝶阀电气控制

PLC系统　MCC子站　+MCC01-11

煤气切断蝶阀	电源备妥	●
煤气切断蝶阀	电机运行	●
煤气切断蝶阀	电机反运	●
煤气切断蝶阀	电气故障	●
煤气切断蝶阀	电机运行指令	●
煤气切断蝶阀	电机反运指令	●

DI, 24V, DC
DO, 24V, DC

ZR-KVVR, 10×1.5

馈电柜 +MCC01-03

阀门控制箱
- 就地
- 空位
- 远程
- 开启
- 停止
- 关闭

ZR-YJV-0.6/1kV, 3×4+1×2.5 → 电动蝶阀电机

◆煤气总管电动阀操作箱

煤气总管电动阀操作箱

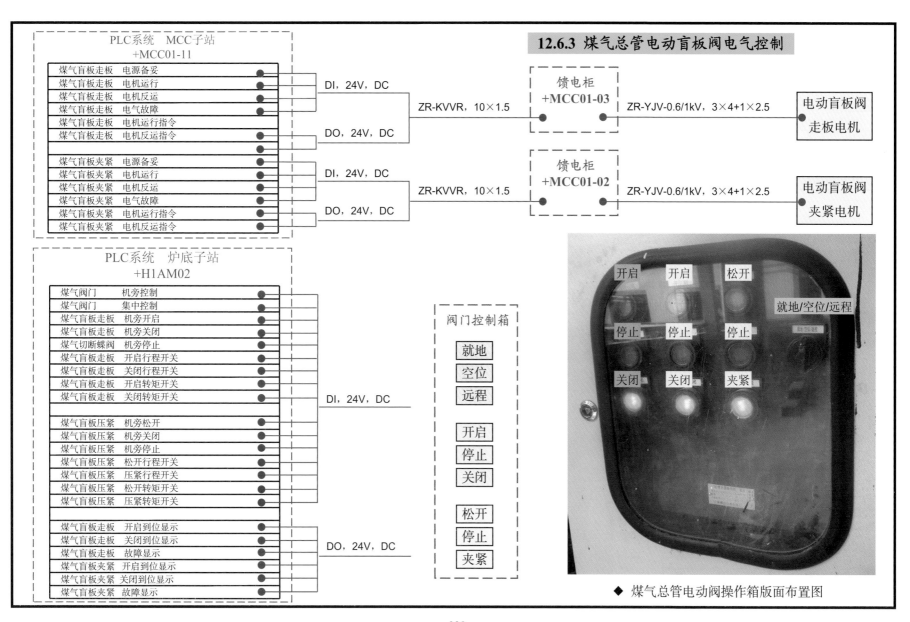

12.6.3 煤气总管电动盲板阀电气控制

PLC系统　MCC子站
+MCC01-11

煤气盲板走板	电源备妥
煤气盲板走板	电机运行
煤气盲板走板	电机反运
煤气盲板走板	电气故障
煤气盲板走板	电机运行指令
煤气盲板走板	电机反运指令
煤气盲板夹紧	电源备妥
煤气盲板夹紧	电机运行
煤气盲板夹紧	电机反运
煤气盲板夹紧	电气故障
煤气盲板夹紧	电机运行指令
煤气盲板夹紧	电机反运指令

DI, 24V, DC
DO, 24V, DC
DI, 24V, DC
DO, 24V, DC

ZR-KVVR, 10×1.5

馈电柜
+MCC01-03
ZR-YJV-0.6/1kV, 3×4+1×2.5

电动盲板阀
走板电机

馈电柜
+MCC01-02
ZR-YJV-0.6/1kV, 3×4+1×2.5

电动盲板阀
夹紧电机

PLC系统　炉底子站
+H1AM02

煤气阀门	机旁控制
煤气阀门	集中控制
煤气盲板走板	机旁开启
煤气盲板走板	机旁关闭
煤气切断蝶阀	机旁停止
煤气盲板走板	开启行程开关
煤气盲板走板	关闭行程开关
煤气盲板走板	开启转矩开关
煤气盲板走板	关闭转矩开关
煤气盲板压紧	机旁松开
煤气盲板压紧	机旁关闭
煤气盲板压紧	机旁停止
煤气盲板压紧	松开行程开关
煤气盲板压紧	压紧行程开关
煤气盲板压紧	松开转矩开关
煤气盲板压紧	压紧转矩开关
煤气盲板走板	开启到位显示
煤气盲板走板	关闭到位显示
煤气盲板走板	故障显示
煤气盲板夹紧	开启到位显示
煤气盲板夹紧	关闭到位显示
煤气盲板夹紧	故障显示

DI, 24V, DC
DO, 24V, DC

阀门控制箱

就地
空位
远程

开启
停止
关闭

松开
停止
夹紧

◆ 煤气总管电动阀操作箱版面布置图

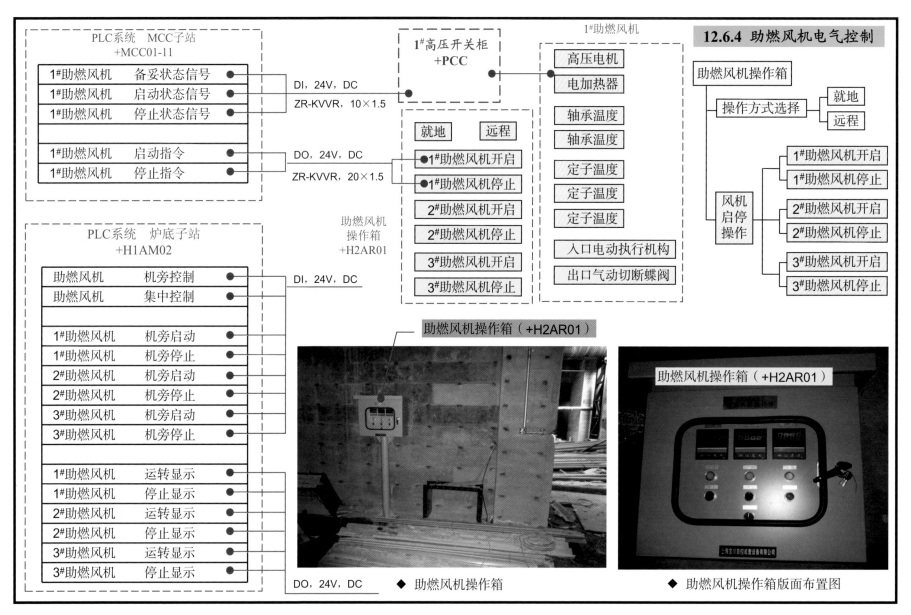

12.6.4 助燃风机电气控制

PLC系统　MCC子站 +MCC01-11

1#助燃风机	备妥状态信号
1#助燃风机	启动状态信号
1#助燃风机	停止状态信号
1#助燃风机	启动指令
1#助燃风机	停止指令

DI，24V，DC
ZR-KVVR，10×1.5

DO，24V，DC
ZR-KVVR，20×1.5

1#高压开关柜 +PCC

1#助燃风机

高压电机
电加热器
轴承温度
轴承温度
定子温度
定子温度
定子温度
入口电动执行机构
出口气动切断蝶阀

助燃风机操作箱 +H2AR01

就地　远程

1#助燃风机开启
1#助燃风机停止
2#助燃风机开启
2#助燃风机停止
3#助燃风机开启
3#助燃风机停止

助燃风机操作箱 → 操作方式选择 → 就地／远程

风机启停操作 →
1#助燃风机开启
1#助燃风机停止
2#助燃风机开启
2#助燃风机停止
3#助燃风机开启
3#助燃风机停止

PLC系统　炉底子站 +H1AM02

助燃风机	机旁控制
助燃风机	集中控制
1#助燃风机	机旁启动
1#助燃风机	机旁停止
2#助燃风机	机旁启动
2#助燃风机	机旁停止
3#助燃风机	机旁启动
3#助燃风机	机旁停止
1#助燃风机	运转显示
1#助燃风机	停止显示
2#助燃风机	运转显示
2#助燃风机	停止显示
3#助燃风机	运转显示
3#助燃风机	停止显示

DI，24V，DC

DO，24V，DC

助燃风机操作箱（+H2AR01）

◆ 助燃风机操作箱

助燃风机操作箱（+H2AR01）

◆ 助燃风机操作箱版面布置图

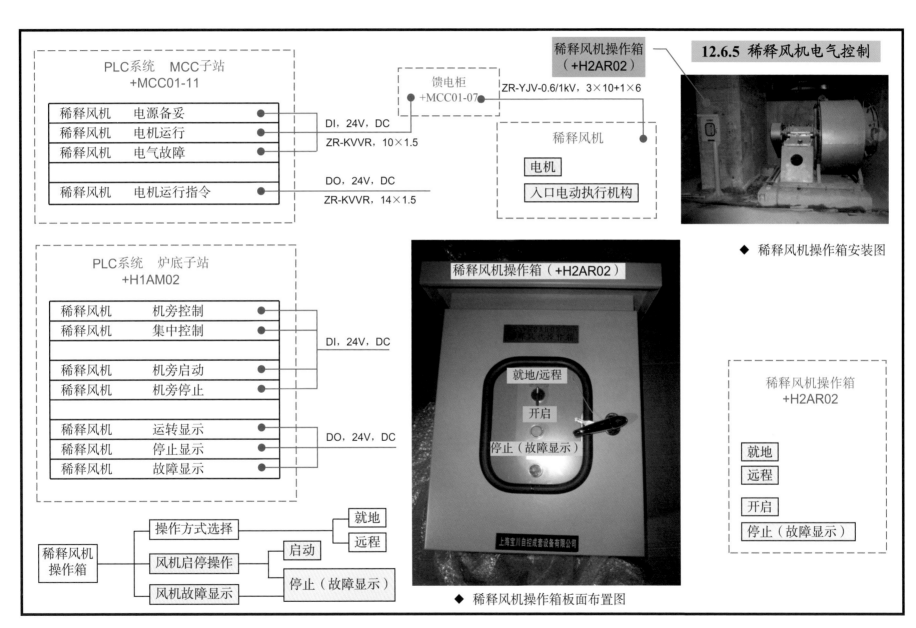

12.6.5 稀释风机电气控制

PLC系统 MCC子站 +MCC01-11

稀释风机	电源备妥	●
稀释风机	电机运行	●
稀释风机	电气故障	●
稀释风机	电机运行指令	●

DI，24V，DC
ZR-KVVR，10×1.5

DO，24V，DC
ZR-KVVR，14×1.5

馈电柜 +MCC01-07

ZR-YJV-0.6/1kV，3×10+1×6

稀释风机操作箱（+H2AR02）

稀释风机

| 电机 |
| 入口电动执行机构 |

◆ 稀释风机操作箱安装图

PLC系统 炉底子站 +H1AM02

稀释风机	机旁控制	●
稀释风机	集中控制	●
稀释风机	机旁启动	●
稀释风机	机旁停止	●
稀释风机	运转显示	●
稀释风机	停止显示	●
稀释风机	故障显示	●

DI，24V，DC

DO，24V，DC

稀释风机操作箱（+H2AR02）

就地/远程

开启

停止（故障显示）

上海宝川自控成套设备有限公司

◆ 稀释风机操作箱板面布置图

稀释风机操作箱 +H2AR02

| 就地 |
| 远程 |
| 开启 |
| 停止（故障显示） |

稀释风机操作箱	操作方式选择	就地
		远程
	风机启停操作	启动
		停止（故障显示）
	风机故障显示	

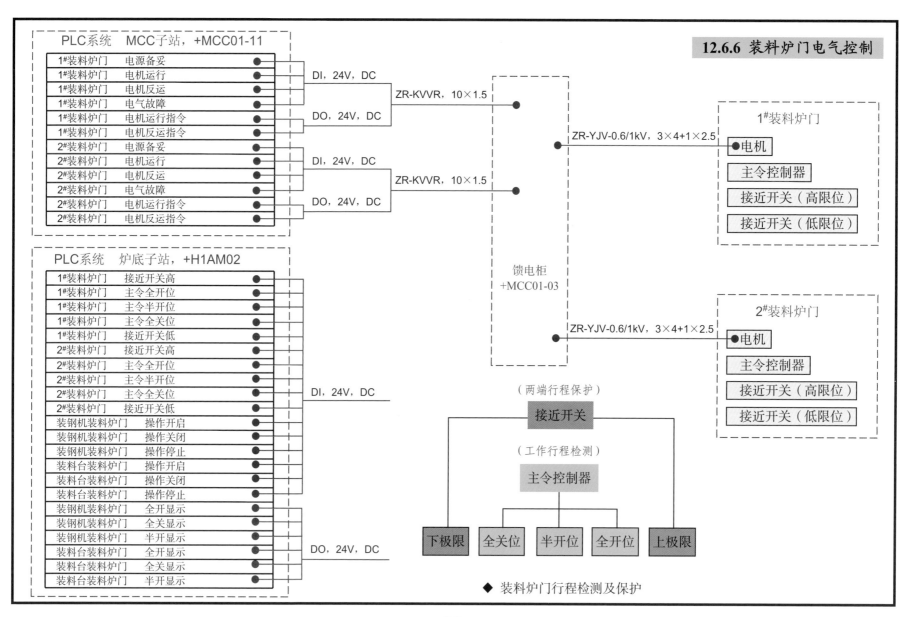

12.6.6 装料炉门电气控制

PLC系统　MCC子站，+MCC01-11

1#装料炉门	电源备妥
1#装料炉门	电机运行
1#装料炉门	电机反运
1#装料炉门	电气故障
1#装料炉门	电机运行指令
1#装料炉门	电机反运指令
2#装料炉门	电源备妥
2#装料炉门	电机运行
2#装料炉门	电机反运
2#装料炉门	电气故障
2#装料炉门	电机运行指令
2#装料炉门	电机反运指令

DI，24V，DC
DO，24V，DC
DI，24V，DC
DO，24V，DC

ZR-KVVR，10×1.5
ZR-KVVR，10×1.5

ZR-YJV-0.6/1kV，3×4+1×2.5
ZR-YJV-0.6/1kV，3×4+1×2.5

馈电柜
+MCC01-03

1#装料炉门
电机
主令控制器
接近开关（高限位）
接近开关（低限位）

2#装料炉门
电机
主令控制器
接近开关（高限位）
接近开关（低限位）

PLC系统　炉底子站，+H1AM02

1#装料炉门	接近开关高
1#装料炉门	主令全开位
1#装料炉门	主令半开位
1#装料炉门	主令全关位
1#装料炉门	接近开关低
2#装料炉门	接近开关高
2#装料炉门	主令全开位
2#装料炉门	主令半开位
2#装料炉门	主令全关位
2#装料炉门	接近开关低
装钢机装料炉门	操作开启
装钢机装料炉门	操作关闭
装钢机装料炉门	操作停止
装料台装料炉门	操作开启
装料台装料炉门	操作关闭
装料台装料炉门	操作停止
装钢机装料炉门	全开显示
装钢机装料炉门	全关显示
装钢机装料炉门	半开显示
装料台装料炉门	全开显示
装料台装料炉门	全关显示
装料台装料炉门	半开显示

DI，24V，DC
DO，24V，DC

（两端行程保护）
接近开关

（工作行程检测）
主令控制器

下极限　全关位　半开位　全开位　上极限

◆ 装料炉门行程检测及保护

342 ·

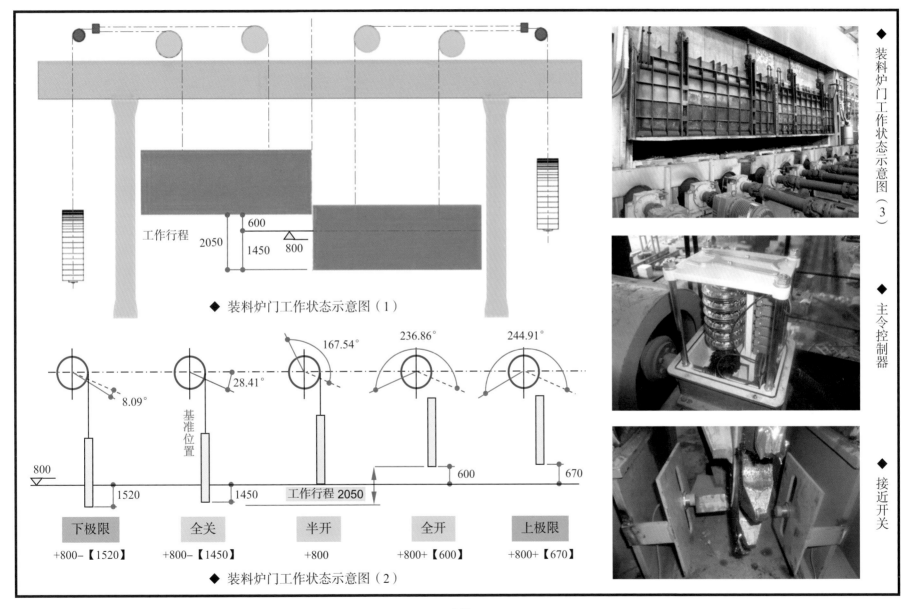

工作行程

600
2050
1450
800

◆ 装料炉门工作状态示意图（1）

167.54°
236.86°
244.91°
28.41°
8.09°

基准位置

800

1520
1450
工作行程 2050
600
670

| 下极限 | 全关 | 半开 | 全开 | 上极限 |

+800−【1520】　　+800−【1450】　　+800　　+800+【600】　　+800+【670】

◆ 装料炉门工作状态示意图（2）

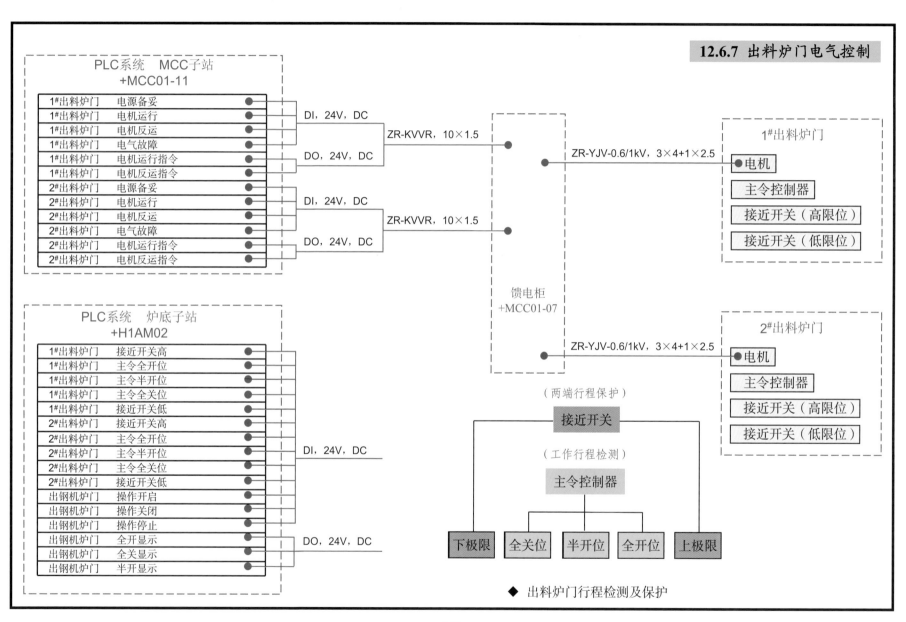

◆ 出料炉门行程检测及保护

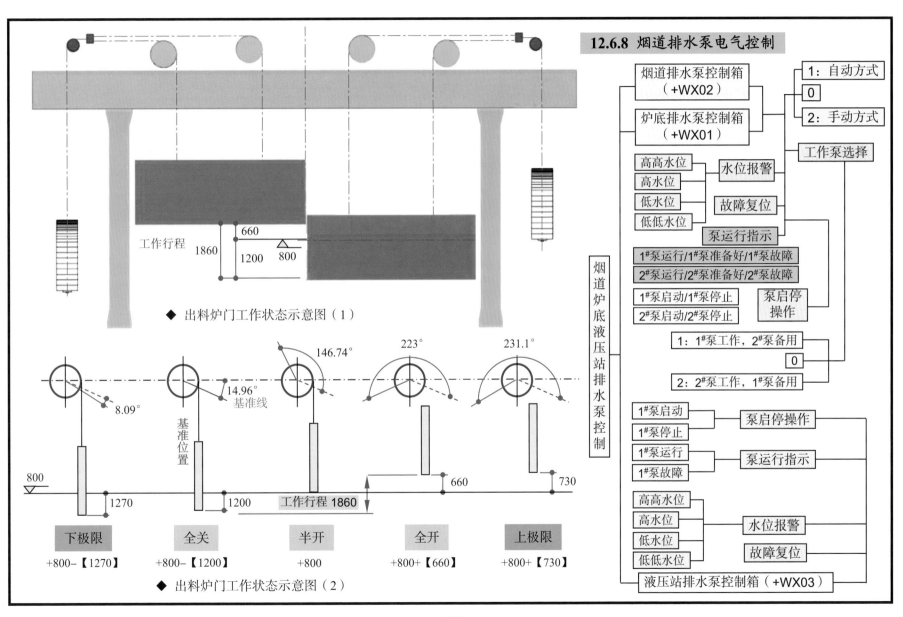

12.6.8 烟道排水泵电气控制

烟道排水泵控制箱（+WX02）

炉底排水泵控制箱（+WX01）

1：自动方式

0

2：手动方式

工作泵选择

高高水位
高水位
低水位
低低水位

水位报警

故障复位

泵运行指示

1#泵运行/1#泵准备好/1#泵故障

2#泵运行/2#泵准备好/2#泵故障

1#泵启动/1#泵停止
2#泵启动/2#泵停止

泵启停操作

1：1#泵工作，2#泵备用

0

2：2#泵工作，1#泵备用

1#泵启动
1#泵停止

泵启停操作

1#泵运行
1#泵故障

泵运行指示

高高水位
高水位
低水位
低低水位

水位报警

故障复位

液压站排水泵控制箱（+WX03）

烟道炉底液压站排水泵控制

◆ 出料炉门工作状态示意图（1）

工作行程
660
1860
1200
800

◆ 出料炉门工作状态示意图（2）

146.74° 223° 231.1°

8.09° 14.96° 基准线
基准位置

800
1270 1200 工作行程 1860 660 730

下极限	全关	半开	全开	上极限
+800-【1270】	+800-【1200】	+800	+800+【660】	+800+【730】

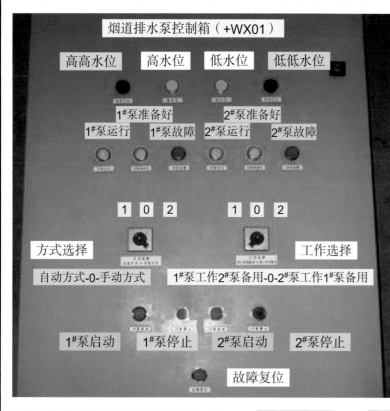

烟道排水泵控制箱（+WX01）

高高水位　　高水位　　低水位　　低低水位

1#泵准备好　　　　　2#泵准备好
1#泵运行　1#泵故障　2#泵运行　2#泵故障

1　0　2　　　1　0　2

方式选择　　　　　　　　　工作选择

自动方式-0-手动方式　1#泵工作2#泵备用-0-2#泵工作1#泵备用

1#泵启动　1#泵停止　2#泵启动　2#泵停止

故障复位

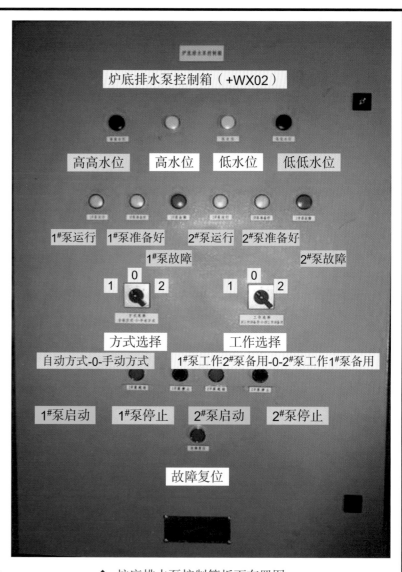

炉底排水泵控制箱（+WX02）

高高水位　　高水位　　低水位　　低低水位

1#泵运行　1#泵准备好　2#泵运行　2#泵准备好
1#泵故障　　　　　　　　　2#泵故障

1　0　2　　　1　0　2

方式选择　　　　　工作选择
自动方式-0-手动方式　1#泵工作2#泵备用-0-2#泵工作1#泵备用

1#泵启动　1#泵停止　2#泵启动　2#泵停止

故障复位

◆ 烟道排水泵控制箱板面布置图

12.6.9 炉底排水泵电气控制

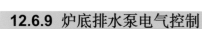

烟道排水泵
控制箱
（+WX01）

炉底排水泵
控制箱
（+WX02）

◆ 炉底排水泵控制箱现场安装图　　◆ 烟道排水泵控制箱现场安装图　　◆ 炉底排水泵控制箱板面布置图

12.6.10 液压站排水泵电气控制

液压站排水泵
控制箱
（+WX03）

◆ 液压站排水泵控制箱现场安装图

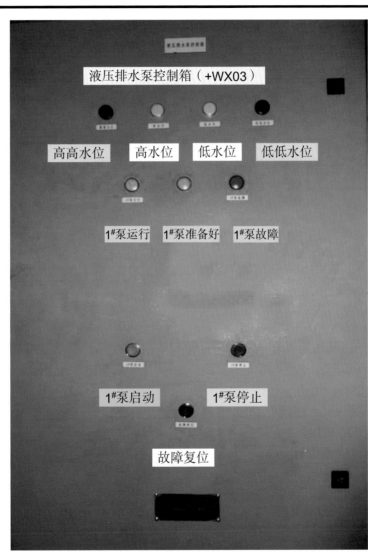

液压排水泵控制箱（+WX03）

高高水位　　高水位　　低水位　　低低水位

1#泵运行　　1#泵准备好　　1#泵故障

1#泵启动　　　　1#泵停止

故障复位

◆ 液压站排水泵控制箱板面布置图

12.6.11 干油泵电气控制

干油泵控制箱

◆ 干油泵控制箱现场安装图

12.7 炉区照明

12.7.1 概述

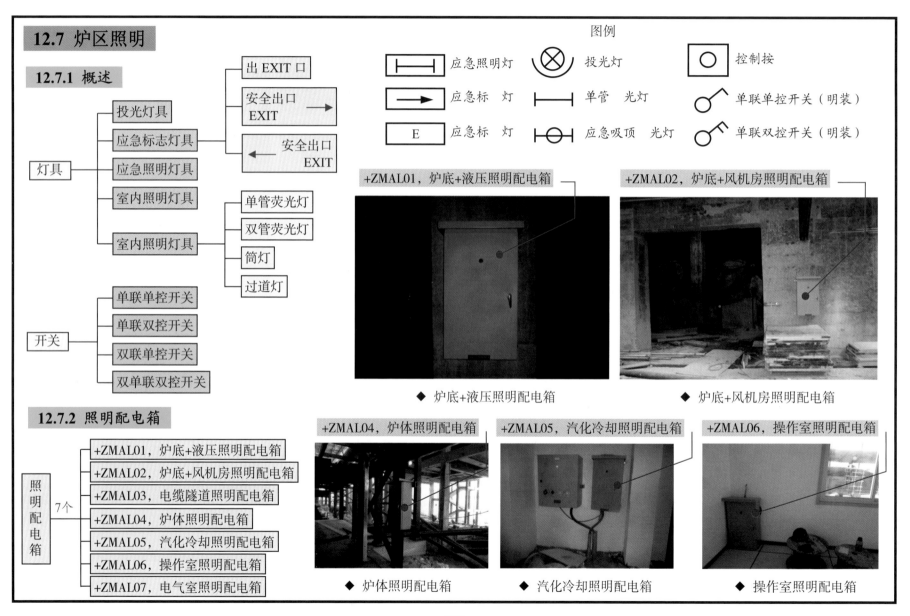

图例

⊣_⊢	应急照明灯	⊗	投光灯	◎	控制按
→	应急标 灯	⊢─┤	单管 光灯	⟋	单联单控开关（明装）
E	应急标 灯	⊢⊗┤	应急吸顶 光灯	⟋	单联双控开关（明装）

灯具
- 投光灯具
- 应急标志灯具
  - 出 EXIT 口
  - 安全出口 EXIT →
  - ← 安全出口 EXIT
- 应急照明灯具
- 室内照明灯具
- 室内照明灯具
  - 单管荧光灯
  - 双管荧光灯
  - 筒灯
  - 过道灯

开关
- 单联单控开关
- 单联双控开关
- 双联单控开关
- 双单联双控开关

+ZMAL01，炉底+液压照明配电箱

+ZMAL02，炉底+风机房照明配电箱

◆ 炉底+液压照明配电箱

◆ 炉底+风机房照明配电箱

12.7.2 照明配电箱

照明配电箱 —— 7个
- +ZMAL01，炉底+液压照明配电箱
- +ZMAL02，炉底+风机房照明配电箱
- +ZMAL03，电缆隧道照明配电箱
- +ZMAL04，炉体照明配电箱
- +ZMAL05，汽化冷却照明配电箱
- +ZMAL06，操作室照明配电箱
- +ZMAL07，电气室照明配电箱

+ZMAL04，炉体照明配电箱

+ZMAL05，汽化冷却照明配电箱

+ZMAL06，操作室照明配电箱

◆ 炉体照明配电箱

◆ 汽化冷却照明配电箱

◆ 操作室照明配电箱

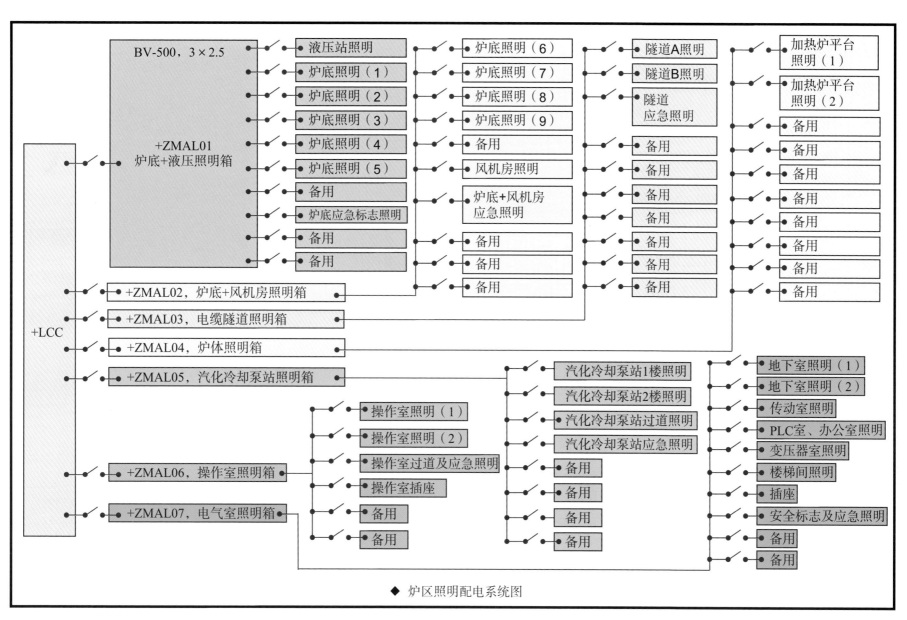

◆ 炉区照明配电系统图

13 仪 表

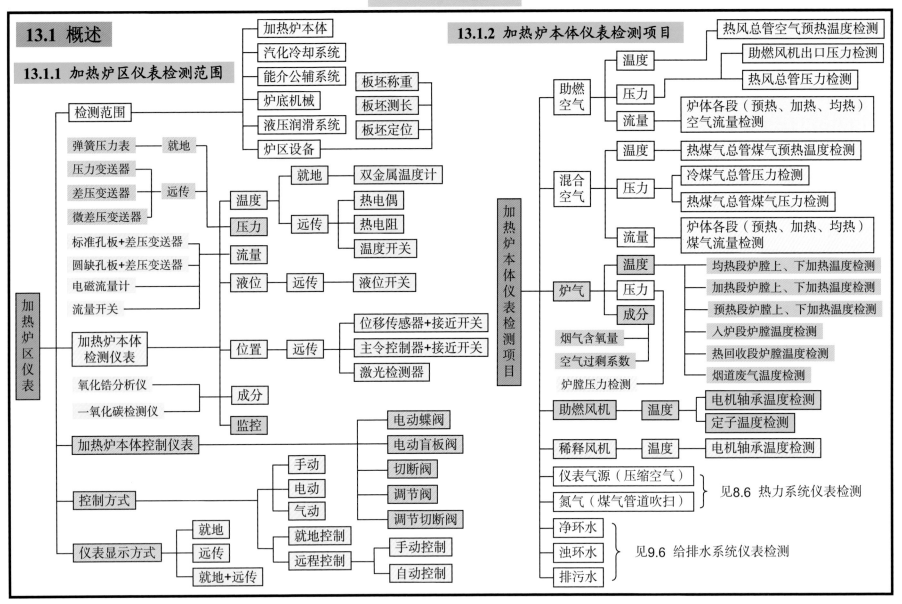

13.1 概述

13.1.1 加热炉区仪表检测范围

检测范围：
- 加热炉本体
- 汽化冷却系统
- 能介公辅系统
- 炉底机械
- 液压润滑系统
- 炉区设备
  - 板坯称重
  - 板坯测长
  - 板坯定位

加热炉区仪表

加热炉本体检测仪表：
- 弹簧压力表 — 就地
- 压力变送器 / 差压变送器 / 微差压变送器 — 远传
- 标准孔板+差压变送器 / 圆缺孔板+差压变送器 / 电磁流量计 / 流量开关
- 氧化锆分析仪 / 一氧化碳检测仪

温度：
- 就地 — 双金属温度计
- 远传 — 热电偶 / 热电阻 / 温度开关

压力
流量
液位 — 远传 — 液位开关
位置 — 远传 — 位移传感器+接近开关 / 主令控制器+接近开关 / 激光检测器
成分
监控

加热炉本体控制仪表：
- 电动蝶阀
- 电动盲板阀
- 切断阀
- 调节阀
- 调节切断阀

控制方式：
- 手动 / 电动 / 气动
- 就地控制
- 远程控制 — 手动控制 / 自动控制

仪表显示方式：
- 就地 / 远传 / 就地+远传

13.1.2 加热炉本体仪表检测项目

加热炉本体仪表检测项目

助燃空气：
- 温度 — 热风总管空气预热温度检测 / 助燃风机出口压力检测
- 压力 — 热风总管压力检测
- 流量 — 炉体各段（预热、加热、均热）空气流量检测

混合空气：
- 温度 — 热煤气总管煤气预热温度检测
- 压力 — 冷煤气总管压力检测 / 热煤气总管煤气压力检测
- 流量 — 炉体各段（预热、加热、均热）煤气流量检测

炉气：
- 温度 — 均热段炉膛上、下加热温度检测 / 加热段炉膛上、下加热温度检测 / 预热段炉膛上、下加热温度检测 / 入炉段炉膛温度检测 / 热回收段炉膛温度检测 / 烟道废气温度检测
- 压力
- 成分

烟气含氧量
空气过剩系数
炉膛压力检测

助燃风机 — 温度 — 电机轴承温度检测 / 定子温度检测

稀释风机 — 温度 — 电机轴承温度检测

仪表气源（压缩空气）
氮气（煤气管道吹扫）
　　　　　　见8.6 热力系统仪表检测

净环水
浊环水
排污水
　　　　　　见9.6 给排水系统仪表检测

13.1.3 加热炉本体仪表检测位号编制

TE－1 0 2 3A

设备代号

- 100*：共用及其他
- 101*：上预热段
- 102*：下预热段
- 103*：上加热段
- 104*：下加热段
- 105*：上均热段
- 106*：下均热段
- 107*：热回收段及入炉段
- 108*：烟道闸板
- 109*：混合煤气总管
- 110*：助燃空气总管
- 111*：空气预热器前
- 112*：空气预热器后
- 113*：煤气预热器后
- 114*：净环水系统
- 115*：浊环水系统
- 116*：仪表气源管路
- 117*：稀释风机
- 118*：1号助燃风机
- 119*：2号助燃风机
- 120*：3号助燃风机

仪表功能

- AI：分析指示
- AT：分析变送
- FCV：流量控制阀
- FE：流量检测
- FQ：流量累积
- FS：流量开关
- FT：流量变送
- LCV：液位控制阀
- LS：物位开关
- LT：液位变送
- PCV：压力控制阀
- PdT：压力差变送
- PE：压力检测
- PI：压力指示
- PS：压力开关
- PT：压力变送
- TCV：温度控制阀
- TE：温度检测
- TI：温度指示
- TS：温度开关
- UV：切断

- 1：加热炉
- 2：汽化冷却
- 3～9：预留

附加号：a~z，A~Z

- 21：汽包
- 22：除氧器
- 23：过热器
- 24：热水循环泵入口
- 25：热水循环泵出口
- 26：软水泵
- 27：软水箱
- 28：循环流量
- 29：分汽缸
- 30：电动给水泵
- 31：工业水
- 32：回路循环
- 33：循环回路节流孔板前
- 34：循环回路节流孔板后
- 35：回路上升管
- 36：氮气
- 37：加药溶解罐
- 38：炉底水梁立柱

- 00：公用及其他
- 01：上预热段
- 02：下预热段
- 03：上加热段
- 04：下加热段
- 05：上均热段
- 06：下均热段
- 07：热回收段及入炉段
- 08：烟道闸板
- 09：混合煤气总管
- 10：助燃空气总管
- 11：空气预热器前
- 12：空气预热器后
- 13：煤气预热器后
- 14：净环水系统
- 15：浊环水系统
- 16：仪表气源管路
- 17：稀释风机
- 18：1号助燃风机
- 19：2号助燃风机
- 20：3号助燃风机

- 0：其他
- 1：混合煤气
- 2：助燃空气
- 3：炉温
- 4：水
- 5：蒸汽
- 6：软水
- 7：排污
- 8：预留
- 9：预留

- A：分析；B：烧嘴
- C：控制；d：差
- E：检测元件；F：流量
- H：手动；I：指示
- L：物位；P：压力
- Q：累积；
- T：温度，传递
- U：多变量，多功能
- V：阀、风门、百叶窗
- Z：驱动、执行器

- 1000：加热炉其他
- 1001：加热炉煤气
- 1002：加热炉助燃空气
- 1011：加热炉上预热段煤气
- 1012：加热炉上预热段助燃空气
- 1013：加热炉煤气换热器后炉温
- 1021：加热炉下预热段煤气
- 1022：加热炉下预热段助燃空气
- 1023：加热炉下预热段炉温
- 1031：加热炉上加热段煤气
- 1032：加热炉上加热段助燃空气
- 1033：加热炉上加热段炉温
- 1041：加热炉下加热段煤气

- 1042：加热炉下加热段助燃空气
- 1043：加热炉下加热段炉温
- 1050：加热炉上均热段
- 1051：加热炉上均热段煤气
- 1052：加热炉上均热段助燃空气
- 1053：加热炉上均热段炉温
- 1061：加热炉下均热段煤气
- 1062：加热炉下均热段助燃空气
- 1063：加热炉下均热段炉温
- 1070：加热炉热回收段及入炉段
- 1073：加热炉热回收段及入炉段炉温

- 1080：加热炉烟道闸板
- 1091：加热炉煤气总管煤气
- 1102：加热炉助燃空气总管助燃空气
- 1110：加热炉空气预热器前
- 1120：加热炉空气预热器后
- 1130：加热炉煤气预热器后
- 1140：加热炉净环水系统

- 1150：加热炉浊环水系统
- 1160：加热仪表气源管路
- 1170：加热炉稀释风机
- 1182：加热炉1号助燃风机
- 1192：加热炉2号助燃风机
- 1202：加热炉3号助燃风机

13.2 加热炉本体检测项目

13.2.1 助燃空气系统仪表检测控制

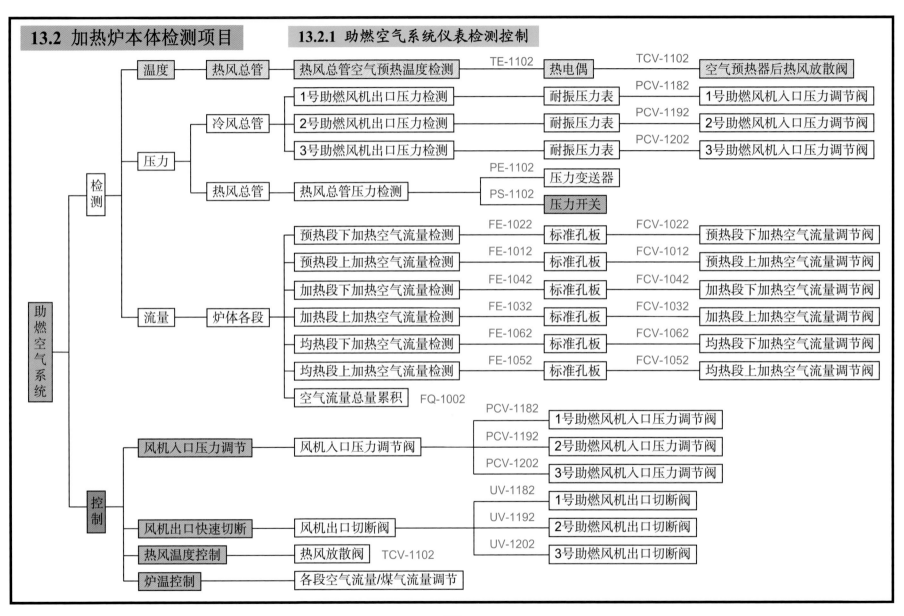

助燃空气系统
检测
温度 — 热风总管 — 热风总管空气预热温度检测 — TE-1102 — 热电偶 — TCV-1102 — 空气预热器后热风放散阀
压力 — 冷风总管 — 1号助燃风机出口压力检测 — 耐振压力表 — PCV-1182 — 1号助燃风机入口压力调节阀
— 2号助燃风机出口压力检测 — 耐振压力表 — PCV-1192 — 2号助燃风机入口压力调节阀
— 3号助燃风机出口压力检测 — 耐振压力表 — PCV-1202 — 3号助燃风机入口压力调节阀
— 热风总管 — 热风总管压力检测 — PE-1102 压力变送器 / PS-1102 压力开关
流量 — 炉体各段 — 预热段下加热空气流量检测 — FE-1022 标准孔板 — FCV-1022 预热段下加热空气流量调节阀
— 预热段上加热空气流量检测 — FE-1012 标准孔板 — FCV-1012 预热段上加热空气流量调节阀
— 加热段下加热空气流量检测 — FE-1042 标准孔板 — FCV-1042 加热段下加热空气流量调节阀
— 加热段上加热空气流量检测 — FE-1032 标准孔板 — FCV-1032 加热段上加热空气流量调节阀
— 均热段下加热空气流量检测 — FE-1062 标准孔板 — FCV-1062 均热段下加热空气流量调节阀
— 均热段上加热空气流量检测 — FE-1052 标准孔板 — FCV-1052 均热段上加热空气流量调节阀
— 空气流量总量累积 FQ-1002
控制
风机入口压力调节 — 风机入口压力调节阀 — PCV-1182 1号助燃风机入口压力调节阀 / PCV-1192 2号助燃风机入口压力调节阀 / PCV-1202 3号助燃风机入口压力调节阀
风机出口快速切断 — 风机出口切断阀 — UV-1182 1号助燃风机出口切断阀 / UV-1192 2号助燃风机出口切断阀 / UV-1202 3号助燃风机出口切断阀
热风温度控制 — 热风放散阀 TCV-1102
炉温控制 — 各段空气流量/煤气流量调节

13.2.2 煤气系统仪表检测控制

13.2.3 炉气烟气仪表检测控制

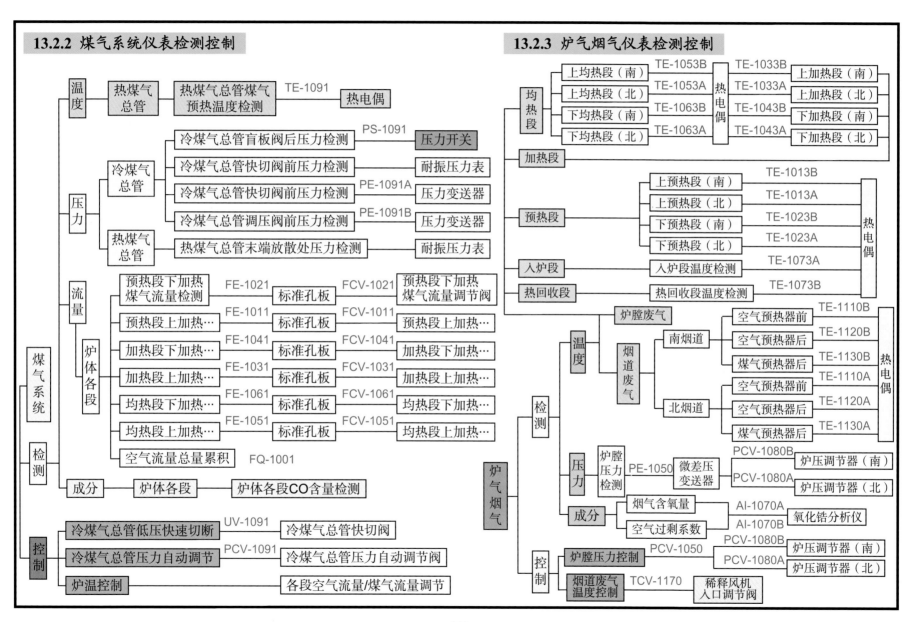

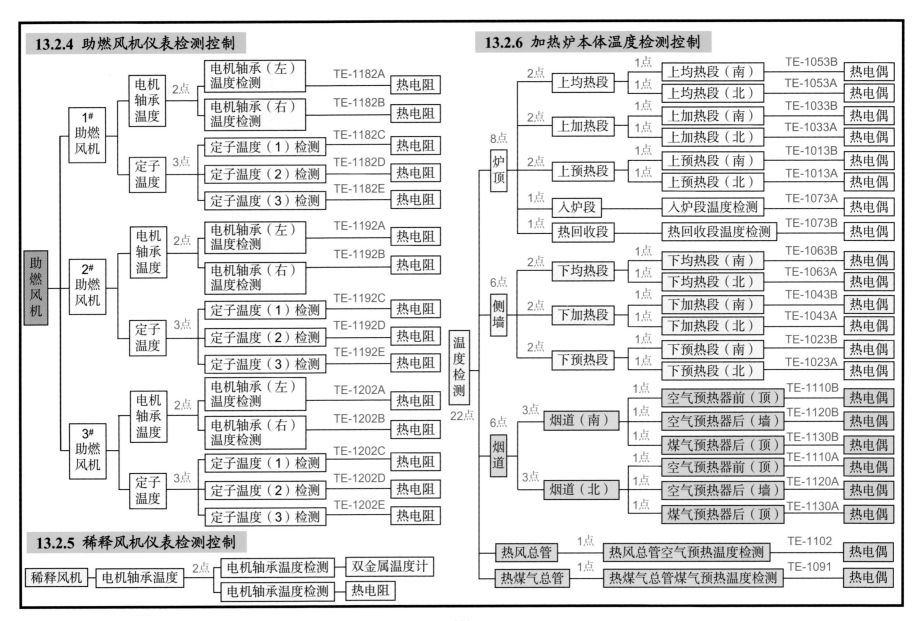

13.2.4 助燃风机仪表检测控制

助燃风机

1# 助燃风机
- 电机轴承温度 2点
  - 电机轴承（左）温度检测 — TE-1182A — 热电阻
  - 电机轴承（右）温度检测 — TE-1182B — 热电阻
- 定子温度 3点
  - 定子温度（1）检测 — TE-1182C — 热电阻
  - 定子温度（2）检测 — TE-1182D — 热电阻
  - 定子温度（3）检测 — TE-1182E — 热电阻

2# 助燃风机
- 电机轴承温度 2点
  - 电机轴承（左）温度检测 — TE-1192A — 热电阻
  - 电机轴承（右）温度检测 — TE-1192B — 热电阻
- 定子温度 3点
  - 定子温度（1）检测 — TE-1192C — 热电阻
  - 定子温度（2）检测 — TE-1192D — 热电阻
  - 定子温度（3）检测 — TE-1192E — 热电阻

3# 助燃风机
- 电机轴承温度 2点
  - 电机轴承（左）温度检测 — TE-1202A — 热电阻
  - 电机轴承（右）温度检测 — TE-1202B — 热电阻
- 定子温度 3点
  - 定子温度（1）检测 — TE-1202C — 热电阻
  - 定子温度（2）检测 — TE-1202D — 热电阻
  - 定子温度（3）检测 — TE-1202E — 热电阻

13.2.5 稀释风机仪表检测控制

稀释风机 — 电机轴承温度 2点
- 电机轴承温度检测 — 双金属温度计
- 电机轴承温度检测 — 热电阻

13.2.6 加热炉本体温度检测控制

温度检测 22点

炉顶 8点
- 上均热段 2点
  - 上均热段（南）— TE-1053B — 热电偶
  - 上均热段（北）— TE-1053A — 热电偶
- 上加热段 2点
  - 上加热段（南）— TE-1033B — 热电偶
  - 上加热段（北）— TE-1033A — 热电偶
- 上预热段 2点
  - 上预热段（南）— TE-1013B — 热电偶
  - 上预热段（北）— TE-1013A — 热电偶
- 入炉段 1点
  - 入炉段温度检测 — TE-1073A — 热电偶
- 热回收段 1点
  - 热回收段温度检测 — TE-1073B — 热电偶

侧墙 6点
- 下均热段 2点
  - 下均热段（南）— TE-1063B — 热电偶
  - 下均热段（北）— TE-1063A — 热电偶
- 下加热段 2点
  - 下加热段（南）— TE-1043B — 热电偶
  - 下加热段（北）— TE-1043A — 热电偶
- 下预热段 2点
  - 下预热段（南）— TE-1023B — 热电偶
  - 下预热段（北）— TE-1023A — 热电偶

烟道 6点
- 烟道（南）3点
  - 空气预热器前（顶）— TE-1110B — 热电偶
  - 空气预热器后（墙）— TE-1120B — 热电偶
  - 煤气预热器后（顶）— TE-1130B — 热电偶
- 烟道（北）3点
  - 空气预热器前（顶）— TE-1110A — 热电偶
  - 空气预热器后（墙）— TE-1120A — 热电偶
  - 煤气预热器后（顶）— TE-1130A — 热电偶

- 热风总管 1点
  - 热风总管空气预热温度检测 — TE-1102 — 热电偶
- 热煤气总管 1点
  - 热煤气总管煤气预热温度检测 — TE-1091 — 热电偶

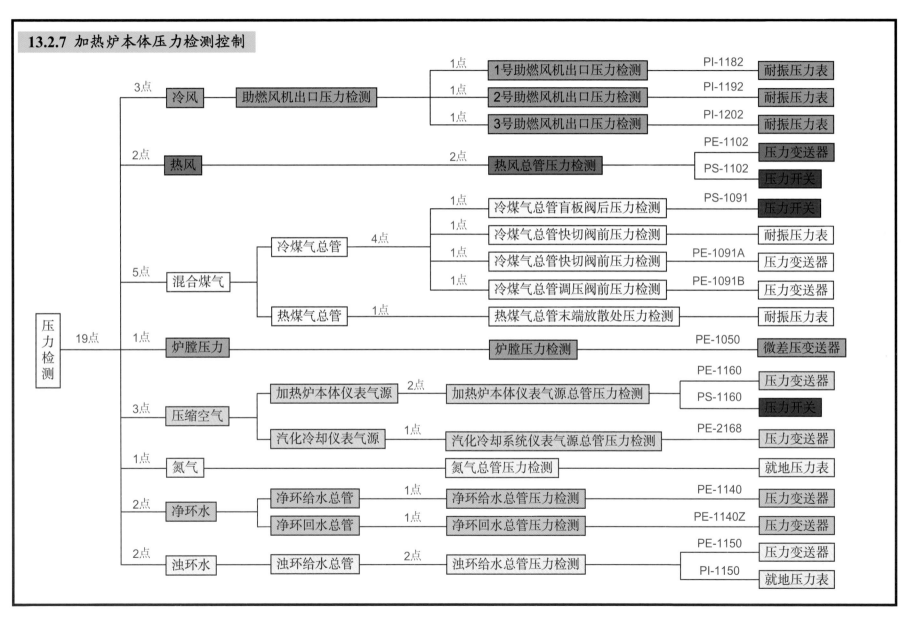

			1点	1号助燃风机出口压力检测	PI-1182	耐振压力表
	冷风 3点	助燃风机出口压力检测	1点	2号助燃风机出口压力检测	PI-1192	耐振压力表
			1点	3号助燃风机出口压力检测	PI-1202	耐振压力表
	热风 2点	2点 热风总管压力检测			PE-1102	压力变送器
					PS-1102	压力开关
		冷煤气总管 4点	1点	冷煤气总管盲板阀后压力检测	PS-1091	压力开关
	混合煤气 5点		1点	冷煤气总管快切阀前压力检测		耐振压力表
			1点	冷煤气总管快切阀前压力检测	PE-1091A	压力变送器
			1点	冷煤气总管调压阀前压力检测	PE-1091B	压力变送器
		热煤气总管 1点		热煤气总管末端放散处压力检测		耐振压力表
压力检测 19点	炉膛压力 1点	炉膛压力检测			PE-1050	微差压变送器
	压缩空气 3点	加热炉本体仪表气源 2点	加热炉本体仪表气源总管压力检测		PE-1160	压力变送器
					PS-1160	压力开关
		汽化冷却仪表气源 1点	汽化冷却系统仪表气源总管压力检测		PE-2168	压力变送器
	氮气 1点	氮气总管压力检测				就地压力表
	净环水 2点	净环给水总管 1点	净环给水总管压力检测		PE-1140	压力变送器
		净环回水总管 1点	净环回水总管压力检测		PE-1140Z	压力变送器
	浊环水 2点	浊环给水总管 2点	浊环给水总管压力检测		PE-1150	压力变送器
					PI-1150	就地压力表

13.2.8 加热炉本体流量检测控制

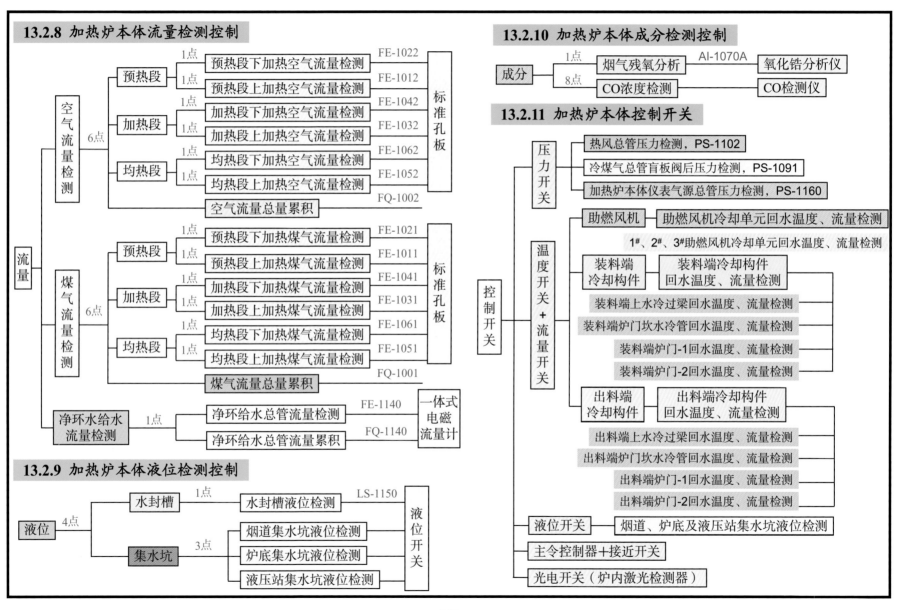

13.2.9 加热炉本体液位检测控制

13.2.10 加热炉本体成分检测控制

13.2.11 加热炉本体控制开关

流量

空气流量检测 6点
- 预热段 1点 预热段下加热空气流量检测 FE-1022
- 预热段 1点 预热段上加热空气流量检测 FE-1012
- 加热段 1点 加热段下加热空气流量检测 FE-1042
- 加热段 1点 加热段上加热空气流量检测 FE-1032
- 均热段 1点 均热段下加热空气流量检测 FE-1062
- 均热段 1点 均热段上加热空气流量检测 FE-1052

标准孔板

空气流量总量累积 FQ-1002

煤气流量检测 6点
- 预热段 1点 预热段下加热煤气流量检测 FE-1021
- 预热段 1点 预热段上加热煤气流量检测 FE-1011
- 加热段 1点 加热段下加热煤气流量检测 FE-1041
- 加热段 1点 加热段上加热煤气流量检测 FE-1031
- 均热段 1点 均热段下加热煤气流量检测 FE-1061
- 均热段 1点 均热段上加热煤气流量检测 FE-1051

标准孔板

煤气流量总量累积 FQ-1001

净环水给水流量检测 1点
- 净环给水总管流量检测 FE-1140
- 净环给水总管流量累积 FQ-1140

一体式电磁流量计

液位 4点
- 水封槽 1点 水封槽液位检测 LS-1150
- 集水坑 3点
  - 烟道集水坑液位检测
  - 炉底集水坑液位检测
  - 液压站集水坑液位检测

液位开关

成分
- 1点 烟气残氧分析 AI-1070A 氧化锆分析仪
- 8点 CO浓度检测 CO检测仪

控制开关

- 压力开关
  - 热风总管压力检测, PS-1102
  - 冷煤气总管盲板阀后压力检测, PS-1091
  - 加热炉本体仪表气源总管压力检测, PS-1160

- 温度开关+流量开关
  - 助燃风机 助燃风机冷却单元回水温度、流量检测
  - 1#、2#、3#助燃风机冷却单元回水温度、流量检测
  - 装料端冷却构件 装料端冷却构件回水温度、流量检测
  - 装料端上水冷过梁回水温度、流量检测
  - 装料端炉门坎水冷管回水温度、流量检测
  - 装料端炉门-1回水温度、流量检测
  - 装料端炉门-2回水温度、流量检测
  - 出料端冷却构件 出料端冷却构件回水温度、流量检测
  - 出料端上水冷过梁回水温度、流量检测
  - 出料端炉门坎水冷管回水温度、流量检测
  - 出料端炉门-1回水温度、流量检测
  - 出料端炉门-2回水温度、流量检测

- 液位开关 烟道、炉底及液压站集水坑液位检测
- 主令控制器+接近开关
- 光电开关（炉内激光检测器）

13.3.1 概述

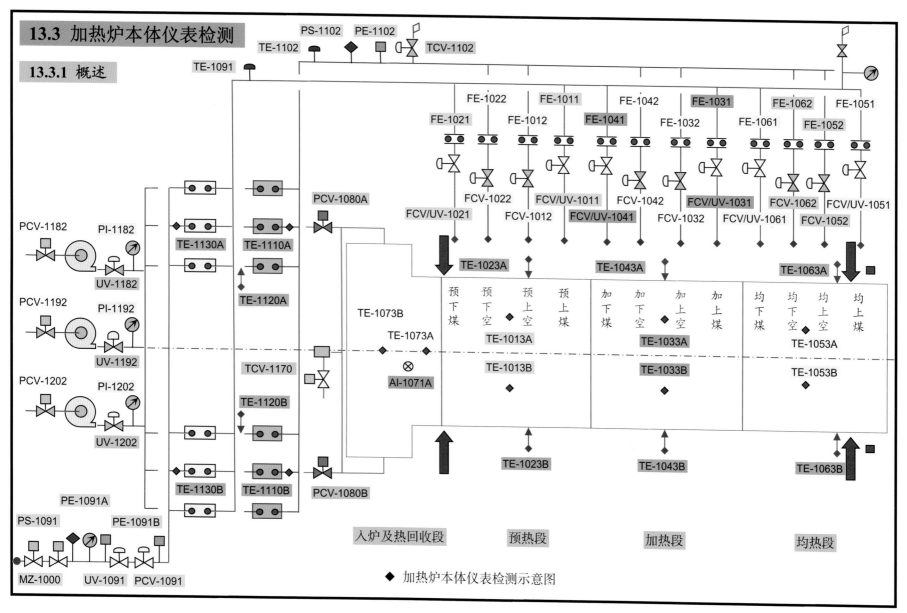

◆ 加热炉本体仪表检测示意图

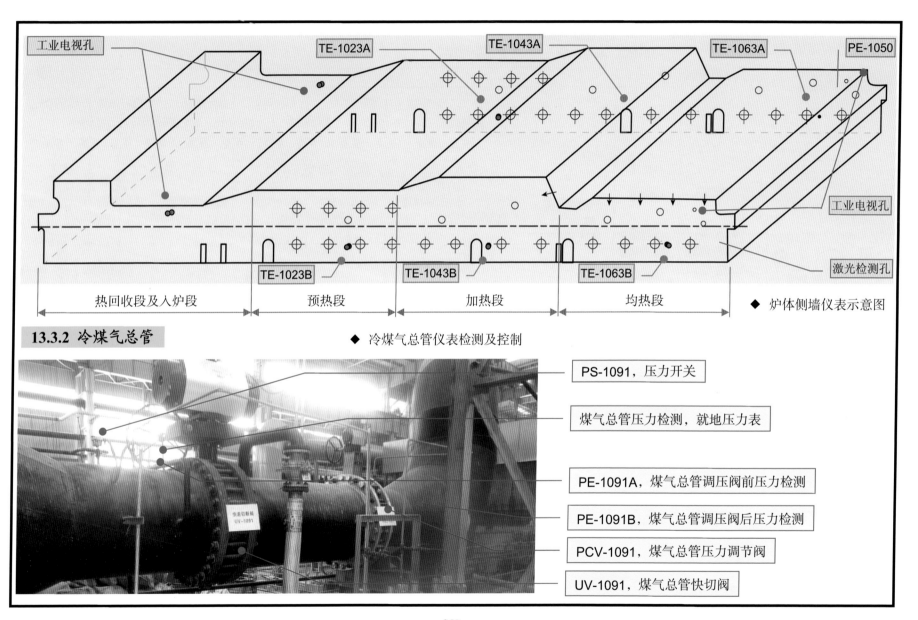

工业电视孔　TE-1023A　TE-1043A　TE-1063A　PE-1050

工业电视孔

激光检测孔

TE-1023B　TE-1043B　TE-1063B

| 热回收段及入炉段 | 预热段 | 加热段 | 均热段 | ◆ 炉体侧墙仪表示意图 |

13.3.2 冷煤气总管

◆ 冷煤气总管仪表检测及控制

PS-1091，压力开关

煤气总管压力检测，就地压力表

PE-1091A，煤气总管调压阀前压力检测

PE-1091B，煤气总管调压阀后压力检测

PCV-1091，煤气总管压力调节阀

UV-1091，煤气总管快切阀

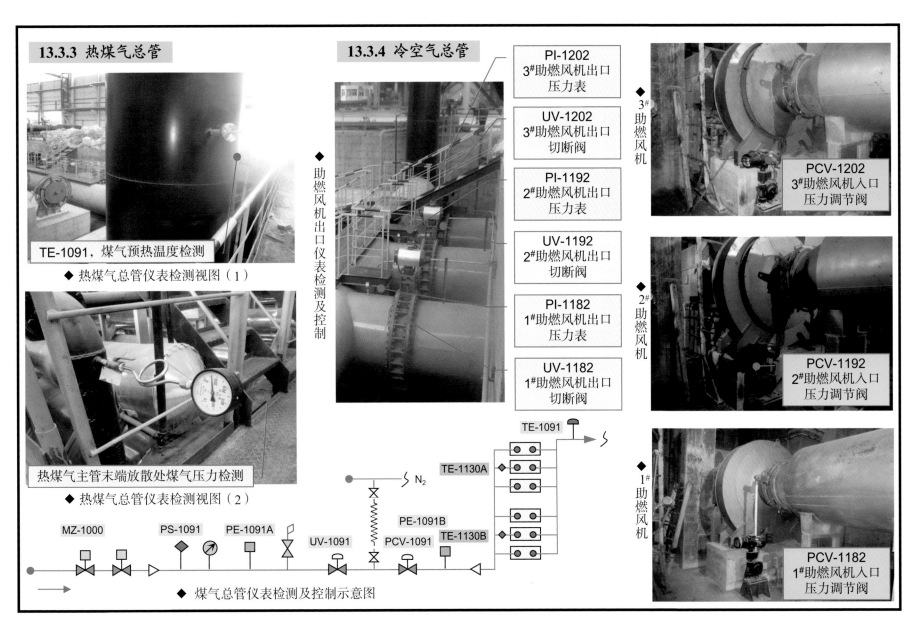

13.3.3 热煤气总管

TE-1091，煤气预热温度检测

◆ 热煤气总管仪表检测视图（1）

热煤气主管末端放散处煤气压力检测

◆ 热煤气总管仪表检测视图（2）

13.3.4 冷空气总管

助燃风机出口仪表检测及控制

PI-1202
3#助燃风机出口
压力表

UV-1202
3#助燃风机出口
切断阀

PI-1192
2#助燃风机出口
压力表

UV-1192
2#助燃风机出口
切断阀

PI-1182
1#助燃风机出口
压力表

UV-1182
1#助燃风机出口
切断阀

◆ 3# 助燃风机

PCV-1202
3#助燃风机入口
压力调节阀

◆ 2# 助燃风机

PCV-1192
2#助燃风机入口
压力调节阀

◆ 1# 助燃风机

PCV-1182
1#助燃风机入口
压力调节阀

MZ-1000　PS-1091　PE-1091A　UV-1091　PE-1091B　PCV-1091　TE-1130B　TE-1130A　N₂　TE-1091

◆ 煤气总管仪表检测及控制示意图

13.3.5 热空气总管

PE-1102
热风总管
压力检测

PS-1102
热风总管
压力开关

TE-1102
热风总管
温度检测

TCV-1102
热风放散阀

13.3.6 炉顶各段流量检测

FE-1021，预下煤流量检测

FE-1022，预下空流量检测

FE-1012，预上空流量检测

FE-1011，预上煤流量检测

FE-1041，加下煤流量检测

FE-1042，加下空流量检测

FE-1032，加上空流量检测

FE-1033，加上煤流量检测

FE-1061，均下煤流量检测

FE-1062，均下空流量检测

FE-1052，均上空流量检测

FE-1051，均上煤流量检测

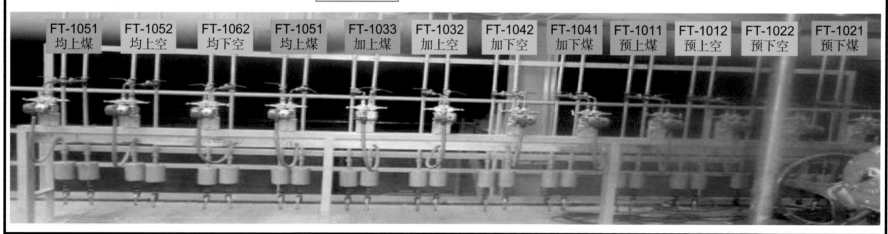

| FT-1051 均上煤 | FT-1052 均上空 | FT-1062 均下空 | FT-1051 均上煤 | FT-1033 加上煤 | FT-1032 加上空 | FT-1042 加下空 | FT-1041 加下煤 | FT-1011 预上煤 | FT-1012 预上空 | FT-1022 预下空 | FT-1021 预下煤 |

13.3.7 炉顶各段流量控制

FCV/UV-1021，预下煤调节切断阀

FCV-1022，预下空流量调节阀

FCV-1012，预上空流量调节阀

FCV/UV-1011，预上煤调节切断阀

FCV/UV-1041，加下煤调节切断阀

FCV-1042，加下空流量调节阀

FCV-1032，加上空流量调节阀

FCV/UV-1033，加上煤调节切断阀

FCV/UV-1061
均下煤调节切断阀

FCV-1062
均下空流量调节阀

FCV/UV-1051
均上煤调节切断阀

FCV-1052
均上空流量调节阀

13.3.8 炉顶各段温度检测

◆ 热回收段炉顶温度检测

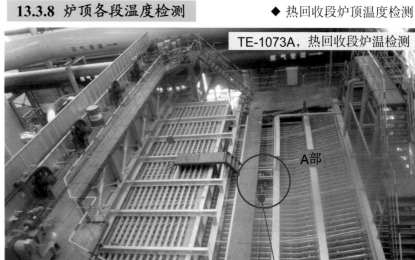

TE-1073A，热回收段炉温检测

A部

TE-1073B
热回收段炉温检测

A部放大

TE-1073B
热回收段
炉温检测

◆ 预热段炉顶温度检测

◆ 均热段炉顶温度检测

TE-1013B
预热上加热
炉温检测
（非轧机侧）

TE-1013A
预热上加热
炉温检测
（轧机侧）

TE-1053B
均热上加热
炉温检测
（非轧机侧）

TE-1053A
均热上加热
炉温检测
（轧机侧）

TE-1033A
加热上加热
炉温检测
（轧机侧）

◆ 加热段炉顶温度检测

TE-1033B
加热上加热
炉温检测
（非轧机侧）

13.3.9 侧墙各段温度检测

装料端　◆ 预热段下加热轧机侧温度检测　　◆ 加热段下加热轧机侧温度检测　　◆ 均热段下加热轧机侧温度检测　出料端

轧机侧侧墙

TE-1023A，预热下炉温检测　　TE-1043A，加热下炉温检测　　　　TE-1063A，均热下炉温检测

装料端　◆ 预热段下加热非轧机侧温度检测　　◆ 加热段下加热非轧机侧温度检测　　◆ 均热段下加热非轧机侧温度检测　出料端

非轧机侧侧墙

TE-1023B，预热下炉温检测　　TE-1043B，加热下炉温检测　　　　TE-1063B，均热下炉温检测

13.3.10 炉压检测及控制

PE-1050，炉压检测
（均热段轧机侧侧墙）

PCV-1080A
烟道（轧机侧）
炉膛压力调节

13.3.11 烟气残氧量检测

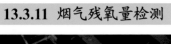

PCV-1080B
烟道（非轧机侧）
炉膛压力调节

AI-1070A
烟气残氧含量分析

13.3.12 空气预热器进、出口温度检测

TE-1110A
空气预热器前
废气温度检测

TE-1120A
空气预热器后
废气温度检测
（轧机侧烟道）

TE-1110B
空气预热器前
废气温度检测

TE-1120B
空气预热器后
废气温度检测
（非轧机侧烟道）

13.3.13 煤气预热器出口温度检测

TE-1130A
煤气预热器后
废气温度检测
（轧机侧）

TCV-1170
烟道废气温度调节

TE-1130B
煤气预热器后
废气温度检测
（非轧机侧）

13.3.14 烟道废气温度调节

13.3.15 炉内激光检测器

发射端   接收端

13.4 加热炉本体检测仪表

13.4.1 概述

序号	检测项目	显示方式	名称
1	温度	就地	充氮式温度计
		远传	热电偶
			热电阻
			温度开关
2	压力	就地	耐振压力表
		远传	压力变送器
			差压变送器
			微差压变送器
			压力开关
3	流量	远传	标准孔板+差压变送器
			圆缺孔板+差压变送器
			电磁流量计
			流量开关
4	液位	远传	液位开关
5	成分	远传	CO检测仪
			氧化锆分析仪
6	位置	远传	位移传感器+接近开关
			主令控制器+接近开关
			炉内激光检测器

13.4.2 温度检测仪表

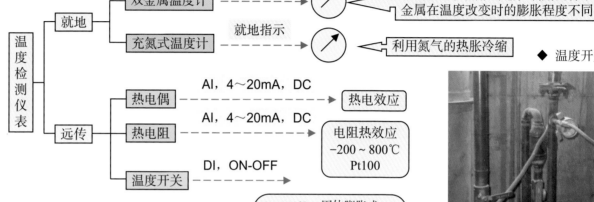

温度检测仪表
- 就地
  - 双金属温度计 —就地指示→ 0~600℃，热胀冷缩，利用两种不同金属在温度改变时的膨胀程度不同
  - 充氮式温度计 —就地指示→ 利用氮气的热胀冷缩
- 远传
  - 热电偶 —AI，4~20mA，DC→ 热电效应
  - 热电阻 —AI，4~20mA，DC→ 电阻热效应 −200~800℃ Pt100
  - 温度开关 —DI，ON-OFF→

◆ 温度开关

0~100℃，固体膨胀式
100~250℃，气体膨胀式
不同固体受热后长度变化的差别产生位移使触点动作，输出温度的开关量信号

◆ 热电偶

◆ 充氮式温度计

◆ 双金属温度计

◆ 热电阻

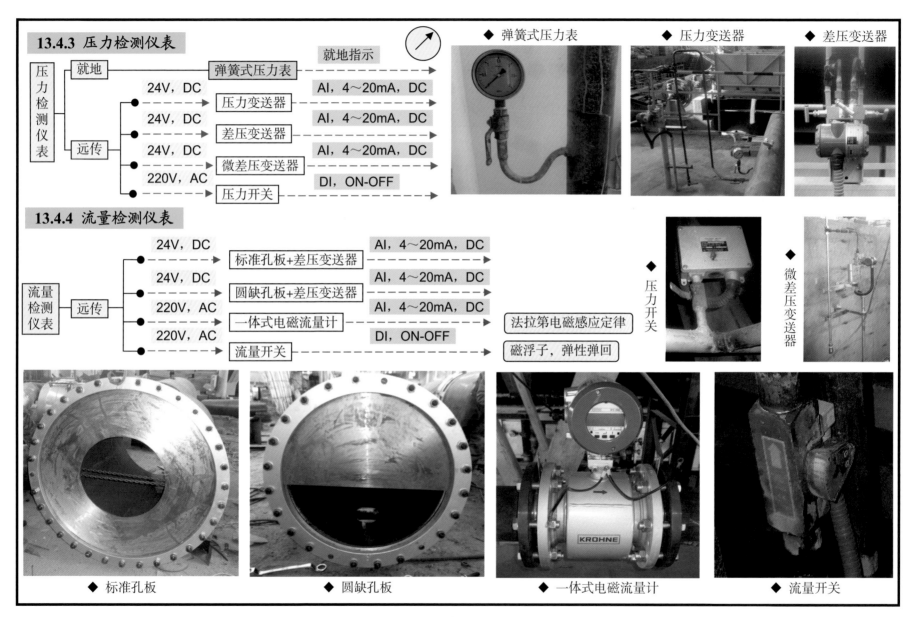

13.4.3 压力检测仪表

压力检测仪表 — 就地 → 弹簧式压力表 → 就地指示 →

远传:
- 24V, DC → 压力变送器 → AI, 4～20mA, DC →
- 24V, DC → 差压变送器 → AI, 4～20mA, DC →
- 24V, DC → 微差压变送器 → AI, 4～20mA, DC →
- 220V, AC → 压力开关 → DI, ON-OFF →

◆ 弹簧式压力表　　◆ 压力变送器　　◆ 差压变送器

13.4.4 流量检测仪表

流量检测仪表 — 远传:
- 24V, DC → 标准孔板+差压变送器 → AI, 4～20mA, DC →
- 24V, DC → 圆缺孔板+差压变送器 → AI, 4～20mA, DC →
- 220V, AC → 一体式电磁流量计 → AI, 4～20mA, DC → 法拉第电磁感应定律
- 220V, AC → 流量开关 → DI, ON-OFF → 磁浮子，弹性弹回

◆ 压力开关　　◆ 微差压变送器

◆ 标准孔板　　　◆ 圆缺孔板　　　◆ 一体式电磁流量计　　　◆ 流量开关

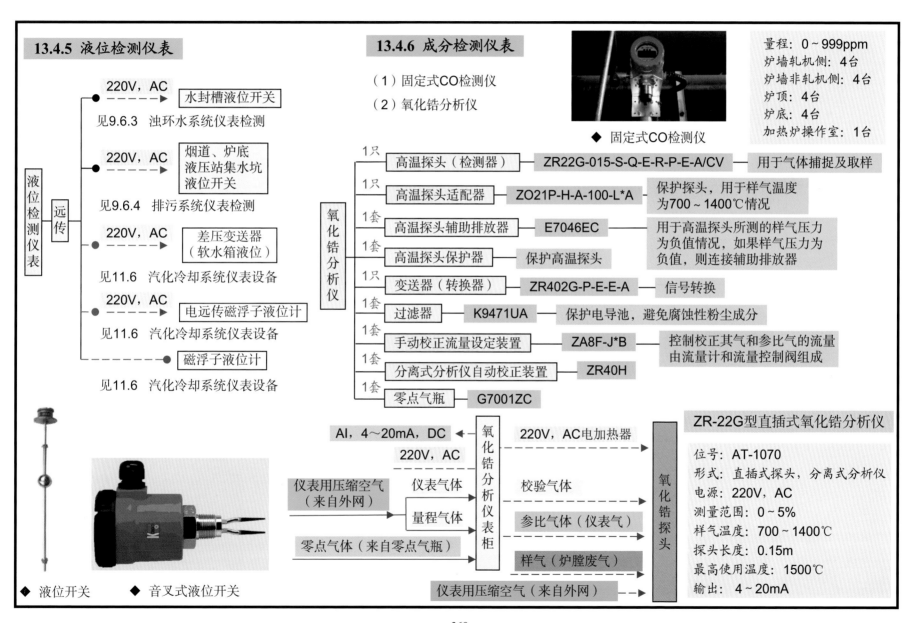

13.4.5 液位检测仪表

220V，AC → 水封槽液位开关

见9.6.3 浊环水系统仪表检测

220V，AC → 烟道、炉底液压站集水坑液位开关

见9.6.4 排污系统仪表检测

220V，AC → 差压变送器（软水箱液位）

见11.6 汽化冷却系统仪表设备

220V，AC → 电远传磁浮子液位计

见11.6 汽化冷却系统仪表设备

→ 磁浮子液位计

见11.6 汽化冷却系统仪表设备

液位检测仪表 — 远传

◆ 液位开关　◆ 音叉式液位开关

13.4.6 成分检测仪表

（1）固定式CO检测仪
（2）氧化锆分析仪

量程：0～999ppm
炉墙轧机侧：4台
炉墙非轧机侧：4台
炉顶：4台
炉底：4台
加热炉操作室：1台

◆ 固定式CO检测仪

氧化锆分析仪

1只 高温探头（检测器） — ZR22G-015-S-Q-E-R-P-E-A/CV — 用于气体捕捉及取样

1只 高温探头适配器 — ZO21P-H-A-100-L*A — 保护探头，用于样气温度为700～1400℃情况

1套 高温探头辅助排放器 — E7046EC

1套 高温探头保护器 — 保护高温探头 — 用于高温探头所测的样气压力为负值情况，如果样气压力为负值，则连接辅助排放器

1只 变送器（转换器） — ZR402G-P-E-E-A — 信号转换

1套 过滤器 — K9471UA — 保护电导池，避免腐蚀性粉尘成分

1套 手动校正流量设定装置 — ZA8F-J*B — 控制校正其气和参比气的流量由流量计和流量控制阀组成

1套 分离式分析仪自动校正装置 — ZR40H

1套 零点气瓶 — G7001ZC

AI，4～20mA，DC ← 氧化锆分析仪表柜
220V，AC

仪表用压缩空气（来自外网） → 仪表气体
量程气体
零点气体（来自零点气瓶）

220V，AC电加热器
校验气体
参比气体（仪表气）
样气（炉膛废气）

仪表用压缩空气（来自外网） → 氧化锆探头

ZR-22G型直插式氧化锆分析仪

位号：AT-1070
形式：直插式探头，分离式分析仪
电源：220V，AC
测量范围：0～5%
样气温度：700～1400℃
探头长度：0.15m
最高使用温度：1500℃
输出：4～20mA

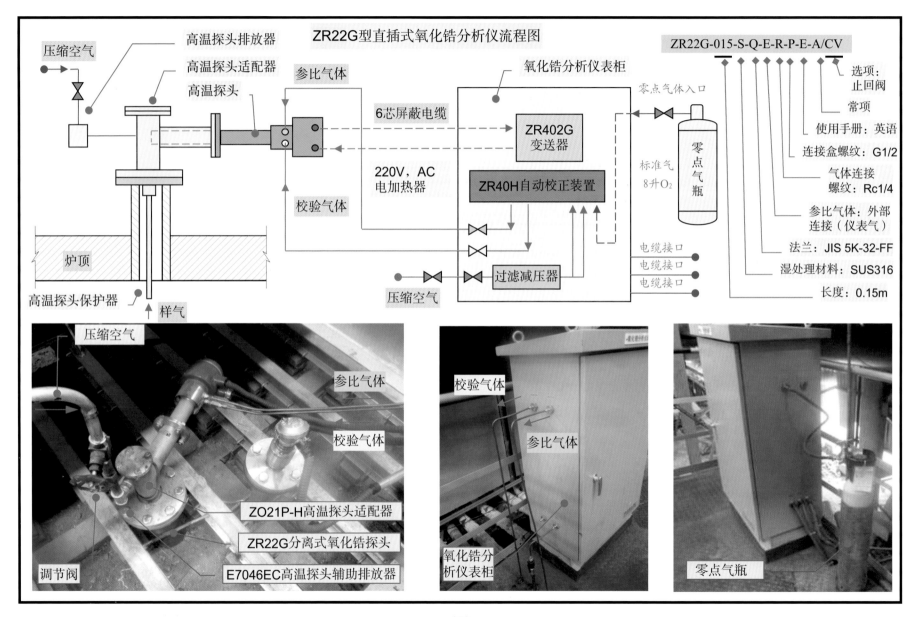

ZR22G型直插式氧化锆分析仪流程图

ZR22G-015-S-Q-E-R-P-E-A/CV

选项：
止回阀
常项
使用手册：英语
连接盒螺纹：G1/2
气体连接
螺纹：Rc1/4
参比气体：外部
连接（仪表气）
法兰：JIS 5K-32-FF
湿处理材料：SUS316
长度：0.15m

压缩空气
高温探头排放器
高温探头适配器
参比气体
高温探头
氧化锆分析仪表柜
零点气体入口
6芯屏蔽电缆
ZR402G 变送器
220V，AC 电加热器
标准气 8升O₂
零点气瓶
校验气体
ZR40H自动校正装置
炉顶
电缆接口
电缆接口
电缆接口
高温探头保护器
样气
压缩空气
过滤减压器

压缩空气
参比气体
校验气体
调节阀
ZO21P-H高温探头适配器
ZR22G分离式氧化锆探头
E7046EC高温探头辅助排放器

校验气体
参比气体
氧化锆分析仪表柜

零点气瓶

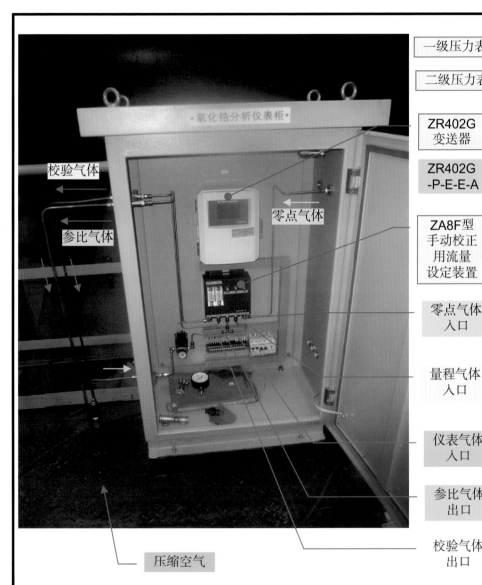

校验气体

参比气体

一级压力表

二级压力表

ZR402G
变送器

ZR402G
-P-E-E-A

零点气体

ZA8F型
手动校正
用流量
设定装置

零点气体
入口

量程气体
入口

仪表气体
入口

参比气体
出口

校验气体
出口

压缩空气

备用

零点气体

电缆接口

校正气压力调节器

零点气瓶

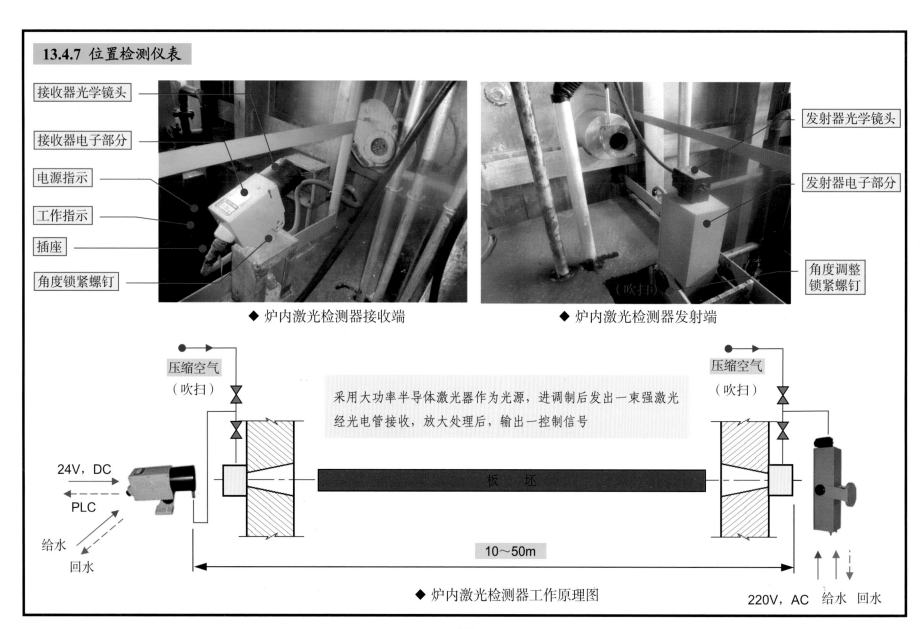

13.4.7 位置检测仪表

接收器光学镜头
接收器电子部分
电源指示
工作指示
插座
角度锁紧螺钉

◆ 炉内激光检测器接收端

发射器光学镜头
发射器电子部分
角度调整
锁紧螺钉

◆ 炉内激光检测器发射端

压缩空气
（吹扫）

压缩空气
（吹扫）

采用大功率半导体激光器作为光源，进调制后发出一束强激光
经光电管接收，放大处理后，输出一控制信号

24V，DC

PLC

给水

回水

板　坯

10～50m

◆ 炉内激光检测器工作原理图

220V，AC　给水　回水

· 372 ·

炉内激光检测器

用途：检测炉内特殊位置有无钢坯，并输出开关量控制信号，从而起到自动控制作用。

型号：LOS-T3-2C（P）1
连接形式：输入输出共用一个连接件
输出形式：PNP常开输出
工作电压：220V，AC
外形：矩形
检测形式：对射型
检测形式：激光检测器

型号	LOS-T3/E发射	LOS-T3/R接收
激光类型	可见红光	
检测形式	对射型	
检测距离	50m	
被检测物	≥φ30mm	
外壳形式	矩形	
工作温度	>45℃时加水冷	
工作电压	220V，AC	24V，DC
功耗	3W	2W
输出形式	PNP常开输出	
指示	电源：LED（绿）	电源：LED（绿） 动作：LED（红）

13.4.8 煤气总管压力开关

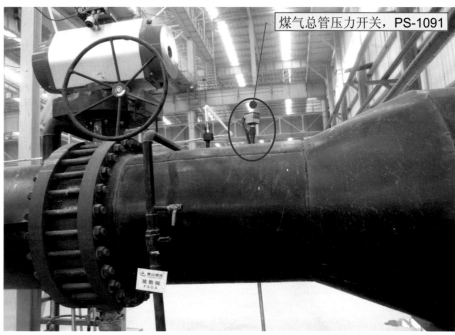

煤气总管压力开关，PS-1091

◆ 煤气总管压力开关安装图

◆ 煤气总管压力开关

压力开关

型号：SCH-DCM1000-307-S
量程：0～16kPa
设定点范围：0～10kPa
报警点：可调
介质：冷煤气，常温
IP65，输出：1SPDT接点
接点功率：220V，AC/8A
安装方式：G1/4"接头

13.4.9 热风总管压力开关

热风总管压力开关，PS-1102

◆ 热风总管压力开关安装图

压力开关

型号：SCH-DCM1000-307-S
量程：0~16kPa
设定点范围：0~10kPa
报警点：可调
介质：热空气，550℃
IP65，输出：1SPDT接点
接点功率：220V，AC/8A
安装方式：G1/4"接头

13.4.10 仪表气源总管压力开关

仪表气源压力开关，PS-1150

型号：CQ21-341-5A
量程：0~1.0MPa
最高耐压：1.6MPa
设定点范围：0~1.0MPa
报警点：可调
介质：仪表压缩空气，常温
IP54，输出：1SPDT接点
接点功率：220V，AC/8A
安装方式：G1/4"接头

◆ 仪表气源总管压力开关安装图

◆ 仪表气源总管压力开关内部结构图

仪表气源总管压力开关

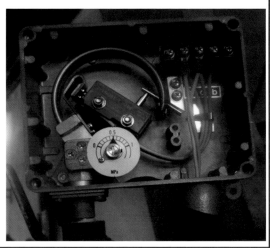

13.5 加热炉本体调节阀及切断阀

13.5.1 概述

◆ 电动执行机构大样图

序号	功能	名称	用途
1	温度调节	气动活塞式调节蝶阀	热风温度调节（热风放散）
		稀释风机入口电动执行机构	烟道废气温度调节
2	压力调节	助燃风机入口电动执行机构	空气压力调节
		气动活塞式低负载型蝶阀	煤气总管压力调节
		烟道闸板电动执行机构	炉膛压力调节
3	流量调节	气动活塞式高性能密封蝶阀	助燃风机出口切断
		气动活塞式调节蝶阀	炉体各段空气流量调节
		气动活塞式高性能密封蝶阀	煤气总管快切
		气动活塞式调节切断蝶阀	炉体各段煤气流量调节切断

Bray阀
18个
{
煤气总管快速切断阀（1个）
预热段上下、加热段上下、均热段上下
煤气流量调节切断阀（6个）
} 单作用　失气阀关

{
煤气总管压力调节阀（1个）
助燃风机出口切断阀（3个）
热风放散阀（1个）
预热段上下、加热段上下、均热段上下
空气流量调节阀（6个）
} 双作用

失气，阀
停在随机
位置

气开式，得气阀开

◆ 气动调节阀/切断阀大样图

位号	用途	阀门形式	量程	作用形式		量程及对应开度
UV-1091	冷煤气总管切断控制	气动活塞式高性能密封蝶阀	ON/OFF	单作用气开式	得气阀开失气阀闭	
PCV-1091	冷煤气总管压力控制	气动活塞式低负载型调节蝶阀	0～100%	双作用气开式	得气阀开失气任位	0～6980～41550～46535～50000 39.44%～85.22%
FCV/UV-1011	预热段上煤气流量调节切断	气动活塞式调节切断蝶阀	0～100%，ON/OFF	单作用气开式	得气阀开失气阀闭	0～1256～7479～8376～9200 26.53%～72.35%
FCV/UV-1021	预热段下煤气流量调节切断	气动活塞式调节切断蝶阀	0～100%，ON/OFF	单作用气开式	得气阀开失气阀闭	0～1396～8310～9307～10000 28.64%～76.63%
FCV/UV-1031	加热段上煤气流量调节切断	气动活塞式调节切断蝶阀	0～100%，ON/OFF	单作用气开式	得气阀开失气阀闭	0～1396～8310～9307～10000 28.64%～76.63%
FCV/UV-1041	加热段下煤气流量调节切断	气动活塞式调节切断蝶阀	0～100%，ON/OFF	单作用气开式	得气阀开失气阀闭	0～1605～9557～10703～12000 31.57%～82.62%
FCV/UV-1051	均热段上煤气流量调节切断	气动活塞式调节切断蝶阀	0～100%，ON/OFF	单作用气开式	得气阀开失气阀闭	0～600～3573～4002～4500 35.63%～87.36%
FCV/UV-1061	均热段下煤气流量调节切断	气动活塞式调节切断蝶阀	0～100%，ON/OFF	单作用气开式	得气阀开失气阀闭	0～727～4321～4840～5500 29.43%～76.26%
UV-1182	1#助燃风机出口切断	气动高性能密封蝶阀	ON/OFF	双作用气开式	得气阀开失气任位	
UV-1192	2#助燃风机出口切断	气动高性能密封蝶阀	ON/OFF	双作用气开式	得气阀开失气任位	
UV-1202	3#助燃风机出口切断	气动高性能密封蝶阀	ON/OFF	双作用气开式	得气阀开失气任位	
TCV-1102	热风总管放散温度控制	气动活塞式调节蝶阀	0～100%	双作用气开式	得气阀开失气任位	
FCV-1012	预热段上空气流量调节	气动活塞式低负载型调节蝶阀	0～100%	双作用气开式	得气阀开失气任位	0～2024～12041～13491～14500 32.42%～77.84%
FCV-1022	预热段下空气流量调节	气动活塞式低负载型调节蝶阀	0～100%	双作用气开式	得气阀开失气任位	0～2249～13379～14990～16500 34.38%～82.53%
FCV-1032	加热段上空气流量调节	气动活塞式低负载型调节蝶阀	0～100%	双作用气开式	得气阀开失气任位	0～2249～13379～14990～16500 34.38%～82.53%
FCV-1042	加热段下空气流量调节	气动活塞式低负载型调节蝶阀	0～100%	双作用气开式	得气阀开失气任位	0～2586～15386～17238～19000 28.83%～71.83%
FCV-1052	均热段上空气流量调节	气动活塞式低负载型调节蝶阀	0～100%	双作用气开式	得气阀开失气任位	0～967～5753～6446～7000 31.51%～77.26%
FCV-1062	均热段下空气流量调节	气动活塞式低负载型调节蝶阀	0～100%	双作用气开式	得气阀开失气任位	0～1167～6958～7793～8500 30.07%～77.18%

13.5.2 煤气总管快速切断阀

◆ 煤气总管快速切断阀（UV-1091）总图

工艺参数
型号: DN800，S38蝶阀
位号: UV-1091
用途: 混合煤气切断控制
形式: 气动活塞式高性能密封蝶阀
量程: ON/OFF

阀门本体部规格
流量特性: 等百分比特性
额定C_v值: 35840
行程: 90°
动作速度: 开到关≤45s
阀座泄漏量: Class Ⅵ

阀门驱动部规格
执行机构: 气动活塞式角行程，高温型（≤120℃）
驱动气源: 0.4MPa
驱动方式: 气动单作用，气开式
动作方式: 气压增加，阀开；
紧急时动作: 失气，弹簧复位，阀闭
调节信号: ON-OFF

附件规格
电磁阀: 220V，高温型120℃，4F310E-10-TP-XT
过滤减压器
限位开关: 开闭两位置
快排阀

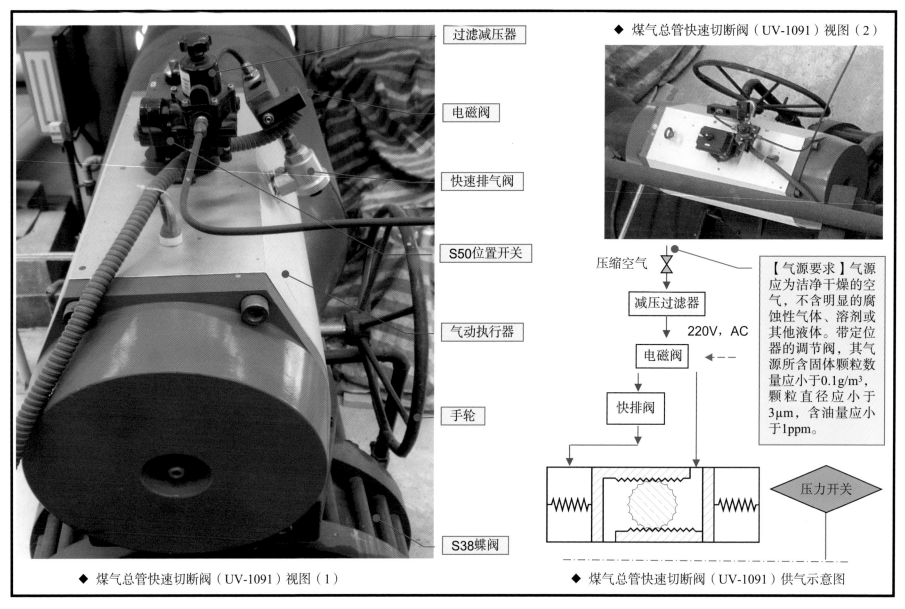

◆ 煤气总管快速切断阀（UV-1091）视图（2）

过滤减压器

电磁阀

快速排气阀

S50位置开关

气动执行器

手轮

S38蝶阀

压缩空气

减压过滤器

220V，AC

电磁阀

快排阀

【气源要求】气源应为洁净干燥的空气，不含明显的腐蚀性气体、溶剂或其他液体。带定位器的调节阀，其气源所含固体颗粒数量应小于0.1g/m³，颗粒直径应小于3μm，含油量应小于1ppm。

压力开关

◆ 煤气总管快速切断阀（UV-1091）视图（1）

◆ 煤气总管快速切断阀（UV-1091）供气示意图

13.5.3 煤气总管压力调节阀

◆ 煤气总管压力调节阀
（PCV-1091）总图

◆ 煤气总管压力调节阀（PCV-1091）视图（1）

过滤减压器

高温型电动定位器

S92气动执行器-1270

电磁阀

05手轮

S38蝶阀

◆ 煤气总管压力调节阀（PCV-1091）视图（2）

煤气总管压力调节阀

工艺参数
刻度：0～50000 Nm³/h
流量：最小6980，常用41550
　　　最大46535
工艺管径：$\phi 1270 \times 8$
型号：DN800，S38蝶阀
位号：PCV-1091
用途：混合煤气压力控制
形式：气动活塞式低负载型蝶阀
量程：0～100%
最大流量对应开度：85.22%
最小流量对应开度：39.44%

阀门本体部规格
流量特性：固有特性
额定C_v值：31900
行程：90°
阀座泄漏量：$C_v \times 2.0\%$

阀门驱动部规格
执行机构：气动活塞式角行程
高温型（≤120℃）
驱动气源：0.4MPa
驱动方式：气动双作用，气开式
动作方式：气压增加，阀开
紧急时动作：失气，任意位置
调节信号：420mA，DC

附件规格
电/气阀门定位器
过滤减压器

13.5.4 预热段下加热煤气流量调节切断阀

◆ 预热段下加热煤气流量调节切断阀
（FCV/UV-1021）总图

过滤减压器

◆ 预热段下加热煤气流量调节切断阀（FCV/UV-1021）局部放大视图

高温型电动定位器

电磁阀

气动执行器

05手轮

S38蝶阀

工艺参数

刻度：0 ~ 10000 Nm³/h

流量：最小1396，常用8310
最大9307

工艺管径：$\phi 660 \times 5$

型号：DN350，S40蝶阀

位号：FCV/UV-1021

用途：预热段下部煤气流量控制

形式：气动活塞式调节切断蝶阀

量程：0 ~ 100%，ON/OFF

最大流量对应开度：76.63%

最小流量对应开度：28.64%

阀门本体部规格

流量特性：近似等百分比特性

额定C_v值：6700

行程：90°

阀座泄漏量：ANSI，CLASS VI

附件规格

电/气阀门定位器

过滤减压器

电磁阀：220V，AC

限位开关：开和关

手轮机构：顶装旁式

13.5.5 预热段上加热煤气流量调节切断阀

◆ 预热段上加热煤气流量调节切断阀（FCV/UV-1011）总图

预热段上加热煤气流量调节切断阀

工艺参数

刻度：0 ~ 9200 Nm³/h
流量：最小1256，常用7479，最大8376
工艺管径：ϕ 610 × 5
型号：DN350，S40蝶阀
位号：FCV/UV-1011
用途：预热段上部煤气流量控制
形式：气动活塞式低负载型蝶阀
量程：0 ~ 100%，ON/OFF
最大流量对应开度：72.35%
最小流量对应开度：26.53%

阀门本体部规格

阀门口径：350A×350A
流量特性：近似等百分比特性
额定C_v值：6700
行程：90°
阀座泄漏量：ANSI, CLASS VI

阀门驱动部规格

执行机构：气动活塞式角行程，高温型（≤120℃）
驱动气源：0.4MPa
驱动方式：气动单作用，气开式
动作方式：气压增加，阀开
紧急时动作：失气，弹簧复位，阀关
调节信号：4 ~ 20mA DC，ON/OFF

附件规格

电/气阀门定位器
过滤减压器
电磁阀
限位开关
手轮机构：顶装旁式

◆ 加热段下加热煤气流量
调节切断阀（FCV/UV-1041）总图

工艺参数

刻度：0～12000 Nm³/h
流量：最小1605，常用9557
　　　最大10703
工艺管径：φ711×5
型号：DN350，S38蝶阀
位号：FCV/UV-1041
用途：加热段下部煤气流量控制
形式：气动活塞式低负载型蝶阀
量程：0～100%，ON/OFF
最大流量对应开度：82.62%
最小流量对应开度：31.57%

阀门本体部规格

阀门口径：350A×350A
流量特性：近似等百分比特性
额定C_v值：6700，行程：90°
阀座泄漏量：ANSI，CLASS Ⅵ

工艺参数

刻度：0～10000 Nm³/h
流量：最小1396，常用8310
　　　最大9307
工艺管径：φ660×5
型号：DN350，S40蝶阀
位号：FCV/UV-1031
用途：加热段上部煤气流量控制
形式：气动活塞式低负载型蝶阀
量程：0～100%，ON/OFF
最大流量对应开度：76.63%
最小流量对应开度：28.64%

附件规格

电/气阀门定位器
过滤减压器
电磁阀：220V，AC
限位开关
手轮机构：顶装旁式

附件规格

电/气阀门定位器
过滤减压器
电磁阀：220V，AC
限位开关
手轮机构：顶装旁式

阀门本体部规格

阀门口径：
350A×350A
流量特性：
近似等百分比特性
额定C_v值：6700
介质温度：350℃
行程：90°
阀座泄漏量：ANSI
CLASS Ⅵ

加热段上加热煤气流量调节切断阀

阀门驱动部规格

执行机构：气动活塞式角行程，高温型（≤120℃）
驱动气源：0.4MPa
驱动方式：气动单作用，气开式
动作方式：气压增加，阀开
紧急时动作：失气，弹簧复位，阀关
调节信号：4～20mA DC，ON/OFF

阀门驱动部规格

执行机构：气动活塞式角行程，高温型（≤120℃）
驱动气源：0.4MPa
驱动方式：气动单作用，气开式
动作方式：气压增加，阀开
紧急时动作：失气，弹簧复位，阀关
调节信号：4～20mA DC，ON/OFF

加热段上加热煤气流量调节切断阀（FCV/UV-1031）总图

13.5.8 均热段下加热煤气流量调节切断阀

◆ 均热段下加热煤气流量调节切断阀（FCV/UV-1061）总图

◆ 均热段下加热煤气流量调节切断阀

工艺参数

刻度：0～5500 Nm³/h
流量：最小727，常用4321，最大4840
工艺管径：φ550×5
型号：DN250，S40蝶阀
位号：FCV/UV-1061
用途：均热段下部煤气流量控制
形式：气动活塞式低负载型蝶阀
量程：0～100%，ON/OFF
最大流量对应开度：76.26%
最小流量对应开度：29.43%

均热段下加热煤气流量调节切断阀

阀门驱动部规格

执行机构：气动活塞式角行程，高温型（≤120℃）
驱动气源：0.4MPa
驱动方式：气动单作用，气开式
动作方式：气压增加，阀开
紧急时动作：失气，弹簧复位，阀关
调节信号：4～20mA DC，ON/OFF

阀门本体部规格

阀门口径：250A×250A
流量特性：近似等百分比特性
额定C_v值：3600
行程：90°
阀座泄漏量：ANSI，CLASS Ⅵ

附件规格

电/气阀门定位器
过滤减压器
电磁阀：220V，AC
限位开关
手轮机构：顶装旁式

13.5.9 均热段上加热煤气流量调节切断阀

均热段上加热煤气流量调节切断阀（FCV/UV-1051）总图

均热段上加热煤气流量调节切断阀

工艺参数

刻度：0～4500 Nm³/h
流量：最小600，常用3573，最大4002
工艺管径：$\phi 457 \times 4$
型号：DN200，S40蝶阀
位号：FCV/UV-1051
用途：均热段上部煤气流量控制
形式：气动活塞式低负载型蝶阀
量程：0～100%，ON/OFF
最大流量对应开度：87.36%
最小流量对应开度：35.63%

阀门本体部规格

阀门口径：200A × 200A
流量特性：近似等百分比特性
额定C_v值：2250，介质温度：350℃
行程：90°
阀座泄漏量：ANSI，CLASS Ⅵ

阀门驱动部规格

执行机构：气动活塞式角行程，高温型（≤120℃）
驱动气源：0.4MPa
驱动方式：气动单作用，气开式
动作方式：气压增加，阀开
紧急时动作：失气，弹簧复位，阀关
调节信号：4～20mA DC，ON/OFF

附件规格

电/气阀门定位器
过滤减压器
电磁阀：220V，AC
限位开关
手轮机构：顶装旁式

13.5.10 助燃风机出口切断阀

UV-1182
1#助燃风机
出口切断阀

UV-1192
2#助燃风机
出口切断阀

UV-1202
3#助燃风机
出口切断阀

◆ 助燃风机出口切断阀总图

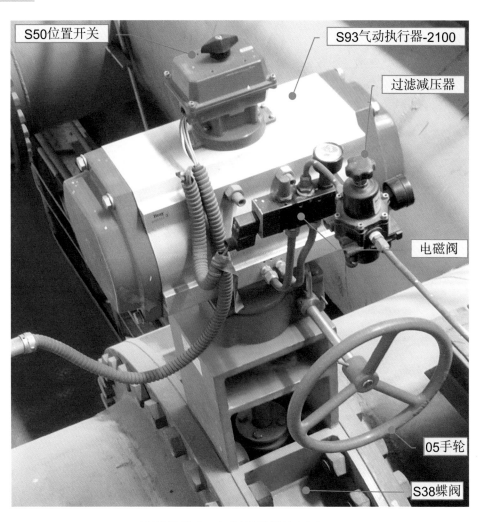

S50位置开关

S93气动执行器-2100

过滤减压器

电磁阀

05手轮

S38蝶阀

◆ 助燃风机出口切断阀局部放大图

工艺参数

型号：DN1200，S38蝶阀

位号：UV-1182、1192、1202

用途：助燃风机出口切断

形式：气动活塞式高性能密封蝶阀

量程：ON/OFF

阀门本体部规格

流量特性：等百分比特性

额定C_v值：39000

行程：90°

动作速度：开到关≤4s

阀门驱动部规格

执行机构：气动活塞式角行程

驱动气源：0.4MPa

驱动方式：气动双作用，气开式

动作方式：气压增加，阀开

紧急时动作：失气，任意位置

调节信号：ON/OFF

附件规格

限位开关：开闭两位置

过滤减压器

电磁阀：220V，AC

手轮机构：顶装旁式

13.5.11 热风放散阀

◆ 热风放散阀局部放大图

过滤减压器

高温型电动定位器

S92气动执行器-1180

电磁阀

05手轮

S38蝶阀

◆ 热风放散阀（TCV-1102）总图

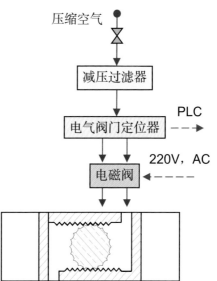

压缩空气

减压过滤器

电气阀门定位器 - - - ▶ PLC

220V，AC

电磁阀 ◀ - - - -

◆ 热风放散阀供气示意图

工艺参数
型号：DN500，S38蝶阀
位号：TCV-1102
用途：热风温度控制，热风放散
形式：气动活塞式调节蝶阀
量程：0～100%

阀门本体部规格
口径：500A × 500A
流量特性：固有特性
介质温度：550℃
额定C_v值：17000
行程：90°
阀座泄漏量：$C_v \times 0.15\%$

阀门驱动部规格
执行机构：气动活塞式角行程
高温型120℃
驱动气源：0.4MPa
驱动方式：气动双作用，气开式
动作方式：气压增加，阀开
紧急时动作：失气，任意位置
调节信号：4～20mA，DC

附件规格
电气阀门定位器
过滤减压器
电磁阀：220V，AC
手轮机构：顶装旁式

13.5.12 预热段下加热空气流量调节阀

过滤减压器

高温型
电动定位器

S92气动
执行器-1180

电磁阀

05手轮

S38蝶阀

◆ 预热段下加热空气流量调节阀（FCV-1022）总图

预热下空气流量调节阀

工艺参数

刻度：0 ~ 16500 Nm³/h
流量：最小2249，常用13379，最大14990
工艺管径：ϕ1170 × 6
型号：DN450，S38蝶阀
位号：FCV-1022
用途：预热段下部空气流量控制
形式：气动活塞式低负载型蝶阀
量程：0 ~ 100%
最大流量对应开度：82.53%
最小流量对应开度：34.38%

阀门本体部规格

阀门口径：450A × 450A
流量特性：固有特性
额定C_v值：11500，介质温度：550℃
行程：90°
阀座泄漏量：C_v × 2%

附件规格

电/气阀门定位器
过滤减压器
电磁阀：220V，AC
手轮机构：顶装旁式

阀门驱动部规格

执行机构：气动活塞式角行程，高温型（≤120℃）
驱动气源：0.4MPa
驱动方式：气动双作用，气开式
动作方式：气压增加，阀开
紧急时动作：失气，任意位置
调节信号：4 ~ 20mA，DC

13.5.13 预热段上加热空气流量调节阀

◆ 预热段上加热空气流量调节阀（FCV-1012）总图

预热上空气流量调节阀

工艺参数

刻度：0 ~ 14500 Nm³/h
流量：最小2024，常用12041，最大13491
工艺管径：ϕ1070 × 6
型号：DN400，S38蝶阀
位号：FCV-1012
用途：预热段上部空气流量控制
形式：气动活塞式低负载型蝶阀
量程：0 ~ 100%
最大流量对应开度：77.84%
最小流量对应开度：32.42%

阀门本体部规格

阀门口径：400A × 400A，流量特性：固有特性
额定C_v值：11500，介质温度：550℃，行程：90°

附件规格

电/气阀门定位器
过滤减压器
电磁阀：220V，AC
手轮机构：顶装旁式

阀门驱动部规格

执行机构：气动活塞式角行程，高温型≤120℃
驱动气源：0.4MPa
驱动方式：气动双作用，气开式
动作方式：气压增加，阀开
紧急时动作：失气，任意位置
调节信号：4 ~ 20mA，DC

13.5.14 加热段下加热空气流量调节阀

13.5.15 加热段上加热空气流量调节阀

◆ 加热段上加热空气流量调节阀（FCV-1032）总图

工艺参数

刻度：0～19000 Nm³/h
流量：最小2586，常用15386
　　　　　最大17238
工艺管径：φ1220×6
型号：DN600，S38蝶阀
位号：FCV-1042
用途：加热段下部空气流量控制
形式：气动活塞式低负载型蝶阀
量程：0～100%
最大流量对应开度：71.83%
最小流量对应开度：28.83%

阀门本体部规格

阀门口径：600A×600A
流量特性：固有特性
额定C_v值：17000
介质温度：550℃
行程：90°

阀门驱动部规格

执行机构：气动活塞式角行程
　　　　　高温型（≤120℃）
驱动气源：0.4MPa
驱动方式：气动双作用，气开式
动作方式：气压增加，阀开
紧急时动作：失气，任意位置
调节信号：4～20mA，DC

附件规格

电/气阀门定位器
过滤减压器
电磁阀：220V，AC
手轮机构：顶装旁式

◆ 加热段下加热空气流量调节阀（FCV-1042）总图

阀门本体部规格

阀门口径：450A×450A
流量特性：固有特性
额定C_v值：11500
介质温度：550℃
行程：90°

附件规格

电/气阀门定位器
过滤减压器
电磁阀：220V，AC
手轮机构：顶装旁式

工艺参数

刻度：0～16500 Nm³/h
流量：最小2249，常用13379
　　　　　最大14990
工艺管径：φ1170×6
型号：DN450，S38蝶阀
位号：FCV-1032
用途：加热段上部空气流量控制
形式：气动活塞式低负载型蝶阀
量程：0～100%
最大流量对应开度：82.53%
最小流量对应开度：34.84%

阀门驱动部规格

执行机构：气动活塞式角行程
　　　　　高温型（≤120℃）
驱动气源：0.4MPa
驱动方式：气动双作用，气开式
动作方式：气压增加，阀开
紧急时动作：失气，任意位置
调节信号：4～20mA，DC

13.5.16 均热段下加热空气流量调节阀

均热下空气流量调节阀

工艺参数

刻度: 0～8500 Nm³/h
流量: 最小1167,常用6958,最大7793
工艺管径: φ660×5
型号: DN300,S38蝶阀
位号: FCV-1062
用途: 均热段下部空气流量控制
形式: 气动活塞式低负载型蝶阀
量程: 0～100%
最大流量对应开度: 74.18%
最小流量对应开度: 30.07%

13.5.17 均热段上加热空气流量调节阀

◆ 均热段下加热空气流量调节阀(FCV-1062)总图

附件规格

电/气阀门定位器
过滤减压器
电磁阀: 220V,AC
手轮机构: 顶装旁式

附件规格

电/气阀门定位器
过滤减压器
电磁阀: 220V,AC
手轮机构: 顶装旁式

均热上空气流量调节阀

工艺参数

刻度: 0～7000 Nm³/h
流量: 最小967,常用5753
　　　最大6446
工艺管径: φ560×5
型号: DN300,S40蝶阀
位号: FCV-1052
用途: 均热段上部空气流量控制
形式: 气动活塞式低负载型蝶阀
量程: 0～100%
最大流量对应开度: 77.26%
最小流量对应开度: 31.51%

◆ 均热段上加热空气流量调节阀(FCV-1052)总图

阀门驱动部规格

执行机构: 气动活塞式角行程
　　　　　高温型(≤120℃)
驱动气源: 0.4MPa
驱动方式: 气动双作用,气开式
动作方式: 气压增加,阀开
紧急时动作: 失气,任意位置
调节信号: 4～20mA,DC

阀门本体部规格

阀门口径:
300A×300A
流量特性: 固有特性
额定C_v值: 7400
介质温度: 550℃
行程: 90°

阀门驱动部规格

执行机构: 气动活塞式角行程
　　　　　高温型(≤120℃)
驱动气源: 0.4MPa
驱动方式: 气动双作用,气开式
动作方式: 气压增加,阀开
紧急时动作: 失气,任意位置
调节信号: 4～20mA,DC

阀门本体部规格

阀门口径: 300A×300A
流量特性: 固有特性
额定C_v值: 5500
介质温度: 550℃
行程: 90°

13.6 加热炉本体电动执行机构

13.6.1 概述

位号	用途	阀门形式	量程
PCV-1182	1#助燃风机入口压力控制	电动执行机构	0 ~ 100%
PCV-1192	2#助燃风机入口压力控制	电动执行机构	0 ~ 100%
PCV-1202	3#助燃风机入口压力控制	电动执行机构	0 ~ 100%
PCV-1102	助燃风机入口压力控制		
PCV-1080B	炉膛压力控制（南烟道闸板）	电动执行机构	0 ~ 100%
PCV-1080A	炉膛压力控制（北烟道闸板）	电动执行机构	0 ~ 100%
PIC-1050	炉膛压力控制		
TCV-1170	烟道烟气温度控制	电动执行机构	0 ~ 100%

助燃风机入口压力控制电动执行机构

技术性能
用途：助燃风机入口压力控制
型号：MME812/ASNG400+SG65/2/B3-1/387
位号：FCV-1182、1192、1202
量程：0 ~ 100%，全行程时间：0 ~ 90°，45s
形式：电动执行机构，调节型、一体式
电源：220V，AC
电机：S4，500W
输入信号：4 ~ 20mA，DC，上升特性（4mA-0%，20mA-100%）
附件规格
位置反馈器：4 ~ 20mA（二线制，24V，DC）
手轮、驱动杠杆

13.6.2 助燃风机入口压力控制电动执行机构

◆ 助燃风机入口压力调节执行机构总图

驱动杠杆

手轮

◆ 助燃风机入口压力调节执行机构局部图

14.1.3 基本操作

自动化系统基本操作

- 基本操作 — 仪表框的含义 → 将鼠标放在仪表框上自动显示仪表框的意思

- 操作
  - 就地操作
    - L：机旁 → 只能在机旁操作，不能在操作室的画面上操作
    - X：空位 → 机旁与操作室的画面均不能操作
  - 画面操作 — R：远程 — 正常生产
    - A：自动
    - M：手动
    - 只能在操作室的画面上操作，继续点击R，显示开启或关闭。操作完成后，要点击画面中的S，让画面重新显示R

维修、大修、调试

- 调节器的操作
  - PV：实际值
  - SP：设定值
  - MV：调节器的操控数值
  - OP：调节器的手动数值
  - A/M：自动/手动
  - P：调节器的比例分量
  - I：调节器的积分时间
  - D：调节器的微分时间

- 报警值的设定 / 流量累积的清除
  - HH：高高报警
  - H：高限报警
  - L：低限报警
  - LL：低低报警
  - HY：报警回差

- 设备工作状态的判断
  - 阀门 → 绿色：阀门处于打开状态　红色：阀门处于关闭状态
  - 电机 → 绿色：电机正在正常运行　灰色：电机不处于运行状态　红色：表示报警
  - 公辅污水泵 → 白色：表示现场操作箱没有送电　灰色：表示正常　红色闪烁：表示报警
  - 仪表位号 → 字体白色：表示仪表正常　字体红色闪烁：表示报警
  - 仪表数值 → 数值蓝色：表示参数正常　数值红色闪烁：表示报警

14.1.4 控制项目

加热炉系统控制项目

- 加热炉本体控制
  - 仪表控制
    - 燃烧控制
      - 助燃风
        - 风压控制
        - 风温控制
      - 混合煤气 — 煤压控制
      - 炉气
        - 炉压控制
        - 炉温控制
      - 烟气
        - 烟气含氧量控制
        - 烟温控制
    - 水系统控制
      - 净环水
        - 助燃风机冷却单元流量、温度控制
        - 装料端冷却单元流量、温度控制
        - 出料端冷却单元流量、温度控制
      - 浊环水 — 水封槽液位控制
    - 仪表气源控制 — 本体仪表气源（压缩空气） — 本体仪表气源总管压力检测控制

- 电气控制
  - 煤气总管电动阀
  - 风机
  - 炉门
  - 步进梁
  - 排水泵

  详见 12 电气

- 汽化冷却系统控制　详见 11 汽化冷却
- 热力系统控制　详见 8 热力
- 液压系统控制　详见 4 液压

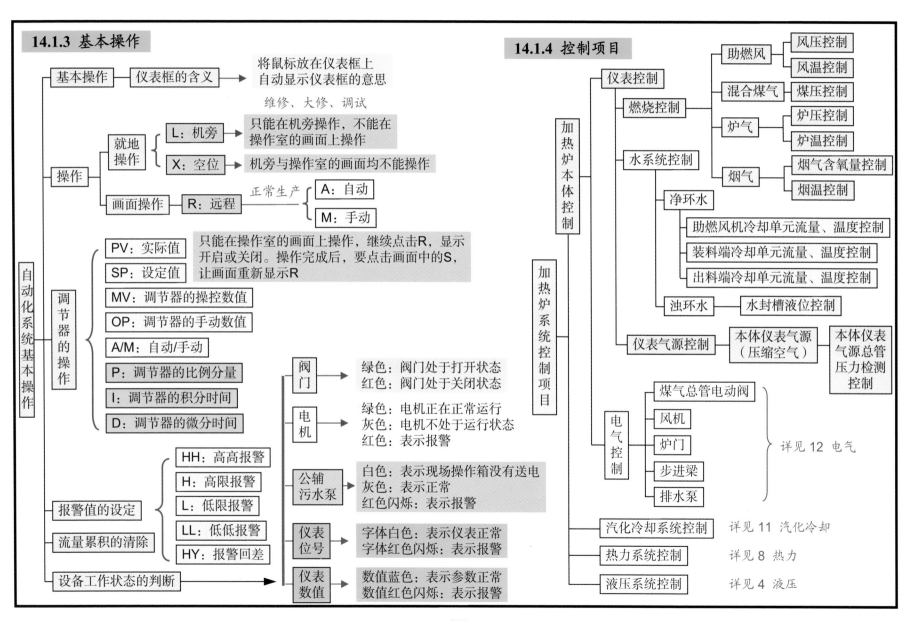

· 393 ·

14.1.5 加热炉本体仪控项目

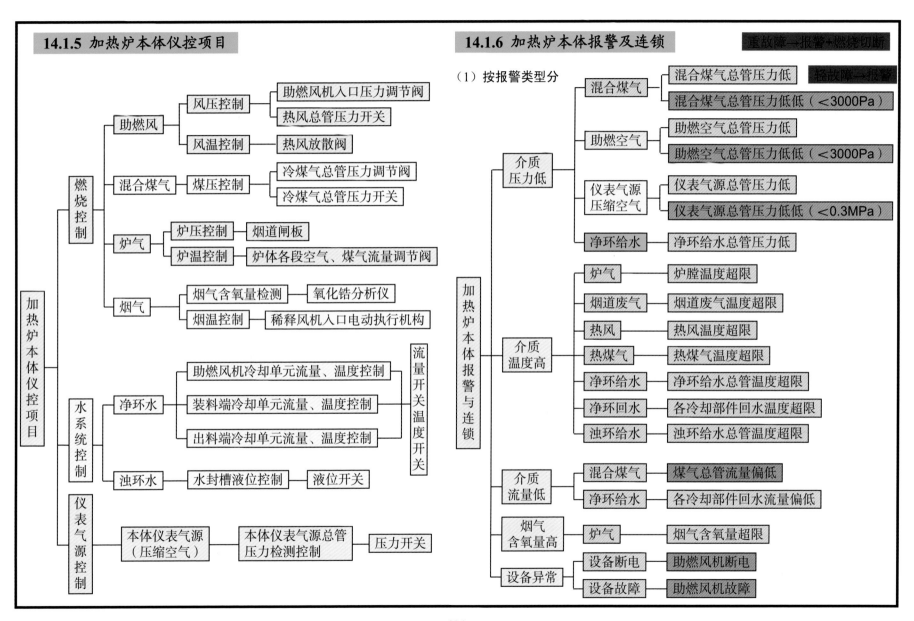

14.1.6 加热炉本体报警及连锁

重故障→报警+燃烧切断

轻故障→报警

（1）按报警类型分

- 加热炉本体仪控项目
  - 燃烧控制
    - 助燃风
      - 风压控制
        - 助燃风机入口压力调节阀
        - 热风总管压力开关
      - 风温控制
        - 热风放散阀
    - 混合煤气
      - 煤压控制
        - 冷煤气总管压力调节阀
        - 冷煤气总管压力开关
    - 炉气
      - 炉压控制
        - 烟道闸板
      - 炉温控制
        - 炉体各段空气、煤气流量调节阀
    - 烟气
      - 烟气含氧量检测
        - 氧化锆分析仪
      - 烟温控制
        - 稀释风机入口电动执行机构
  - 水系统控制
    - 净环水
      - 助燃风机冷却单元流量、温度控制
      - 装料端冷却单元流量、温度控制
      - 出料端冷却单元流量、温度控制
        - 流量开关温度开关
    - 浊环水
      - 水封槽液位控制
        - 液位开关
  - 仪表气源控制
    - 本体仪表气源（压缩空气）
      - 本体仪表气源总管压力检测控制
        - 压力开关

- 加热炉本体报警与连锁
  - 介质压力低
    - 混合煤气
      - 混合煤气总管压力低
      - 混合煤气总管压力低低（<3000Pa）
    - 助燃空气
      - 助燃空气总管压力低
      - 助燃空气总管压力低低（<3000Pa）
    - 仪表气源压缩空气
      - 仪表气源总管压力低
      - 仪表气源总管压力低低（<0.3MPa）
    - 净环给水
      - 净环给水总管压力低
  - 介质温度高
    - 炉气
      - 炉膛温度超限
    - 烟道废气
      - 烟道废气温度超限
    - 热风
      - 热风温度超限
    - 热煤气
      - 热煤气温度超限
    - 净环给水
      - 净环给水总管温度超限
    - 净环回水
      - 各冷却部件回水温度超限
    - 浊环给水
      - 浊环给水总管温度超限
  - 介质流量低
    - 混合煤气
      - 煤气总管流量偏低
    - 净环给水
      - 各冷却部件回水流量偏低
  - 烟气含氧量高
    - 炉气
      - 烟气含氧量超限
  - 设备异常
    - 设备断电
      - 助燃风机断电
    - 设备故障
      - 助燃风机故障

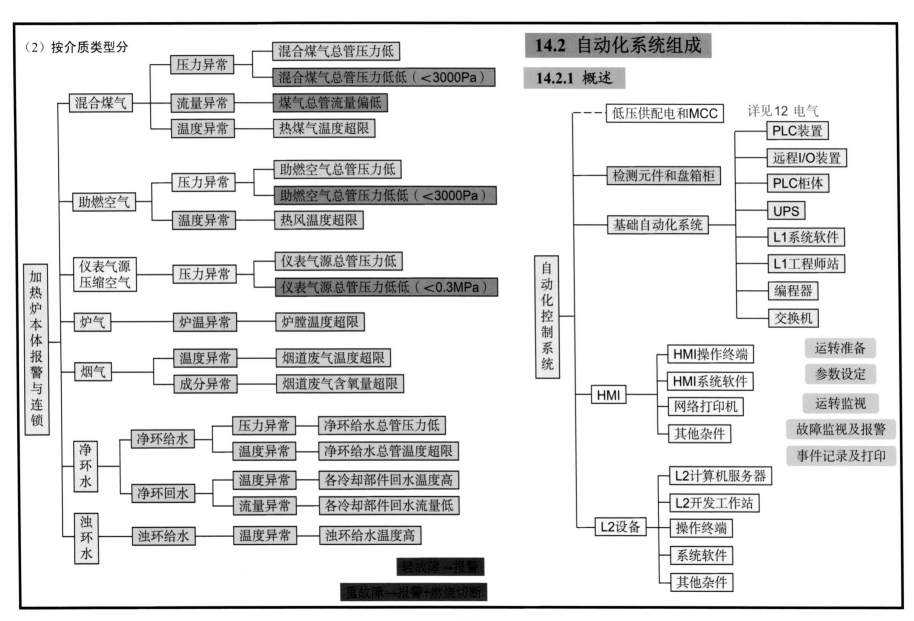

（2）按介质类型分

加热炉本体报警与连锁

混合煤气
- 压力异常
  - 混合煤气总管压力低
  - 混合煤气总管压力低低（<3000Pa）
- 流量异常
  - 煤气总管流量偏低
- 温度异常
  - 热煤气温度超限

助燃空气
- 压力异常
  - 助燃空气总管压力低
  - 助燃空气总管压力低低（<3000Pa）
- 温度异常
  - 热风温度超限

仪表气源压缩空气
- 压力异常
  - 仪表气源总管压力低
  - 仪表气源总管压力低低（<0.3MPa）

炉气
- 炉温异常
  - 炉膛温度超限

烟气
- 温度异常
  - 烟道废气温度超限
- 成分异常
  - 烟道废气含氧量超限

净环水
- 净环给水
  - 压力异常
    - 净环给水总管压力低
  - 温度异常
    - 净环给水总管温度超限
- 净环回水
  - 温度异常
    - 各冷却部件回水温度高
  - 流量异常
    - 各冷却部件回水流量低

浊环水
- 浊环给水
  - 温度异常
    - 浊环给水温度高

轻故障→报警

重故障→报警+燃烧切断

14.2 自动化系统组成

14.2.1 概述

自动化控制系统

- 低压供配电和MCC ...... 详见12 电气
- 检测元件和盘箱柜
- 基础自动化系统
  - PLC装置
  - 远程I/O装置
  - PLC柜体
  - UPS
  - L1系统软件
  - L1工程师站
  - 编程器
  - 交换机
- HMI
  - HMI操作终端
  - HMI系统软件
  - 网络打印机
  - 其他杂件
  - 运转准备
  - 参数设定
  - 运转监视
  - 故障监视及报警
  - 事件记录及打印
- L2设备
  - L2计算机服务器
  - L2开发工作站
  - 操作终端
  - 系统软件
  - 其他杂件

14.2.2 自动化控制系统盘箱柜

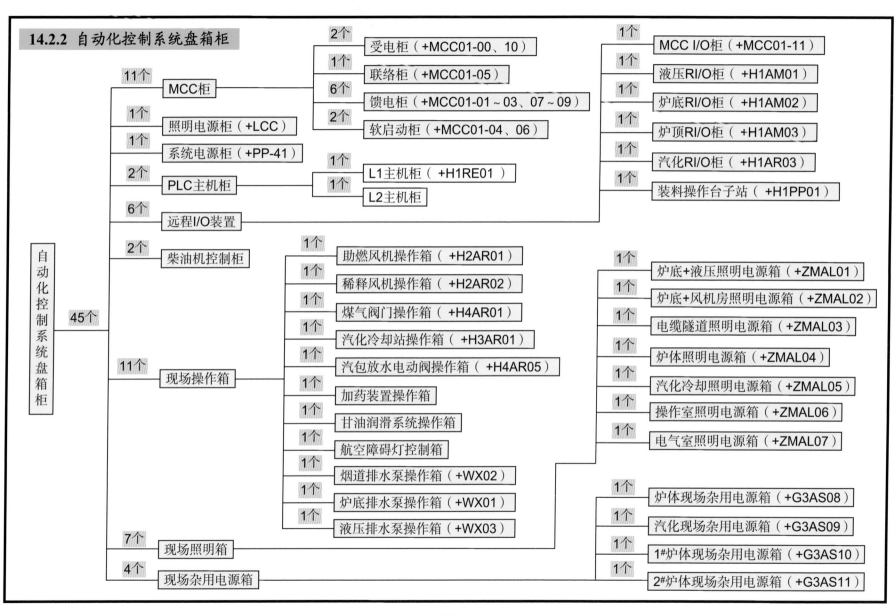

- 自动化控制系统盘箱柜 (45个)
  - MCC柜 (11个)
    - 受电柜（+MCC01-00、10）(2个)
    - 联络柜（+MCC01-05）(1个)
    - 馈电柜（+MCC01-01～03、07～09）(6个)
    - 软启动柜（+MCC01-04、06）(2个)
  - 照明电源柜（+LCC）(1个)
  - 系统电源柜（+PP-41）(1个)
  - PLC主机柜 (2个)
    - L1主机柜（+H1RE01）(1个)
    - L2主机柜 (1个)
  - 远程I/O装置 (6个)
    - MCC I/O柜（+MCC01-11）(1个)
    - 液压RI/O柜（+H1AM01）(1个)
    - 炉底RI/O柜（+H1AM02）(1个)
    - 炉顶RI/O柜（+H1AM03）(1个)
    - 汽化RI/O柜（+H1AR03）(1个)
    - 装料操作台子站（+H1PP01）(1个)
  - 柴油机控制柜 (2个)
  - 现场操作箱 (11个)
    - 助燃风机操作箱（+H2AR01）(1个)
    - 稀释风机操作箱（+H2AR02）(1个)
    - 煤气阀门操作箱（+H4AR01）(1个)
    - 汽化冷却站操作箱（+H3AR01）(1个)
    - 汽包放水电动阀操作箱（+H4AR05）(1个)
    - 加药装置操作箱 (1个)
    - 甘油润滑系统操作箱 (1个)
    - 航空障碍灯控制箱 (1个)
    - 烟道排水泵操作箱（+WX02）(1个)
    - 炉底排水泵操作箱（+WX01）(1个)
    - 液压排水泵操作箱（+WX03）(1个)
  - 现场照明箱 (7个)
    - 炉底+液压照明电源箱（+ZMAL01）(1个)
    - 炉底+风机房照明电源箱（+ZMAL02）(1个)
    - 电缆隧道照明电源箱（+ZMAL03）(1个)
    - 炉体照明电源箱（+ZMAL04）(1个)
    - 汽化冷却照明电源箱（+ZMAL05）(1个)
    - 操作室照明电源箱（+ZMAL06）(1个)
    - 电气室照明电源箱（+ZMAL07）(1个)
  - 现场杂用电源箱 (4个)
    - 炉体现场杂用电源箱（+G3AS08）(1个)
    - 汽化现场杂用电源箱（+G3AS09）(1个)
    - 1#炉体现场杂用电源箱（+G3AS10）(1个)
    - 2#炉体现场杂用电源箱（+G3AS11）(1个)

14.2.3 盘箱柜分布

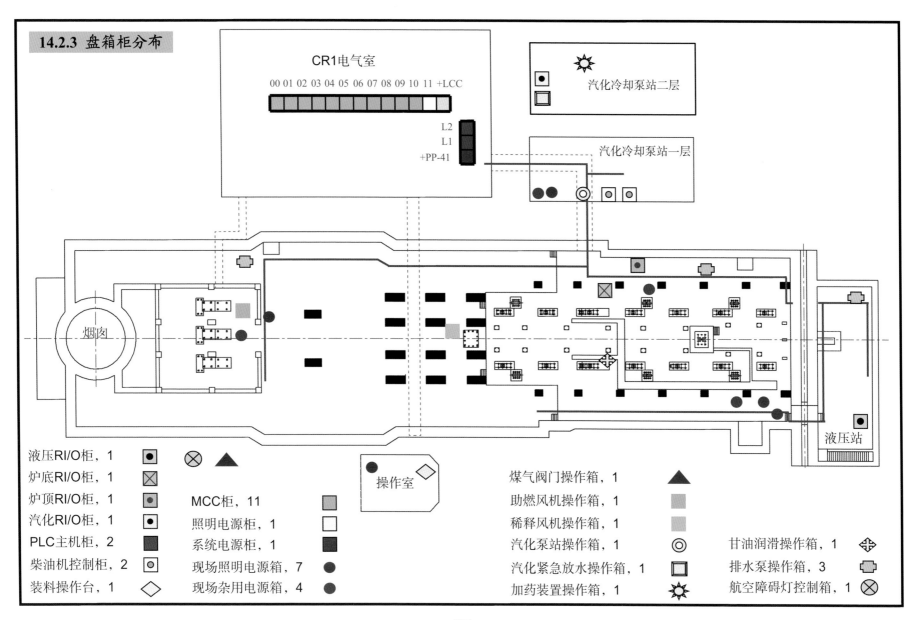

CR1电气室

00 01 02 03 04 05 06 07 08 09 10 11 +LCC

L2
L1
+PP-41

汽化冷却泵站二层

汽化冷却泵站一层

烟囱

操作室

液压站

液压RI/O柜，1

炉底RI/O柜，1

炉顶RI/O柜，1

汽化RI/O柜，1

PLC主机柜，2

柴油机控制柜，2

装料操作台，1

MCC柜，11

照明电源柜，1

系统电源柜，1

现场照明电源箱，7

现场杂用电源箱，4

煤气阀门操作箱，1

助燃风机操作箱，1

稀释风机操作箱，1

汽化泵站操作箱，1

汽化紧急放水操作箱，1

加药装置操作箱，1

甘油润滑操作箱，1

排水泵操作箱，3

航空障碍灯控制箱，1

14.2.4 自动化控制系统设备

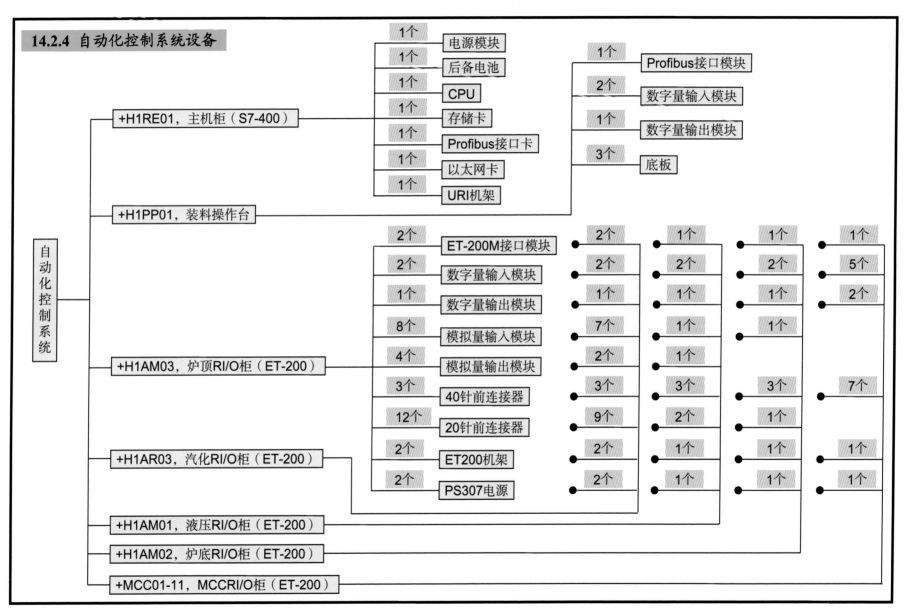

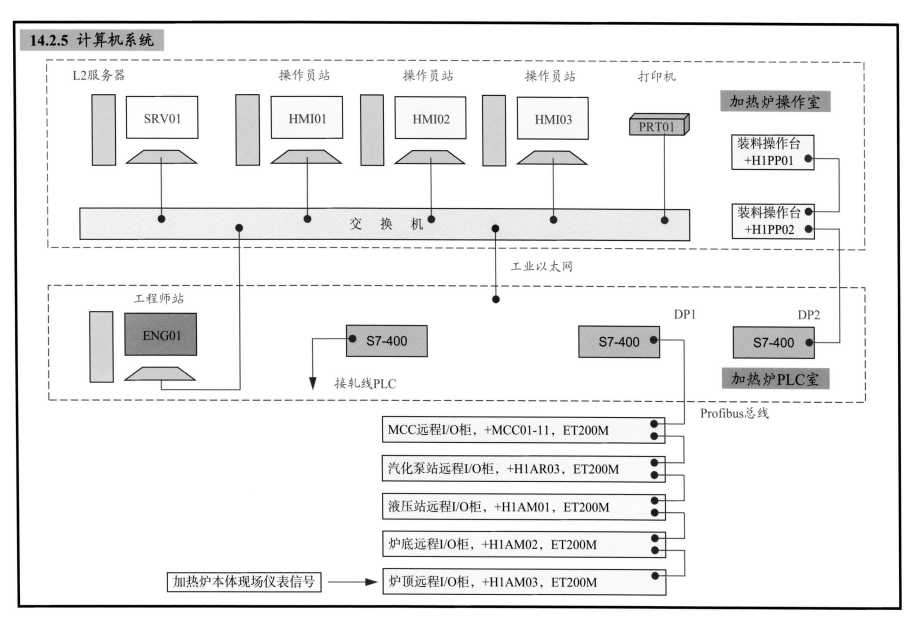

14.2.5 计算机系统

L2服务器　　　　　操作员站　　　　操作员站　　　　操作员站　　　打印机

SRV01　　HMI01　　HMI02　　HMI03　　PRT01

加热炉操作室

装料操作台 +H1PP01

装料操作台 +H1PP02

交　换　机

工业以太网

工程师站

ENG01

DP1　　　　　　DP2

S7-400　　　　S7-400　　　S7-400

接轧线PLC

加热炉PLC室

Profibus总线

MCC远程I/O柜，+MCC01-11，ET200M

汽化泵站远程I/O柜，+H1AR03，ET200M

液压站远程I/O柜，+H1AM01，ET200M

炉底远程I/O柜，+H1AM02，ET200M

加热炉本体现场仪表信号　　炉顶远程I/O柜，+H1AM03，ET200M

14.2.6 PLC系统配置

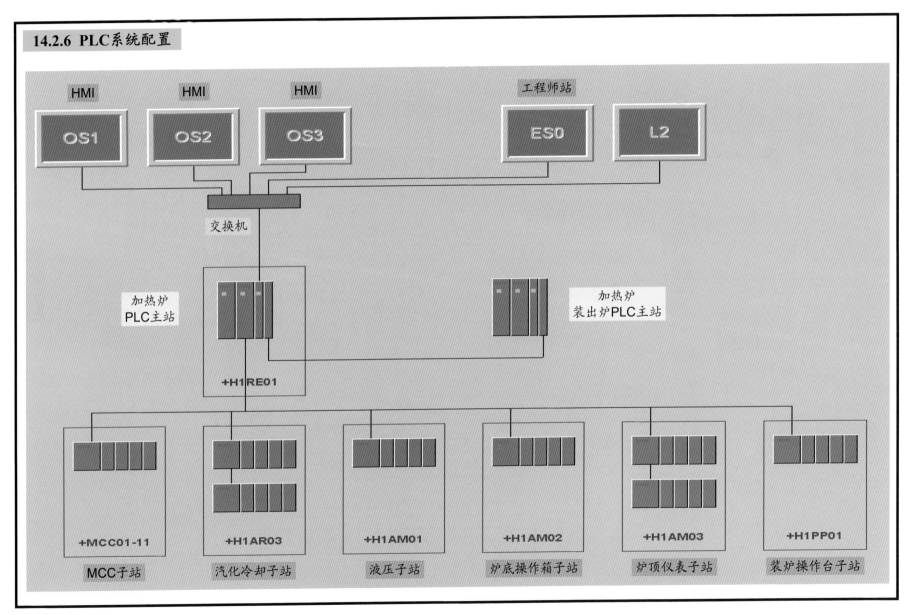

HMI　　HMI　　HMI　　工程师站

OS1　OS2　OS3　　ES0　L2

交换机

加热炉
PLC主站　　+H1RE01　　加热炉
装出炉PLC主站

+MCC01-11　+H1AR03　+H1AM01　+H1AM02　+H1AM03　+H1PP01

MCC子站　汽化冷却子站　液压子站　炉底操作箱子站　炉顶仪表子站　装炉操作台子站

14.3 基本画面

14.3.1 概述

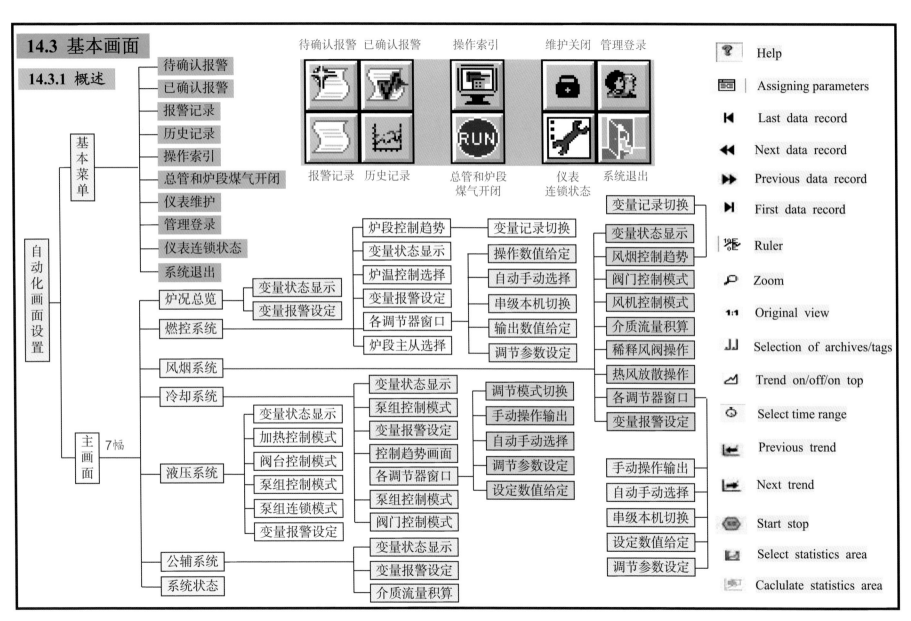

14.3.2 操作索引画面

◆ 操作索引画面

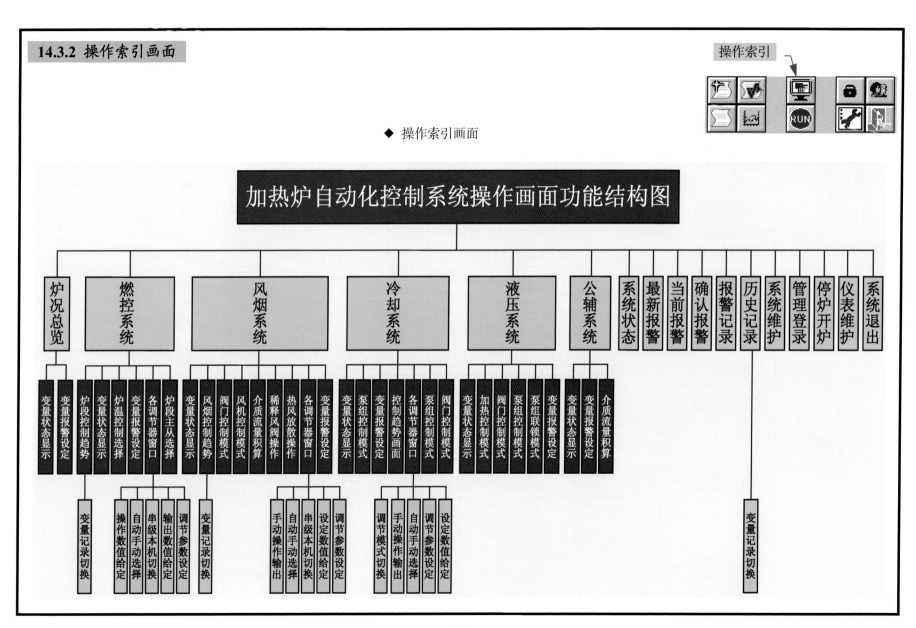

加热炉自动化控制系统操作画面功能结构图

炉况总览 | 燃控系统 | 风烟系统 | 冷却系统 | 液压系统 | 公辅系统 | 系统状态 | 最新报警 | 当前报警 | 确认报警 | 报警记录 | 历史记录 | 系统维护 | 管理登录 | 停炉开炉 | 仪表维护 | 系统退出

变量状态显示 | 变量报警设定

炉段控制趋势 | 变量状态显示 | 炉温控制选择 | 变量报警设定 | 各调节器窗口 | 炉段主从选择

变量状态显示 | 风烟控制趋势 | 阀门控制模式 | 风机控制模式 | 介质流量积算 | 稀释风阀操作 | 热风放散操作 | 各调节器窗口 | 变量报警设定

变量状态显示 | 泵组控制模式 | 变量报警设定 | 控制趋势画面 | 各调节器窗口 | 泵组控制模式 | 阀门控制模式

变量状态显示 | 加热控制模式 | 阀门控制模式 | 泵组控制模式 | 泵组联锁模式 | 变量报警设定

变量状态显示 | 变量报警设定 | 介质流量积算

变量记录切换

操作数值给定 | 自动手动选择 | 串级本机切换 | 输出数值给定 | 调节参数设定 | 变量记录切换

手动操作输出 | 自动手动选择 | 串级本机切换 | 设定数值给定 | 调节参数设定

调节模式切换 | 手动操作输出 | 自动手动选择 | 调节参数设定 | 设定数值给定

变量记录切换

402

煤气总管和炉段煤气开闭

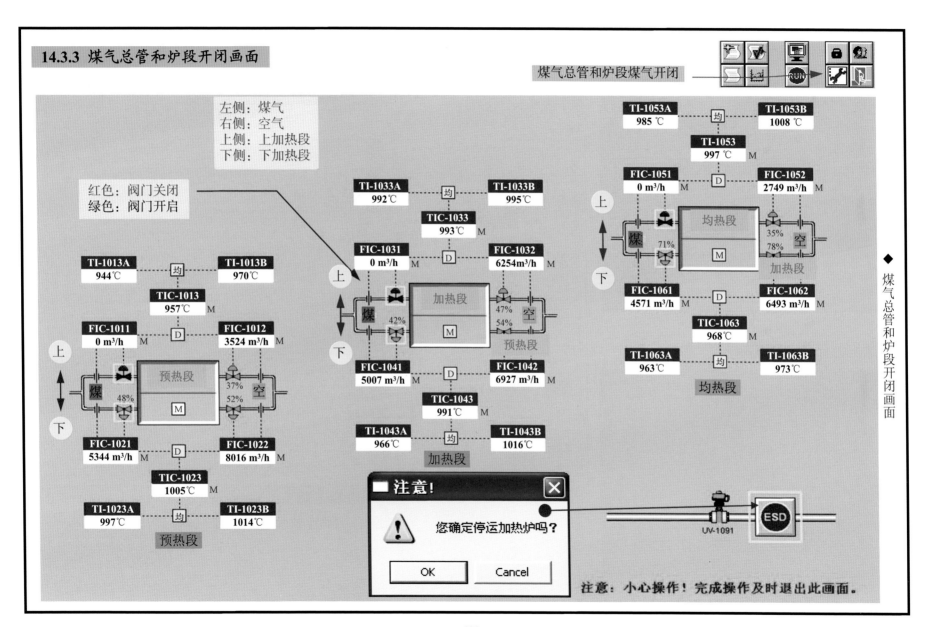

左侧：煤气
右侧：空气
上侧：上加热段
下侧：下加热段

红色：阀门关闭
绿色：阀门开启

TI-1053A
985℃   均   TI-1053B
1008℃

TI-1053
997℃   M

FIC-1051
0 m³/h   M   D   FIC-1052
2749 m³/h   M

上   煤   均热段   35%   空
71%   78%
加热段

下

FIC-1061
4571 m³/h   D   FIC-1062
6493 m³/h   M

TIC-1063
968℃   M

TI-1063A
963℃   均   TI-1063B
973℃

均热段

TI-1033A
992℃   均   TI-1033B
995℃

TIC-1033
993℃   M

FIC-1031
0 m³/h   M   D   FIC-1032
6254 m³/h   M

上   煤   加热段   47%   空
42%   54%
预热段

下

FIC-1041
5007 m³/h   M   D   FIC-1042
6927 m³/h   M

TIC-1043
991℃   M

TI-1043A
966℃   均   TI-1043B
1016℃

加热段

TI-1013A
944℃   均   TI-1013B
970℃

TIC-1013
957℃   M

FIC-1011
0 m³/h   M   D   FIC-1012
3524 m³/h   M

上   煤   预热段   37%   空
48%   52%

下

FIC-1021
5344 m³/h   M   D   FIC-1022
8016 m³/h   M

TIC-1023
1005℃   M

TI-1023A
997℃   均   TI-1023B
1014℃

预热段

■ 注意！   **X**

⚠ 您确定停运加热炉吗？

OK   Cancel

UV-1091   **ESD**

注意：小心操作！完成操作及时退出此画面。

◆ 煤气总管和炉段开闭画面

14.3.4 待确认报警画面

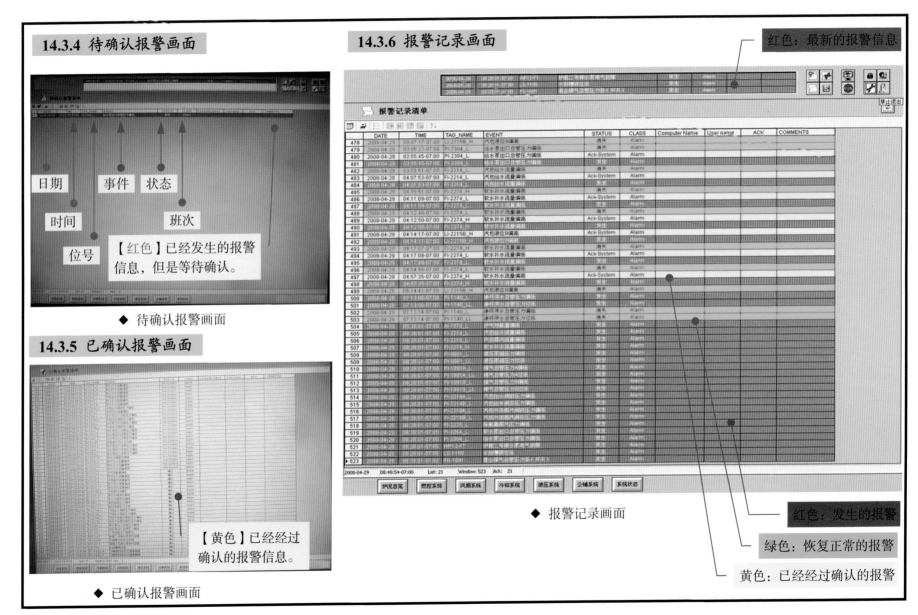

日期

事件　状态

时间

班次

位号

【红色】已经发生的报警信息，但是等待确认。

◆ 待确认报警画面

14.3.5 已确认报警画面

【黄色】已经经过确认的报警信息。

◆ 已确认报警画面

14.3.6 报警记录画面

红色：最新的报警信息

红色：发生的报警

绿色：恢复正常的报警

黄色：已经经过确认的报警

◆ 报警记录画面

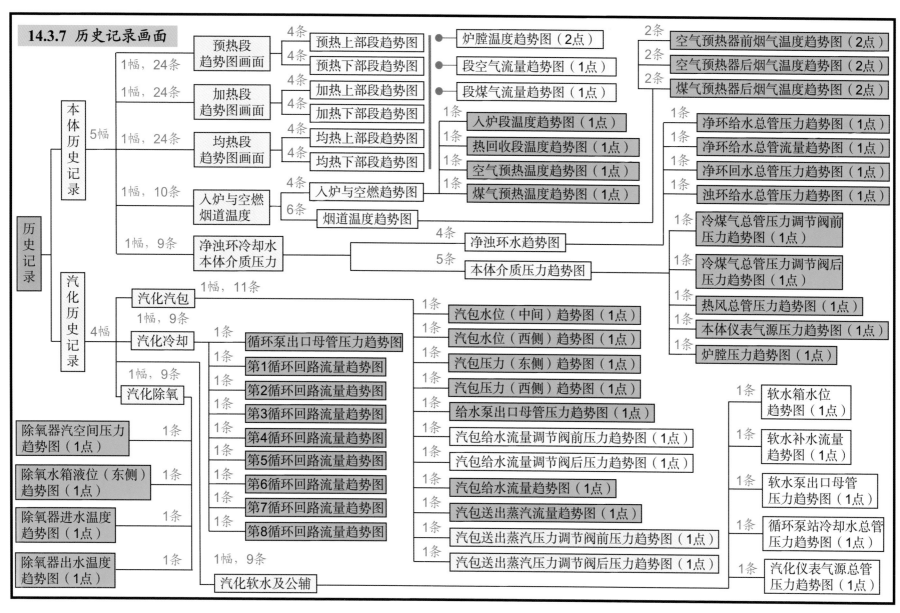

14.3.7 历史记录画面

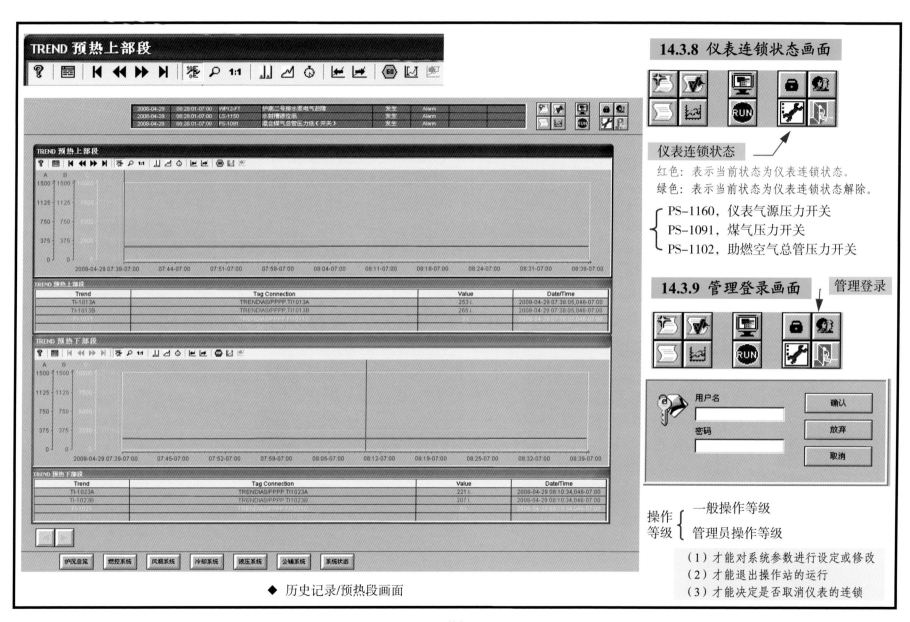

14.3.8 仪表连锁状态画面

仪表连锁状态

红色：表示当前状态为仪表连锁状态。
绿色：表示当前状态为仪表连锁状态解除。

PS-1160，仪表气源压力开关
PS-1091，煤气压力开关
PS-1102，助燃空气总管压力开关

14.3.9 管理登录画面   管理登录

用户名
密码
确认
放弃
取消

操作
等级 { 一般操作等级
管理员操作等级

（1）才能对系统参数进行设定或修改
（2）才能退出操作站的运行
（3）才能决定是否取消仪表的连锁

◆ 历史记录/预热段画面

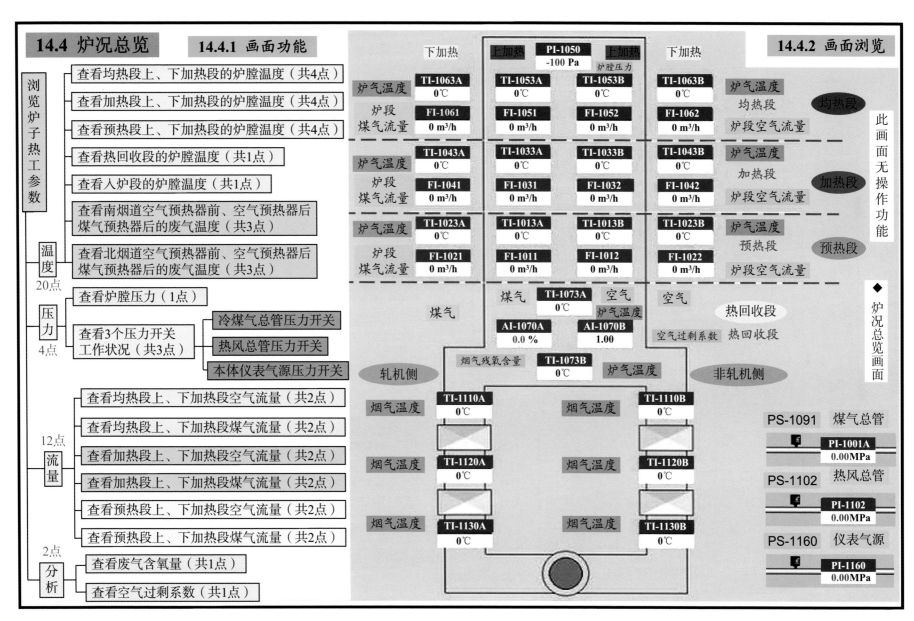

14.4 炉况总览 14.4.1 画面功能

浏览炉子热工参数

温度 20点
- 查看均热段上、下加热段的炉膛温度（共4点）
- 查看加热段上、下加热段的炉膛温度（共4点）
- 查看预热段上、下加热段的炉膛温度（共4点）
- 查看热回收段的炉膛温度（共1点）
- 查看入炉段的炉膛温度（共1点）
- 查看南烟道空气预热器前、空气预热器后煤气预热器后的废气温度（共3点）
- 查看北烟道空气预热器前、空气预热器后煤气预热器后的废气温度（共3点）

压力 4点
- 查看炉膛压力（1点）
- 查看3个压力开关工作状况（共3点）
  - 冷煤气总管压力开关
  - 热风总管压力开关
  - 本体仪表气源压力开关

流量 12点
- 查看均热段上、下加热段空气流量（共2点）
- 查看均热段上、下加热段煤气流量（共2点）
- 查看加热段上、下加热段空气流量（共2点）
- 查看加热段上、下加热段煤气流量（共2点）
- 查看预热段上、下加热段空气流量（共2点）
- 查看预热段上、下加热段煤气流量（共2点）

分析 2点
- 查看废气含氧量（共1点）
- 查看空气过剩系数（共1点）

14.4.2 画面浏览

此画面无操作功能

◆ 炉况总览画面

	下加热	上加热 PI-1050 -100 Pa 炉膛压力	上加热	下加热	
炉气温度	TI-1063A 0℃	TI-1053A 0℃	TI-1053B 0℃	TI-1063B 0℃	炉气温度 均热段
炉段煤气流量	FI-1061 0 m³/h	FI-1051 0 m³/h	FI-1052 0 m³/h	FI-1062 0 m³/h	炉段空气流量 均热段
炉气温度	TI-1043A 0℃	TI-1033A 0℃	TI-1033B 0℃	TI-1043B 0℃	炉气温度 加热段
炉段煤气流量	FI-1041 0 m³/h	FI-1031 0 m³/h	FI-1032 0 m³/h	FI-1042 0 m³/h	炉段空气流量 加热段
炉气温度	TI-1023A 0℃	TI-1013A 0℃	TI-1013B 0℃	TI-1023B 0℃	炉气温度 预热段
炉段煤气流量	FI-1021 0 m³/h	FI-1011 0 m³/h	FI-1012 0 m³/h	FI-1022 0 m³/h	炉段空气流量 预热段

煤气　TI-1073A 0℃　炉气温度　空气　空气　热回收段
煤气　AI-1070A 0.0 %　AI-1070B 1.00　空气过剩系数　热回收段

烟气残氧含量　TI-1073B 0℃　炉气温度

轧机侧　　　　　非轧机侧

烟气温度　TI-1110A 0℃　　烟气温度　TI-1110B 0℃

烟气温度　TI-1120A 0℃　　烟气温度　TI-1120B 0℃

烟气温度　TI-1130A 0℃　　烟气温度　TI-1130B 0℃

PS-1091　煤气总管　PI-1001A 0.00MPa

PS-1102　热风总管　PI-1102 0.00MPa

PS-1160　仪表气源　PI-1160 0.00MPa

14.5 燃控系统

14.5.1 画面功能

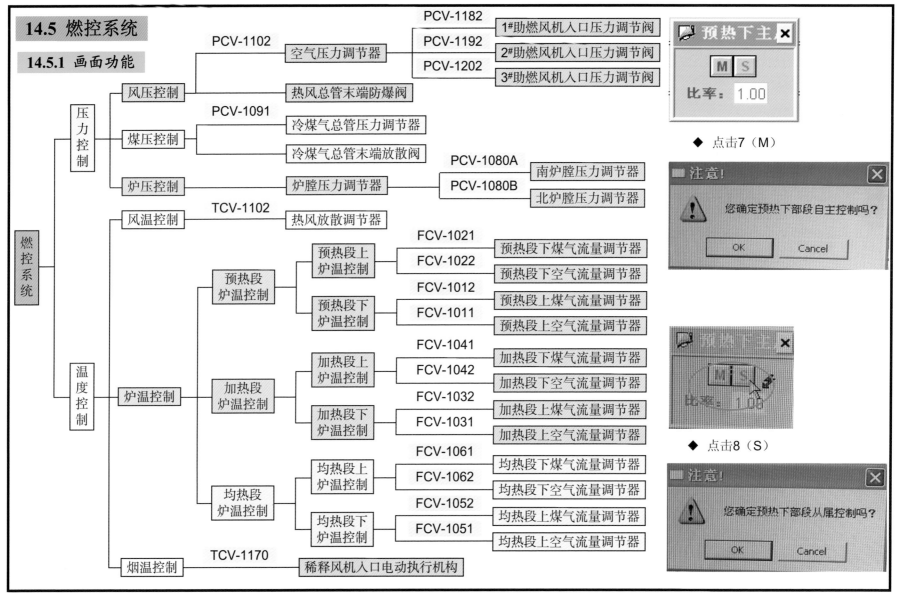

◆ 点击7（M）

◆ 点击8（S）

预热下主

比率: 1.00

注意！

您确定预热下部段自主控制吗？

OK   Cancel

注意！

您确定预热下部段从属控制吗？

OK   Cancel

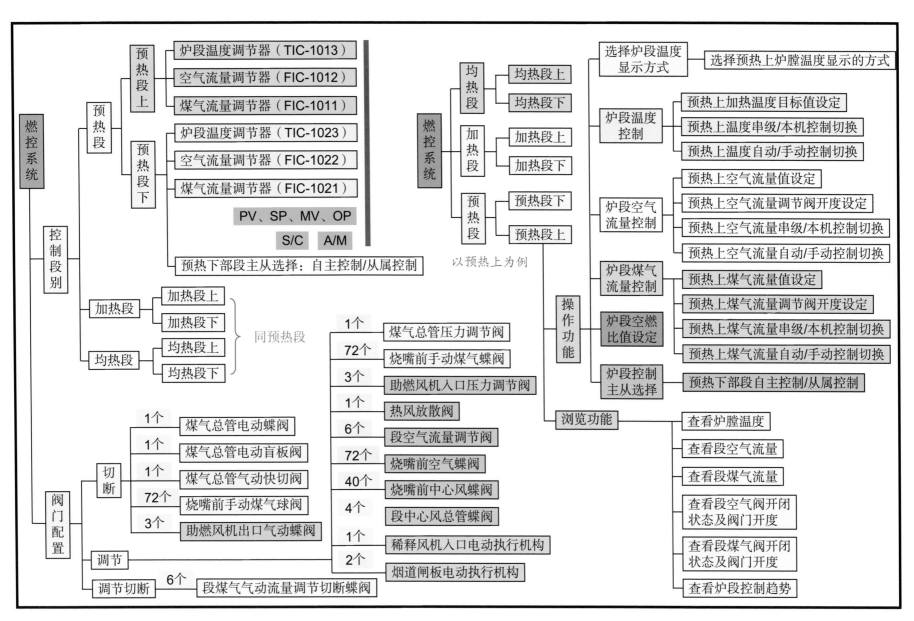

燃控系统
├─ 控制段别
│ ├─ 预热段
│ │ ├─ 预热段上
│ │ │ ├─ 炉段温度调节器（TIC-1013）
│ │ │ ├─ 空气流量调节器（FIC-1012）
│ │ │ └─ 煤气流量调节器（FIC-1011）
│ │ └─ 预热段下
│ │   ├─ 炉段温度调节器（TIC-1023）
│ │   ├─ 空气流量调节器（FIC-1022）
│ │   └─ 煤气流量调节器（FIC-1021）
│ │
│ │ PV、SP、MV、OP
│ │ S/C A/M
│ │
│ │ 预热下部段主从选择：自主控制/从属控制
│ ├─ 加热段
│ │ ├─ 加热段上
│ │ └─ 加热段下   同预热段
│ └─ 均热段
│   ├─ 均热段上
│   └─ 均热段下
│
└─ 阀门配置
   ├─ 切断
   │ ├─ 1个 煤气总管电动蝶阀
   │ ├─ 1个 煤气总管电动盲板阀
   │ ├─ 1个 煤气总管气动快切阀
   │ ├─ 72个 烧嘴前手动煤气球阀
   │ └─ 3个 助燃风机出口气动蝶阀
   ├─ 调节
   │ ├─ 1个 煤气总管压力调节阀
   │ ├─ 72个 烧嘴前手动煤气蝶阀
   │ ├─ 3个 助燃风机入口压力调节阀
   │ ├─ 1个 热风放散阀
   │ ├─ 6个 段空气流量调节阀
   │ ├─ 72个 烧嘴前空气蝶阀
   │ ├─ 40个 烧嘴前中心风蝶阀
   │ ├─ 4个 段中心风总管蝶阀
   │ ├─ 1个 稀释风机入口电动执行机构
   │ └─ 2个 烟道闸板电动执行机构
   └─ 调节切断
      └─ 6个 段煤气气动流量调节切断蝶阀

燃控系统
├─ 均热段
│ ├─ 均热段上
│ └─ 均热段下
├─ 加热段
│ ├─ 加热段上
│ └─ 加热段下
├─ 预热段
│ ├─ 预热段下
│ └─ 预热段上
│ 以预热上为例
├─ 操作功能
│ ├─ 选择炉段温度显示方式 ── 选择预热上炉腔温度显示的方式
│ ├─ 炉段温度控制
│ │ ├─ 预热上加热温度目标值设定
│ │ ├─ 预热上温度串级/本机控制切换
│ │ └─ 预热上温度自动/手动控制切换
│ ├─ 炉段空气流量控制
│ │ ├─ 预热上空气流量值设定
│ │ ├─ 预热上空气流量调节阀开度设定
│ │ ├─ 预热上空气流量串级/本机控制切换
│ │ └─ 预热上空气流量自动/手动控制切换
│ ├─ 炉段煤气流量控制
│ │ ├─ 预热上煤气流量值设定
│ │ ├─ 预热上煤气流量调节阀开度设定
│ │ ├─ 预热上煤气流量串级/本机控制切换
│ │ └─ 预热上煤气流量自动/手动控制切换
│ ├─ 炉段空燃比值设定
│ └─ 炉段控制主从选择 ── 预热下部段自主控制/从属控制
└─ 浏览功能
   ├─ 查看炉腔温度
   ├─ 查看段空气流量
   ├─ 查看段煤气流量
   ├─ 查看段空气阀开闭状态及阀门开度
   ├─ 查看段煤气阀开闭状态及阀门开度
   └─ 查看炉段控制趋势

14.5.2 画面浏览

◆ 燃控系统主画面

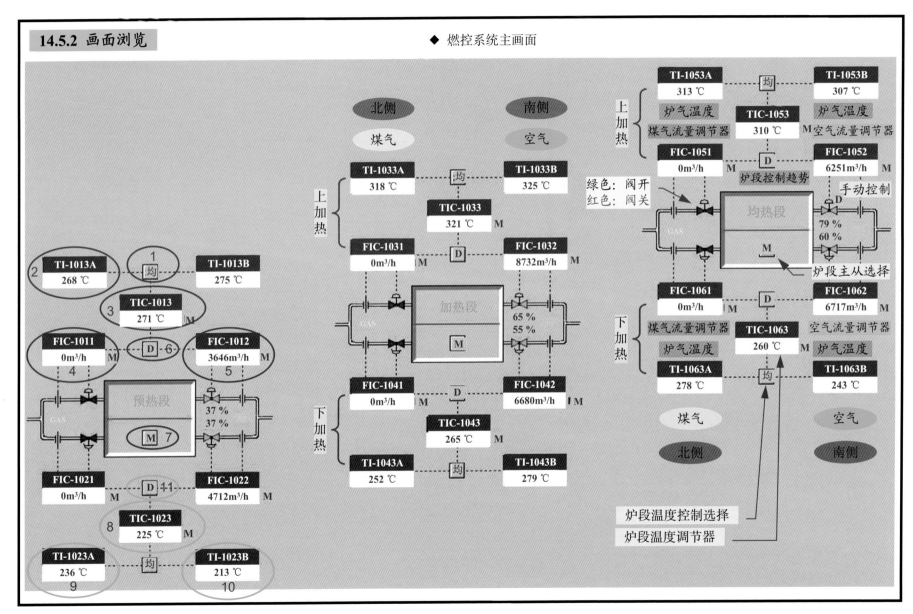

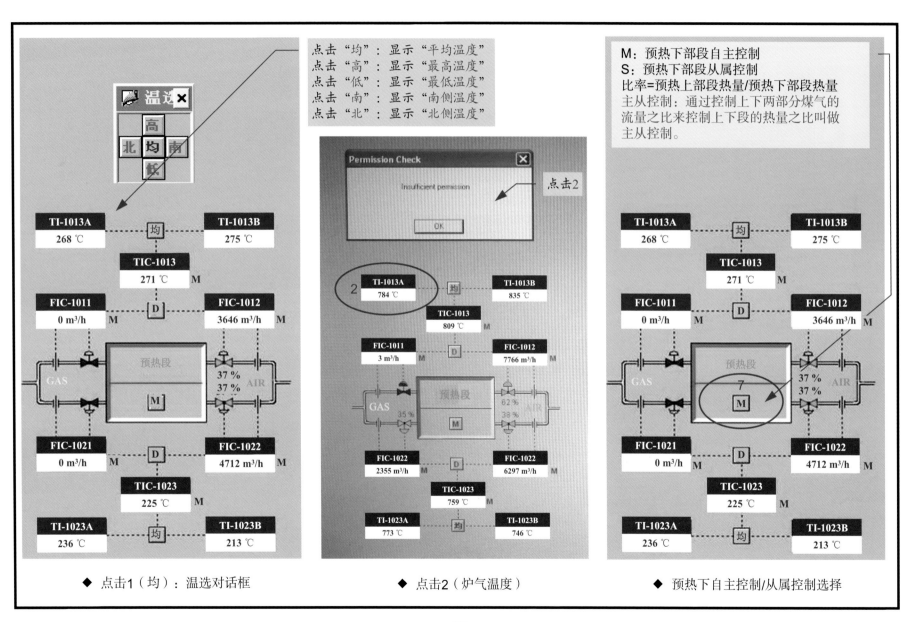

点击"均"：显示"平均温度"
点击"高"：显示"最高温度"
点击"低"：显示"最低温度"
点击"南"：显示"南侧温度"
点击"北"：显示"北侧温度"

M：预热下部段自主控制
S：预热下部段从属控制
比率=预热上部段热量/预热下部段热量
主从控制：通过控制上下两部分煤气的
流量之比来控制上下段的热量之比叫做
主从控制。

◆ 点击1（均）：温选对话框   ◆ 点击2（炉气温度）   ◆ 预热下自主控制/从属控制选择

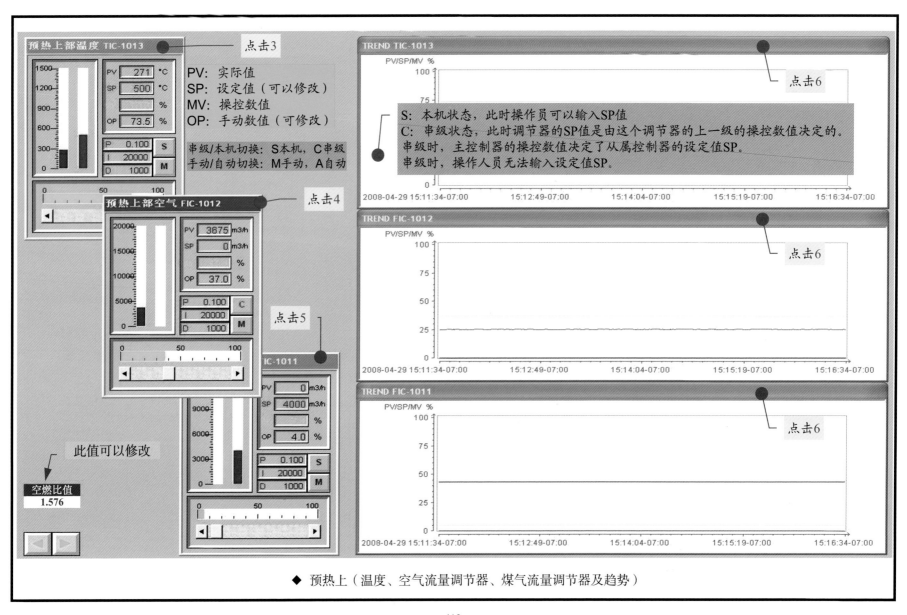

预热上部温度 TIC-1013　点击3

PV: 271 ℃
SP: 500 ℃
%
OP: 73.5 %

P 0.100 S
I 20000
D 1000 M

0 50 100

PV: 实际值
SP: 设定值（可以修改）
MV: 操控数值
OP: 手动数值（可修改）

串级/本机切换：S本机，C串级
手动/自动切换：M手动，A自动

预热上部空气 FIC-1012　点击4

PV 3875 m3/h
SP 0 m3/h
%
OP 37.0 %

P 0.100 C
I 20000
D 1000 M

0 50 100

点击5

IC-1011

PV 0 m3/h
SP 4000 m3/h
%
OP 4.0 %

P 0.100 S
I 20000
D 1000 M

0 50 100

此值可以修改

空燃比值
1.576

TREND TIC-1013
PV/SP/MV %
100
75

点击6

S: 本机状态，此时操作员可以输入SP值
C: 串级状态，此时调节器的SP值是由这个调节器的上一级的操控数值决定的。
串级时，主控制器的操控数值决定了从属控制器的设定值SP。
串级时，操作人员无法输入设定值SP。

0
2008-04-29 15:11:34-07:00　15:12:49-07:00　15:14:04-07:00　15:15:19-07:00　15:16:34-07:00

TREND FIC-1012
PV/SP/MV %
100

点击6

75

50

25

0
2008-04-29 15:11:34-07:00　15:12:49-07:00　15:14:04-07:00　15:15:19-07:00　15:16:34-07:00

TREND FIC-1011
PV/SP/MV %
100

点击6

75

50

25

0
2008-04-29 15:11:34-07:00　15:12:49-07:00　15:14:04-07:00　15:15:19-07:00　15:16:34-07:00

◆ 预热上（温度、空气流量调节器、煤气流量调节器及趋势）

14.6 风烟系统   14.6.1 画面功能

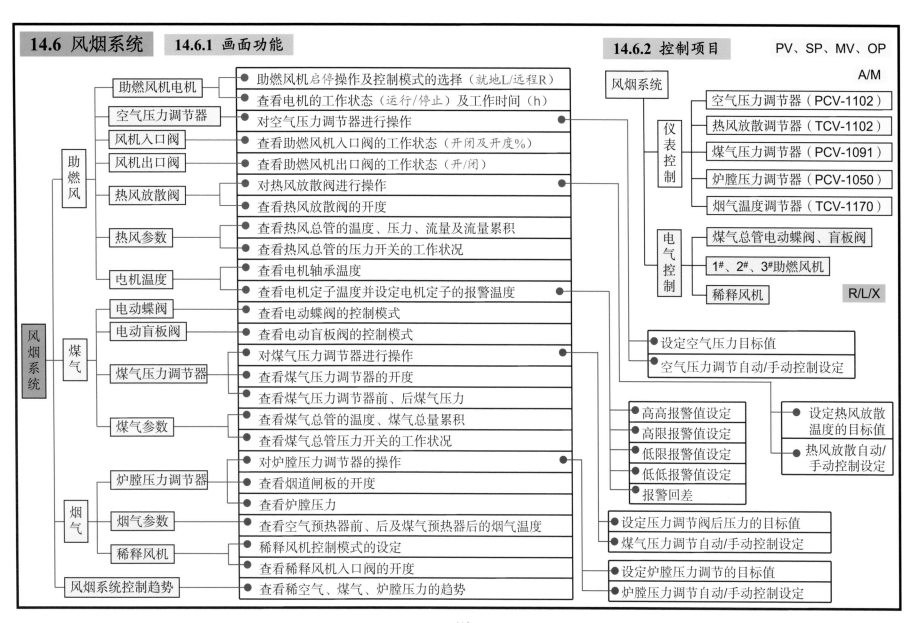

14.6.2 控制项目   PV、SP、MV、OP

助燃风机电机
- 助燃风机启停操作及控制模式的选择（就地L/远程R）
- 查看电机的工作状态（运行/停止）及工作时间（h）

空气压力调节器
- 对空气压力调节器进行操作

风机入口阀
- 查看助燃风机入口阀的工作状态（开闭及开度%）

风机出口阀
- 查看助燃风机出口阀的工作状态（开/闭）

热风放散阀
- 对热风放散阀进行操作
- 查看热风放散阀的开度

热风参数
- 查看热风总管的温度、压力、流量及流量累积
- 查看热风总管的压力开关的工作状况

电机温度
- 查看电机轴承温度
- 查看电机定子温度并设定电机定子的报警温度

电动蝶阀
- 查看电动蝶阀的控制模式

电动盲板阀
- 查看电动盲板阀的控制模式

煤气压力调节器
- 对煤气压力调节器进行操作
- 查看煤气压力调节器的开度
- 查看煤气压力调节器前、后煤气压力

煤气参数
- 查看煤气总管的温度、煤气总量累积
- 查看煤气总管压力开关的工作状况

炉膛压力调节器
- 对炉膛压力调节器的操作
- 查看烟道闸板的开度
- 查看炉膛压力

烟气参数
- 查看空气预热器前、后及煤气预热器后的烟气温度

稀释风机
- 稀释风机控制模式的设定
- 查看稀释风机入口阀的开度

风烟系统控制趋势
- 查看稀空气、煤气、炉膛压力的趋势

左侧层级：风烟系统 — 助燃风、煤气、烟气

14.6.2 控制项目

风烟系统

仪表控制   A/M
- 空气压力调节器（PCV-1102）
- 热风放散调节器（TCV-1102）
- 煤气压力调节器（PCV-1091）
- 炉膛压力调节器（PCV-1050）
- 烟气温度调节器（TCV-1170）

电气控制   R/L/X
- 煤气总管电动蝶阀、盲板阀
- 1#、2#、3#助燃风机
- 稀释风机

- 设定空气压力目标值
- 空气压力调节自动/手动控制设定

- 高高报警值设定
- 高限报警值设定
- 低限报警值设定
- 低低报警值设定
- 报警回差

- 设定热风放散温度的目标值
- 热风放散自动/手动控制设定

- 设定压力调节阀后压力的目标值
- 煤气压力调节自动/手动控制设定

- 设定炉膛压力调节的目标值
- 炉膛压力调节自动/手动控制设定

14.6.3 画面浏览

◆ 风烟系统主画面

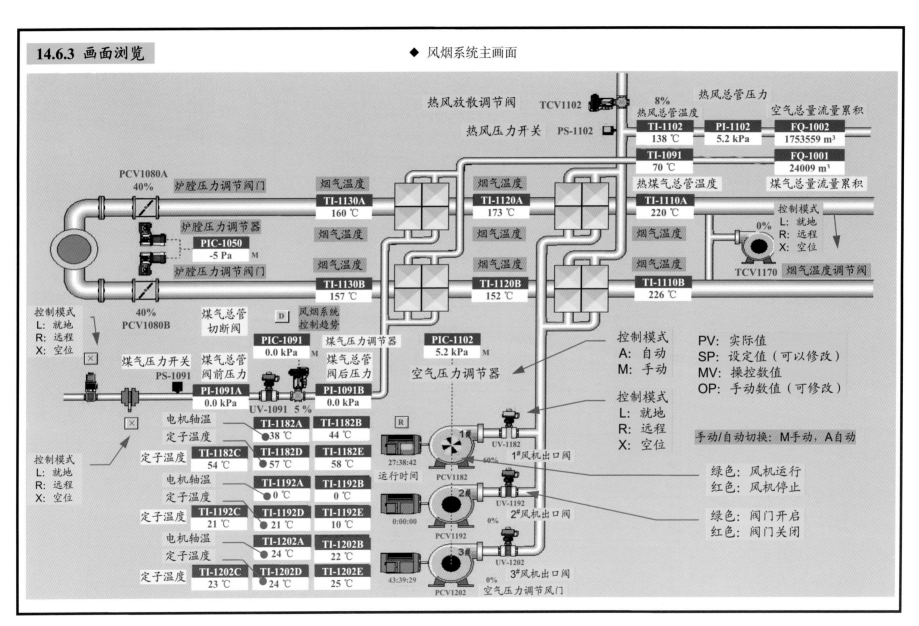

热风放散调节阀　TCV1102　8%　热风总管压力

热风总管温度　空气总量流量累积

热风压力开关　PS-1102

TI-1102	PI-1102	FQ-1002
138 ℃	5.2 kPa	1753559 m³

TI-1091		FQ-1001
70 ℃		24009 m³

PCV1080A
40%　炉膛压力调节阀门

烟气温度
TI-1130A
160 ℃

烟气温度
TI-1120A
173 ℃

热煤气总管温度
TI-1110A
220 ℃

煤气总量流量累积

控制模式
L: 就地
R: 远程
X: 空位

0%

炉膛压力调节器
PIC-1050
-5 Pa　M

烟气温度
TI-1130B
157 ℃

烟气温度

烟气温度
TI-1120B
152 ℃

烟气温度

烟气温度
TI-1110B
226 ℃

炉膛压力调节阀门

TCV1170　烟气温度调节阀

控制模式
L: 就地
R: 远程
X: 空位

40%
PCV1080B

煤气总管
切断阀

D 风烟系统
控制趋势

PIC-1091
0.0 kPa　M

煤气压力调节器

PIC-1102
5.2 kPa　M

空气压力调节器

控制模式
A: 自动
M: 手动

PV: 实际值
SP: 设定值（可以修改）
MV: 操控数值
OP: 手动数值（可修改）

煤气压力开关　煤气总管阀前压力

PS-1091

煤气总管阀后压力

PI-1091A
0.0 kPa

PI-1091B
0.0 kPa

UV-1091　5 %

控制模式
L: 就地
R: 远程
X: 空位

手动/自动切换: M手动，A自动

控制模式
L: 就地
R: 远程
X: 空位

电机轴温
定子温度

TI-1182A	TI-1182B
38 ℃	44 ℃

R

1#

UV-1182

1#风机出口阀

绿色: 风机运行
红色: 风机停止

定子温度
TI-1182C	TI-1182D	TI-1182E
54 ℃	57 ℃	58 ℃

27:38:42
运行时间　PCV1182　60%

控制模式
L: 就地
R: 远程
X: 空位

电机轴温
定子温度

TI-1192A	TI-1192B
0 ℃	0 ℃

2#

UV-1192

2#风机出口阀

绿色: 阀门开启
红色: 阀门关闭

定子温度
TI-1192C	TI-1192D	TI-1192E
21 ℃	21 ℃	10 ℃

0:00:00　PCV1192　0%

电机轴温
定子温度

TI-1202A	TI-1202B
24 ℃	22 ℃

3#

UV-1202

3#风机出口阀

定子温度
TI-1202C	TI-1202D	TI-1202E
23 ℃	24 ℃	25 ℃

43:39:29　PCV1202　0%　空气压力调节风门

· 414 ·

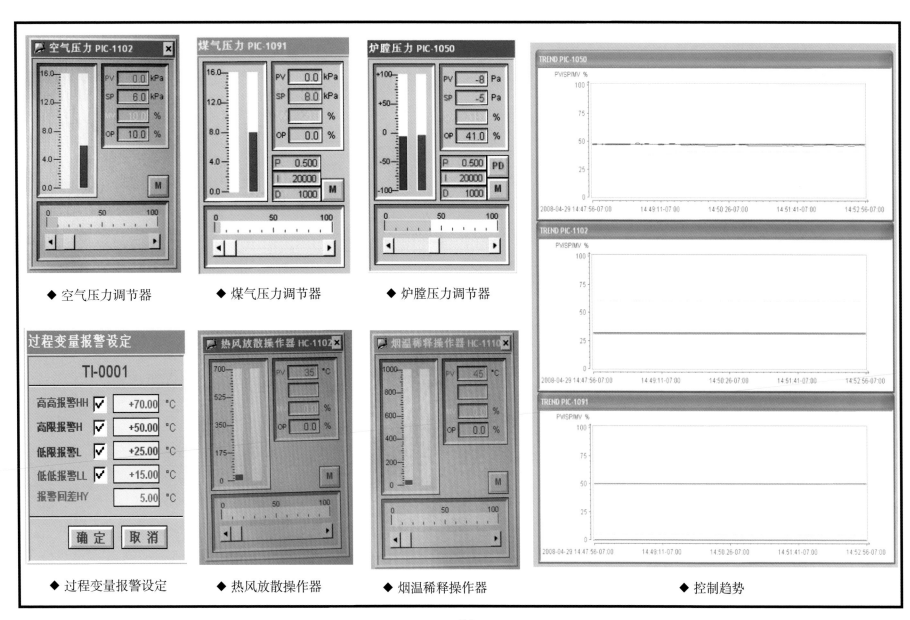

◆ 空气压力调节器　　　　◆ 煤气压力调节器　　　　◆ 炉膛压力调节器

◆ 过程变量报警设定　　　◆ 热风放散操作器　　　　◆ 烟温稀释操作器　　　　◆ 控制趋势

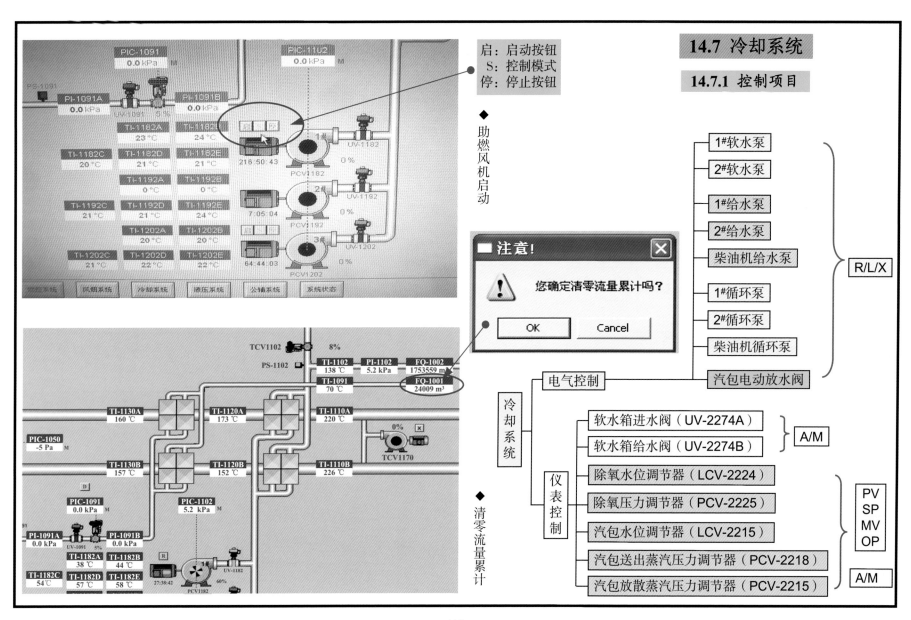

启：启动按钮
S：控制模式
停：停止按钮

◆ 助燃风机启动

◆ 清零流量累计

14.7 冷却系统

14.7.1 控制项目

- 电气控制
  - 1#软水泵
  - 2#软水泵
  - 1#给水泵
  - 2#给水泵
  - 柴油机给水泵
  - 1#循环泵
  - 2#循环泵
  - 柴油机循环泵
  - 汽包电动放水阀   } R/L/X

- 冷却系统

- 仪表控制
  - 软水箱进水阀（UV-2274A）
  - 软水箱给水阀（UV-2274B）   } A/M
  - 除氧水位调节器（LCV-2224）
  - 除氧压力调节器（PCV-2225）
  - 汽包水位调节器（LCV-2215）   } PV SP MV OP
  - 汽包送出蒸汽压力调节器（PCV-2218）
  - 汽包放散蒸汽压力调节器（PCV-2215）   } A/M

14.7.2 画面功能

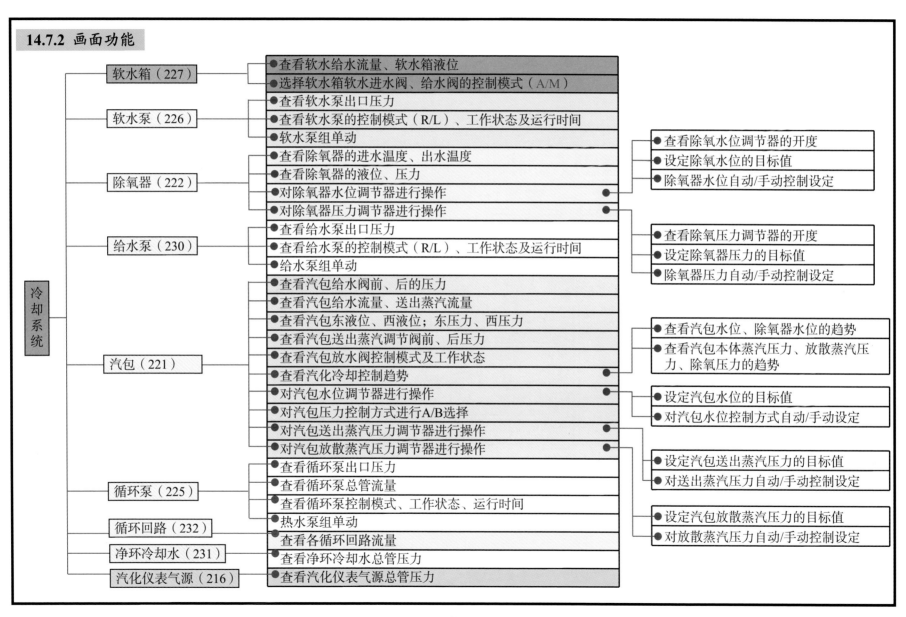

14.7.3 画面浏览

◆ 冷却系统主画面

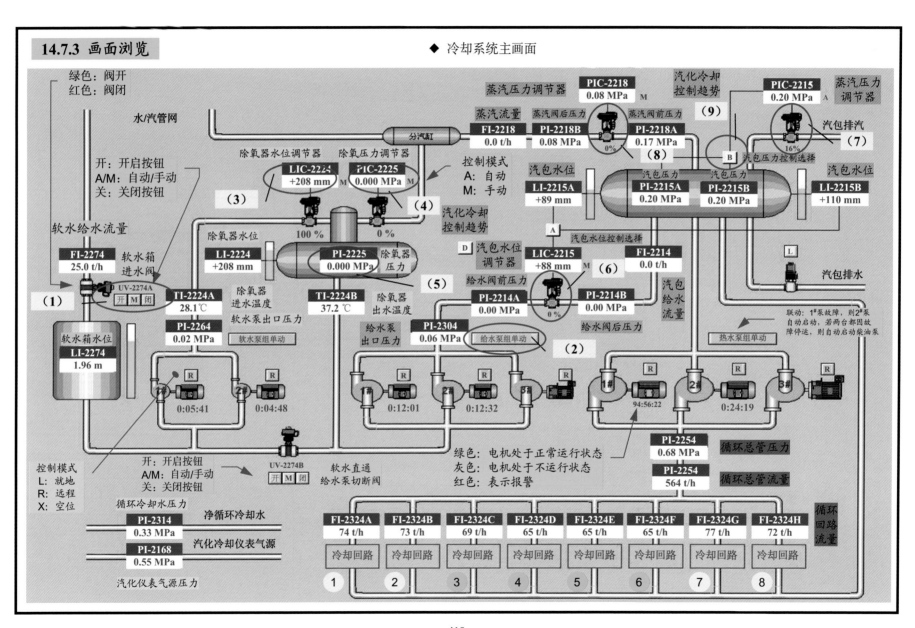

绿色：阀开
红色：阀闭

水/汽管网

蒸汽压力调节器

PIC-2218
0.08 MPa M

汽化冷却
控制趋势

PIC-2215
0.20 MPa A

蒸汽压力
调节器

蒸汽流量
FI-2218
0.0 t/h

蒸汽阀后压力
PI-2218B
0.08 MPa

蒸汽阀前压力
PI-2218A
0.17 MPa
0%

（9）

16%

汽包排汽
（7）

除氧器水位调节器

除氧压力调节器

开：开启按钮
A/M：自动/手动
关：关闭按钮

LIC-2224
+208 mm M

PIC-2225
0.000 MPa M

控制模式
A：自动
M：手动

（8）

B 汽包压力控制选择

汽包水位
LI-2215A
+89 mm

汽包压力
PI-2215A
0.20 MPa

汽包压力
PI-2215B
0.20 MPa

汽包水位
LI-2215B
+110 mm

（3）

（4）

汽化冷却
控制趋势

A

汽包水位控制选择

软水给水流量

除氧器水位
LI-2224
+208 mm

100%

0%

PI-2225
0.000 MPa

除氧器
压力

D

汽包水位
调节器

LIC-2215
+88 mm M

（6）

FI-2214
0.0 t/h

L

FI-2274
25.0 t/h

软水箱
进水阀

UV-2274A
开 M 闭

（5）

给水阀前压力

汽包给水流量

汽包排水

（1）

TI-2224A
28.1℃

除氧器
进水温度
软水泵出口压力

TI-2224B
37.2℃

除氧器
出水温度

PI-2214A
0.00 MPa
0%

PI-2214B
0.00 MPa

PI-2264
0.02 MPa

软水泵组单动

给水泵
出口压力

PI-2304
0.06 MPa

给水泵组单动

（2）

给水阀后压力

联动：1#泵故障，则2#泵
自动启动，若两台都因故
障停运，则自动启动柴油泵

软水箱水位
LI-2274
1.96 m

R

R

R

R

R

R

R

热水泵组单动

0:05:41

0:04:48

0:12:01

0:12:32

94:56:22

0:24:19

控制模式
L：就地
R：远程
X：空位

开：开启按钮
A/M：自动/手动
关：关闭按钮

UV-2274B
开 M 闭

软水直通
给水泵切断阀

绿色：电机处于正常运行状态
灰色：电机处于不运行状态
红色：表示报警

PI-2254
0.68 MPa

循环总管压力

PI-2254
564 t/h

循环总管流量

循环冷却水压力

PI-2314
0.33 MPa

净循环冷却水

PI-2168
0.55 MPa

汽化冷却仪表气源

汽化仪表气源压力

FI-2324A	FI-2324B	FI-2324C	FI-2324D	FI-2324E	FI-2324F	FI-2324G	FI-2324H	循环回路流量
74 t/h	73 t/h	69 t/h	65 t/h	65 t/h	65 t/h	77 t/h	72 t/h	
冷却回路	冷却回路	冷却回路	冷却回路	冷却回路	冷却回路	冷却回路	冷却回路	
1	2	3	4	5	6	7	8	

分汽缸

· 418 ·

（1）软水箱进水切断阀

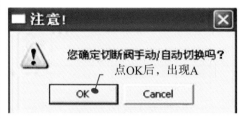

您确定切断阀手动/自动切换吗？
点OK后，出现A

OK　　　　Cancel

（2）汽化泵组单动/联动切换

注意！

您确定选择汽化泵组联动吗？

OK　　　　Cancel

（3）除氧水位调节器

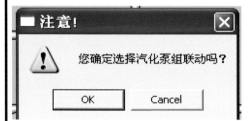

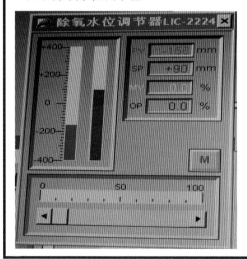

（4）除氧压力调节器

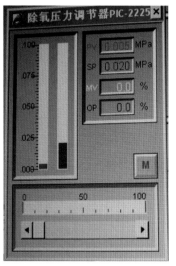

除氧压力调节器PIC-2225

PV 0.005 MPa
SP 0.020 MPa
MV   0.0 %
OP   0.0 %

（5）过程变量报警设定

过程变量报警设定

PI-2225

高高报警HH   +0.05 MPa
高限报警H   +0.05 MPa
低限报警L   +0.02 MPa
低低报警LL   +0.02 MPa
报警回差H/   0.01 MPa

确定　　取消

（6）汽包水位调节器

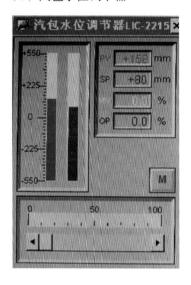

汽包水位调节器LIC-2215

PV +158 mm
SP +80 mm
     %
OP   0.0 %

（7）蒸汽放散调节器

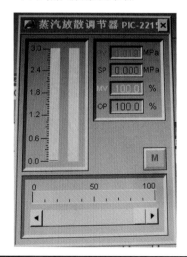

蒸汽放散调节器 PIC-2215

      MPa
SP 0.000 MPa
MV 100.0 %
OP 100.0 %

（8）蒸汽压力调节器

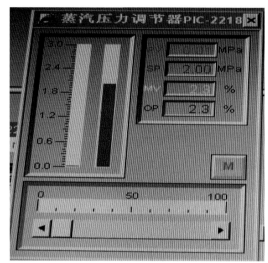

蒸汽压力调节器PIC-2218

SP 2.00 MPa
MV 2.3 %
OP 2.3 %

（9）汽包压力控制选择

注意！

您确定调节器水位输入A/B切换吗？

OK　　　　Cancel

表14-4

14.8 液压系统

14.8.1 画面功能

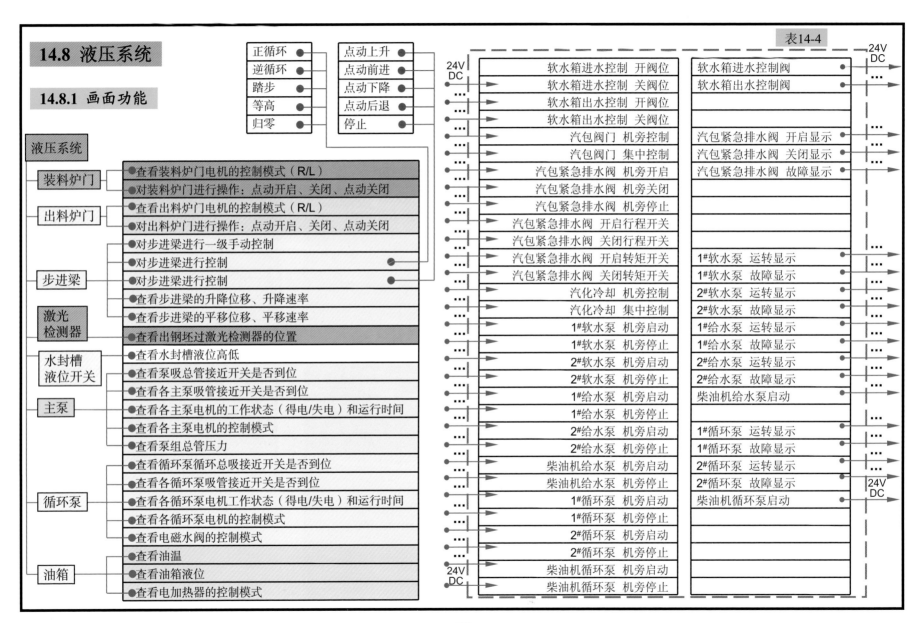

14.8.2 画面浏览

◆ 液压系统主画面

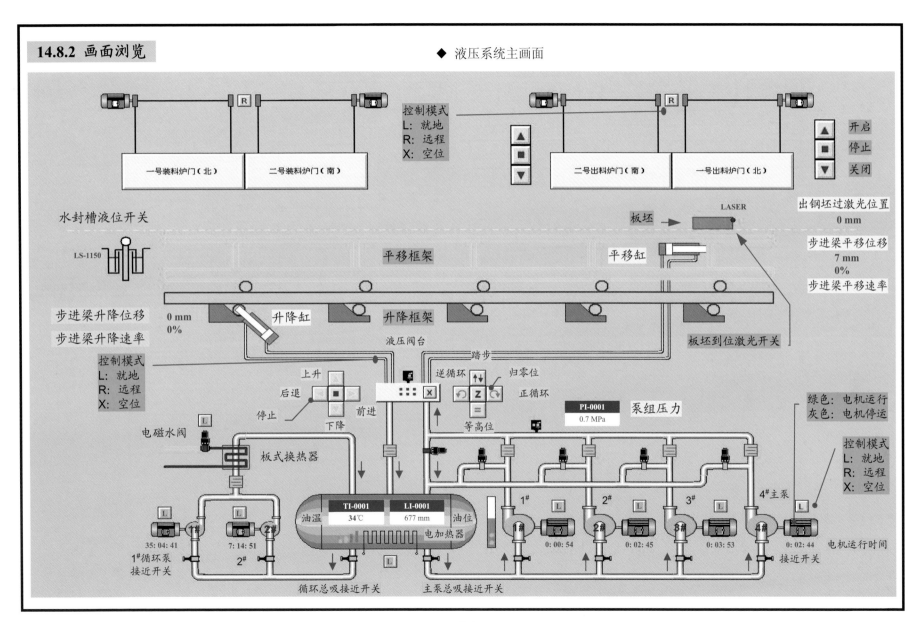

· 421 ·

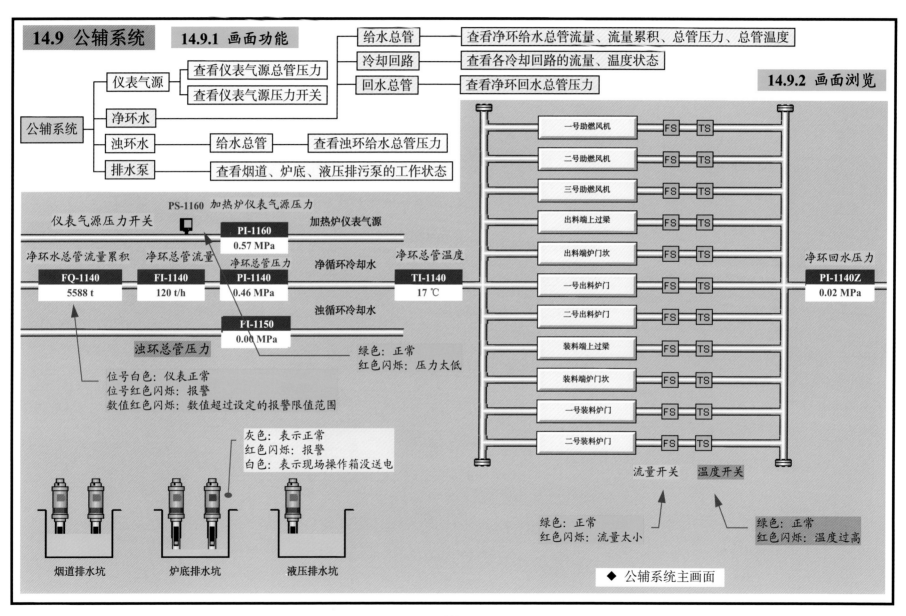

14.9 公辅系统   14.9.1 画面功能

查看净环给水总管流量、流量累积、总管压力、总管温度

给水总管

冷却回路 —— 查看各冷却回路的流量、温度状态

回水总管 —— 查看净环回水总管压力

仪表气源 —— 查看仪表气源总管压力 / 查看仪表气源压力开关

公辅系统 —— 净环水

浊环水 —— 给水总管 —— 查看浊环给水总管压力

排水泵 —— 查看烟道、炉底、液压排污泵的工作状态

14.9.2 画面浏览

PS-1160 加热炉仪表气源压力

仪表气源压力开关 加热炉仪表气源

PI-1160
0.57 MPa

净环水总管流量累积 净环总管流量 净环总管压力 净循环冷却水 净环总管温度 净环回水压力

| **FQ-1140** | **FI-1140** | **PI-1140** | | **TI-1140** | **PI-1140Z** |
| 5588 t | 120 t/h | 0.46 MPa | | 17℃ | 0.02 MPa |

浊循环冷却水

FI-1150
0.00 MPa

浊环总管压力

绿色：正常
红色闪烁：压力太低

位号白色：仪表正常
位号红色闪烁：报警
数值红色闪烁：数值超过设定的报警限值范围

一号助燃风机 FS TS
二号助燃风机 FS TS
三号助燃风机 FS TS
出料端上过梁 FS TS
出料端炉门坎 FS TS
一号出料炉门 FS TS
二号出料炉门 FS TS
装料端上过梁 FS TS
装料端炉门坎 FS TS
一号装料炉门 FS TS
二号装料炉门 FS TS

灰色：表示正常
红色闪烁：报警
白色：表示现场操作箱没送电

流量开关 温度开关

烟道排水坑   炉底排水坑   液压排水坑

绿色：正常
红色闪烁：流量太小

绿色：正常
红色闪烁：温度过高

◆ 公辅系统主画面

- 422 -

14.10 数字量/模拟量输入/输出

表14-1（1/4）

14.10.1 MCC子站+MCC01-11展开接线图 见表14-1。

表14-1（2/4）

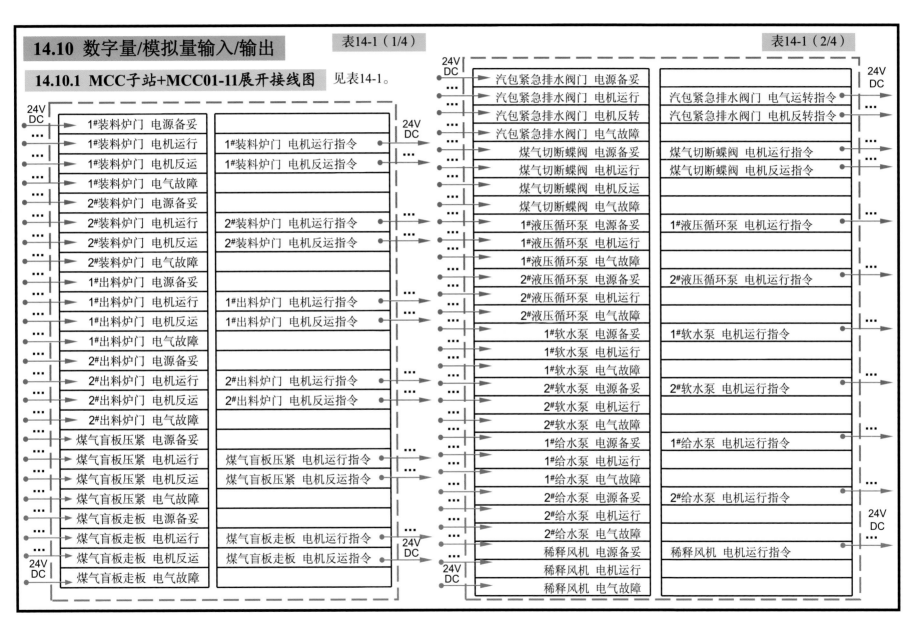

24V DC			24V DC
1#装料炉门 电源备妥			
1#装料炉门 电机运行	1#装料炉门 电机运行指令		24V DC
1#装料炉门 电机反运	1#装料炉门 电机反运指令		
1#装料炉门 电气故障			
2#装料炉门 电源备妥			
2#装料炉门 电机运行	2#装料炉门 电机运行指令		
2#装料炉门 电机反运	2#装料炉门 电机反运指令		
2#装料炉门 电气故障			
1#出料炉门 电源备妥			
1#出料炉门 电机运行	1#出料炉门 电机运行指令		
1#出料炉门 电机反运	1#出料炉门 电机反运指令		
1#出料炉门 电气故障			
2#出料炉门 电源备妥			
2#出料炉门 电机运行	2#出料炉门 电机运行指令		
2#出料炉门 电机反运	2#出料炉门 电机反运指令		
2#出料炉门 电气故障			
煤气盲板压紧 电源备妥			
煤气盲板压紧 电机运行	煤气盲板压紧 电机运行指令		
煤气盲板压紧 电机反运	煤气盲板压紧 电机反运指令		
煤气盲板压紧 电气故障			
煤气盲板走板 电源备妥			
煤气盲板走板 电机运行	煤气盲板走板 电机运行指令		24V DC
煤气盲板走板 电机反运	煤气盲板走板 电机反运指令		
24V DC 煤气盲板走板 电气故障			

24V DC			24V DC
汽包紧急排水阀门 电源备妥			
汽包紧急排水阀门 电机运行	汽包紧急排水阀门 电气运转指令		
汽包紧急排水阀门 电机反转	汽包紧急排水阀门 电机反转指令		
汽包紧急排水阀门 电气故障			
煤气切断蝶阀 电源备妥	煤气切断蝶阀 电机运行指令		
煤气切断蝶阀 电机运行	煤气切断蝶阀 电机反转指令		
煤气切断蝶阀 电机反运			
煤气切断蝶阀 电气故障			
1#液压循环泵 电源备妥	1#液压循环泵 电机运行指令		
1#液压循环泵 电机运行			
1#液压循环泵 电气故障			
2#液压循环泵 电源备妥	2#液压循环泵 电机运行指令		
2#液压循环泵 电机运行			
2#液压循环泵 电气故障			
1#软水泵 电源备妥	1#软水泵 电机运行指令		
1#软水泵 电机运行			
1#软水泵 电气故障			
2#软水泵 电源备妥	2#软水泵 电机运行指令		
2#软水泵 电机运行			
2#软水泵 电气故障			
1#给水泵 电源备妥	1#给水泵 电机运行指令		
1#给水泵 电机运行			
1#给水泵 电气故障			
2#给水泵 电源备妥	2#给水泵 电机运行指令		
2#给水泵 电机运行			24V DC
2#给水泵 电气故障			
稀释风机 电源备妥	稀释风机 电机运行指令		
稀释风机 电机运行			
24V DC 稀释风机 电气故障			

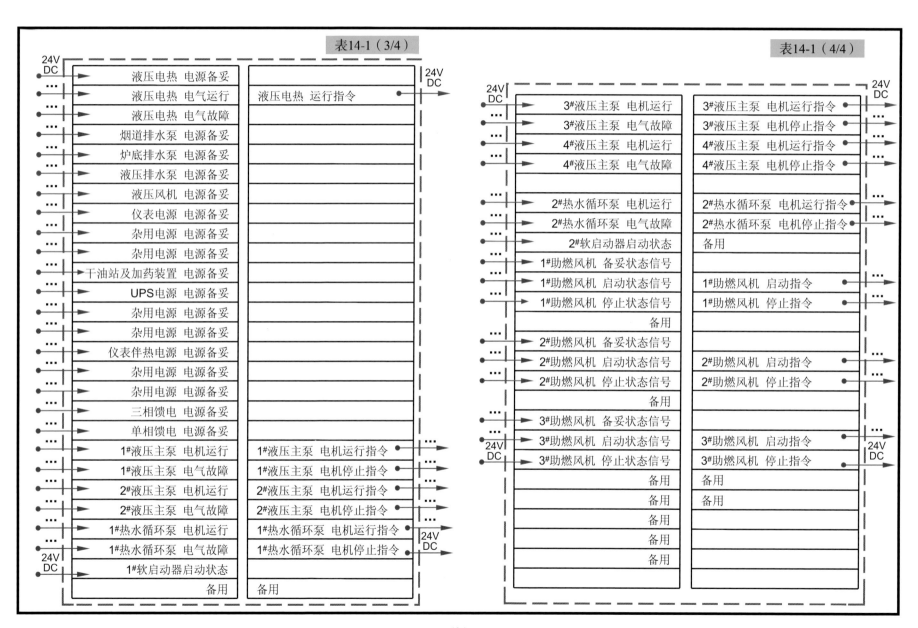

表14-1（3/4）

表14-1（4/4）

· 424 ·

14.10.2 液压子站+H1AM01展开接线图

见表14-2。

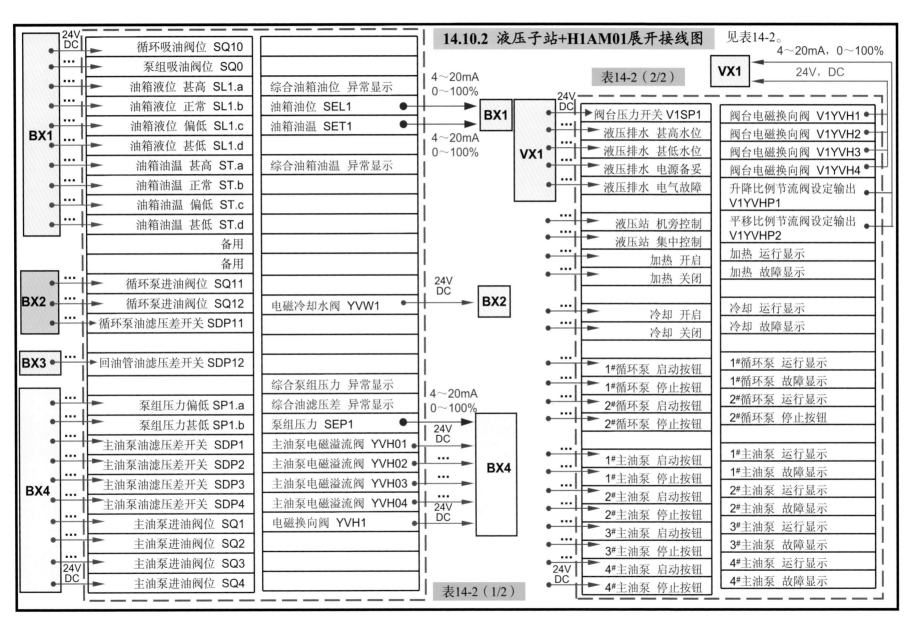

表14-2（1/2）

表14-2（2/2）

14.10.3 炉底子站+H1AM02展开接线图　见表14-3。

表14-3（1/4）

24V DC		
1#装料炉门 接近开关高		
1#装料炉门 主令全开位		
1#装料炉门 主令半开位		
1#装料炉门 主令全关位		
1#装料炉门 接近开关低		
装料机炉门 开启	装钢机装料炉门 全开显示	24V DC
装料机炉门 关闭	装钢机装料炉门 全关显示	
装料机炉门 停止	装钢机装料炉门 半开显示	
2#装料炉门 接近开关高	备用	
2#装料炉门 主令全开位		
2#装料炉门 主令半开位		
2#装料炉门 主令全关位		
2#装料炉门 接近开关低		
装料台装料炉门 开启	装料台装料炉门 全开显示	
装料台装料炉门 关闭	装料台装料炉门 全关显示	24V DC
装料台装料炉门 停止	装料台装料炉门 半开显示	
1#出料炉门 接近开关高	备用	
1#出料炉门 主令全开位		
1#出料炉门 主令半开位		
1#出料炉门 主令全关位		
1#出料炉门 接近开关低		
出料机炉门 开启		
出料机炉门 关闭		
24V DC 出料机炉门 停止		

表14-3（2/4）

24V DC			24V DC
2#出料炉门 接近开关高	出钢机出料炉门 全开显示		
2#出料炉门 主令全开位	出钢机出料炉门 全关显示		
2#出料炉门 主令半开位	出钢机出料炉门 半开显示		
2#出料炉门 主令全关位	备用		
2#出料炉门 接近开关低			
备用			
激光检测器			
步进梁升降接近开关 高限位	步进梁升降 高停位显示		
步进梁升降接近开关 高停位	步进梁升降 低停位显示		
步进梁升降接近开关 低停位			
步进梁升降接近开关 低限位	步进梁 综合故障显示		
步进梁平移接近开关 进限位	步进梁平移 进停位显示		
步进梁平移接近开关 进停位	步进梁平移 退停位显示		24V DC
步进梁平移接近开关 退限位			
步进梁平移接近开关 退停位			
炉底排水 甚高水位			
炉底排水 甚低水位			
炉底排水 电源备妥			
炉底排水 电气故障1			
炉底排水 电气故障2			
烟道排水 甚高水位			
烟道排水 甚低水位			
烟道排水 电源备妥			
烟道排水 电气故障1			
烟道排水 电气故障2			
24V DC 助燃风机 机旁控制			
助燃风机 集中控制			

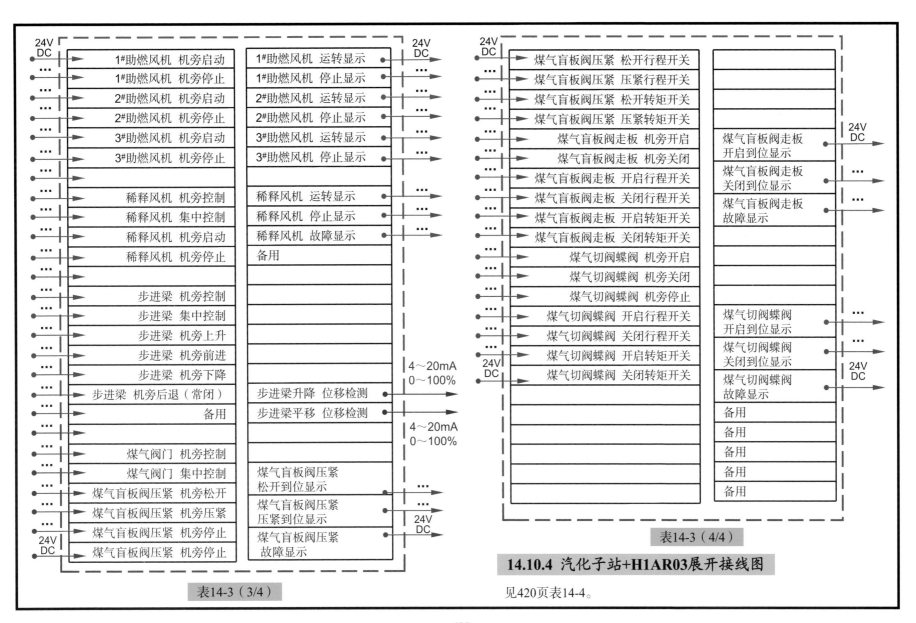

1#助燃风机 机旁启动	1#助燃风机 运转显示
1#助燃风机 机旁停止	1#助燃风机 停止显示
2#助燃风机 机旁启动	2#助燃风机 运转显示
2#助燃风机 机旁停止	2#助燃风机 停止显示
3#助燃风机 机旁启动	3#助燃风机 运转显示
3#助燃风机 机旁停止	3#助燃风机 停止显示
稀释风机 机旁控制	稀释风机 运转显示
稀释风机 集中控制	稀释风机 停止显示
稀释风机 机旁启动	稀释风机 故障显示
稀释风机 机旁停止	备用
步进梁 机旁控制	
步进梁 集中控制	
步进梁 机旁上升	
步进梁 机旁前进	
步进梁 机旁下降	
步进梁 机旁后退（常闭）	步进梁升降 位移检测
备用	步进梁平移 位移检测
煤气阀门 机旁控制	
煤气阀门 集中控制	煤气盲板阀压紧 松开到位显示
煤气盲板阀压紧 机旁松开	煤气盲板阀压紧 压紧到位显示
煤气盲板阀压紧 机旁压紧	
煤气盲板阀压紧 机旁停止	煤气盲板阀压紧 故障显示
煤气盲板阀压紧 机旁停止	

4~20mA 0~100%

4~20mA 0~100%

表14-3（3/4）

煤气盲板阀压紧 松开行程开关		
煤气盲板阀压紧 压紧行程开关		
煤气盲板阀压紧 松开转矩开关		
煤气盲板阀压紧 压紧转矩开关		
煤气盲板阀走板 机旁开启	煤气盲板阀走板 开启到位显示	
煤气盲板阀走板 机旁关闭	煤气盲板阀走板 关闭到位显示	
煤气盲板阀走板 开启行程开关	煤气盲板阀走板 故障显示	
煤气盲板阀走板 关闭行程开关		
煤气盲板阀走板 开启转矩开关		
煤气盲板阀走板 关闭转矩开关		
煤气切阀蝶阀 机旁开启		
煤气切阀蝶阀 机旁关闭		
煤气切阀蝶阀 机旁停止		
煤气切阀蝶阀 开启行程开关	煤气切阀蝶阀 开启到位显示	
煤气切阀蝶阀 关闭行程开关	煤气切阀蝶阀 关闭到位显示	
煤气切阀蝶阀 开启转矩开关	煤气切阀蝶阀 故障显示	
煤气切阀蝶阀 关闭转矩开关	备用	
	备用	
	备用	
	备用	
	备用	

表14-3（4/4）

14.10.4 汽化子站+H1AR03展开接线图

见420页表14-4。

15 电　讯

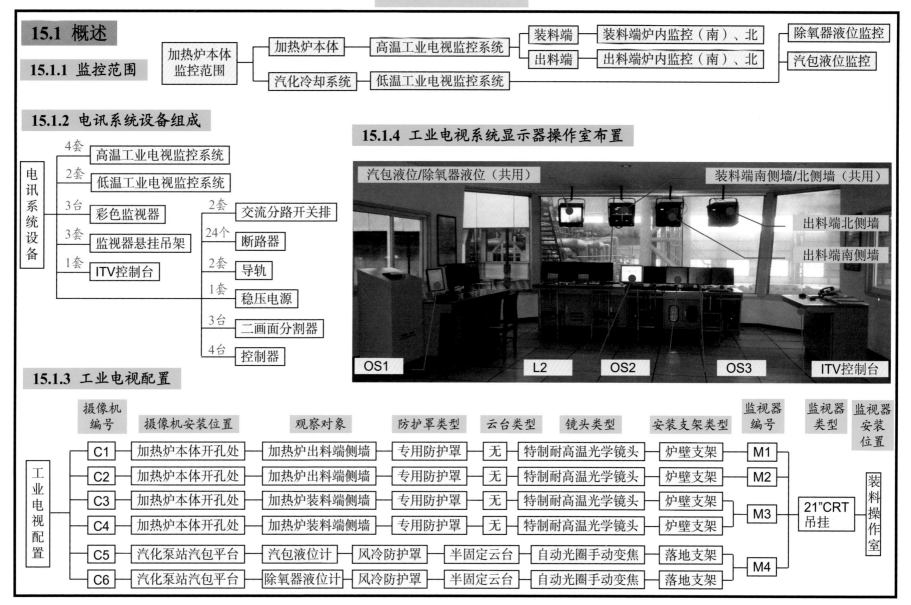

15.1 概述

15.1.1 监控范围

加热炉本体监控范围
- 加热炉本体 — 高温工业电视监控系统
  - 装料端 — 装料端炉内监控（南）、北 — 除氧器液位监控
  - 出料端 — 出料端炉内监控（南）、北 — 汽包液位监控
- 汽化冷却系统 — 低温工业电视监控系统

15.1.2 电讯系统设备组成

电讯系统设备
- 4套 高温工业电视监控系统
- 2套 低温工业电视监控系统
- 3台 彩色监视器
- 3套 监视器悬挂吊架
- 1套 ITV控制台
  - 2套 交流分路开关排
  - 24个 断路器
  - 2套 导轨
  - 1套 稳压电源
  - 3台 二画面分割器
  - 4台 控制器

15.1.4 工业电视系统显示器操作室布置

汽包液位/除氧器液位（共用）　　装料端南侧墙/北侧墙（共用）

出料端北侧墙

出料端南侧墙

OS1　　　　L2　　　OS2　　　　OS3　　　ITV控制台

15.1.3 工业电视配置

摄像机编号	摄像机安装位置	观察对象	防护罩类型	云台类型	镜头类型	安装支架类型	监视器编号	监视器类型	监视器安装位置
C1	加热炉本体开孔处	加热炉出料端侧墙	专用防护罩	无	特制耐高温光学镜头	炉壁支架	M1		
C2	加热炉本体开孔处	加热炉出料端侧墙	专用防护罩	无	特制耐高温光学镜头	炉壁支架	M2		
C3	加热炉本体开孔处	加热炉装料端侧墙	专用防护罩	无	特制耐高温光学镜头	炉壁支架	M3	21"CRT吊挂	装料操作室
C4	加热炉本体开孔处	加热炉装料端侧墙	专用防护罩	无	特制耐高温光学镜头	炉壁支架			
C5	汽化泵站汽包平台	汽包液位计	风冷防护罩	半固定云台	自动光圈手动变焦	落地支架	M4		
C6	汽化泵站汽包平台	除氧器液位计	风冷防护罩	半固定云台	自动光圈手动变焦	落地支架			

工业电视配置

15.2 ITV系统

15.2.1 ITV系统连接图

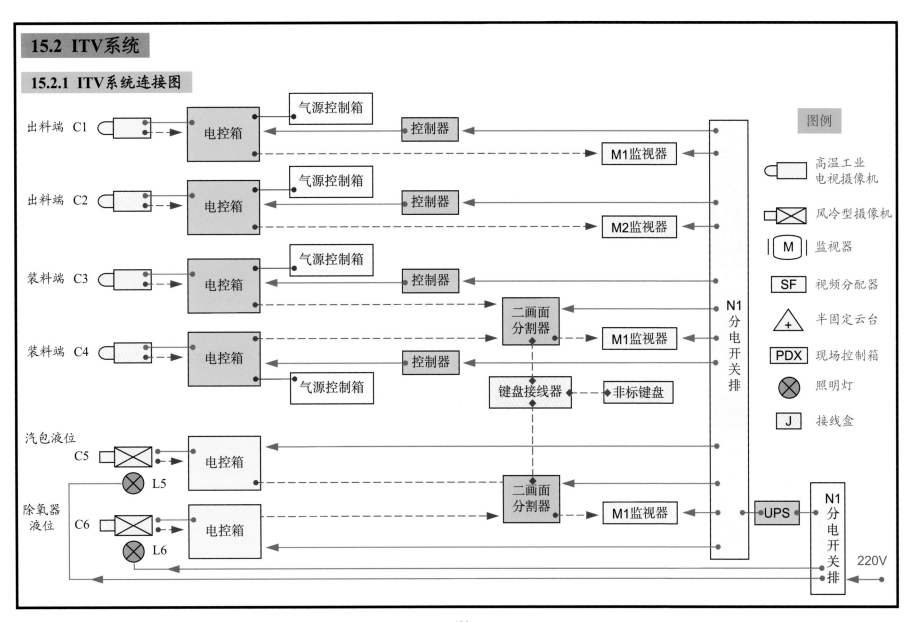

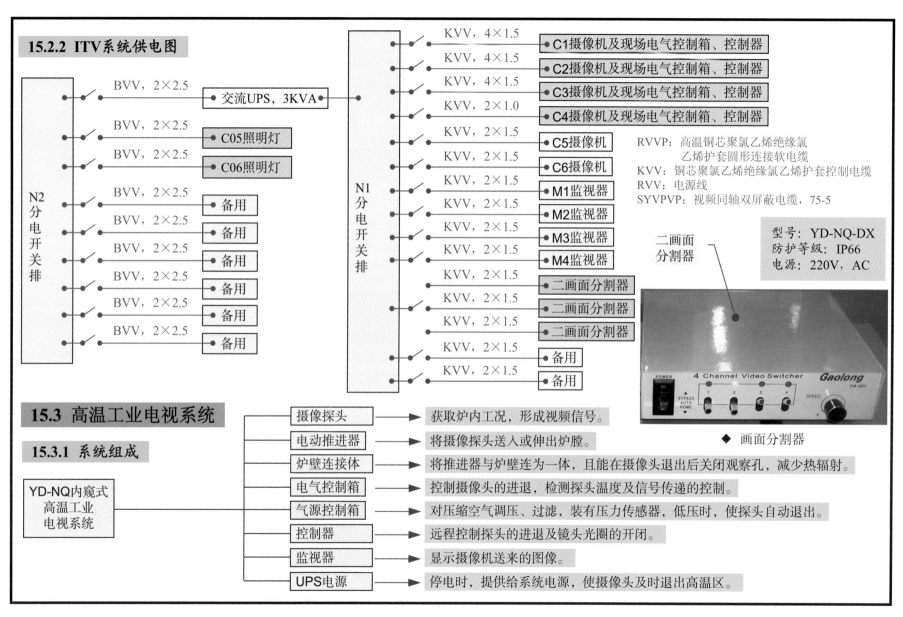

15.2.2 ITV系统供电图

BVV，2×2.5 — 交流UPS，3KVA

BVV，2×2.5 — C05照明灯

BVV，2×2.5 — C06照明灯

BVV，2×2.5 — 备用

BVV，2×2.5 — 备用

BVV，2×2.5 — 备用

BVV，2×2.5 — 备用

BVV，2×2.5 — 备用

BVV，2×2.5 — 备用

N2分电开关排

KVV，4×1.5 — C1摄像机及现场电气控制箱、控制器

KVV，4×1.5 — C2摄像机及现场电气控制箱、控制器

KVV，4×1.5 — C3摄像机及现场电气控制箱、控制器

KVV，2×1.0 — C4摄像机及现场电气控制箱、控制器

KVV，2×1.5 — C5摄像机

KVV，2×1.5 — C6摄像机

KVV，2×1.5 — M1监视器

KVV，2×1.5 — M2监视器

KVV，2×1.5 — M3监视器

KVV，2×1.5 — M4监视器

KVV，2×1.5 — 二画面分割器

KVV，2×1.5 — 二画面分割器

KVV，2×1.5 — 二画面分割器

KVV，2×1.5 — 备用

KVV，2×1.5 — 备用

N1分电开关排

RVVP：高温铜芯聚氯乙烯绝缘氯
乙烯护套圆形连接软电缆
KVV：铜芯聚氯乙烯绝缘氯乙烯护套控制电缆
RVV：电源线
SYVPVP：视频同轴双屏蔽电缆，75-5

二画面分割器

型号：YD-NQ-DX
防护等级：IP66
电源：220V，AC

◆ 画面分割器

15.3 高温工业电视系统

15.3.1 系统组成

YD-NQ内窥式高温工业电视系统

摄像探头 → 获取炉内工况，形成视频信号。

电动推进器 → 将摄像探头送入或伸出炉膛。

炉壁连接体 → 将推进器与炉壁连为一体，且能在摄像头退出后关闭观察孔，减少热辐射。

电气控制箱 → 控制摄像头的进退，检测探头温度及信号传递的控制。

气源控制箱 → 对压缩空气调压、过滤，装有压力传感器，低压时，使探头自动退出。

控制器 → 远程控制探头的进退及镜头光圈的开闭。

监视器 → 显示摄像机送来的图像。

UPS电源 → 停电时，提供给系统电源，使摄像头及时退出高温区。

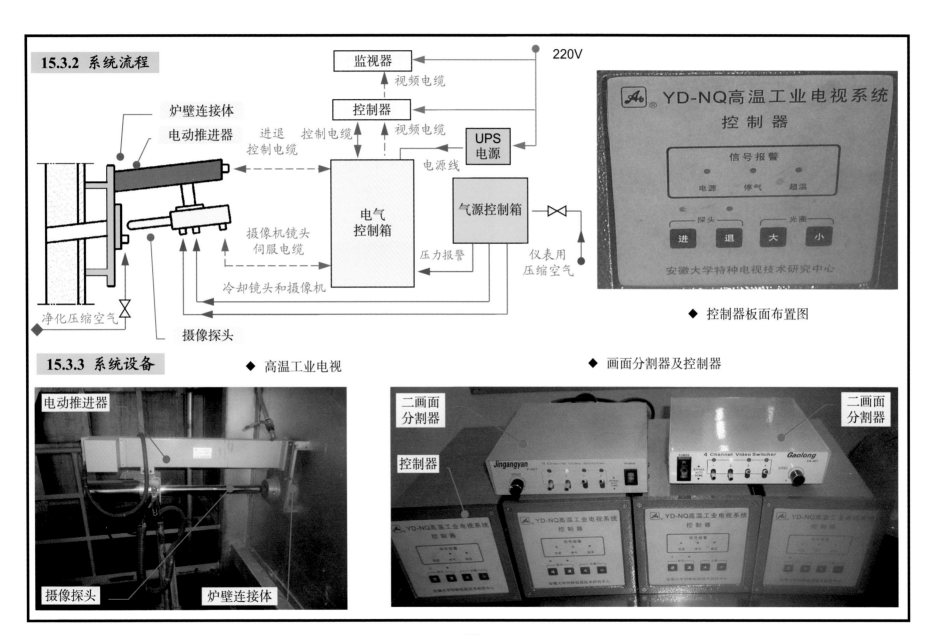

15.3.2 系统流程

监视器

控制器

220V

视频电缆

视频电缆

UPS电源

电源线

炉壁连接体

电动推进器

进退控制电缆

控制电缆

电气控制箱

气源控制箱

摄像机镜头伺服电缆

压力报警

仪表用压缩空气

冷却镜头和摄像机

净化压缩空气

摄像探头

YD-NQ高温工业电视系统 控制器

信号报警

电源　停气　超温

探头　　　光圈

进　退　大　小

安徽大学特种电视技术研究中心

◆ 控制器板面布置图

15.3.3 系统设备　　◆ 高温工业电视　　　　　　　◆ 画面分割器及控制器

电动推进器

摄像探头　　炉壁连接体

二画面分割器

二画面分割器

控制器

Jingangyan

4 Channel Video Switcher Gaolong

YD-NQ高温工业电视系统 控制器

YD-NQ高温工业电视系统 控制器

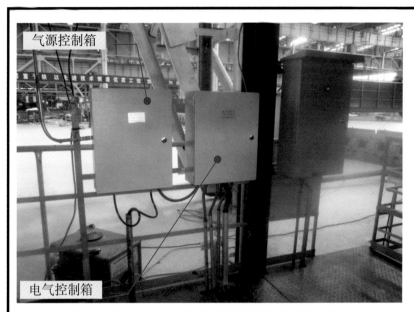

气源控制箱

电气控制箱

型号：YD-NQ-DX；防护等级：IP66，电源：220V，AC

电气控制箱

型号：YD-NQ-QX
防护等级：IP66
气源：工业标准

```
保          退出
护      ┌── 停止
投      └── 推进
入
```

```
信          停水
号      ┌── 停气
报      └── 超温
警
```

◆ 气源控制箱

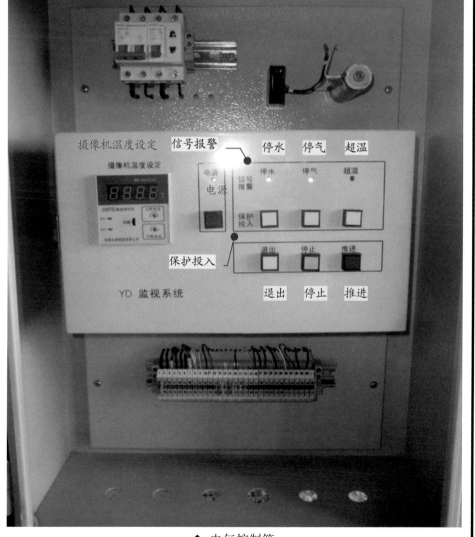

摄像机温度设定　信号报警　停水　停气　超温

YD 监视系统　　　退出　停止　推进

◆ 电气控制箱

15.3.4 高温工业电视现场布置

（1）装料端工业电视（非轧机侧）

◆ 装料端工业电视（非轧机侧）

（2）装料端工业电视（轧机侧）

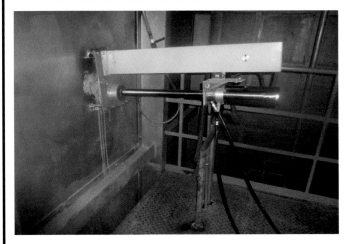

◆ 装料端工业电视（轧机侧）

（3）出料端工业电视（轧机侧）

◆ 出料端工业电视（轧机侧）

（4）出料端工业电视（非轧机侧）

◆ 出料端工业电视（非轧机侧）

15.4 低温工业电视系统

15.4.1 系统组成

低温工业电视监控系统
- CCD彩色摄像机
- 半固定云台
- 自动光圈手动变焦镜头
- 电气控制箱
- 不锈钢风冷防尘罩
- 金属卤化物灯（含支架）

15.4.2 系统流程

◆ 电气控制箱

15.4.3 系统设备   ◆ 低温工业电视

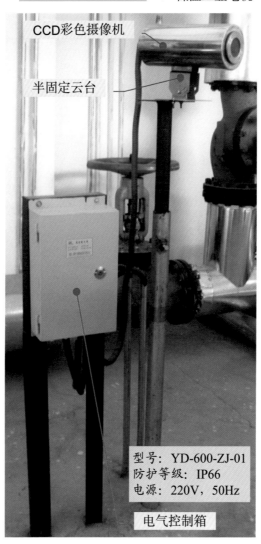

CCD彩色摄像机

半固定云台

◆ 电气控制箱

型号：YD-600-ZJ-01
防护等级：IP66
电源：220V，50Hz

电气控制箱

15.4.4 低温工业电视现场布置

◆ 汽包液位监控

◆ 除氧器液位监控视图

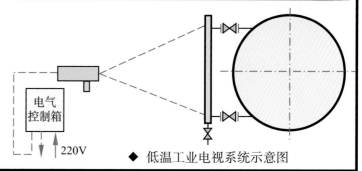

电气控制箱

220V

◆ 低温工业电视系统示意图

16.1 主厂房

16.1.1 概述

原料跨及加热炉跨厂房结构形式为：

（1）厂房柱基础

钢筋混凝土独立基础，基础顶面标高−0.5m。

（2）厂房柱与基础的连接

采用杯口插入式连接，形成固接柱脚。

（3）厂房柱

厂房下柱为钢管混凝土格构柱，两肢组合柱，厂房上柱子为焊接等截面工字型实腹柱。

（4）吊车梁

焊接工字型梁，设置辅助衍架及垂直支撑，辅助衍架上设置工字型小钢柱支撑屋面梁及吊车梁上部墙架。

（5）屋面支撑体系

焊接工字型梁系，主梁为变截面实腹式焊接工字型，并与厂房上柱刚接，沿横向形成刚架，其余屋面梁为主次梁结构。

（6）墙架柱

H型钢，墙梁为冷弯C型钢，跨度6m。

（7）天窗

设置横向天窗。

（8）吊车

加热炉跨为32/5t，轨顶标高13m，跨度28m。

16.1.2 原料跨

（1）原料跨一

1-A～1-B轴，跨度30m；1-1～1-12线，总长178.9m。

（2）原料跨二

1-B～1-C轴，跨度30m；1-3～1-12线，总长136.3m。

16.1.3 加热炉跨

（1）预留加热炉跨

1-C～1-D轴，跨度30m；1-3～1-9线。

（2）加热炉跨

1-D～1-E轴，跨度30m；1-3～1-9线。

16.2 设备基础

16.2.1 炉前辊道基础

炉前辊道基础主要包括：连接辊道、上料辊道（一）、上料辊道（二）、称重辊道、上料辊道（三）及入炉辊道的基础。

16.2.2 装钢机基础

详见17 炉区设备。

16.2.3 炉后辊道基础

炉后辊道基础主要包括：出炉辊道及返回辊道的基础。

16.2.4 出钢机基础

详见17 炉区设备。

◆ 原料跨及加热炉跨总图视图（1）

◆ 原料跨及加热炉跨总图视图（2）

◆ 装钢机及入炉辊道基础图

◆ 出钢机及出炉辊道基础图

17 炉区设备

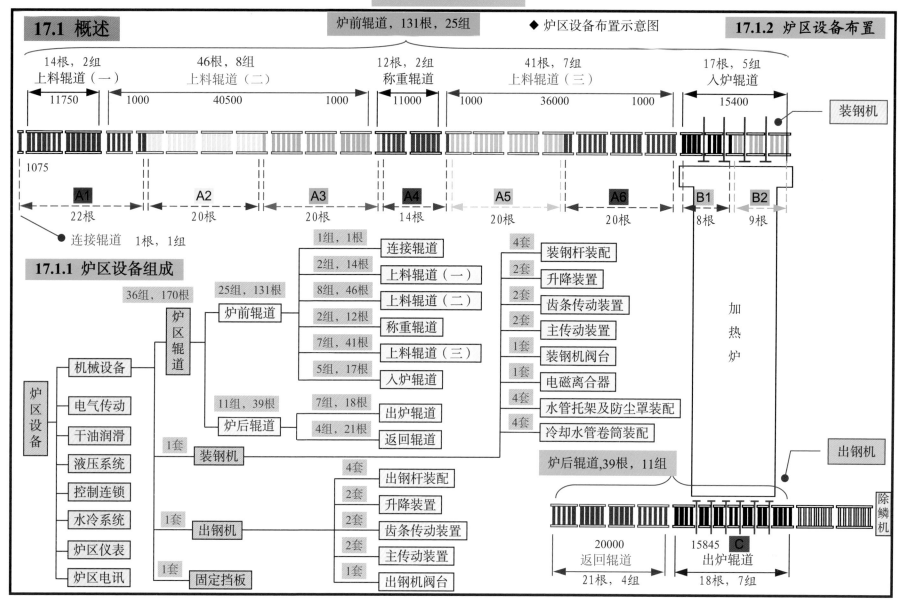

14根，2组
上料辊道（一）

46根，8组
上料辊道（二）

12根，2组
称重辊道

41根，7组
上料辊道（三）

17根，5组
入炉辊道

11750

1000 40500 1000

11000

1000 36000 1000

15400

装钢机

1075

A1 22根
A2 20根
A3 20根
A4 14根
A5 20根
A6 20根
B1 8根
B2 9根

连接辊道 1根，1组

17.1.1 炉区设备组成

36组，170根

25组，131根
炉前辊道

1组，1根 连接辊道
2组，14根 上料辊道（一）
8组，46根 上料辊道（二）
2组，12根 称重辊道
7组，41根 上料辊道（三）
5组，17根 入炉辊道

11组，39根
炉后辊道

7组，18根 出炉辊道
4组，21根 返回辊道

4套 装钢杆装配
2套 升降装置
2套 齿条传动装置
2套 主传动装置
1套 装钢机阀台
1套 电磁离合器
4套 水管托架及防尘罩装配
4套 冷却水管卷筒装配

炉区设备

机械设备

炉区辊道

电气传动

干油润滑

液压系统

控制连锁

水冷系统

炉区仪表

炉区电讯

1套 装钢机

1套 出钢机

4套 出钢杆装配
2套 升降装置
2套 齿条传动装置
2套 主传动装置
1套 出钢机阀台

1套 固定挡板

加热炉

出钢机

除鳞机

炉后辊道，39根，11组

20000
返回辊道
21根，4组

15845 C
出炉辊道
18根，7组

· 438 ·

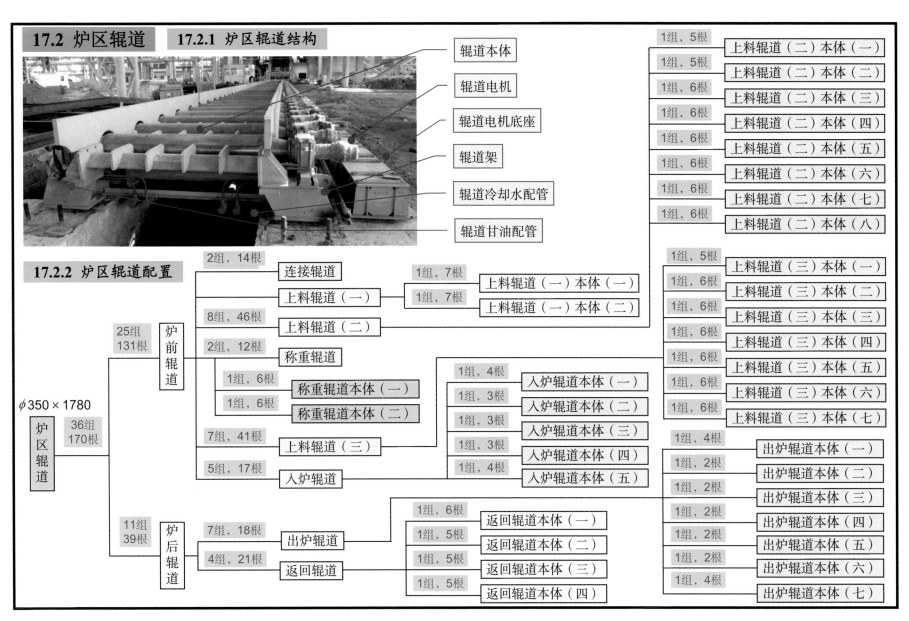

17.2 炉区辊道   17.2.1 炉区辊道结构

- 辊道本体
- 辊道电机
- 辊道电机底座
- 辊道架
- 辊道冷却水配管
- 辊道甘油配管

17.2.2 炉区辊道配置

- 2组，14根 → 连接辊道
- 上料辊道（一）
  - 1组，7根 → 上料辊道（一）本体（一）
  - 1组，7根 → 上料辊道（一）本体（二）
- 8组，46根 → 上料辊道（二）
  - 1组，5根 → 上料辊道（二）本体（一）
  - 1组，5根 → 上料辊道（二）本体（二）
  - 1组，6根 → 上料辊道（二）本体（三）
  - 1组，6根 → 上料辊道（二）本体（四）
  - 1组，6根 → 上料辊道（二）本体（五）
  - 1组，6根 → 上料辊道（二）本体（六）
  - 1组，6根 → 上料辊道（二）本体（七）
  - 1组，6根 → 上料辊道（二）本体（八）
- 2组，12根 → 称重辊道
  - 1组，6根 → 称重辊道本体（一）
  - 1组，6根 → 称重辊道本体（二）
- 7组，41根 → 上料辊道（三）
  - 1组，5根 → 上料辊道（三）本体（一）
  - 1组，6根 → 上料辊道（三）本体（二）
  - 1组，6根 → 上料辊道（三）本体（三）
  - 1组，6根 → 上料辊道（三）本体（四）
  - 1组，6根 → 上料辊道（三）本体（五）
  - 1组，6根 → 上料辊道（三）本体（六）
  - 1组，6根 → 上料辊道（三）本体（七）
- 5组，17根 → 入炉辊道
  - 1组，4根 → 入炉辊道本体（一）
  - 1组，3根 → 入炉辊道本体（二）
  - 1组，3根 → 入炉辊道本体（三）
  - 1组，3根 → 入炉辊道本体（四）
  - 1组，4根 → 入炉辊道本体（五）

φ350×1780

炉区辊道 — 36组 170根

- 炉前辊道 25组 131根
- 炉后辊道 11组 39根
  - 7组，18根 → 出炉辊道
    - 1组，6根 → 返回辊道本体（一）
    - 1组，5根 → 返回辊道本体（二）
    - 1组，5根 → 返回辊道本体（三）
    - 1组，5根 → 返回辊道本体（四）
  - 4组，21根 → 返回辊道

- 1组，4根 → 出炉辊道本体（一）
- 1组，2根 → 出炉辊道本体（二）
- 1组，2根 → 出炉辊道本体（三）
- 1组，2根 → 出炉辊道本体（四）
- 1组，2根 → 出炉辊道本体（五）
- 1组，2根 → 出炉辊道本体（六）
- 1组，4根 → 出炉辊道本体（七）

17.2.3 炉前辊道布置

连接辊道
1根

上料辊道（一）
14根，2组

称重辊道
14根，2组

上料辊道（二）46根8组

入炉辊道，17根，5组

上料辊道（三）41根7组

上料辊道（三）41根7组

17.2.4 炉后辊道布置

返回辊道
21根，4组

出炉辊道
18根，7组

17.3 装钢机

17.3.1 技术性能

装钢机技术性能
◆ **用途**：将炉前装料位置上待加热的板坯自入炉辊道托起放于加热炉中。
◆ **形式**：移动为电机驱动齿、轮齿条，升降为液压缸驱动连杆结构。
◆ **装料方式**：单排、双排
◆ **坯料尺寸**
   板坯厚度：160~220mm
   板坯宽度：800~1600mm
   板坯长度：5000~12000mm
   坯料最大重量：33t
   加热炉最高温度：1350℃
◆ **技术性能**
   装钢杆水平移动行程：冷装3150mm；热装8450mm
   装钢杆装钢速度：0.3~0.5 m/s
   装钢杆空载退回速度：0.6~0.8 m/s
   装钢杆在辊道中心线处升降高度：125mm
   装钢机升降时间：约11s
   升降液压缸：$\phi 280/\phi 200$mm 调速2台，工作压力16MPa
   移动电机：AC75 kW，0~1000r/min，调速2台
◆ **结构特点**
   装钢机由导向升降机构、托钢杆、压辊装置、移出机构等组成，导向升降机构为液压缸驱动实现升降。移出机构为齿轮、齿条结构，由电机通过减速机，齿轮齿条实现移出。送入电机为调速电机，空载出炉时用高速，送钢时用低速，水平移动行程可根据板坯宽进行设定和调整。
◆ **装钢机控制及连锁**（见21 炉区控制）

◆ 装钢机装配总图

17.3.2 装配总图

装钢杆装配，4套

升降装置（二），1套

升降装置（一），1套

装钢机阀台，1套

液压缸，2套

齿条传动装置（左），1套

主传动装置（左），1套

电磁离合器，1套

齿条传动装置（右），1套

主传动装置（右），1套

水管托架及防尘罩，4套

冷却水管卷筒装配，4套

17.3.3 装钢杆装配

◆ 装钢杆装配总图

1190

板坯宽度：800~1600mm

◆ 装钢杆装配局部放大图

17.3.4 升降装置

◆ 升降装置总图

摆杆

托辊

17.3.5 齿条传动装置

◆ 齿条传动装置总图

17.3.6 主传动装置（左） ◆ 主传动装置（左）总图

减速机

电子主令控制器

LK2-WDT-F-PK06
U：10~30V，1：10

型号：Ed-121/6
380V，50Hz，0.55kW

电力液压推动器

型号：YWZ5-400/121

液压推杆制动器

变频调速三相
异步电动机

YP2-315S-6M-TS
75kW，380V

17.3.7 主传动装置（右） ◆ 主传动装置（右）总图

制动臂

制动瓦

电力液压推动器

底座

17.3.8 冷却水管卷筒装配

Y100L1-4，2.2kW，380V，S1，1420r/min

三相异步电动机

恒张力电缆卷筒

卷取力矩460N·m，EM5.00型
卷取速度16~50m/min

型号HO，规格40，旋向R

旋转接头

◆ 冷却水管卷筒装配总图

17.4 出钢机

17.4.1 技术性能

出钢机技术性能

◆**用途：**将炉前出炉位置上已加热好的板坯自加热炉中托出放于出炉辊道上。

◆**出钢方式：**单排、双排

◆**坯料尺寸**

板坯厚度：160~220mm

板坯宽度：800~1600mm

板坯长度：5000~12000mm

坯料最大重量：33t

加热炉最高温度：1350 ℃

◆**技术性能**

出钢杆升降高度：约150mm（上限高于辊子上表面）

出钢杆水平移动行程：3200~4800 mm

出钢杆水平移动速度：0.6~1.2m/s

出钢杆在辊道中心线处升降高度：52.36mm

出钢机升降时间：6s

工作周期：约45s

升降液压缸：$f180/f125\sim301mm$，调速 6台

移动电机：AC45kW，750/1500r/min，调速 2台

◆**结构特点**

出钢机由导向升降机构、托钢杆、压辊装置、移出机构等组成，导向升降机构为液压缸驱动实现升降。移出机构为齿轮、齿条结构，由电机通过减速机、齿轮齿条实现移出。移出电机为调速电机，空载入炉时用高速，出钢时用低速，水平移动行程可根据板坯宽进行设定和调整，当托钢杆前进到炉前面时一个接近开关发出减速信号减速，低速前进。其余两个接近开关分别控制极限。出钢机具备反装钢功能。

◆**出钢机控制及连锁**（见21炉区控制）

17.4.2 装配总图

17.4.3 出钢杆装配

◆ 出钢杆装配图

板坯宽度：800~1600mm

1220

◆ 出钢机装配总图

出钢杆装配，6套

升降装置，2套

出钢机阀台，1套

齿条传动装置，2套

主传动装置，2套

17.4.4 升降装置

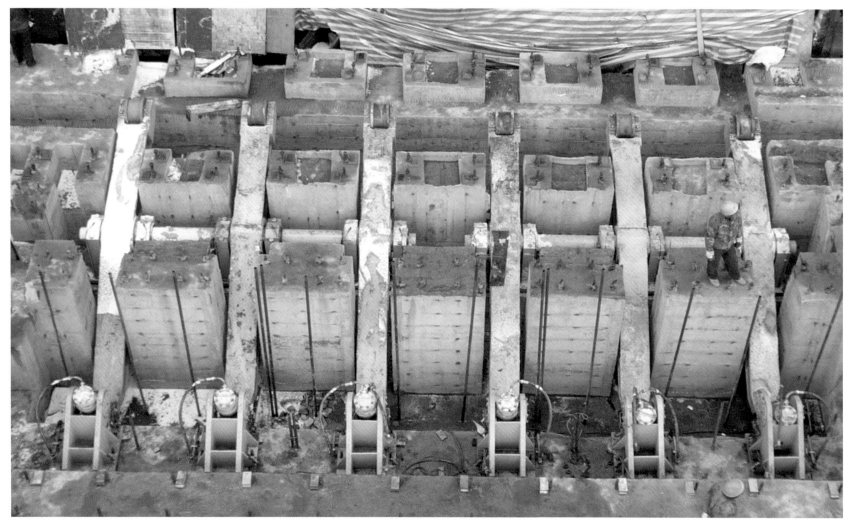

◆ 升降装置装配总图

17.4.5 齿条传动装置

17.4.6 主传动装置（右）

◆ 升降装置装配总图视图（1）

◆ 齿条传动装置装配总图

◆ 主传动装置（右）装配总图

◆ 升降装置装配总图视图（3）

17.4.7 主传动装置（左）

◆ 升降装置装配总图视图（2）

◆ 主传动装置（左）装配总图

18 炉区润滑

18.1 概述

连接辊道

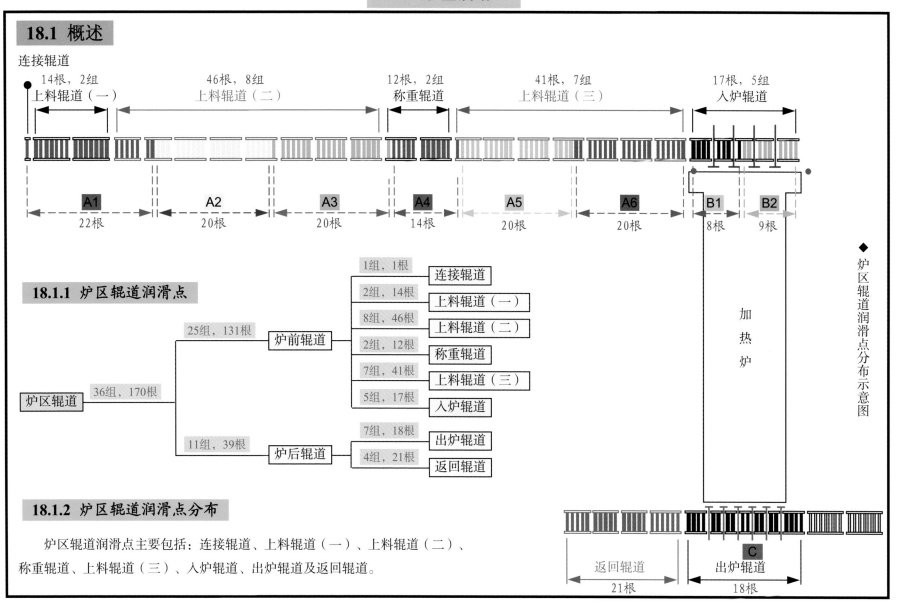

18.1.1 炉区辊道润滑点

18.1.2 炉区辊道润滑点分布

　　炉区辊道润滑点主要包括：连接辊道、上料辊道（一）、上料辊道（二）、称重辊道、上料辊道（三）、入炉辊道、出炉辊道及返回辊道。

18.2 装料端润滑系统

◆ 装料端润滑系统总图

18.3 出料端润滑系统

18.3.1 出料端润滑系统总图

◆ 出料端润滑系统总图

18.3.2 出料端润滑系统电控箱

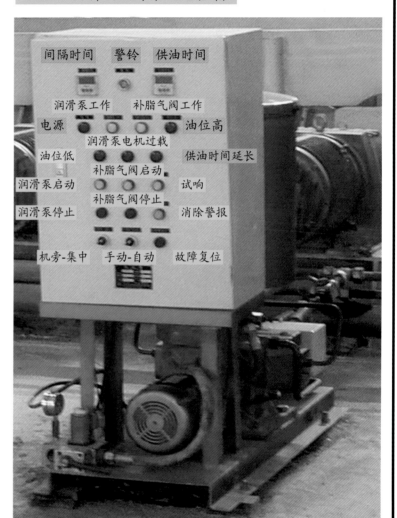

间隔时间	警铃	供油时间
润滑泵工作	补脂气阀工作	
电源		油位高
油位低	润滑泵电机过载	供油时间延长
润滑泵启动	补脂气阀启动	试响
润滑泵停止	补脂气阀停止	消除警报
机旁-集中	手动-自动	故障复位

◆ 出料端润滑系统电控箱板面布置图

19 炉区电气

19.1 概述

序号	电机用途	数量	电机型号	电机参数	电机工作制
1	连接辊道	1台	YGP180L-4	15kW，380V，50Hz，1470r/min，调速	S5，40%
2	上料辊道（一）	14台	YGP180L-4	15kW，380V，50Hz，1470r/min，调速	S5，40%
3	上料辊道（二）	46台	YGP180L-4	15kW，380V，50Hz，1470r/min，调速	S5，40%
4	称重辊道	12台	YGP180I-4	15kW，380V，50Hz，1470r/min，调速	S5，40%
5	上料辊道（三）	41台	YGP180L-4	15kW，380V，50Hz，1470r/min，调速	S5，40%
6	入炉辊道	17台	YGP180L-4	15kW，380V，50Hz，1470r/min，调速	S5，40%
	小计	131台			
7	装钢机主传动电机	2台	YP2-315S-6-TS	75kW，380V，50Hz，1470r/min，调速	S5，40%
8	装钢杆冷却水管卷筒电机	4台	Y100L1-4	2.2kW，380V，50Hz，1470r/min，调速	S1
	小计	6台			
9	出炉辊道	18台	YGP180L-4	15kW，380V，50Hz，1470r/min，调速	S5，40%
10	返回辊道	21台	YGP180L-4	15kW，380V，50Hz，1470r/min，调速	S5，40%
	小计	39台			
11	出钢机主传动电机	2台	YP2-315S-6-TS	15kW，380V，50Hz，1470r/min，调速	S5，40%
	总合计	178台			

19.2 炉区电机分布

炉区电机分布详见17.1.2 炉区设备布置。

20 炉区仪表

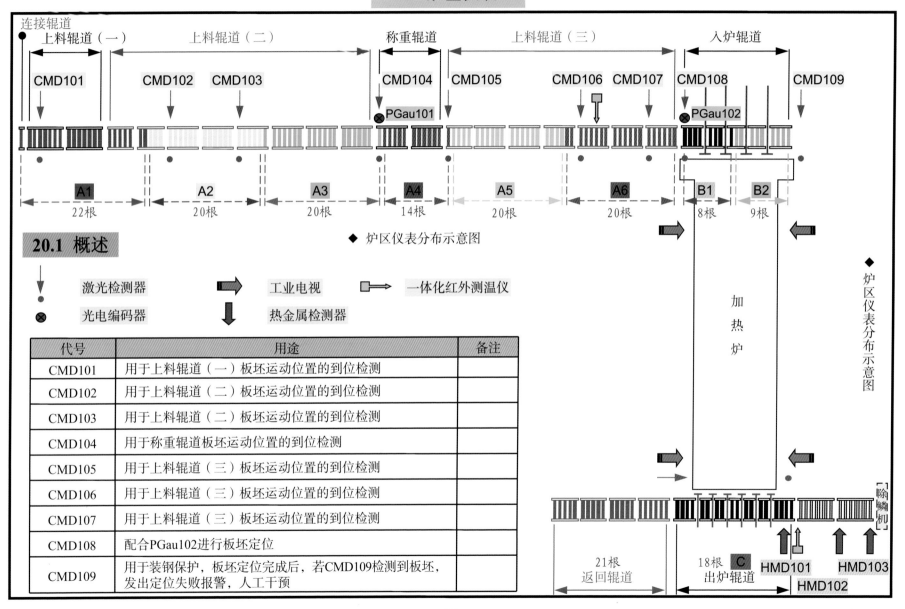

◆ 炉区仪表分布示意图

20.1 概述

图例：
- 激光检测器
- 光电编码器
- 工业电视
- 热金属检测器
- 一体化红外测温仪

代号	用途	备注
CMD101	用于上料辊道（一）板坯运动位置的到位检测	
CMD102	用于上料辊道（二）板坯运动位置的到位检测	
CMD103	用于上料辊道（二）板坯运动位置的到位检测	
CMD104	用于称重辊道板坯运动位置的到位检测	
CMD105	用于上料辊道（三）板坯运动位置的到位检测	
CMD106	用于上料辊道（三）板坯运动位置的到位检测	
CMD107	用于上料辊道（三）板坯运动位置的到位检测	
CMD108	配合PGau102进行板坯定位	
CMD109	用于装钢保护，板坯定位完成后，若CMD109检测到板坯，发出定位失败报警，人工干预	

◆ 炉区仪表分布示意图

20.2 炉前检测

激光检测器，炉前共9只

一体化双色红外测温仪，炉前共1只

型号：SCT3-3014

型号：LOS-R2-4ZC1，24V，DC

20.3 炉后检测

A部

◆ A部放大

型号：SCT3-3014

一体化双色红外测温仪
炉后1只

型号：HMD5-4ZC1
24V，DC

热金属检测器
HMD101，炉后共3只

20.4 检测仪表

20.4.1 冷金属检测器

SP-17高温反射镜

冷金属检测器

【用途】 通过对板坯的到位检测，输出一控制开关信号，从而起到自动控制开关作用。

一体化双色红外测温仪

20.4.2 一体化双色红外测温仪

【原理】 通过非接触式，测量钢坯发射出的红外辐射能量的大小来测量钢坯的温度。

型号：SCT3-05134

工作电压：24V，DC
测温上限：1300℃
测温下限：50℃
结构代号：固定安装一体化式
主称代号：Single Color Thermometer

型号：LOS-R2-4ZC1，24V

连接件形式：输入输出共1个
输出形式：常开输出，PNP
输出形式：无延时
工作电压：24V，DC
外壳形式：矩形
检测形式：反馈反射型
检测类型：激光检测器

20.4.3 热金属检测器

热金属检测器 ————

型号：HMD5-4ZC1

连接件形式：输入输出共1个

输出形式：常开输出，PNP

输出形式：无延时

工作电压：24V，DC

外壳形式

20.4.4 称重辊道编码器

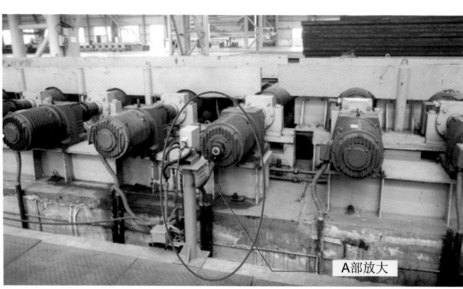

A部放大

◆ A部放大

HMD热金属检测器

【用途】通过对高温元件的检测，判断工件的运动位置，输出一个控制用开关信号。

【原理】接收由高温物体发射出来的红外光，经光学部进行聚焦，成像到光敏器件上，把光能转换成电信号，经电子线路处理，输出一组对应的开关信号给控制机构，实现自动控制的目的。

【形式】普通型，550～1400℃

21.1 概述

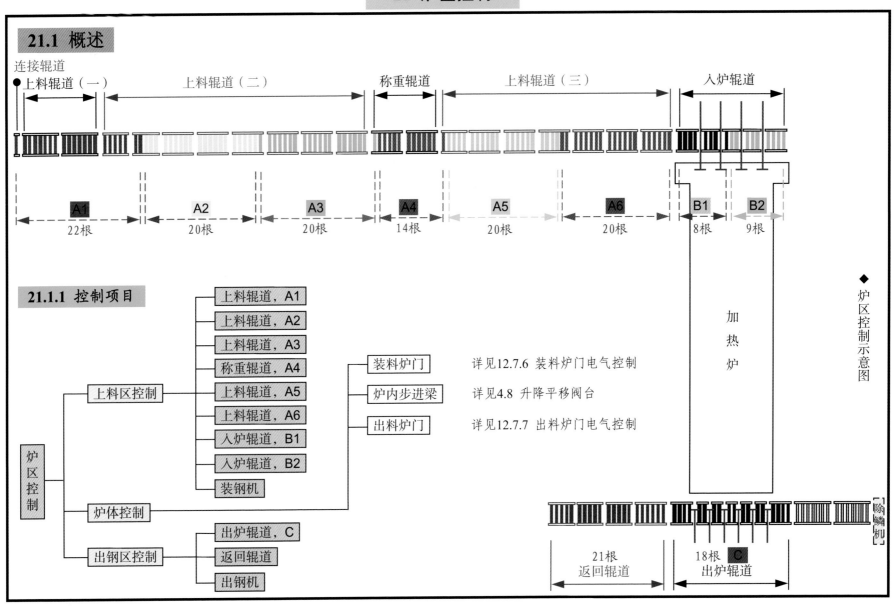

连接辊道

上料辊道（一）　上料辊道（二）　称重辊道　上料辊道（三）　入炉辊道

A1　A2　A3　A4　A5　A6　B1　B2

22根　20根　20根　14根　20根　20根　8根　9根

21.1.1 控制项目

炉区控制 —— 上料区控制 —— 上料辊道，A1
　　　　　　　　　　　　上料辊道，A2
　　　　　　　　　　　　上料辊道，A3
　　　　　　　　　　　　称重辊道，A4 —— 装料炉门 —— 详见12.7.6 装料炉门电气控制
　　　　　　　　　　　　上料辊道，A5 —— 炉内步进梁 —— 详见4.8 升降平移阀台
　　　　　　　　　　　　上料辊道，A6 —— 出料炉门 —— 详见12.7.7 出料炉门电气控制
　　　　　　　　　　　　入炉辊道，B1
　　　　　　　　　　　　入炉辊道，B2
　　　　　　　　　　　　装钢机

炉体控制

出钢区控制 —— 出炉辊道，C
　　　　　　　返回辊道
　　　　　　　出钢机

加热炉

炉区控制示意图

21根 返回辊道　　18根 C 出炉辊道

除鳞机

21.1.2 炉区设备连锁控制关系

序号	辊道名称	根数	组数	控制及连锁要求
1	连接辊道	1根	1组	（1）辊道可以正反转。（2）辊道既可单独控制，也可与连铸辊道和上料辊道联动。
2	上料辊道（一）	14根	2组	（1）辊道可以正反转。（2）辊道既可单独控制，也可与连铸辊道和上料辊道（二）联动。
3	上料辊道（二）	46根	8组	（1）辊道可以正反转，1台带测速。 （2）辊道既可单独控制，也可与上料辊道（一）、称重辊道联动。
4	称重辊道	12根	2组	（1）辊道可以正反转，1台带测速。 （2）辊道既可单独控制，也可与上料辊道（二）、上料辊道（三）联动。 （3）称重台架升起时，称重辊道不可转动，上料辊道不能送料，板坯由编码器控制对中。
5	上料辊道（三）	41根	7组	（1）辊道可以正反转。（2）辊道既可单独控制，也可与入炉辊道联动。
6	入炉辊道	17根	5组	（1）辊道可以正反转，2台带测速。 （2）辊道既可单独控制，也可与上料辊道、称重辊道联动。 （3）辊道、装钢机不允许同时工作。
7	装钢机			（1）装钢杆进行装钢动作时，入炉辊道停止工作，反之，入炉辊道动作时，装钢杆停止工作。 （2）装钢杆横移机构电机可正反转。 （3）装钢杆横移电机正反转工作时，升降装置液压缸不许动作；反之，升降装置液压缸动作时，装钢杆横移电机不许工作。 （4）装钢机托辊带动装钢杆将钢坯升起至上位时，炉门要自动打开，装钢杆高速退回至初始位置时，炉门要自动关闭。 （5）装钢机前进装钢时，装钢杆带动冷却水软管从卷筒拉出，冷却水卷筒力矩电机要保证其平稳拉出；装钢杆完成装钢后退时，冷却水卷筒力矩电机要同步运转带动卷筒冷却水管卷起。单排装钢时，4个电机保证同步，双排装钢时，两个电机为一组分别同步。
8	出钢机			（1）出钢机工作时，出炉辊道、出料炉门、步进机械停止工作。反之，出炉辊道、出料炉门、步进机械工作时，出钢机停止工作。 （2）出钢杆横移机构电机可正反转。 （3）出钢杆横移电机正反转工作时，升降装置液压缸不许动作；反之，升降装置液压缸动作时，出钢杆横移电机不许工作。 （4）出钢杆横移至炉门时，炉门要自动打开，出钢杆高速退回至初始位置时，炉门要自动关闭。 （5）两台电机同时工作时，要求同步。
9	出炉辊道	18根	7组	（1）辊道可以正反转。（2）辊道既可单独控制，也可与返回辊道、高压除鳞机前辊道联动。
10	返回辊道	21根	4组	（1）辊道可以正反转。（2）辊道既可单独控制，也可与出炉辊道联动。

· 459 ·

21.2 炉区控制

21.2.1 板坯入炉自动定位控制

【定位位置】入炉辊道

【检测元件】CMD108、PGau102

【定位过程】根据布料图中不同长度的钢坯在炉内的布料位置，计算机计算出钢坯在入炉辊道上的定位位置，从而计算出钢坯定位时编码器的脉冲数，当CMD108检测到钢坯头部时，PGau102开始计数，当达到定位所需要的脉冲数时，计算机发出指令，让入炉辊道停止，钢坯定位完成。

【装钢保护】CMD109，在入炉辊道端部安装CMD109，用于装钢保护。若CMD109检测到钢坯，则发出定位失败的报警。此时，需要人工手动调整钢坯的位置。

21.2.2 炉内布料自动定位控制

布料图详见1.2.7节。

坯料长度：【5000～12000】

【5250～5700】双排布料，交错布置

【7100～11100】双排布料，交错布置

【7100～11100】双排布料，交错布置

21.2.3 装钢机控制

装钢机动作

装钢机位置
- 低后位 ── 1
- 高后位 ── 2
- 高前位 ── 3
- 低前位 ── 4

上升　低后位1　→　高后位2
前进　高后位2　→　高前位3
下降　高前位3　→　低前位4
后退　低前位4　→　低后位1

装钢机控制
- 前进/后退 → 液压　　【接近开关】
- 上升/下降 → 主传动电机　【主令控制器】

板坯在入炉辊道上定位完毕，等待要钢指令

↓

装料炉门升起，并到位

↓

装钢杆升起，并到位

↓

装钢杆前进，并到位

↓

装钢杆落下，并到位

↓

装钢杆后退，并到位

↓

装料炉门落下，并到位

入炉辊道中心线

3150

2　高后位　前进　3　高前位

+800

上升　下降

起点

后退

114.4

214.4

100

1　低后位　　4　低前位

250

◆ 装料操作台（+CT101）

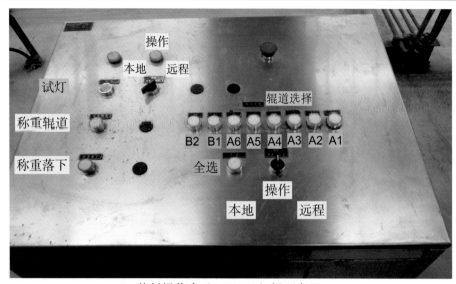

操作
本地　远程
试灯
辊道选择
称重辊道
B2　B1　A6　A5　A4　A3　A2　A1
称重落下
全选
操作
本地　　远程

◆ 装料操作台（+CD101）板面布置

◆ 出料操作台（+CD102）

◆ 装料操作台（+CD101）

装料操作台（+CT101）板面布置

21.2.4 出钢机控制

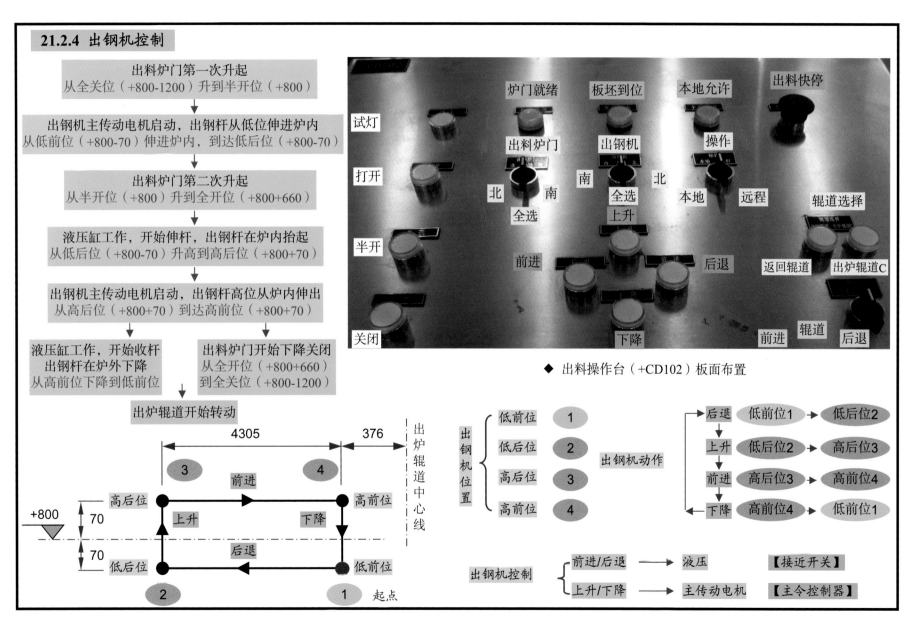

出料炉门第一次升起
从全关位（+800-1200）升到半开位（+800）

出钢机主传动电机启动，出钢杆从低位伸进炉内
从低前位（+800-70）伸进炉内，到达低后位（+800-70）

出料炉门第二次升起
从半开位（+800）升到全开位（+800+660）

液压缸工作，开始伸杆，出钢杆在炉内抬起
从低后位（+800-70）升高到高后位（+800+70）

出钢机主传动电机启动，出钢杆高位从炉内伸出
从高后位（+800+70）到达高前位（+800+70）

液压缸工作，开始收杆
出钢杆在炉外下降
从高前位下降到低前位

出料炉门开始下降关闭
从全开位（+800+660）
到全关位（+800-1200）

出炉辊道开始转动

◆ 出料操作台（+CD102）板面布置

出钢机动作

出钢机控制 { 前进/后退 → 液压   【接近开关】
            上升/下降 → 主传动电机   【主令控制器】

· 463 ·

21.3 控制画面　　　21.3.1 总图画面

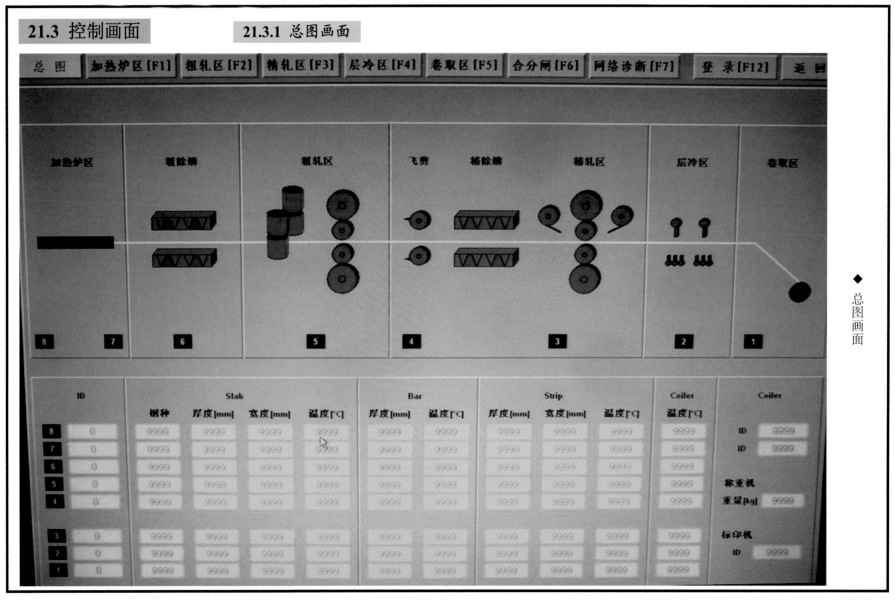

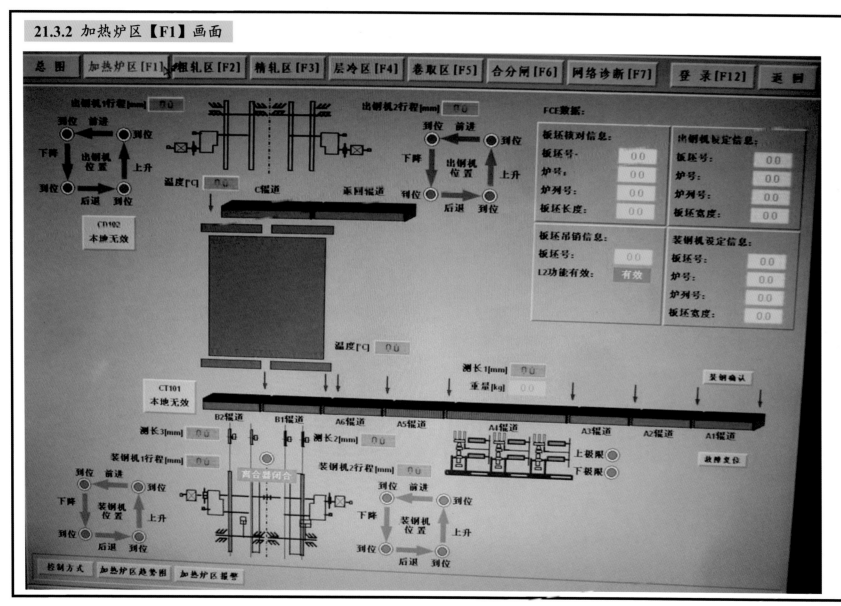

21.3.3 加热炉区控制方式画面

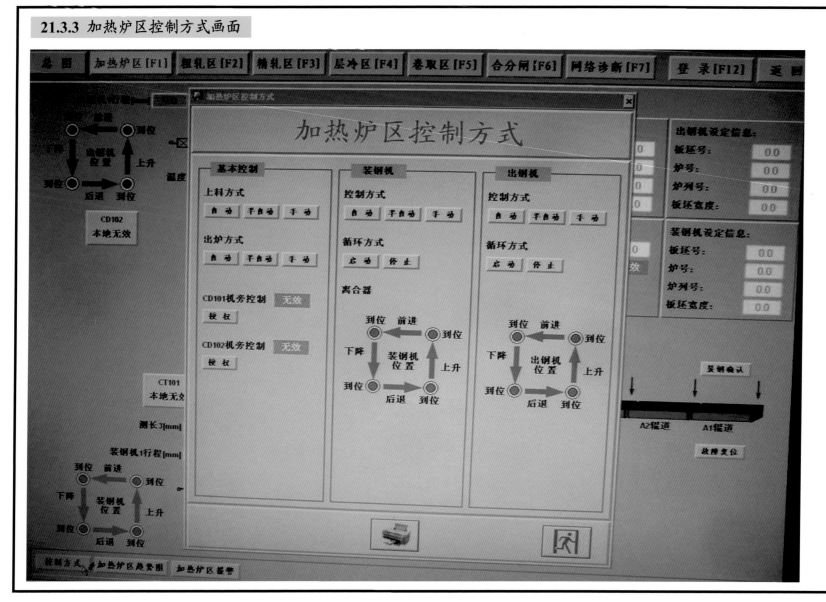

加热炉区控制方式画面

22 炉区电讯

22.1 概述

```
炉区监控 ┬ 上料区监控，2点
         ├ 加热炉本体监控      详见15 电讯（加热炉本体）
         └ 出钢区监控，2点
```

22.2 上料区监控

◆ 上料区摄像头设置

◆ 上料区摄像头设置

22.3 出钢区监控

◆ 出钢区摄像头设置

江苏华荣达热能科技有限公司

JIANGSU HUARONGDA HEAT TECHNOLOGY CO., LTD.

主营产品

低温干燥窑
中温隧道窑
高温隧道窑
汽车内饰件烘箱
达克罗涂覆
涂装设备
电加热设备
行业干燥窑炉
窑炉配件

中温窑项目

36米高温隧道窑

58米高温隧道窑

透气砖项目干燥窑

滑板砖项目干燥窑

RH砖项目干燥窑

江苏华荣达热能科技有限公司是专业研发、设计、生产制造、服务为一体的高新技术企业，从事涂装、达克罗、干燥窑炉、清洗炉、预热炉、箱式炉、汽车内饰件上料炉、环保设备、热处理、工业加热器等各系列设备及其配件的加工生产制造，产品技术精湛，质量可靠，性能优越，在国内同行业中具有很高的知名度。

公司现有员工129人，其中工程技术人员62人，拥有固定资产2000万元。车、刨、磨、钻、铣、剪、压、折、焊等机械加工设备齐全，各种检测手段完备。始终以市场为先导，质量第一、用户至上为服务宗旨，与多所研究院校保持长期合作关系，联合开发科技含量高，技术先进的远红外辐射电热干燥窑炉、燃气干燥窑等产品设备，一直跟进和学习世界先进技术，不断创新，走在同行业前列，坚持为客户提供优质服务。凭借多年行业经验，公司始终坚持"质量第一，用户至上，格守信誉，服务至上"的经营方针，以优秀的员工素质，过硬的产品质量，周到及时的服务取信于广大客户。

公司多次荣获市明星企业，AAA级资信企业，高新技术企业，工业标兵企业，科技创新技术企业。在非标开发方面拥有多年的丰富经验，欢迎广大客户朋友及各界人士来电咨询或实地考察指导！

联系人：陈立和
手机：13961971808
电话/传真：0515-83097977
公司总部：江苏省盐城市解放南路南金鹰天地广场1幢520
生产基地：江苏省盐城市义丰镇工业园区富民路5号

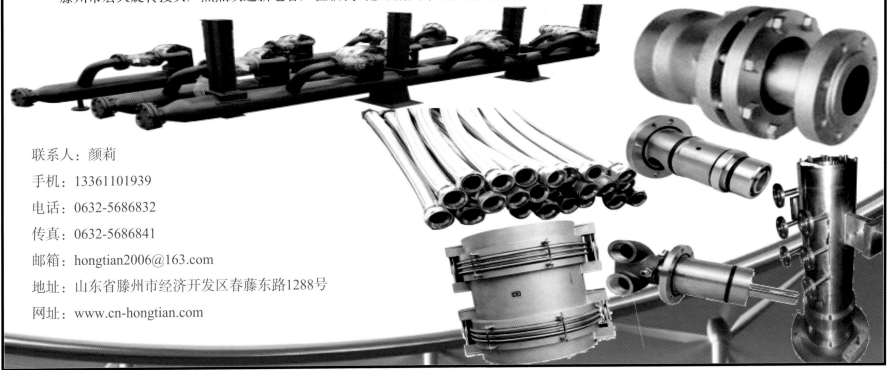

滕州市泰源电力设备制造有限公司
Tengzhou Taiyuan Power Equipment Manufacturing Co., Ltd.

泰源电力
与您合作共赢、共创未来

滕州市泰源电力设备制造有限公司位于风景秀丽景故里——山东省滕州市（经济开发区春藤东路1288号）。公司创建于2006年，是专业从事电缆桥架、高低压开关柜成套设备、配电箱、母线槽、补偿器等产品的集团企业。公司积极推行全面质量管理，率先在同行业中通过ISO9001质量管理体系认证、职业健康安全管理体系认证、欧盟CE认证及国家强制性产品3C认证。公司拥有先进的管理经验，具有热浸锌、静电喷塑、电镀锌和复合防腐等多种生产加工线，是目前国内规模较大的电缆桥架、母线槽、高低压开关柜成套设备的专业生产厂家。生产的产品广泛用于冶金、钢铁、石油、化工、能源、印染、橡胶、电力、国防建筑等多种行业，具备设计、制造、施工、售后等一条龙服务。产品销往全国各地及出口美国、俄罗斯、伊朗、印度、塔吉克斯坦、老挝等国家，并广泛应用于中石化、中海油、国家电网等重点工程。

滕州市泰源电力设备制造有限公司热烈欢迎新老客户莅临我司参观指导！选择泰源，您得到的不仅是一种产品，还是一种服务、一种文化、一种亲和力！

联系人：蒋卫宏
手机：13386370111
电话：0632-5056556
传真：0632-5686841
邮箱：tengzhoutaiyuan@163.com
地址：山东省滕州市经济开发区春藤东路1288号